T0280297

Die Grundlehren der mathematischen Wissenschaften

in Einzeldarstellungen
mit besonderer Berücksichtigung
der Anwendungsgebiete

Band 63

Martin Eichler

Quadratische Formen und orthogonale Gruppen

Zweite Auflage

Springer-Verlag
Berlin Heidelberg New York 1974

Martin Eichler
Universität Basel

AMS Subject Classification (1970)

10C05, 10D05, 20G15, 20G20, 20G25, 20G30

ISBN 978-3-642-80765-7 ISBN 978-3-642-80764-0 (eBook)
DOI 10.1007/978-3-642-80764-0

Library of Congress Catalog Card Number: 73-80603
Softcover reprint of the hardcover 2nd edition 1974

Vorwort zur zweiten Auflage.

Zugegeben, das Buch ist zum größten Teil überholt. Wenn trotzdem noch eine gewisse Nachfrage besteht, so kann man diese wohl durch ein Sammlerinteresse erklären. Die Algebra der metrischen Räume mit quadratischer Metrik ist nur noch ein Teil der Algebra der klassischen Gruppen, über welche das in Kapitel I, Anmerkung 3 erwähnte Buch von Dieudonné berichtet. Die Klassifizierung der metrischen Räume über „lokalen" und „globalen" Zahl- und Funktionenkörpern ist der Gegenstand des weit umfangreicheren Buchs von O'Meara (Anmerkung 5 in Kapitel II). Die Aufgabe ist so eng mit der Zahlentheorie dieser Körper verknüpft, daß ihre Lösung von einem beschränkten Aufbau der Klassenkörpertheorie nicht zu trennen ist. O'Mearas Buch leistet aber nicht nur dieses, sondern es liefert gleichzeitig die Klassifizierung der Gitter über Ordnungen dieser Körper. Die analytische Maßtheorie, wie sie von Minkowski und Siegel begründet wurde, ist ebenfalls weit über den Bereich der quadratischen Formen hinausgewachsen. Hierzu wäre besonders die in Kapitel V, Anmerkung 10 erwähnte Vorlesung von A. Weil zu beachten.

Es bleibt von den in diesem Buch behandelten Themen noch das IV. Kapitel zu erwähnen. Dieses, zusammen mit einigen Vorbereitungen in den früheren, entwickelt ein arithmetisches Analogon der Heckeschen Operatorentheorie der Modulformen. Meines Erachtens darf man gerade in diesem Zusammenhang, wenn überhaupt in der Zahlentheorie der quadratischen Formen, noch manche Entdeckungen erwarten. Das mathematische Publikum hat das bis heute nicht gesehen.

Der Text der 1. Auflage wurde kaum verändert. Eine Modernisierung die nicht ein ganz neues Buch geschaffen hätte, würde sich nicht gelohnt haben. Die Anmerkungen wurden um Hinweise auf die neuere Literatur vermehrt. Außerdem wurde verschiedentlich auf Vereinfachungen hingewiesen, die ich meist Herrn M. Kneser verdanke.

Basel, den 23. Januar 1973.

M. Eichler.

Vorwort zur ersten Auflage.

Aus der Arithmetik der binären quadratischen Formen, die Gauß in abgeschlossener Form in seinen Disquisitiones Arithmeticae entwickelte, erwuchsen zwei Disziplinen, die Lehre von den quadratischen Formen beliebiger Variablenzahl auf der einen Seite und die Arithmetik der algebraischen Zahlkörper und weiter die der hyperkomplexen Systeme auf der anderen. Noch im Jahre 1898, als P. Bachmann seine groß angelegte „Arithmetik der quadratischen Formen“ (I. Abt. Leipzig 1898, II. Abt. Leipzig 1923) schrieb, hielten sich beide im Umfang und in der Wertschätzung der Mathematiker die Waage. In den nachfolgenden Jahren änderten sich die Verhältnisse grundlegend; die letztgenannte Disziplin nahm deutlich die Vorrangstellung ein. Die Ursache hierfür war die Tatsache, daß es gelang, die gesamte Forschung auf dem Gebiet der Zahlkörper und Algebren im Grunde einer einzigen zentralen Aufgabe zu unterstellen: dem Aufbau dieser Gebilde aus elementaren Bausteinen. Es unterliegt keinem Zweifel, daß eine so geartete Problemstellung der Frage nach dem Sinn und Wesen des Zahlbegriffs näher kommt als die Gewinnung spezieller Einzelresultate. Erst die Arbeiten von H. Hasse, E. Hecke und C. L. Siegel in den letzten Jahrzehnten haben auch auf dem Gebiet der quadratischen Formen einer ähnlichen Wendung zum Grundsätzlichen hin zum Durchbruch verholfen, die sich hier nur langsam vorbereitet hatte. Die Primzahlen erweisen sich heute hier wie bei den Zahlkörpern als der Schlüssel zum Verständnis der ganzen Theorie. Es ist das Ziel des vorliegenden Buches, einen weiteren Leserkreis mit diesen neuen Gedanken vertraut zu machen.

Die gestellte Aufgabe machte es erforderlich, die gesamte Theorie von den Anfängen an neu zu durchdenken. Dabei hat mich die folgende These geleitet: Die Lehre von den quadratischen Formen ist Geometrie in einem mit einer der euklidischen vergleichbaren Metrik versehenen Vektorraum über einem beliebigen Körper, speziell einem algebraischen Zahlkörper; die Auswirkungen der jeweils besonderen Körpereigenschaften auf die Geometrie sind zu studieren. Geometrische Vorstellungen haben im Zusammenhang mit quadratischen Formen von jeher eine Rolle gespielt, doch dienten sie vornehmlich der Veranschaulichung bereits errechneter Ergebnisse. Es ist das Verdienst von E. Witt, ihre grundsätzliche Bedeutung für den Aufbau der Theorie erkannt zu haben. Die Geometrie entwickelt sich aus der Wechselwirkung des Raumes mit seiner Bewegungsgruppe. Dementsprechend ist der Weg, auf dem der Leser hier geführt wird, zweigleisig; es wechseln Überlegungen, welche den Raum bzw. die seine Metrik definierende quadratische Form betreffen, mit Betrachtungen über seine Bewegungsgruppe, die orthogonale Gruppe im weitesten Sinne. Der Titel bringt diese doppelte Aufgabe zum Ausdruck. Beachtet man, daß die Theorie der hyperkomplexen Systeme in ihrer historischen Entwicklung und ihrem heutigen Bestand weitgehend mit der Darstellung von Gruppen durch Abbildungen eines affinen Raumes auf sich übereinstimmt, so ergibt sich damit die Stellung im heutigen Gefüge der Mathematik, welche die Arithmetik der quadratischen Formen beanspruchen muß. Sie ist im gleichen Sinne neben der hyperkomplexen Algebra und Arithmetik einzuordnen, wie die orthogonale Gruppe neben der affinen steht. Ich hoffe, daß die Herausarbeitung der gruppentheoretischen Motive in der Theorie der quadratischen Formen den Erfolg hat, daß die beiden aus den Disquisitiones Arithmeticae erwachsenen Zweige der Arithmetik einander näher gebracht werden, und daß so die Einheit unserer Wissenschaft gefördert wird.

Wenngleich das Buch vieles in dieser Form Neue bringt, bin ich mir bewußt, daß mir die Anregungen hierzu von vielen Seiten zugeflossen sind, wovon die im Text vorkommenden Namen, die vielfach unserer Generation angehören, Zeugnis ablegen. Nicht immer ist es aber möglich, den Urheber eines Gedankens exakt festzulegen; Wissenschaft ist Gemeinschaftsarbeit.

Ein Vergleich mit dem etwa fünfmal so umfangreichen Werk von Bachmann könnte die Vermutung entstehen lassen, als würde dem Leser der größte Teil der Theorie vorenthalten. Ich glaube, sie trifft nicht zu. Die modernen Methoden machen den Zugang ungemein leichter als er früher war. Doch muß ich gestehen, daß das Werk kein vollständiges Handbuch ist. So fehlt z. B. die Reduktionstheorie ganz. Immerhin ist versucht worden, den Leser auf die Lücken aufmerksam zu machen und ihm weitere Literatur zu empfehlen.

Die Anordnung des Stoffes erfolgt in den drei ersten, die Grundlagen enthaltenden Kapiteln methodisch nach den über den Grundkörper gemachten Voraussetzungen. Das I. Kapitel bringt neben anderem die Theorie der orthogonalen Gruppe in einem beliebigen Körper mit von 2 verschiedener Charakteristik und geht dabei über die bloße Bereitstellung von Hilfsmitteln für die späteren Teile hinaus. Das IV. und V. Kapitel führt an aktuelle Probleme der Forschung heran. Der heutige Stand der Mathematik erfordert es, die Voraussetzungen so weit als möglich zu fassen. Es bedeutet aber auch kaum einen Mehraufwand an Mühe, die Theorie für endlich algebraische Zahl- und Funktionenkörper (mit endlichem Konstantenkörper und Charakteristik $\neq 2$) an Stelle für den rationalen durchzuführen. Eine Ausnahme macht lediglich der Satz von der Endlichkeit der Klassenzahl, für welchen die Vereinfachung in dem rationalen Spezialfall in einer Anmerkung gebracht wird. Erst in den letzten Paragraphen wird dieser Standpunkt verlassen, um ohnehin komplizierte Überlegungen so kurz wie möglich halten zu können.

Dem Anfänger wird empfohlen, das Buch nicht durchlaufend zu lesen, sondern sich zuerst einen wertenden Überblick über den Sinn der Definitionen und Sätze zu verschaffen. Besonders die meist am Ende eines Paragraphen stehenden längeren Beweise können gut bei einer ersten oberflächlichen Lektüre überschlagen werden. Praktisch ist es, zunächst die Paragraphen in der Reihenfolge 1, 4, (5), 9, 12, 11 (Nr. 2), 13, 14 zu lesen und sodann 1, 2, 6, 7, 8, 22, 23 oder auch umgekehrt. Hieran anschließend kann wahlweise entweder das IV. oder das V. Kapitel studiert werden. Die nicht erwähnten Paragraphen dienen zur Vertiefung, man kann sie später nach Bedarf vornehmen.

Als Leser habe ich mir Studierende der mittleren und höheren Semester vorgestellt, die sich anschicken, auf einem Teilgebiet der Mathematik vertiefte Kenntnisse zu erwerben. Vorausgesetzt wird eine gewisse Vertrautheit mit der modernen Algebra sowie mit den Elementen der Theorie der algebraischen Zahlen. Naturgemäß wird der Leser an manchen Stellen, besonders gegen das Ende des Buches hin, beherzigen müssen, was A. J. Chintschin in dem Schlußwort seines schönen Büchleins „Drei Perlen der Zahlentheorie" (deutsche Übersetzung Berlin 1951) sagt: „Dieser durch seine elementaren Schlüsse wunderschöne Beweis wird Ihnen zweifellos sehr kompliziert erscheinen. Aber Sie brauchen an ihm nur 2 bis 3 Wochen mit Bleistift und Papier zu arbeiten, um ihn vollkommen zu verstehen und sich anzueignen. Gerade durch Überwindung von Schwierigkeiten dieser Art wächst und entwickelt sich der Mathematiker."

Zum Schluß danke ich Herrn Professor F. K. Schmidt und dem Springer-Verlag in gleicher Weise, mir die systematische Bearbeitung dieses reichhaltigen Problemkreises ermöglicht zu haben. Daneben gebührt mein Dank Herrn Dr. M. Kneser, der mir eine Reihe wertvoller Ratschläge gab, sowie den Herren Dr. H. J. Dürbaum und H. Brakhage, welche mich bei dem Lesen der Korrekturen tatkräftig unterstützten.

Münster, den 29. Februar 1952.

M. Eichler.

Inhaltsverzeichnis.

Fünftes Kapitel.

Die höhere Arithmetik der metrischen Räume, insbesondere über dem Körper der rationalen Zahlen.

Einleitung.

Die analytische Geometrie erklärt in einem affinen Vektorraume eine *Metrik* dadurch, daß sie jedem Vektor $\xi = (x_1, \ldots, x_n)$ eine Länge

$$|\xi| = \sqrt{\xi^2} = \sqrt{\sum_{\mu,\nu=1}^{n} f_{\mu\nu} x_\mu x_\nu}$$

zuschreibt. Die Komponenten x_ν von ξ, sowie die Koeffizienten $f_{\mu\nu}$ der *quadratischen Form*

$$\xi^2 = \sum_{\mu,\nu=1}^{n} f_{\mu\nu} x_\mu x_\nu \qquad (f_{\mu\nu} = f_{\nu\mu}) \tag{1}$$

werden dabei einem Körper k entnommen, der meistens der Körper der reellen Zahlen ist. In der euklidischen Geometrie wird bekanntlich

$$f_{\mu\nu} = \begin{cases} 1 & \text{für} \quad \mu = \nu \\ 0 & \text{für} \quad \mu \neq \nu \end{cases}$$

angesetzt, doch führt jede quadratische Form (1) zu einer sinnvollen Geometrie, wenn nur die Determinante $|f_{\mu\nu}| \neq 0$ ist.

Einer Geometrie ist stets eine Gruppe von *Bewegungen* eigen, welche die spezifischen geometrischen Größen nicht ändert. Zur affinen Geometrie gehört die *affine* oder *lineare Gruppe*, d. h. die Gruppe aller linearen Koordinatentransformationen

$$x_\mu = \sum_{\nu=1}^{n} a_{\mu\nu} y_\nu, \qquad |a_{\mu\nu}| \neq 0, \tag{2}$$

mit $a_{\mu\nu}$ in k. Die Bewegungsgruppe der metrischen Geometrie ist die *orthogonale Gruppe*, d. h. die Gruppe aller linearen Transformationen (2), für welche bei Einsetzung in (1) resultiert:

$$\sum_{\mu,\nu} f_{\mu\nu} x_\mu x_\nu = \sum_{\mu,\nu} f_{\mu\nu} y_\mu y_\nu.$$

Die Translationen haben wir in beiden Fällen übergangen.

Daneben gibt es noch Geometrien zu anderen Gruppen, von denen im folgenden nicht die Rede sein wird.

Man kann Geometrie auf zwei verschiedene Arten treiben. Erstens durch Benutzung von Koordinatensystemen. Man muß dabei Sorge tragen, daß alle Besonderheiten eines bestimmten Koordinatensystems eliminiert werden. Die Bewegungsgruppe der Geometrie stellt sich dar als die Gesamtheit der Übergänge zwischen den verschiedenen Koordinatensystemen, und die geometrischen Größen sind Invarianten gegenüber dieser Gruppe. Zweitens kann man aber auch von vornherein mit solchen geometrischen Elementen operieren, welche ohne Bezugnahme auf ein Koordinatensystem definiert sind, wie die Vektoren. Die Bewegungsgruppe ist jetzt erklärt als die Gesamtheit aller Automorphismen des Vektorraumes, welche die Beziehungen zwischen den Vektoren untereinander nicht ändern. Es ist nichts anderes zu erwarten, als daß diese Gruppe auch jetzt eine wichtige Rolle spielen wird, obgleich sie bei dieser Auffassung zunächst im Hintergrund zu bleiben scheint. Wir werden der letzteren Art, Geometrie zu treiben, den Vorzug geben. Sie erleichtert vielfach den Einblick in begriffliche Zusammenhänge in ähnlicher Weise, wie die neuere Auffassung der Galoisschen Theorie der algebraischen Gleichungen gegenüber der älteren manche Vereinfachungen mit sich brachte. Allerdings darf man nicht vergessen, daß dadurch das Rechnen mit Koordinaten im konkreten Einzelfalle nicht überflüssig gemacht wird.

Der eigentliche Gegenstand unserer Untersuchungen ist nicht der mit einer Metrik versehene Raum schlechthin, sondern die in ihm gelegenen *Gitter*, für welche die Krystallgitter im euklidischen Raume wohlbekannte Beispiele liefern. Die Vektoren eines Gitters lassen sich als *ganzzahlige* Linearkombinationen von endlich vielen darstellen. Als Grundkörper k wird man also jetzt einen solchen wählen, in dem gewisse Elemente als *ganz* ausgezeichnet werden können, wie z. B. den Körper der rationalen Zahlen. Die Erforschung der Gitter ist eine spezifisch zahlentheoretische Aufgabe, sie ist identisch mit der *Zahlentheorie der quadratischen Formen.* Wenn man in konsequenter Weise nicht allein auf die Vektoren achtet, welche ein Gitter ausmachen, sondern gleichzeitig nach den Automorphismen der Gitter fragt — eine von der Krystallographie her bekannte Gewohnheit —, entsteht eine Theorie, welche mit der Arithmetik der hyperkomplexen Zahlsysteme zahlreiche verwandtschaftliche Züge aufweist. Der Kenner der letzteren wird manche ihm vertrauten Begriffsbezeichnungen wiederfinden und sich leicht an ihren neuen Gebrauch gewöhnen.

Erstes Kapitel.

Algebra der metrischen Räume.

Voraussetzungen in Kapitel I. *k ist ein beliebiger Körper mit von 2 verschiedener Charakteristik. Seine Elemente bezeichnen wir durchweg als „Zahlen". Von § 1, Nr. 2 ab ist R ein halbeinfacher metrischer Raum über k (Definition s. u.).*

§ 1. Der metrische Raum und seine Automorphismen.

1. Definition eines metrischen Raumes. Unter einem linearen Vektorraum R über k (kurz: R/k) wird bekanntlich ein System von Vektoren

$\xi, \eta, \ldots$ verstanden, welche erstens eine additive abelsche Gruppe bilden, und die zweitens mit Zahlen $x, y, \ldots$ aus k multipliziert wieder Vektoren ergeben. Dabei sollen folgende Regeln gelten:

$$1.\ x\cdot\xi = \xi\cdot x, \qquad 2.\ 1\cdot\xi = \xi, \qquad 3.\ x\cdot(y\cdot\xi) = x\,y\cdot\xi,$$

$$4.\ x\cdot(\xi+\eta) = x\cdot\xi + x\cdot\eta, \qquad 5.\ (x+y)\cdot\xi = x\cdot\xi + y\cdot\xi.$$

Ein solcher Raum wird zu einem *metrischen Raum*, indem ein Produkt von je zwei Vektoren ξ, η erklärt wird, und zwar soll dieses eine Zahl aus k sein. Dieses Produkt ist identisch mit dem skalaren Produkt zweier Vektoren im Fall der klassischen analytischen Geometrie. Es wird axiomatisch durch folgende drei Postulate definiert:

$$1.\ \xi\eta = \eta\xi, \qquad 2.\ (\xi+\eta)\zeta = \xi\zeta + \eta\zeta, \qquad 3.\ (x\xi)\eta = x(\xi\eta),$$

wobei x eine Zahl aus k ist.

Der Nullvektor darf mit demselben Symbol 0 wie das Nullelement von k bezeichnet werden.

Als linearer Vektorraum besitzt R/k eine Dimension, welche durchweg als endlich vorausgesetzt und mit n bezeichnet wird, jeder Vektor von R läßt sich durch n linear unabhängige Basisvektoren ι_ν in der Form $\xi = \sum x_\nu \iota_\nu$ darstellen. Wir schreiben kurz: $R = k(\iota_1, \ldots, \iota_n)$. Jetzt ist

$$\xi^2 = \sum_{\mu,\nu=1}^{n} f_{\mu\nu}\, x_\mu x_\nu = \sum_{\mu,\nu=1}^{n} (\iota_\mu \iota_\nu)\, x_\mu x_\nu, \quad f_{\mu\nu} = f_{\nu\mu}$$

eine quadratische Form mit Koeffizienten $f_{\mu\nu} = \iota_\mu \iota_\nu$ in k, die *metrische Fundamentalform* von R. Umgekehrt kann man jede quadratische Form als metrische Fundamentalform eines Raumes deuten, indem man für die Basisvektoren die Produkte $\iota_\mu \iota_\nu = f_{\mu\nu}$ festsetzt.

Zwei metrische Räume $R = k(\iota_1, \ldots, \iota_n)$ und $Q = k(\omega_1, \ldots, \omega_n)$ heißen *isomorph* ($R \cong Q$), wenn Q eine Basis $\iota'_\mu = \sum a_{\mu\nu}\omega_\nu$ besitzt derart, daß $\iota'_\mu \iota'_\nu = \iota_\mu \iota_\nu$ ist. Sind $f = \sum (\iota_\mu \iota_\nu)\, x_\mu x_\nu$ und $g = \sum (\omega_\mu \omega_\nu)\, x_\mu x_\nu$ die metrischen Fundamentalformen von R und Q, so wird also

$$\iota'_\mu \iota'_\nu = \sum a_{\mu\varrho}\,(\omega_\varrho \omega_\sigma)\, a_{\nu\sigma} = \iota_\mu \iota_\nu \tag{1.1}$$

verlangt, d. h. die quadratischen Formen f und g sollen durch lineare Substitutionen $(a_{\mu\nu})$ ineinander überführbar sein.

Q und R heißen *ähnlich*, wenn $\iota'_\mu \iota'_\nu = s\cdot\iota_\mu\iota_\nu$, $s \neq 0$ gilt.

Ein Vektor ξ heißt *senkrecht* auf einem anderen Vektor η, wenn $\xi\eta = 0$ ist. Natürlich ist dann auch η senkrecht auf ξ. Entsprechend heißen zwei Teilräume S_1 und S_2 von R senkrecht zueinander, wenn sämtliche Vektoren aus S_1 senkrecht zu allen Vektoren aus S_2 sind.

Ist ξ zu sich selber senkrecht und $\xi \neq 0$, so nennt man ξ einen *isotropen Vektor*. Enthält R keinen isotropen Vektor, so soll R *anisotrop* heißen, im anderen Fall *isotrop*.

Die Vektoren, welche auf sämtlichen Vektoren von R senkrecht stehen, bilden einen Teilraum R_0, das *Radikal* von R. Besitzt R kein Radikal außer dem Nullvektor, so heißt R *halbeinfach*.

Wählt man eine Basis $(\iota_1, \ldots, \iota_r, \ldots, \iota_n)$ von R so, daß $\iota_{r+1}, \ldots, \iota_n$ im Radikal liegen und die Zahl $n-r$ möglichst groß ist, so spannen $\iota_1, \ldots, \iota_r$ einen Teilraum R_1 ohne Radikal auf. Ein metrischer Raum kann demnach als die Summe eines halbeinfachen Teilraumes und des Radikals angesehen werden. Das Radikal ist in unserem Zusammenhang ein Raum ohne weiteres Interesse. Wir wenden uns daher dem Studium der halbeinfachen Räume zu.

2. Halbeinfache Räume. Zu einer Basis (ω_ν) von R bilde man die Determinante $|\omega_\mu \omega_\nu|$ und multipliziere sie mit dem Faktor $(-1)^{n(n-1)/2}\, 2^{-n}$. Bei Basiswechsel multipliziert sich diese Zahl zufolge (1.1) mit dem Quadrat der Substitutionsdeterminante. Ihre Quadratklasse[1] ist daher eine Invariante von R, diese heißt die *Diskriminante* von R und wird mit

$$\Delta(R) = (-1)^{n(n-1)/2}\, 2^{-n} |\omega_\mu \omega_\nu|$$

bezeichnet.

Satz 1.1. *R ist dann und nur dann halbeinfach, wenn $\Delta(R) \neq 0$ ist.*

Beweis. Ist $\Delta(R) = 0$, so kann man nicht sämtlich verschwindende Zahlen x_ν in k so finden, daß $\sum \iota_\mu \iota_\nu x_\nu = 0$ ist für alle μ, und dann ist $\xi = \sum x_\nu \iota_\nu \neq 0$ ein Vektor des Radikals. Die Umkehrung beruht auf dem gleichen Zusammenhang.

Zu einem Teilraum S von R bilde man den maximalen zu S senkrechten Teilraum S'. Für die Dimensionen gilt stets

$$\operatorname{Dim} S + \operatorname{Dim} S' = \operatorname{Dim} R = n, \tag{1.2}$$

ferner ist

$$S'' = S. \tag{1.3}$$

Es sei nämlich $S = k(\iota_1, \ldots, \iota_r)$, und $\iota_{r+1}, \ldots, \iota_n$ seien $n-r$ weitere linear unabhängige Vektoren, so daß alle zusammen eine Basis von R bilden. Nun ist S' definiert als die Gesamtheit der Vektoren $\xi = \sum x_\nu \iota_\nu$, für welche $\iota_\varrho \xi = \sum \iota_\varrho \iota_\nu x_\nu = 0$ ist für $\varrho = 1, \ldots, r$. Wegen $\Delta(R) \neq 0$ hat dieses Gleichungsystem den Rang r und besitzt daher $n-r$ linear unabhängige Lösungen. Das ist die Aussage (1.2).

Weiterhin ist $S'' \supset S$ selbstverständlich. Wendet man (1.2) auf S' an Stelle von S an, so ergibt sich, daß S und S'' gleiche Dimensionen haben. Also gilt auch (1.3).

Satz 1.2. *Ist S ein halbeinfacher Teilraum von R, so ist auch der maximale zu S senkrechte Teilraum S' halbeinfach, und es gilt*

$$\Delta(R) = \pm\, \Delta(S) \cdot \Delta(S'). \tag{1.4}$$

Der Durchschnitt von S und S' ist Null, und R ist die Vereinigung von S und S'.

Bemerkung: Man sagt in diesem Falle, R sei die *direkte Summe* von S und S'; allgemeiner spricht man von einer direkten Summe $R = S_1 + S_2 + \cdots$, wenn immer S_μ senkrecht steht auf S_ν für $\mu \neq \nu$, und wenn die Teilräume S_μ den ganzen Raum R aufspannen.

Beweis: Wenn S halbeinfach ist, muß $S \cap S' = 0$ sein. Dann kann man wegen (1.2) eine Basis von R so angeben, daß die r ersten Basisvektoren den Teilraum S aufspannen und die $n-r$ letzten den Teilraum S'. Bildet man jetzt die Diskriminante dieser Basis, so folgt (1.4) und hieraus wegen der Halbeinfachheit von R auch die von S' auf Grund von Satz 1.1.

Satz 1.3. *Ein halbeinfacher metrischer Raum R läßt sich als direkte Summe von eindimensionalen Räumen schreiben:*

$$R = k(\iota_1) + k(\iota_2) + \cdots + k(\iota_n).$$

Ist ι_1 mit $\iota_1^2 \neq 0$ beliebig gegeben, so kann man diese Zerlegung stets so einrichten, daß $k(\iota_1)$ als erster Summand auftritt.

Beweis: Nach Satz 1.2 ist der zu $k(\iota_1)$ senkrechte Teilraum S halbeinfach. Nicht alle Produkte $\xi\eta$ von Vektoren aus S sind Null, wegen $\xi\eta = \frac{1}{4}((\xi+\eta)^2 - (\xi-\eta)^2)$ sind auch nicht alle Quadrate ξ^2 aus S Null. Man kann daher ein ι_2 in S finden, daß $\iota_2^2 \neq 0$ ist. Die Schlußweise läßt sich fortsetzen.

Basen aus wechselseitig orthogonalen Vektoren, die man auch kurz als *Orthogonalbasen* bezeichnet, spielen bei vielen Untersuchungen eine ausgezeichnete Rolle.

3. Die Automorphismen eines metrischen Raumes. Unter einem *Automorphismus* T von R/k wird eine Abbildung aller Vektoren $\alpha, \beta, \ldots$ von R aufeinander verstanden, welche folgende Eigenschaften hat:

1. $\mathsf{T}(a\alpha) = a(\mathsf{T}\alpha)$; 2. $\mathsf{T}(\alpha+\beta) = \mathsf{T}\alpha + \mathsf{T}\beta$; 3. $(\mathsf{T}\alpha)(\mathsf{T}\beta) = \alpha\beta$;

dabei bedeutet a eine beliebige Zahl aus k. Infolge 1) und 2) ist T mittels einer Basis (ι_ν) von R in der Form

$$\mathsf{T}\iota_\nu = \sum_{\mu=1}^{n} \iota_\mu t_{\mu\nu}$$

darstellbar, wobei die $t_{\mu\nu}$ in k liegen. Die lineare Substitution $(t_{\mu\nu})$ hat wegen 3) die Eigenschaft, daß sie die metrische Fundamentalform invariant läßt. Sämtliche Automorphismen bilden eine Gruppe $\mathfrak{O}$, die sogenannte *orthogonale Gruppe in k* bezüglich der R definierenden metrischen Fundamentalform.

Der metrische Raum R, aufgefaßt als additive Gruppe, und die Gruppe $\mathfrak{O}$ bilden ein sogenanntes *Gruppenpaar*; ein solches ist allgemein definiert als die Zusammenfassung einer additiven Gruppe R und einer multiplikativen Gruppe $\mathfrak{O}$, wobei eine Multiplikation der Elemente $\mathsf{A}, \ldots$ aus $\mathfrak{O}$ mit Elementen $\alpha, \beta, \ldots$ aus R erklärt ist, welche wiederum

Elemente aus R liefert und dem distributiven Gesetz folgt:

$$\mathsf{A}(\alpha + \beta) = \mathsf{A}\,\alpha + \mathsf{A}\,\beta .$$

Beispiele von Gruppenpaaren sind: $\mathfrak{O}$ eine beliebige abstrakte Gruppe, welche durch lineare Substitutionen darstellbar ist, und R ein Darstellungsmodul für $\mathfrak{O}$. Oder auch: $\mathfrak{O}$ die multiplikative Gruppe aller Zahlen $\neq 0$ eines Körpers und R die additive Gruppe aller Zahlen desselben Körpers. Das letzte Beispiel zeigt, daß der Begriff des Gruppenpaares eine Verallgemeinerung des Begriffes eines Körpers oder Ringes ist. Diese Tatsache ist für uns richtungweisend.

Der folgende Satz stellt eine Verbindung zwischen dem Raum R und seiner Automorphismengruppe $\mathfrak{O}$ her; er besagt anschaulich, daß es für zwei „geometrisch kongruente" Figuren einen Automorphismus von R gibt, welcher die eine in die andere überführt.

Satz 1.4. *Es seien in einem halbeinfachen Raum R/k zwei Systeme von je r linear unabhängigen Vektoren $\iota_1, \ldots, \iota_r$ und $\varkappa_1, \ldots, \varkappa_r$ gegeben, und für sie gelte*

$$\iota_\mu\, \iota_\nu = \varkappa_\mu\, \varkappa_\nu . \tag{1.5}$$

Ist die r-reihige Determinante $|\iota_\mu\, \iota_\nu| \neq 0$, so gibt es einen Automorphismus T von R/k derart, daß $\varkappa_\nu = \mathsf{T}\,\iota_\nu$ ist.

Beweis. Wegen $|\iota_\mu\, \iota_\nu| = |\varkappa_\mu\, \varkappa_\nu| \neq 0$ spannen die ι_μ und die $\varkappa_\mu$ je einen halbeinfachen Teilraum J und K von R auf. Auf Grund von Satz 1.3 erhält man durch Anwendung einer geeigneten linearen Substitution auf die ι_ν eine Orthogonalbasis von J. Zufolge (1.5) transformiert dieselbe lineare Substitution die $\varkappa_\nu$ in eine Orthogonalbasis von K. Es darf also ohne Beschränkung der Allgemeinheit $\iota_\mu\, \iota_\nu = \varkappa_\mu\, \varkappa_\nu = 0$ für $\mu \neq \nu$ vorausgesetzt werden, während $\iota_\mu^2 = \varkappa_\mu^2 \neq 0$ ist. Wir beginnen mit dem Spezialfall $r = 1$. Jetzt ist entweder $(\iota_1 - \varkappa_1)^2 \neq 0$ oder $(\iota_1 + \varkappa_1)^2 \neq 0$; andernfalls wäre

$$(\iota_1 + \varkappa_1)^2 + (\iota_1 - \varkappa_1)^2 = 2(\iota_1^2 + \varkappa_1^2) = 4\iota_1^2 = 0,$$

was einen Widerspruch darstellt, da die Charakteristik von k nicht 2 sein sollte. Es sei etwa $(\iota_1 + \varkappa_1)^2 \neq 0$. Der auf $\iota_1 + \varkappa_1$ senkrechte Teilraum S hat wegen (1.2) die Dimension $n-1$, er enthält nicht $\iota_1 + \varkappa_1$, dagegen ist $\iota_1 - \varkappa_1$ wegen

$$(\iota_1 - \varkappa_1)(\iota_1 + \varkappa_1) = \iota_1^2 - \varkappa_1^2 = 0$$

in S enthalten. Es sei $(\omega_1, \ldots, \omega_{n-2}, \iota_1 - \varkappa_1)$ eine Basis von S. Nun wird durch

$$\mathsf{T}\,\omega_\nu = -\omega_\nu, \quad \mathsf{T}(\iota_1 - \varkappa_1) = -(\iota_1 - \varkappa_1), \quad \mathsf{T}(\iota_1 + \varkappa_1) = \iota_1 + \varkappa_1 \tag{1.6}$$

ein Automorphismus T von R definiert. Es ist

$$\mathsf{T}\,\iota_1 = \mathsf{T}\Big(\frac{1}{2}(\iota_1 + \varkappa_1) + \frac{1}{2}(\iota_1 - \varkappa_1)\Big) = \varkappa_1,$$

$$\mathsf{T}\,\varkappa_1 = \mathsf{T}\Big(\frac{1}{2}(\iota_1 + \varkappa_1) - \frac{1}{2}(\iota_1 - \varkappa_1)\Big) = \iota_1,$$

d. h. T erfüllt das Verlangte. Ist aber $(\iota_1 + \varkappa_1)^2 = 0$ und $(\iota_1 - \varkappa_1)^2 \neq 0$, so betrachte man an Stelle von S den zu $\iota_1 - \varkappa_1$ senkrechten Teilraum und definiere T an Stelle von (1.6) durch

$$\mathsf{T}\,\omega_\nu = \omega_\nu, \quad \mathsf{T}\,(\iota_1 + \varkappa_1) = \iota_1 + \varkappa_1, \quad \mathsf{T}\,(\iota_1 - \varkappa_1) = -(\iota_1 - \varkappa_1). \tag{1.7}$$

Im Falle $r > 1$ liefert diese Schlußweise zunächst ein T_1, so daß $\varkappa_1 = \mathsf{T}_1\,\iota_1$ ist. Man betrachte die Vektoren $\varkappa_2, \ldots, \varkappa_r$ und $\iota_2' = \mathsf{T}_1\,\iota_2, \ldots, \iota_r' = \mathsf{T}_1\,\iota_r$ als Vektoren des zu $\varkappa_1$ senkrechten Teilraumes R'. Dieser ist nach Satz 1.2 halbeinfach. Nun gibt es einen Automorphismus T_2' von R', welcher ι_2' in $\varkappa_2$ überführt: $\mathsf{T}_2'\,\iota_2' = \varkappa_2$, und T_2' kann durch die Festsetzungen $\mathsf{T}_2\,\alpha' = \mathsf{T}_2'\,\alpha'$ für $\alpha' \in R'$, $\mathsf{T}_2\,\varkappa_1 = \varkappa_1$ zu einem Automorphismus T_2 von R erweitert werden. Es ist also

$$\mathsf{T}_2\,\mathsf{T}_1\,\iota_1 = \varkappa_1, \quad \mathsf{T}_2\,\mathsf{T}_1\,\iota_2 = \varkappa_2.$$

Im ganzen r-malige Anwendung der Schlußweise liefert die Behauptung.

Der Satz 1.4 gilt auch ohne die Voraussetzung $|\iota_\mu\,\iota_\nu| \neq 0$, was der Leser zur Übung selber beweisen möge. Zum Zweck einer späteren Anwendung werde der Beweis in dem Spezialfalle $r = 1$ ausgeführt. Es seien ι_1 und $\varkappa_1$ zwei isotrope Vektoren. Wegen der Halbeinfachheit von R gibt es Vektoren $\iota_2', \varkappa_2'$ so, daß $\iota_1\,\iota_2' \neq 0$, $\varkappa_1\,\varkappa_2' \neq 0$ ist. Man setze

$$\iota_2 = -\frac{\iota_2'^2}{2(\iota_1\,\iota_2')^2}\,\iota_1 + \frac{1}{\iota_1\,\iota_2'}\,\iota_2', \quad \varkappa_2 = -\frac{\varkappa_2'^2}{2(\varkappa_1\varkappa_2')^2}\,\varkappa_1 + \frac{1}{\varkappa_1\,\varkappa_2'}\,\varkappa_2'.$$

Dann ist $\iota_1^2 = \varkappa_1^2 = 0$, $\iota_1\,\iota_2 = \varkappa_1\,\varkappa_2 = 1$, $\iota_2^2 = \varkappa_2^2 = 0$ und $|\iota_\mu\,\iota_\nu| \neq 0$. Nach Satz 1.4 gibt es einen Automorphismus, welcher ι_1 in $\varkappa_1$ überführt.

4. Darstellung der Automorphismen durch Spiegelungen. Die Bedeutung des Satzes 1.4 liegt nicht allein in seinem geometrisch evidenten Inhalt, sondern auch besonders in seinem Beweise, welcher jeden Automorphismus T von R/k aus einfachen Bausteinen zusammenzusetzen lehrt. Für einen beliebigen halbeinfachen Teilraum S bezeichnet man den Automorphismus T_S als die *Spiegelung an S*, welcher jeden Vektor aus S fest läßt, während T_S jeden auf S senkrechten Vektor ξ in $-\xi$ überführt. Hierbei ist die Spiegelung Γ an dem Nullraum $S = 0$ als Grenzfall mitzuzählen, diese transformiert jeden Vektor ξ in $-\xi$. Die durch (1.6) und (1.7) definierten T sind Spiegelungen an $k(\iota_1 + \varkappa_1)$ bzw. dem zu $k(\iota_1 - \varkappa_1)$ senkrechten Teilraum.

Man gehe von einer beliebigen Orthogonalbasis (ι_ν) von R/k aus. T sei ein Automorphismus von R/k und $\varkappa_\nu = \mathsf{T}\,\iota_\nu$. Durch die ι_ν und $\varkappa_\nu$ ist T eindeutig festgelegt. Die obige Schlußweise liefert eine Zerlegung von T in ein Produkt spezieller Automorphismen von R. Diese sind die Spiegelungen an den Teilräumen

$$S_1 = k(\varkappa_1 \pm \iota_1), \quad S_2 = k(\varkappa_1, \varkappa_2 \pm \mathsf{T}_1\,\iota_2), \quad S_3 = k(\varkappa_1, \varkappa_2, \varkappa_3 \pm \mathsf{T}_2\,\mathsf{T}_1\,\iota_3), \text{ usw.}$$

oder an den zu ihnen senkrechten Teilräumen $S_1', S_2', \ldots$. Indessen brauchen nicht alle diese Spiegelungen wirklich aufzutreten. Wir haben damit folgenden Satz von E. Cartan und J. Dieudonné bewiesen:

Satz 1.5. *Jeder Automorphismus von R/k läßt sich als Produkt von höchstens n Spiegelungen an halbeinfachen Teilräumen von R darstellen.*

Besonderes Interesse verdienen die Spiegelungen

$$\Omega_\iota: \qquad \Omega_\iota \xi = \xi - \frac{2\xi\iota}{\iota^2}\cdot\iota \tag{1.8}$$

an dem zu ι senkrechten Teilraum, wenn ι irgendein nicht isotroper Vektor ist. Durch diese läßt sich offenbar jede Spiegelung darstellen. Bedeutet nämlich T die Spiegelung an dem halbeinfachen Teilraum S von R, und ist $\iota_1, \ldots, \iota_r$ eine Orthogonalbasis des zu S senkrechten Teilraumes S', so gilt

$$\mathsf{T} = \Omega_{\iota_1}\cdot\ldots\cdot\Omega_{\iota_r}.$$

Satz 1.6. *Jeder Automorphismus von R läßt sich als ein Produkt der Spiegelungen (1.8) schreiben.*

5. Die Irreduzibilität der orthogonalen Gruppe. Wir brauchen später den

Satz 1.7. *Ist $\alpha \neq 0$ ein beliebiger Vektor aus R, und durchläuft T alle Automorphismen von R, so spannen die Vektoren $\mathsf{T}\alpha$ den ganzen Raum R auf. Einzig die folgende Ausnahme ist möglich: k ist der Primkörper der Charakteristik 3, R besitzt eine Basis (α_1, β), wobei $\alpha_1^2 + \beta^2 = 0$, $\alpha_1^2 \neq 0$ ist*[2].

Beweis. Es sei zunächst $\alpha^2 = 0$. Nach der Bemerkung im Anschluß an Satz 1.4 entstehen alle isotropen Vektoren β durch Ausübung von Automorphismen T auf α. Mithin ist zu zeigen: jeder Vektor γ läßt sich als Summe isotroper Vektoren schreiben (sofern R überhaupt isotrope Vektoren enthält). Da R halbeinfach sein sollte, ist nicht für jeden Vektor β aus R: $\alpha\beta = 0$. Es sei β' ein Vektor mit $\alpha\beta' \neq 0$ und $\beta = \frac{1}{\alpha\beta'}\beta' - \frac{\beta'^2}{2(\alpha\beta')^2}\alpha$, also $\alpha\beta = 1, \beta^2 = 0$. γ sei ein beliebiger Vektor. Im Falle $\alpha\gamma = \beta\gamma = 0$ setze man

$$\gamma' = \gamma + \frac{1}{2}\alpha - \gamma^2\cdot\beta,$$

woraus sich $\gamma'^2 = 0$ ergibt. Damit ist γ als die Summe der drei isotropen Vektoren $-\frac{1}{2}\alpha, \gamma^2\beta, \gamma'$ dargestellt worden. Ist dagegen $\alpha\gamma \neq 0$ bzw. $\beta\gamma \neq 0$, so ist

$$\gamma = \gamma'' + \frac{\gamma^2}{2\alpha\gamma}\alpha \quad \text{bzw.} \quad \gamma = \gamma'' + \frac{\gamma^2}{2\beta\gamma}\beta$$

eine Darstellung von γ als Summe zweier isotroper Vektoren $\frac{\gamma^2}{2\alpha\gamma}\alpha$ bzw. $\frac{\gamma^2}{2\beta\gamma}\beta$ und γ''.

Jetzt sei $\alpha^2 \neq 0$. Sämtliche Vektoren $\mathsf{T}\alpha$ spannen einen Teilraum S von R auf, von dem zu zeigen ist, daß er mit R zusammenfällt. Nach dem bereits Bewiesenen ist das dann der Fall, wenn S einen isotropen

Vektor enthält. Wir nehmen daher an, S enthalte keinen solchen Vektor, und S sei $\neq R$. Dann ist S sicher halbeinfach. Es wird nun zunächst ein Vektor β aus dem zu S senkrechten Teilraum S' gesucht, für welchen $\alpha^2 + \beta^2 \neq 0$ ist. Ein isotroper Vektor β aus S' leistet das Verlangte. Wenn S' indessen anisotrop ist, so nehme man einen beliebigen Vektor β und ersetze ihn, falls $\alpha^2 + \beta^2 = 0$ ausfällt, durch $b\beta$ mit einem b in k, welches man so bestimmt, daß $(b\beta)^2 = b^2\beta^2 \neq \beta^2 = -\alpha^2$ ist. Dies ist stets möglich, außer wenn k der Primkörper der Charakteristik 3 ist. In diesem Ausnahmefalle sei die Dimension von S' größer als 1, $(\omega_1, \omega_2, \ldots)$ eine Basis von S', und

$$(\omega_1 x_1 + \omega_2 x_2 + \cdots)^2 = f_{11} x_1^2 + (2 f_{12} x_1 + f_{22} x_2)\, x_2 + \cdots.$$

S' sollte keinen isotropen Vektor enthalten; also ist $f_{11} \neq 0$, $f_{22} \neq 0$. Man setze $x_1 = 1$ und kann dann x_2 so bestimmen, daß $2 f_{12} x_1 + f_{22} x_2$ entweder 1 oder -1 ist. Nicht beide Male fällt dabei $x_2 = 0$ aus. Wählt man also x_2 so, daß $(2 f_{12} x_1 + f_{22} x_2)\, x_2 \neq 0$ ist, und setzt $x_3 = \cdots = 0$, so wird $(\omega_1 x_1 + \omega_2 x_2)^2 \neq \omega_1^2$; mithin wird $\beta = \omega_1$ oder $\beta = \omega_1 x_1 + \omega_2 x_2$ das Verlangte leisten. Diese Schlußweise ist möglich, solange die Dimension von S' größer als 1 ist. Ist die Dimension von S' endlich gleich 1, so darf man noch α durch einen anderen Vektor $\alpha_1 \neq 0$ aus S ersetzen, ohne die Allgemeinheit zu beeinträchtigen. Es wird ein solches α_1 gesucht, für welches $\alpha_1^2 + \beta^2 \neq 0$ ist, wenn β der einzige Basisvektor von S' ist. Nur dann existiert ein solches α_1 nicht, wenn auch S die Dimension 1 hat; damit sind wir bei dem Ausnahmefall von Satz 1.7 angelangt.

Wir schreiben der Einfachheit halber α statt α_1 und gehen aus von den beiden Vektoren α und β, von welchen bekannt ist:

$$\alpha^2 \neq 0, \quad \alpha\beta = 0, \quad \alpha^2 + \beta^2 \neq 0.$$

Es werde gesetzt

$$\varrho = \alpha + \beta$$

$$\sigma = r\alpha + s\beta, \qquad (r = \beta^2,\ s = -\alpha^2)$$

dann ist

$$\varrho^2 = \alpha^2 + \beta^2 \neq 0, \qquad \varrho\sigma = r\alpha^2 + s\beta^2 = 0,$$

und ferner $s \neq 0$, $r - s \neq 0$. Die Spiegelung T an dem halbeinfachen zu $k(\varrho)$ senkrechten Teilraum von R liefert dann:

$$\mathsf{T}\varrho = -\varrho, \quad \mathsf{T}\sigma = \sigma, \quad \mathsf{T}\alpha = \frac{r+s}{r-s}\alpha + \frac{2s}{r-s}\beta.$$

Nun sollte aber S der umfassendste durch alle $\mathsf{T}\alpha$ erzeugte Teilraum von R sein und β nicht in S liegen. Die letzte Gleichung widerspricht dieser Voraussetzung. Damit ist Satz 1.7 bewiesen.

Eine andere Formulierung von Satz 1.7 ist

Satz 1.8. *Außer dem in Satz 1.7 genannten Ausnahmefall ist die Gruppe $\mathfrak{O}$, aufgefaßt als eine Gruppe linearer Substitutionen in dem Vektorraum R, irreduzibel.*

6. Die Ähnlichkeitstransformationen sind Abbildungen Σ von Vektoren aus R/k auf ebensolche Vektoren, welche die Eigenschaften

$$1.\ \Sigma(a\alpha) = a(\Sigma\alpha); \quad 2.\ \Sigma(\alpha+\beta) = \Sigma\alpha + \Sigma\beta;$$
$$3.\ (\Sigma\alpha)(\Sigma\beta) = s\cdot\alpha\beta,\ s \neq 0$$

haben. Die Zahl s in 3. heißt die *Norm* von Σ; sie wird

$$s = n(\Sigma)$$

geschrieben. Es ist evident, daß die Ähnlichkeitstransformationen eine Gruppe $\mathfrak{S}$ bilden. Bei der Multiplikation zweier Elemente Σ_1 und Σ_2 von $\mathfrak{S}$ gilt

$$n(\Sigma_1\Sigma_2) = n(\Sigma_1)\,n(\Sigma_2).$$

Die Gruppen R und $\mathfrak{S}$ bilden ebenso wie R und $\mathfrak{O}$ ein Gruppenpaar. *Es ist besonders das Gruppenpaar $\{R, \mathfrak{S}\}$, welches als Träger der Zahlentheorie der metrischen Räume angesehen werden kann.*

Welche Zahlen aus k als Normen von Ähnlichkeitstransformationen auftreten können, hängt wesentlich von k und R/k ab. Wir werden diese Frage weiter unten für den Fall beantworten, daß k ein algebraischer Zahlkörper oder seine perfekte Hülle im Sinne einer Bewertung ist. Im allgemeinen ist nicht jede Zahl aus k die Norm einer Ähnlichkeitstransformation. Wir definieren daher: zwei Systeme $\iota_1, \ldots, \iota_r$ und $\varkappa_1, \ldots, \varkappa_r$ von je r linear unabhängigen Vektoren heißen *ähnlich*, wenn

$$\varkappa_\mu\,\varkappa_\nu = s\cdot\iota_\mu\,\iota_\nu \tag{1.9}$$

mit einer Zahl $s \neq 0$ in k gilt, welche Norm einer Ähnlichkeitstransformation ist. Entsprechend heißen zwei Teilräume J und K von R *ähnlich*, wenn sie ähnliche Basen besitzen.

§ 2. Die Typen metrischer Räume.

Eine wichtige Aufgabe der Algebra der metrischen Räume ist die, sämtliche über einem Körper k existierenden metrischen Räume R durch invariante Bestimmungsstücke zu beschreiben. Zu diesen gehört jedenfalls nicht die metrische Fundamentalform, durch welche R definiert wird, denn diese ist jeweils einer speziellen Basis von R zugeordnet und ändert sich bei Wechsel der Basis. Die genannte Aufgabe wird für eine Reihe von speziellen Körpern k im II. und V. Kapitel gelöst. Als Grundlage dient der wichtige *Isomorphiesatz von Witt*[3]:

Satz 2.1. *Sind zwei halbeinfache Teilräume S_1 und S_2 eines halbeinfachen Raumes R isomorph, so gilt dasselbe für die zu ihnen senkrechten Teilräume S_1' und S_2' von R.*

Beweis. Nach Satz 1.4 gibt es einen Automorphismus T von R derart, daß $S_2 = \mathsf{T}\, S_1$ ist. Dann folgt sofort $S_2' = \mathsf{T}\, S_1'$, und die Behauptung ist damit bereits bewiesen.

Eine andere mögliche Formulierung von Satz 2.1 nimmt auf die metrischen Fundamentalformen $s_1(x_1, \ldots, x_n)$, $s_2(x_1, \ldots, x_n)$, $s_1'(x_{n+1}, \ldots, x_m)$, $s_2'(x_{n+1}, \ldots, x_m)$ von S_1, S_2, S_1', S_2' Bezug: *sind die Formen s_1 und s_2 mit Koeffizienten in k ineinander transformierbar sowie die Formen $s_1 + s_1'$ und $s_2 + s_2'$, so sind es auch s_1' und s_2'.*

Satz 2.2. *Ein halbeinfacher Raum R läßt sich darstellen als eine direkte Summe*

$$R = R_0 + N_1 + N_2 + \cdots, \tag{2.1}$$

wo R_0 anisotrop oder der Nullraum ist und die N_ν sämtlich isomorph mit dem Raum $N = k(\nu_1, \nu_2)$ sind, dessen Multiplikationstabelle $\nu_1^2 = \nu_2^2 = 0$, $\nu_1 \nu_2 = 1$ lautet. Hierbei ist R_0 durch R bis auf Isomorphie eindeutig bestimmt.

Beweis. Enthält R einen isotropen Vektor λ, so gibt es in R stets einen Vektor $\varkappa$ mit $\varkappa \lambda = 1$. Man ersetze noch gegebenenfalls $\varkappa$ durch $\varkappa - \frac{\varkappa^2}{2} \lambda$, dann ist $N_1 = k(\lambda, \varkappa)$ ein halbeinfacher mit N isomorpher Teilraum von R. Nach Satz 2.1 ist N_1' durch R bis auf Isomorphie eindeutig bestimmt. Die Schlußweise kann fortgesetzt werden, bis man bei einem anisotropen Raum R_0 oder dem Nullraum anlangt.

Den Raum R_0 im abstrakten Sinne wollen wir den *Kernraum* von R nennen. Zwei Räume R und S sollen *kerngleich* heißen ($R \sim S$), wenn ihre Kernräume R_0 und S_0 isomorph sind. Die Gesamtheiten kerngleicher Räume werden *Raumtypen* oder kurz *Typen* genannt; wir bezeichnen sie mit großen deutschen Buchstaben.

Satz 2.3. *Die Raumtypen bilden eine additive abelsche Gruppe, wenn man die Summe zweier Typen erklärt als den Typ, der durch die direkte Summe je eines Repräsentanten von ihnen gegeben ist.*

Beweis. Daß die erklärte Addition nicht von der Auswahl der Repräsentanten abhängt, geht aus Satz 2.1 hervor. Die Gültigkeit des assoziativen und kommutativen Gesetzes ist klar. Der Nulltyp $\mathfrak{N}$ besteht aus der Gesamtheit der Räume (2.1), wo R_0 der Nullraum ist. Ist $R = k(\iota_1, \ldots, \iota_n)$ ein beliebiger Raum, und wird $S = k(\varkappa_1, \ldots, \varkappa_n)$ definiert durch

$$\varkappa_\mu \varkappa_\nu = - \iota_\mu \iota_\nu,$$

so gilt für die durch R und S definierten Typen $\mathfrak{R} + \mathfrak{S} = \mathfrak{N}$. Zum Beweise darf man annehmen, (ι_ν) sei eine Orthogonalbasis von R. Dann ist $(\varkappa_\nu)$ eine Orthogonalbais von S. Jetzt ist

$$R + S = k\left(\frac{\iota_1 + \varkappa_1}{2\,\iota_1^2},\ \iota_1 - \varkappa_1\right) + k\left(\frac{\iota_2 + \varkappa_2}{2\,\iota_2^2},\ \iota_2 - \varkappa_2\right) + \cdots,$$

wobei nach Definition der $\varkappa_\nu$ gilt:

$$\left(\frac{\iota_1 + \varkappa_1}{2\,\iota_1^2}\right)^2 = (\iota_1 - \varkappa_1)^2 = 0, \quad \frac{\iota_1 + \varkappa_1}{2\,\iota_1^2}\,(\iota_1 - \varkappa_1) = 1, \quad \text{usw.}$$

Also $R + S$ gehört zum Nulltyp.

Die Gruppe der Raumtypen heißt nach ihrem Entdecker die *Wittsche Gruppe*.

Eine Invariante eines Typs $\mathfrak{R}$ ist die Restklasse $\nu(\mathfrak{R})$ mod 2 der Dimension eines Raumes R aus $\mathfrak{R}$, der *Dimensionsindex*. Eine weitere Invariante von $\mathfrak{R}$ ist offenbar die bereits oben definierte Diskriminante, nämlich die Quadratklasse

$$\Delta(R) = (-1)^{n(n-1)/2}\, 2^{-n}\, |\,\omega_\mu\, \omega_\nu\,|\,, \tag{2.2}$$

wenn (ω_ν) eine Basis eines Repräsentanten R von $\mathfrak{R}$ ist. Sie heißt die *Diskriminante* von $\mathfrak{R}$ und wird auch $\Delta(\mathfrak{R})$ geschrieben.

Für Typen von geradem Dimensionsindex gilt

$$\Delta(\mathfrak{R} + \mathfrak{S}) = \Delta(\mathfrak{R})\,\Delta(\mathfrak{S})\,. \tag{2.3}$$

Die (multiplikative) Gruppe der Quadratklassen in k ist daher (ersichtlich tritt jede Quadratklasse als Diskriminante eines Typs auf) ein homomorphes Bild der (additiven) Gruppe der Raumtypen von geradem Dimensionsindex über k. Schon dieser Umstand läßt vermuten, daß die invariante Kennzeichnung aller metrischer Räume R/k nicht ohne genaue Kenntnisse über den Grundkörper k möglich sein wird.

§ 3. Die Automorphismengruppe eines istropen Raumes[4].

1. Die Erzeugung von $\mathfrak{O}$ aus gewissen Untergruppen. In den Paragraphen 3—5 handelt es sich vornehmlich um die Automorphismengruppe $\mathfrak{O}$ eines metrischen Raumes R an sich. In § 3 wird R als isotrop vorausgesetzt. Das Hauptresultat ist Satz 3.1, eine Art von Parameterdarstellung des allgemeinen Elements von $\mathfrak{O}$.

Ein isotroper Raum R wurde dadurch charakterisiert, daß er einen isotropen Vektor enthält. Nach Satz 2.2 ist ein solcher Raum eine direkte Summe

$$R = R_0 + N,$$

wobei N ein zweidimensionaler Raum des Nulltyps ist. R_0 ist dadurch bis auf Isomorphie eindeutig gekennzeichnet; irgendwelche Voraussetzungen über R_0 werden nicht gemacht, außer daß R_0 selbstverständlich halbeinfach ist. Für N legen wir die Basis (ι_1, ι_2) mit dem Multiplikationsschema

$$\iota_1^2 = \iota_2^2 = 0, \quad \iota_1\, \iota_2 = 1 \tag{3.1}$$

zugrunde.

Jedem Vektor ω aus R_0 wird durch die Festsetzungen

$$\begin{aligned} \mathsf{E}^1_\omega \xi &= \xi + \xi \iota_1 \cdot \omega - \xi \omega \cdot \iota_1 - \frac{1}{2} \omega^2 \cdot \xi \iota_1 \cdot \iota_1, \\ \mathsf{E}^2_\omega \xi &= \xi + \xi \iota_2 \cdot \omega - \xi \omega \cdot \iota_2 - \frac{1}{2} \omega^2 \cdot \xi \iota_2 \cdot \iota_2 \end{aligned} \tag{3.2}$$

ein Paar von Automorphismen E^1_ω, E^2_ω von R zugeordnet[5]. Daß dies in der Tat Automorphismen sind, verifiziert man durch Ausrechnung der Produkte

$$(\mathsf{E}^i_\omega \xi)(\mathsf{E}^i_\omega \eta) = \xi \eta \qquad (i = 1, 2)$$

für beliebige Vektoren ξ, η aus R unter Beachtung von (3.1) und $\iota_i \omega = 0$.

Aus (3.2) ergeben sich unmittelbar die Gleichungen

$$\mathsf{E}^i_{\omega_1} \mathsf{E}^i_{\omega_2} = \mathsf{E}^i_{\omega_1 + \omega_2} \qquad (i = 1, 2) \tag{3.3}$$

für zwei Vektoren ω_1 und ω_2 aus R_0. Die E^i_ω bilden also zwei abelsche Untergruppen $\mathfrak{E}^1$, $\mathfrak{E}^2$ von $\mathfrak{O}$, welche mit der additiven Gruppe der Vektoren ω aus R_0 isomorph sind.

Neben den E^i_ω können noch folgende Automorphismen von R angegeben werden:

Ψ: $\Psi \omega = \omega$, $\Psi \iota_1 = \iota_2$, $\Psi \iota_2 = \iota_1$ $\quad (\omega \in R_0)$.

P_r: $\mathsf{P}_r \omega = \omega$, $\mathsf{P}_r \iota_1 = \frac{1}{r} \iota_1$, $\mathsf{P}_r \iota_2 = r \iota_2$; $r \neq 0$ in k.

Ω_0: ein Automorphismus von R_0, welcher durch die Festsetzungen $\Omega_0 \iota_1 = \iota_1$, $\Omega_0 \iota_2 = \iota_2$ zu einem Automorphismus von R fortgesetzt wird.

Die P_r und die Ω_0 bilden Gruppen $\mathfrak{R}$ und $\mathfrak{O}_0$, welche mit der multiplikativen Gruppe der Zahlen $r \neq 0$ aus k und der Gruppe der Automorphismen von R_0 isomorph sind.

Zwischen diesen Automorphismen bestätigt man mit Hilfe von (3.1) und (3.2) sofort die folgenden Relationen:

$$\Psi^2 = 1, \quad \Psi^{-1} \mathsf{E}^1_\omega \Psi = \mathsf{E}^2_\omega, \quad \Psi^{-1} \mathsf{P}_r \Psi = \mathsf{P}_{r^{-1}}, \quad \Psi^{-1} \Omega_0 \Psi = \Omega_0, \tag{3.4}$$

wenn das Einheitselement von $\mathfrak{O}$ mit dem Symbol 1 bezeichnet wird; ferner

$$\mathsf{P}_r \mathsf{P}_s = \mathsf{P}_{rs}, \quad \mathsf{P}_r^{-1} \mathsf{E}^1_\omega \mathsf{P}_r = \mathsf{E}^1_{r\omega}, \quad \mathsf{P}_r^{-1} \mathsf{E}^2_\omega \mathsf{P}_r = \mathsf{E}^2_{r^{-1}\omega} \tag{3.5}$$

und

$$\Omega_0^{-1} \mathsf{E}^1_\omega \Omega_0 = \mathsf{E}^1_{\Omega_0^{-1}\omega}, \quad \Omega_0^{-1} \mathsf{E}^2_\omega \Omega_0 = \mathsf{E}^2_{\Omega_0^{-1}\omega}. \tag{3.6}$$

Schließlich sind $\mathfrak{R}$ und $\mathfrak{O}_0$ elementweise vertauschbar:

$$\mathsf{P}_r \Omega_0 = \Omega_0 \mathsf{P}_r. \tag{3.7}$$

Satz 3.1. *Ein beliebiges Element* T *von* $\mathfrak{O}$ *sei vorgelegt. Es gibt mindestens einen Vektor* ω *in* R_0, *so, daß*

$$\iota_1 \cdot \mathsf{E}^2_{-\omega} \mathsf{T} \mathsf{E}^2_\omega \iota_2 = \mathsf{E}^2_\omega \iota_1 \cdot \mathsf{T} \iota_2 = \left(\omega + \iota_1 - \frac{1}{2} \omega^2 \cdot \iota_2\right) \cdot \mathsf{T} \iota_2 \neq 0$$

ist. Zu jedem solchen ω *gibt es genau zwei Vektoren* ω_1, ω_2 *in* R_0, *genau einen Automorphismus* Ω_0 *von* R_0 *und genau eine Zahl* $r \neq 0$ *in* k, *daß*

$$\mathsf{T} = \mathsf{E}^2_\omega\, \mathsf{E}^1_{\omega_1}\, \mathsf{E}^2_{\omega_2}\, \Omega_0\, \mathsf{P}_r\, \mathsf{E}^2_{-\omega} \tag{3.8}$$

gilt.

Ist R_0 *ein anisotroper Raum, so kann ein* T *der Eigenschaft* $\iota_1 \cdot \mathsf{T}\, \iota_2 = 0$ *eindeutig in der Form*

$$\mathsf{T} = \mathsf{E}^1_\omega\, \Psi\, \Omega_0\, \mathsf{P}_r \tag{3.9}$$

dargestellt werden.

In der Regel ist $\iota_1 \cdot \mathsf{T}\, \iota_2 \neq 0$. Dann liefert also $\mathsf{T} = \mathsf{E}^1_{\omega_1}\, \mathsf{E}^2_{\omega_2}\, \Omega_0\, \mathsf{P}_r$ eine eindeutige Parameterdarstellung von $\mathfrak{D}$, sofern man eine solche für $\mathfrak{D}_0$ schon hat. Sie versagt jedoch in Ausnahmefällen. Ausnahmslos gültige Parameterdarstellungen für $\mathfrak{D}$ kennt man übrigens nur für alle 2- und 3-dimensionalen sowie gewisse 4- und 6-dimensionale Räume (s. § 5). Der Beweis für Satz 3.1 wird in Nr. 3 geführt.

2. Eine Darstellung der Automorphismen durch Matrizen erhält man, indem man die Wirkung von T auf den allgemeinen Vektor von R studiert:

$$\mathsf{T}\, \xi = \mathsf{T}\, (\xi_0 + \iota_1 x_1 + \iota_2 x_2) = \eta = \eta_0 + \iota_1 y_1 + \iota_2 y_2,$$

dabei durchlaufe ξ_0 alle Vektoren aus R_0 und x_1, x_2 alle Zahlen aus k; entsprechend wird η aufgespalten. Offenbar sind η_0, y_1, y_2 lineare Funktionen der ξ_0, x_1, x_2. Es besteht also ein Gleichungssystem

$$\begin{aligned} \eta_0 &= \mathsf{A}\, \xi_0 + \alpha_1\, x_1 + \alpha_2\, x_2, \\ y_1 &= \beta_1\, \xi_0 + c_{11}\, x_1 + c_{12}\, x_2, \\ y_2 &= \beta_2\, \xi_0 + c_{21}\, x_1 + c_{22}\, x_2, \end{aligned}$$

wobei $\mathsf{A}; \beta_1, \beta_2; \alpha_1, \alpha_2$ lineare Operatoren sind, welche R_0 in R_0; R_0 auf k; k auf Vektoren aus R_0 abbilden. Ersichtlich darf man $\beta_1, \ldots, \alpha_2$ als Vektoren auffassen. Man kann jetzt dem Automorphismus T das Koeffizientenschema dieses Gleichungssystems zuordnen. Die Hintereinander-Ausführung oder kurz: Multiplikation ergibt

$$\begin{pmatrix} \mathsf{A} & \alpha_1 & \alpha_2 \\ \beta_1 & c_{11} & c_{12} \\ \beta_2 & c_{21} & c_{22} \end{pmatrix} \begin{pmatrix} \mathsf{A}' & \alpha_1' & \alpha_2' \\ \beta_1' & c_{11}' & c_{12}' \\ \beta_2' & c_{21}' & c_{22}' \end{pmatrix}$$

$$= \begin{pmatrix} \mathsf{A}\mathsf{A}' + [\alpha_1, \beta_1'] + [\alpha_2, \beta_2'] & \mathsf{A}\,\alpha_1' + \alpha_1\, c_{11}' + \alpha_2\, c_{21}' & \mathsf{A}\,\alpha_2' + \alpha_1\, c_{12}' + \alpha_2\, c_{22}' \\ \beta_1 \mathsf{A}' + c_{11}\, \beta_1' + c_{12}\, \beta_2' & \beta_1\, \alpha_1' + c_{11}\, c_{11}' + c_{12}\, c_{12}' & \beta_1\, \alpha_2' + c_{11}\, c_{12}' + c_{12}\, c_{22}' \\ \beta_2 \mathsf{A}' + c_{21}\, \beta_1' + c_{22}\, \beta_2' & \beta_2\, \alpha_2' + c_{21}\, c_{11}' + c_{22}\, c_{21}' & \beta_2\, \alpha_2' + c_{21}\, c_{12}' + c_{22}\, c_{22}' \end{pmatrix},$$

dabei ist für zwei beliebige Vektoren α, β der Operator $[\alpha, \beta]$ erklärt durch

$$[\alpha, \beta]\, \xi_0 = \alpha \cdot \beta \xi_0{}^6,$$

und das Produkt $\beta \mathsf{A}$ eines Vektors β und eines Operators A wird formal als ein Vektor betrachtet, für welchen die Gleichung

$$(\beta \mathsf{A})\, \xi_0 = \beta\, (\mathsf{A}\, \xi_0)$$

besteht. Ist A ein Automorphismus von R_0, so gilt offenbar

$$(\beta \mathsf{A})\, \xi_0 = \mathsf{A}^{-1} \beta \cdot \xi_0 \qquad \text{oder} \qquad \beta \mathsf{A} = \mathsf{A}^{-1} \beta .$$

Zwei weitere nützliche Regeln für den speziellen Operator $[\alpha, \beta] = \mathsf{A}$ folgen sofort aus der Definition:

$$\gamma\, [\alpha, \beta] = \gamma\, \alpha \cdot \beta, \quad [\alpha, \beta]\, [\gamma, \delta] = \beta\, \gamma\, [\alpha, \delta] .$$

Die Automorphismen aus Nr. 1 stellen sich jetzt so dar[7]:

$$\mathsf{E}^1_\omega : \begin{pmatrix} 1 & 0 & \omega \\ -\omega & 1 & -\frac{1}{2}\omega^2 \\ 0 & 0 & 1 \end{pmatrix}, \quad \mathsf{E}^2_\omega : \begin{pmatrix} 1 & \omega & 0 \\ 0 & 1 & 0 \\ -\omega & -\frac{1}{2}\omega^2 & 1 \end{pmatrix},$$

$$\Omega_0 : \begin{pmatrix} \Omega_0 & 0 & 0 \\ 0 & 1 & 0 \\ 0 & 0 & 1 \end{pmatrix}, \quad \mathsf{P}_r : \begin{pmatrix} 1 & 0 & 0 \\ 0 & r^{-1} & 0 \\ 0 & 0 & r \end{pmatrix}, \quad \Psi : \begin{pmatrix} 1 & 0 & 0 \\ 0 & 0 & 1 \\ 0 & 1 & 0 \end{pmatrix}.$$

Hierbei ist der Einheitsoperator für R_0 durch das Symbol 1 bezeichnet worden. Das Produkt (3.8) schreibt sich im Falle $\omega = 0$ so:

$$\begin{pmatrix} (1 - [\omega_1, \omega_2])\, \Omega_0 & r^{-1}\, \eta_1 & r\, \omega_1 \\ -\Omega_0^{-1}\, \eta_2 & s & -p_1 \\ -\Omega_0^{-1}\, \omega_2 & -p_2 & r \end{pmatrix}, \tag{3.10}$$

wobei folgende Abkürzungen verwendet wurden:

$$\begin{aligned} \eta_1 &= \omega_2 - \frac{1}{2}\, \omega_2^2 \cdot \omega_1, \quad p_1 = \frac{r}{2}\, \omega_1^2, \\ \eta_2 &= \omega_1 - \frac{1}{2}\, \omega_1^2 \cdot \omega_2, \quad p_2 = \frac{1}{2\,r}\, \omega_2^2, \end{aligned} \qquad s = \frac{1}{r}\left(1 - \omega_1 \omega_2 + \frac{1}{4}\, \omega_1^2 \cdot \omega_2^2\right). \tag{3.11}$$

Man entnimmt dieser Matrixdarstellung nach kurzer Rechnung die Formel

$$\mathsf{E}^2_\omega\, \Psi = \mathsf{E}^1_{-(\frac{1}{2}\omega^2)^{-1}\omega}\, \mathsf{E}^2_{-\omega}\, \Omega_\omega\, \mathsf{P}_{-\frac{1}{2}\omega^2} \quad \text{für} \quad \omega^2 \neq 0, \tag{3.12}$$

wenn $\Omega_\omega = 1 - \frac{2}{\omega^2}\, [\omega, \omega]$ der Automorphismus (1.8) von R_0 ist. Wendet man (3.12) auf den ersten Faktor in dem Produkt $\mathsf{E}^2_{\omega_1}\, \mathsf{E}^1_{\omega_2} = \mathsf{E}^2_{\omega_1}\, \Psi \cdot \mathsf{E}^2_{\omega_2}\, \Psi$ an, so entsteht

$$\mathsf{E}^2_{\omega_1}\, \mathsf{E}^1_{\omega_2} = \mathsf{E}^1_{-(\frac{1}{2}\omega_1^2)^{-1}\omega_1}\, \mathsf{E}^2_{-\lambda_2}\, \Psi\, \Omega_{\omega_1}\, \mathsf{P}_{-(\frac{1}{2}\omega_1^2)^{-1}} \quad \text{für} \quad \omega_1^2 \neq 0, \tag{3.13}$$

wobei λ_2 aus

$$\lambda_1 = \frac{\omega_2 - \frac{1}{2}\, \omega_2^2 \cdot \omega_1}{1 - \omega_1\, \omega_2 + \frac{1}{4}\, \omega_1^2 \cdot \omega_2^2}, \quad \lambda_2 = (1 - \omega_1\, \omega_2)\, \omega_1 + \frac{1}{2}\, \omega_1^2 \cdot \omega_2 \tag{3.14}$$

zu entnehmen ist. Auf $\mathsf{E}^2_{-\lambda_2}\Psi$ kann man unter der Voraussetzung $\lambda_2^2 \neq 0$ wiederum (3.12) anwenden und kommt dann auf

$$\mathsf{E}^2_{\omega_1}\mathsf{E}^1_{\omega_2} = \mathsf{E}^1_{\lambda_1}\mathsf{E}^2_{\lambda_2}\Omega_{\lambda_2}\Omega_{\omega_1}\mathsf{P}_{1-\omega_1\omega_2+\frac{1}{4}\omega_1^2\cdot\omega_2^2} \quad \text{für} \begin{cases} \omega_1^2 \neq 0 & (3.15) \\ 1-\omega_1\omega_2+\frac{1}{4}\omega_1^2\cdot\omega_2^2 \neq 0. \end{cases}$$

Ein Spezialfall von (3.15) ist

$$\mathsf{E}^2_{s\omega}\mathsf{E}^1_{\omega} = \mathsf{E}^1_{(1-s\omega^2/2)^{-1}\omega}\mathsf{E}^2_{s(1-s\omega^2/2)\omega}\mathsf{P}_{(1-s\omega^2/2)^2} \quad \text{für } 1-\frac{s}{2}\omega^2 \neq 0. \quad (3.16)$$

Alle diese Formeln werden unten benutzt.

Zur Verdeutlichung der in Nr. 1 angegebenen Erzeugung der Gruppe $\mathfrak{O}$ werde ein Sonderfall betrachtet. Es sei $n = 3$ und ι_0 mit $\iota_0^2 = 2$ ein Basisvektor von R_0. Die Faktorgruppe von $\mathfrak{O}$ nach ihrem Zentrum[8] erweist sich als isomorph mit der Faktorgruppe der Gruppe der nicht singulären zweireihigen Matrizen in k nach deren Zentrum. Und zwar besteht die Isomorphie in der Zuordnung

$$\begin{gathered} \mathsf{E}^1_{x\iota_0} \to \begin{pmatrix} 1 & 0 \\ -x & 1 \end{pmatrix}, \quad \mathsf{E}^2_{x\iota_0} \to \begin{pmatrix} 1 & x \\ 0 & 1 \end{pmatrix}, \quad \Psi \to \begin{pmatrix} 0 & 1 \\ -1 & 0 \end{pmatrix}, \\ \mathsf{P}_r \to \begin{pmatrix} r & 0 \\ 0 & 1 \end{pmatrix}, \quad \Omega_{\iota_0} \to \begin{pmatrix} 1 & 0 \\ 0 & -1 \end{pmatrix}. \end{gathered} \quad (3.17)$$

Zum Beweise braucht man nur die Relationen (3.3) bis (3.7) und (3.12) nachzuprüfen. Wie unten gezeigt wird, definieren diese Relationen die Gruppe $\mathfrak{O}$ (vgl. hierzu auch § 5, Nr. 3).

3. Beweis für Satz 3.1. Wir zeigen zunächst, daß ein T bei gegebenem Vektor ω auf höchstens eine Art (3.8) darstellbar ist[9]. In der Tat folgt aus

$$\mathsf{E}^1_{\omega_1}\mathsf{E}^2_{\omega_2}\Omega_0\mathsf{P}_r = \mathsf{E}^1_{\omega_1'}\mathsf{E}^2_{\omega_2'}\Omega_0'\mathsf{P}_{r'}:$$

$$\mathsf{E}^1_{\omega_1''}\mathsf{E}^2_{\omega_2''} = \Omega_0''\mathsf{P}_{r''} \quad (3.18)$$

mit

$$\omega_1'' = \omega_1 - \omega_1', \quad \omega_2'' = \omega_2 - r''^{-1}\Omega_0''^{-1}\omega_2', \quad \Omega_0'' = \Omega_0'\Omega_0^{-1}, \quad r'' = r' r^{-1}.$$

Anwendung von (3.18) auf den Vektor ι_2 liefert nun

$$\omega_1'' - \frac{1}{2}\omega_1''^2 \cdot \iota_1 + \iota_2 = r''\iota_2,$$

demnach ist $\omega_1'' = 0$, $r'' = 1$. Da $\mathfrak{E}^2$ und $\mathfrak{O}_0$ nur das Einheitselement gemeinsam haben, folgt weiter $\omega_2'' = 0$, $\Omega_0'' = 1$. Also ist $\omega_1 = \omega_1'$, $\omega_2 = \omega_2'$, $\Omega_0 = \Omega_0'$, $r = r'$.

Ebenso kann im Falle der Gleichung (3.9) verfahren werden.

Jetzt sei ein beliebiger Automorphismus T von R vorgelegt; man setze

$$\mathsf{T}\iota_2 = \tau + t_1\iota_1 + t_2\iota_2, \quad (3.19)$$

wobei τ in R_0 liegt. Ist hier $t_2 = \iota_1 \cdot \mathsf{T}\iota_2 = 0$, so ersetze man T mit einem Vektor ω aus R_0 durch

$$\mathsf{T}^* = \mathsf{E}^2_{-\omega}\mathsf{T}\,\mathsf{E}^2_{\omega}.$$

Wegen $\mathsf{E}^2_\omega \iota_2 = \iota_2$ wird

$$\mathsf{T}^* \iota_2 = \tau - t_1 \omega + t_1 \iota_1 + \left(\tau \omega - \frac{1}{2} t_1 \omega^2\right) \iota_2 = \tau^* + t_1^* \iota_1 + t_2^* \iota_2 .$$

Ist auch noch $t_1 = 0$, so ist $\tau \neq 0$, und man kann ein ω mit $\tau \omega = t_2^* = \iota_1 \cdot \mathsf{T}^* \iota_2 \neq 0$ finden. Ist indessen $t_1 \neq 0$, so gehe man von einem beliebigen ω_0 mit $\omega_0^2 \neq 0$ aus und setze $\omega = s\, \omega_0$. Da der Körper k mehr als 2 Elemente enthält, gibt es in k ein $s \neq 0$ so, daß $s\left(\tau \omega_0 - \frac{s}{2} t_1 \omega_0^2\right) \neq 0$ wird.

Indem man nötigenfalls T durch T^* ersetzt, darf man nunmehr $t_2 \neq 0$ voraussetzen. Es wird dann

$$\mathsf{T}' = \mathsf{P}_{t_2^{-1}} \mathsf{E}^1_{-t_2^{-1}\tau} \mathsf{T}$$

gebildet, wofür man unter Benutzung der Formel $(\mathsf{T} \iota_2)^2 = \tau^2 + 2\, t_1 t_2 = 0$ leicht $\mathsf{T}' \iota_2 = \iota_2$ verifiziert. Weiterhin sei

$$\mathsf{T}' \iota_1 = \varrho + r_1 \iota_1 + r_2 \iota_2$$

mit ϱ in R_0. Aus $\mathsf{T}' \iota_1 \cdot \mathsf{T}' \iota_2 = \mathsf{T}' \iota_1 \cdot \iota_2 = 1$ folgt $r_1 = 1$. Für $\mathsf{T}'' = \mathsf{E}^2_{-\varrho} \mathsf{T}'$ gilt demnach

$$\mathsf{T}'' \iota_1 = \iota_1, \quad \mathsf{T}'' \iota_2 = \iota_2 .$$

Also T'' ist ein Automorphismus Ω_0 von R_0 und

$$\mathsf{T} = \mathsf{E}^1_{t_2^{-1}\tau} \mathsf{P}_{t_2} \mathsf{E}^2_\varrho \Omega_0 = \mathsf{E}^1_{t_2^{-1}\tau} \mathsf{E}^2_{t_2 \varrho} \Omega_0 \mathsf{P}_{t_2},$$

womit die Darstellung (3.8) geleistet ist.

Ist R_0 ein anisotroper Raum, so läßt sich auf die beiden ersten Faktoren auf der rechten Seite von

$$\mathsf{T} = \mathsf{E}^2_\omega \mathsf{E}^1_{\omega_1} \mathsf{E}^2_{\omega_2} \Omega_0 \mathsf{P}_r \mathsf{E}^2_{-\omega} = \mathsf{E}^2_\omega \mathsf{E}^1_{\omega_1} \mathsf{E}^2_{\omega_2'} \Omega_0 \mathsf{P}_r$$

die Formel (3.13) anwenden. Fällt dabei $\lambda_2 \neq 0$ aus, so ist auch $\lambda_2^2 \neq 0$, und man kann T durch Anwendung von (3.12) in die Gestalt (3.8) mit $\omega = 0$ bringen. Wenn aber $\lambda_2 = 0$ ist, hat T die Gestalt (3.9).

Eine Folge dieses Schlusses und der eindeutigen Darstellbarkeit von T in einer der Formen (3.8), (3.9) ist die, daß die Gruppe $\mathfrak{O}$ durch $\mathfrak{O}_0$, sowie die Relationen (3.3) bis (3.7), (3.12) definiert wird. Nämlich jede zwischen den erzeugenden Elementen von $\mathfrak{O}$ bestehende Relation läßt sich allein mittels der erwähnten Relationen in die Identität abbauen. Von dieser Tatsache wurde bereits in Nr. 2 Gebrauch gemacht; eine weitere Anwendung folgt in § 5.

4. Die Struktur der Gruppe $\mathfrak{O}$. Stellt man einen Automorphismus T mittels einer Basis (α_ν) von R als lineare Substitution

$$\mathsf{T}\, \alpha_\nu = \sum_{\mu=1}^{n} \alpha_\mu t_{\mu\nu} \qquad (3.20)$$

dar, so ist die Determinante $|t_{\mu\nu}|$ bekanntlich von der Basis unabhängig. Aus $|\alpha_\mu \alpha_\nu| = |\mathsf{T}\alpha_\mu \cdot \mathsf{T}\alpha_\nu|$ folgt $|t_{\mu\nu}|^2 = 1$, also $|t_{\mu\nu}| = \pm 1$. Man nennt T *eigentlich* oder *uneigentlich*, je nachdem $|t_{\mu\nu}| = 1$ oder $= -1$ ist.

Die Berechnung für die E^i_ω, Ψ, P_r, Ω_ω ist eine elementare Aufgabe, die dem Leser überlassen werden darf. Diese Determinante fällt gleich 1 aus für die E^i_ω, P_r und gleich -1 für die Ψ, Ω_ω.

Satz 3.2. *Die eigentlichen* T *bilden einen Normalteiler* $\mathfrak{D}^+$ *von* $\mathfrak{D}$, *welcher in* $\mathfrak{D}$ *den Index 2 hat.*

Man nennt $\mathfrak{D}^+$ die *engere orthogonale Gruppe.* Sie ist ersichtlich nicht nur für isotrope, sondern ebenso für anisotrope Räume definiert.

Satz 3.3. *Durch die Elemente von* $\mathfrak{E}^1$ *und* $\mathfrak{E}^2$ *wird ein Normalteiler* $\bar{\mathfrak{D}}$ *von* $\mathfrak{D}^+$ *erzeugt. Jedes Element* T *von* $\mathfrak{D}^+$ *läßt sich in der Weise*

$$\mathsf{T} = \bar{\mathsf{T}}\, \mathsf{P}_s \tag{3.21}$$

schreiben, wobei s einem fest gewählten Repräsentantensystem der Quadratklassen von k angehört und $\bar{\mathsf{T}}$ *in* $\bar{\mathfrak{D}}$ *liegt.* (n wird > 2 angenommen.)

Stellt man T *in der Weise (3.8) und das dabei auftretende* Ω_0 *als ein Produkt*

$$\Omega_0 = \Omega_{\beta_1} \Omega_{\beta_2} \ldots \tag{3.22}$$

von Spiegelungen (1.8) dar, so ist die Quadratklasse von s gleich $r \cdot \frac{1}{2}\beta_1^2 \cdot \frac{1}{2}\beta_2^2 \cdots$.

Wir müssen hier die Frage offen lassen, ob dieses Bestimmungsverfahren für s eindeutig ist. Sie wird in § 4 bejaht. Das hat zur Folge, daß einander die Nebengruppen von $\bar{\mathfrak{D}}$ in $\mathfrak{D}^+$ und die Quadratklassen in k eineindeutig entsprechen. Also

Corollar. *Die Quadratklasse von s ist in der angegebenen Weise eindeutig bestimmt, und die Faktorgruppe* $\mathfrak{D}^+/\bar{\mathfrak{D}}$ *ist isomorph mit der Gruppe der Quadratklassen in k.*

Beweis. Wegen (3.16) enthält die durch $\mathfrak{E}^1$ und $\mathfrak{E}^2$ erzeugte Untergruppe $\bar{\mathfrak{D}}$ von $\mathfrak{D}^+$ sämtliche P_{r^2}.

Aus (3.15) folgt ferner

$$\Omega_{\lambda_2} \Omega_{\omega_1} \mathsf{P}_t = \mathsf{E}^2_{-\lambda_2} \mathsf{E}^1_{-\lambda_1} \mathsf{E}^2_{\omega_1} \mathsf{E}^1_{\omega_2} \tag{3.23}$$

mit

$$t = \frac{\lambda_2^2}{\omega_1^2},\; \omega_2 = \frac{2}{\omega_1^2}\left(\lambda_2 + \left(1 - \frac{2\,\omega_1 \lambda_2}{\omega_1^2}\right)\omega_1\right),\; \lambda_1 = \frac{\omega_2 - \frac{1}{2}\,\omega_2^2 \cdot \omega_1}{t}.$$

Auf der linken Seite von (3.23) dürfen nicht-isotrope Vektoren λ_2 und ω_1 beliebig gegeben werden, dann ist die rechte in $\bar{\mathfrak{D}}$ berechenbar. Es ist dabei

$$\frac{1}{2}\,\lambda_2^2 \cdot \frac{1}{2}\,\omega_1^2 \cdot t = \left(\frac{1}{2}\,\lambda_2^2\right)^2. \tag{3.24}$$

Es sei nun T in (3.8) ein beliebiges Element von $\mathfrak{D}^+$, und für das entsprechende Ω_0 gelte (3.22). Die Anzahl der β_ν ist dabei gerade, etwa $2\,m$. Man setze nun

$$r_1 = \frac{\beta_1^2}{\beta_2^2}, \ldots, \; r_m = \frac{\beta_{2m-1}^2}{\beta_{2m}^2}, \quad s = \frac{r}{r_1 \ldots r_m}$$

und bilde das Produkt (3.8) so um:

$$\begin{aligned} \mathsf{T} = (\mathsf{E}^2_\omega{}' \mathsf{E}^1_{\omega_1} \mathsf{E}^2_{\omega_2-\omega}) (\mathsf{E}^2_\omega \Omega_{\beta_1} \Omega_{\beta_2} \mathsf{P}_{r_1} \mathsf{E}^2_{-\omega}) \cdots \\ (\mathsf{E}^2_\omega \Omega_{\beta_{2m-1}} \Omega_{\beta_{2m}} \mathsf{P}_{r_m} \mathsf{E}^2_{-\omega}) (\mathsf{E}^2_{(1-s)\omega}) \mathsf{P}_s . \end{aligned} \tag{3.25}$$

Die eingeklammerten Faktoren sind wegen (3.23), (3.24) sämtlich in $\overline{\mathfrak{D}}$ enthalten. Damit ist die Darstellung (3.21) bereits geleistet. Da auch P_{r^2} in $\overline{\mathfrak{D}}$ liegt, kann man den letzten Faktor P_s noch so normieren, daß s einem vorgegebenen Repräsentantensystem der Quadratklassen von k angehört.

Satz 3.4. *Ist die Dimension von R größer als 2, so besteht das Zentrum $\mathfrak{Z}$ von $\mathfrak{D}$ aus der Identität und der Spiegelung Γ an dem Nullraum.*

Beweis. Es sei ι ein nicht isotroper Vektor und Z ein Element von $\mathfrak{Z}$. Für die Spiegelung $\Omega_\iota = 1 - \frac{2}{\iota^2}[\iota, \iota]$ gilt $\mathsf{Z}\,\Omega_\iota\,\mathsf{Z}^{-1} = \Omega_{\mathsf{Z}\iota} = \Omega_\iota$. Folglich sind ι und $\mathsf{Z}\,\iota$ linear abhängig: $\mathsf{Z}\,\iota = z\,\iota$. $\mathsf{T}_1, \ldots$ sei ein nach Satz 1.7 existierendes System von Elementen aus $\mathfrak{D}$, für welches $\mathsf{T}_1\,\iota, \ldots$ den ganzen Raum R aufspannen. Es ist $\mathsf{Z}\,\mathsf{T}_1\,\iota = \mathsf{T}_1\,\mathsf{Z}\,\iota = z\,\mathsf{T}_1\,\iota, \ldots$ also gilt $\mathsf{Z}\,\iota = z\,\iota$ für alle ι aus R. Die Gleichung $(\mathsf{Z}\,\iota)^2 = z^2\,\iota^2 = \iota^2$ ergibt $z = \pm 1$, wie zu beweisen war.

Weitere invariante Untergruppen als die in den Sätzen 3.2 bis 3.4 angegebenen besitzt $\mathfrak{D}$ i.a. nicht, wie E. Cartan für den Körper aller reeller Zahlen als Grundkörper k, L. E. Dickson für endliches k und J. Dieudonné in der folgenden allgemeinsten Form gezeigt haben:

Satz 3.5. *Für einen isotropen Raum ist die Faktorgruppe*

$$\mathfrak{D}^* = \overline{\mathfrak{D}}/\overline{\mathfrak{D}} \cap \mathfrak{Z}$$

einfach, abgesehen von den folgenden Ausnahmen:

1. $n = 2$,
2. $n = 3$ *und k ist der Primkörper von 3 Elementen,*
3. $n = 4$ *und die metrische Fundamentalform von R läßt sich in k in $x_1 x_2 - x_3 x_4$ transformieren*[10].

Den dritten Ausnahmefall kann man auch so kennzeichnen: $n = 4$ und R_0 ist isotrop.

Es ist übrigens zu bemerken, daß Satz 3.5 für anisotrope Räume nicht immer gilt, vgl. dazu § 10, Nr. 1.

5. Beweis für Satz 3.5. Ein Hilfssatz ist vorauszuschicken: *Satz 1.7 gilt auch dann, wenn T nur die Elemente von $\mathfrak{D}^+$ durchläuft, es sei denn R ein isotroper Raum der Dimension 2.* Der hier genannte Ausnahmefall schließt ersichtlich den obigen ein. Zum Beweise ist im Anschluß an Satz 1.7 nur noch das Folgende zu zeigen: ist $\beta = \mathsf{T}\,\alpha$, so ist entweder T eigentlich, oder es gibt ein uneigentliches T' mit $\mathsf{T}'\,\alpha = \alpha$. Dann ist auch $\beta = \mathsf{T}\mathsf{T}'\,\alpha$, und $\mathsf{T}\mathsf{T}'$ ist eigentlich. Ist $\alpha^2 \neq 0$, so wählen wir für T' eine Spiegelung (1.8) in dem zu α senkrechten Teilraum und setzen

T' durch die Festsetzung $\mathsf{T}'\alpha = \alpha$ zu einem Automorphismus von R fort. Ist $\alpha^2 = 0$, so gibt es einen Vektor γ mit $\alpha\gamma \neq 0$. Der Raum $k(\alpha, \gamma)$ ist dann halbeinfach. Nach der Voraussetzung ist $k(\alpha, \gamma) \neq R$, und man nimmt wie im Falle $\alpha^2 \neq 0$ für T' eine Spiegelung in dem zu $k(\alpha, \gamma)$ senkrechten Teilraum.

Der Beweis für Satz 3.5 vereinfacht sich unter der folgenden Annahme: *wenn k der Primkörper der Charakteristik 3 ist, so soll $n > 4$ sein.* Ist k dieser Ausnahmekörper und $n = 4$, so ist R_0 laut Voraussetzung anisotrop. In diesem Spezialfalle ist die Gruppe $\mathfrak{O}^*$ isomorph mit der entsprechend gebildeten Gruppe für einen dreidimensionalen isotropen Raum über $k(\sqrt{-1})$, wie wir in § 5 zeigen werden. Für die letztere Gruppe ist der folgende Beweis gültig, und somit beschränkt obige Zusatzannahme nicht die Allgemeinheit.

Es sei jetzt $\mathfrak{N}^*$ ein Normalteiler von $\mathfrak{O}^*$, der nicht nur das Einselement enthält. Alle bei der Abbildung $\overline{\mathfrak{O}} \rightarrow \mathfrak{O}^*$ auf $\mathfrak{N}^*$ abgebildeten Elemente von $\overline{\mathfrak{O}}$ bilden dann einen Normalteiler $\overline{\mathfrak{N}}$ von $\overline{\mathfrak{O}}$, welcher ein Element $\mathsf{N} \neq 1, \neq \Gamma^{11}$ enthält, und von welchem zu zeigen ist, daß er mit $\overline{\mathfrak{O}}$ zusammenfällt. Der Beweis verläuft in 3 Einzelschritten.

1. Es sei $\mathsf{N} = \mathsf{E}^1_\omega \neq 1$. Man nehme ein eigentliches Ω_0 und bestimme s auf Grund von Satz 3.3 so, daß $\Omega_0 \mathsf{P}_s$ in $\overline{\mathfrak{O}}$ liegt. Mit E^1_ω enthält $\overline{\mathfrak{N}}$ auch

$$(\Omega_0 \mathsf{P}_s)^{-1} \mathsf{E}^1_\omega \Omega_0 \mathsf{P}_s = \mathsf{E}^1_{s\Omega_0^{-1}\omega} = \mathsf{E}^1_{\omega'} \neq 1$$

und

$$\mathsf{E}^1_{-\omega'}, \quad \mathsf{P}_{r_1^2}^{-1} \mathsf{E}^1_{\omega'} \mathsf{P}_{r_1^2} (\mathsf{P}_{r_2^2}^{-1} \mathsf{E}^1_{\omega'} \mathsf{P}_{r_2^2})^{-1} = \mathsf{E}^1_{(r_1^2 - r_2^2)\omega'} = \mathsf{E}^1_{x\omega'}.$$

Mit

$$r_1 = \frac{1}{2}(x+1), \quad r_2 = \frac{1}{2}(x-1), \quad x \neq \pm 1$$

wird $r_1^2 - r_2^2 = x$ eine beliebige Zahl $\neq \pm 1$ aus k; es ist dabei $r_1 r_2 \neq 0$. Durchläuft Ω_0 alle Elemente aus $\mathfrak{O}_0^+$, so spannen die $x\omega'$ nach dem Hilfssatz den ganzen Raum R_0 auf, abgesehen von dem Ausnahmefall 3. Es ist mithin $\mathfrak{E}^1 \subset \overline{\mathfrak{N}}$. Das Element $\Psi \Omega_\omega \mathsf{P}_s$, wobei $\omega^2 \neq 0$ und $-\frac{1}{2}\omega^2 s$ eine Quadratzahl ist, erweist sich nach (3.12) als in $\overline{\mathfrak{O}}$ gelegen; daher ist auch $\mathfrak{E}^2 = (\Psi \Omega_\omega \mathsf{P}_s)^{-1} \mathfrak{E}^1 (\Psi \Omega_\omega \mathsf{P}_s) \subset \overline{\mathfrak{N}}$. Also ist $\overline{\mathfrak{N}} = \overline{\mathfrak{O}}$, und der Beweis ist erbracht.

2. Es sei

$$\mathsf{N} = \mathsf{E}^1_\omega \Omega_0 \mathsf{P}_r, \tag{3.26}$$

$\mathsf{N} \neq \mathsf{E}^1_\omega$. Gibt es in R_0 einen Vektor α so, daß $\Omega_0 \alpha$ und α linear unabhängig sind, so wird das ebenfalls in $\overline{\mathfrak{N}}$ gelegene Element

$$\mathsf{E}^1_{-\alpha} \mathsf{N} \, \mathsf{E}^1_\alpha \mathsf{N}^{-1} = \mathsf{E}^1_{r^{-1}\Omega_0\alpha - \alpha} \tag{3.27}$$

gebildet, und der Fall 1. liegt vor. Ist hingegen $\Omega_0 \alpha = p_\alpha \alpha$ für jeden Vektor α, so muß gelten: $p_\alpha \alpha + p_\beta \beta = p_{\alpha+\beta}(\alpha + \beta)$, also $p_\alpha = p_{\alpha+\beta} = p_\beta$,

d. h. $\Omega_0 \alpha = p \alpha$. Weiter folgt $p = \pm 1$, also $\Omega_0 = 1$ oder $= \Gamma_0$. Auch jetzt noch kann das Element (3.27) von 1 verschieden sein, es sei denn $\Omega_0 = \Gamma_0$, $r = -1$. In diesem Ausnahmefall ist

$$\mathsf{N}^2 = \mathsf{E}^1_{2\omega}$$

in $\overline{\mathfrak{N}}$ gelegen. Es liegt also wiederum der Fall 1. vor, ausgenommen wenn $\omega = 0$, d. h. $\mathsf{N} = \Gamma_0 \mathsf{P}_{-1} = \Gamma$ ist, und das war ausgeschlossen worden.

Die Überlegungen 1. bis 2. gelten aus Symmetriegründen auch dann, wenn $\mathfrak{E}^1$ durch $\mathfrak{E}^2$ ersetzt wird.

3. Sämtliche Elemente der Form (3.26) bilden eine Untergruppe $\mathfrak{U}^1$ von $\mathfrak{O}^+$. In den beiden ersten Beweisschritten wurde gezeigt: Es gibt keinen Normalteiler $\overline{\mathfrak{N}}$ von $\overline{\mathfrak{O}}$ außer $\overline{\mathfrak{O}}$ selber, der mit $\mathfrak{U}^1$ ein Element $\mathsf{N} \neq 1, \neq \Gamma$ gemeinsam hat. Nunmehr sei

$$\mathsf{N} = \mathsf{E}^1_{\omega_1} \mathsf{E}^2_{\omega_2} \Omega_0 \mathsf{P}_r, \qquad \omega_2 \neq 0; \tag{3.28}$$

nach Satz 3.1 wird hiermit bereits der allgemeinste Fall erfaßt. Wir zeigen zunächst, daß die Gruppe

$$\mathfrak{T} = \mathfrak{U}^1 \overline{\mathfrak{N}} = \overline{\mathfrak{N}} \mathfrak{U}^1$$

mit $\mathfrak{O}^+$ zusammenfällt. Mit dem Element (3.28) enthält $\mathfrak{T}$ auch $\mathsf{E}^2_{\omega_2} \neq 1$. Die Schlußweise unter 1. zeigt dann: $\mathfrak{E}^2 \subset \mathfrak{T}$, während $\mathfrak{E}^1 \subset \mathfrak{T}$ aus der Definition von $\mathfrak{T}$ folgt. Also ist in der Tat $\mathfrak{T} = \mathfrak{O}^+$.

Ist σ ein beliebiger nicht isotroper Vektor aus R_0 und $-\frac{1}{2}\sigma^2 s$ eine Quadratzahl in k, so gehört $\Psi \Omega_\sigma \mathsf{P}_s$ zu $\overline{\mathfrak{O}}$ und läßt sich wegen $\mathfrak{T} = \mathfrak{O}^+$ in der Weise

$$\Psi \Omega_\sigma \mathsf{P}_s = \mathsf{E}^1_{-\omega} \overline{\mathsf{N}} \Omega_0' \mathsf{P}_{r'}, \qquad \overline{\mathsf{N}} \in \overline{\mathfrak{N}}$$

darstellen; also gibt es in $\overline{\mathfrak{N}}$ ein

$$\overline{\mathsf{N}} = \mathsf{E}^1_\omega \Psi \Omega_0'' \mathsf{P}_{r''}^{-1}.$$

Damit enthält $\overline{\mathfrak{N}}$ auch

$$\mathsf{N}' = \overline{\mathsf{N}}^{-1} \mathsf{E}^1_{-\alpha} \overline{\mathsf{N}} \mathsf{E}^1_\alpha = \mathsf{E}^2_{-r'' \Omega_0''^{-1} \alpha} \mathsf{E}^1_\alpha, \tag{3.29}$$

wo α ganz beliebig gewählt werden kann. Multipliziert man (3.28) von links mit (3.29), wobei $\alpha = -\omega_1$ genommen wird, so erhält man in $\overline{\mathfrak{N}}$:

$$\mathsf{N}'' = \mathsf{E}^2_{\omega_2 + r'' \Omega_0''^{-1} \omega_1} \Omega_0 \mathsf{P}_r,$$

welches bis auf die Vertauschung des oberen Index die Gestalt (3.26) hat, und einer der Fälle 1. oder 2. liegt vor. Es könnte höchstens sein, daß $\mathsf{N}'' = 1$ oder $= \Gamma$ ist. Dann müßte in (3.28): $\Omega_0 \mathsf{P}_r = 1$ oder $= \Gamma$ sein.

Transformiert man (3.29) mit E^2_β, so entsteht

$$\mathsf{N}''' = \mathsf{E}^2_\beta \mathsf{N}' \mathsf{E}^2_{-\beta} = \mathsf{E}^2_\gamma \mathsf{E}^1_\alpha \mathsf{E}^2_{-\gamma - r'' \Omega_0''^{-1} \alpha}, \quad (\gamma = \beta - r'' \Omega_0''^{-1} \alpha) \tag{3.30}$$

und hier sind α und γ beliebig wählbar. Ist k nicht der Primkörper der Charakteristik 3, so nehme man α und γ folgendermaßen:

$$\frac{1}{2}\alpha^2 = a \neq 0, \quad \gamma = t\alpha, \quad 1 - \alpha\gamma + \frac{1}{4}\alpha^2\gamma^2 = (1 - t\,a)^2 \neq 0, \quad \neq 1.$$

Jetzt formt sich (3.30) mittels (3.16) so um:

$$\mathsf{N}''' = \mathsf{E}^1_{\omega_1'}\,\mathsf{E}^2_{\omega_2'}\,\mathsf{P}_{(1-ta)^2},$$

das ist die Gestalt (3.28) mit $\Omega_0\,\mathsf{P}_r \neq 1, \neq \Gamma$. Wenn aber k der Primkörper der Charakteristik 3 ist, sollte R_0 mindestens die Dimension 3 haben. Jetzt wähle man α, γ so, daß

$$\alpha^2 \neq 0, \quad \gamma^2 \neq 0, \quad \alpha\gamma = 0, \quad \alpha^2 \neq -\gamma^2$$

ist. Wendet man auf die beiden ersten Faktoren rechts in (3.30) die Formel (3.15) an, so erhält man

$$\mathsf{N}''' = \mathsf{E}^1_{\lambda_1}\,\mathsf{E}^2_{\lambda_2}\,\Omega_{\gamma+\frac{1}{2}\gamma^2\cdot\alpha}\,\Omega_\gamma\,\mathsf{P}_{-1}\,\mathsf{E}^2_{-\gamma+r''\Omega_0''^{-1}\alpha} = \mathsf{E}^1_{\omega_1'}\,\mathsf{E}^2_{\omega_2'}\,\Omega_0'\,\mathsf{P}_{r'},$$

dieses Element hat wieder die Gestalt (3.28), und es ist

$$\Omega_0'\,\gamma = -\gamma^2\cdot\alpha \neq \pm\gamma,$$

also $\Omega_0'\,\mathsf{P}_{r'} \neq 1, \neq \Gamma$. Damit ist der Beweis fertig.

§ 4. Die Spinor-Darstellung der orthogonalen Gruppe[12].

1. Die Cliffordschen Algebren. Der in Satz 3.3 angegebene Normalteiler von $\mathfrak{O}^+$ kann noch auf eine andere Weise beschrieben werden. Dabei braucht R nicht als isotrop vorausgesetzt zu werden. In dem Zusammenhang wird sich auch die im Anschluß an Satz 3.3 offen gebliebene Frage lösen. Wir definieren zunächst gewisse hyperkomplexe Systeme über k und stellen sodann $\mathfrak{O}^+$ als Untergruppen von deren Multiplikationsgruppen dar.

Einem System $\alpha_1, \ldots, \alpha_r$ von $r \geqq 0$ Vektoren wird ein *Klammersymbol* $(\alpha_1, \ldots, \alpha_r)$ zugeordnet. Die Klammersymbole werden durch die folgenden 4 Postulate zu Elementen eines hyperkomplexen Systems gemacht. Zunächst erklärt man Summen beliebiger Klammersymbole sowie Produkte von ihnen mit Zahlen aus k:

$$(\alpha_1, \ldots, \alpha_r) + (\beta_1, \ldots, \beta_s), \quad a\cdot(\alpha_1, \ldots, \alpha_r),$$

in formaler Weise so, daß ein linearer Vektorraum entsteht, und es gelte

1. $$(\alpha_1, \ldots, \alpha_{s-1},\ a\,\alpha + b\,\beta,\ \alpha_{s+1}, \ldots, \alpha_r)$$
$$= a\cdot(\alpha_1, \ldots, \alpha_{s-1}, \alpha, \alpha_{s+1}, \ldots, \alpha_r) + b\cdot(\alpha_1, \ldots, \alpha_{s-1}, \beta, \alpha_{s+1}, \ldots, \alpha_r)$$

mit beliebigen Zahlen a und b in k, d. h. die Klammersymbole sind lineare Funktionen jeder ihrer Stellen. Das zweite Postulat erklärt die

Multiplikation

2. $$(\alpha_1, \ldots, \alpha_r)\,(\beta_1, \ldots, \beta_s) = (\alpha_1, \ldots, \alpha_r, \beta_1, \ldots, \beta_s),$$

sie ist ersichtlich assoziativ. Das Einheitselement ist das leere Klammersymbol ( ). Es soll das distributive Gesetz

3. $$(A + B)\,U = A\,U + B\,U, \quad U\,(A + B) = U\,A + U\,B$$

gelten und endlich

4. $$(\alpha, \beta) + (\beta, \alpha) = \alpha\,\beta \cdot (\;).$$

Die Summen aller Klammersymbole bilden ein hyperkomplexes System C_1 über k. Ebenso bilden die Summen aller Klammersymbole von geraden Anzahlen von Vektoren ein hyperkomplexes System C_2 über k. C_1 und C_2 heißen die *erste* und die *zweite Cliffordsche Algebra*. Es ist zu zeigen, daß nicht sämtliche Elemente von C_1 oder C_2 mit dem Nullelement übereinstimmen.

Die algebraische Struktur stellt sich am übersichtlichsten dar, wenn man eine Orthogonalbasis (ι_ν) von R zugrunde legt. Führt man die Abkürzung

$$I_\nu = (\iota_\nu) \tag{4.1}$$

ein, so ist das allgemeinste Klammersymbol nach 1. und 2. so ausdrückbar:

$$(\alpha_1, \ldots, \alpha_r) = \left(\sum_{\nu=1}^{n} a_{1\nu}\,\iota_\nu, \ldots, \sum_{\nu=1}^{n} a_{r\nu}\,\iota_\nu\right)$$
$$= \sum_{\nu_1, \ldots, \nu_r = 1}^{n} a_{1\nu_1}\,a_{2\nu_2} \ldots a_{r\nu_r}\,I_{\nu_1}\,I_{\nu_2} \ldots I_{\nu_r}.$$

Nach 4. gilt

$$I_\mu\,I_\nu + I_\nu\,I_\mu = \begin{cases} \iota_\nu^2\,(\;) & \text{für} \quad \mu = \nu, \\ 0 & \text{für} \quad \mu \neq \nu. \end{cases} \tag{4.2}$$

Mittels dieser Regel läßt sich jedes Produkt aus den I_ν in die Form

$$c\,I_{\nu_1}\,I_{\nu_2} \ldots I_{\nu_r} \quad \text{mit} \quad 1 \leq \nu_1 < \nu_2 < \cdots < \nu_r \leq n, \quad c \text{ in } k$$

bringen, und zwar auf genau eine Weise. Mithin schreibt sich das allgemeine Element A von C_1 so:

$$A = a_0\,(\;) + \sum_{\nu=1}^{n} a_\nu\,I_\nu + \sum_{\substack{\nu_1, \nu_2 = 1 \\ \nu_1 < \nu_2}}^{n} a_{\nu_1\nu_2}\,I_{\nu_1}\,I_{\nu_2} + \cdots + a_{1\ldots n}\,I_1 \ldots I_n, \tag{4.3}$$

während bei Elementen von C_2 die erste, dritte, ... Summen fehlen. Die Ränge von C_1 und C_2 sind demnach

$$\binom{n}{0} + \binom{n}{1} + \binom{n}{2} + \cdots + \binom{n}{n} = 2^n, \quad \binom{n}{0} + \binom{n}{2} + \cdots = 2^{n-1}.$$

Somit enthalten sowohl C_1 wie C_2 Elemente, die von dem Nullelement verschieden sind. Die Vielfachen $a \cdot (\;)$ des Einheitselementes bilden einen mit k isomorphen Körper. Identifiziert man diesen mit k, so darf man $(\,) = 1$ schreiben.

Die einzelnen Teilsummen in (4.3) werden wir die *Tensorkomponenten der Stufen* $0, 1, \ldots, n$ nennen. Tritt nur eine einzige auf, so heiße A ein *Tensor.*

Satz 4.1. *Die Zentren Z_1, Z_2 von C_1, C_2 sind*

$$Z_1 = \begin{cases} k, \\ k\,(I_1 \ldots I_n), \end{cases} \quad Z_2 = \begin{cases} k(I_1 \ldots I_n) & \text{für} \quad n \equiv 0 \bmod 2, \\ k & \text{für} \quad n \equiv 1 \bmod 2. \end{cases}$$

Beweis. Es sei (4.3) ein Zentrumselement von C_1, also

$$A = I_1^{-1} A\, I_1 = a_0 + a_1 I_1 - a_2 I_2 - \cdots - a_n I_n$$
$$- a_{12} I_1 I_2 - \cdots - a_{1n} I_1 I_n + a_{23} I_2 I_3 + \cdots.$$

Vergleich mit (4.3) lehrt, da die Charakteristik $\neq 2$ ist, daß alle Koeffizienten $a_{\nu_1 \ldots \nu_r}$ verschwinden, in denen die Anzahl der von 1 verschiedenen Indizes ungerade ist. Da sich A ebenfalls nicht bei Transformation mit $I_2, \ldots, I_n$ ändert, kann A höchstens solche Summanden $a_{\nu_1 \ldots \nu_r} I_{\nu_1} \ldots I_{\nu_r}$ enthalten, in denen die Anzahl der Indizes $\nu_1, \ldots, \nu_r$, welche von einem beliebigen Index ν verschieden sind, gerade ist. Die einzigen Ausdrücke dieser Beschaffenheit sind $a + b\, I_1 \ldots I_n$ und $b \neq 0$ höchstens bei ungeradem n. Damit ist das Zentrum Z_1 von C_1 bestimmt.

Enthält ein Zentrumselement A von C_2 bei seiner Summendarstellung (4.3) einen Summanden $a_{\nu_1 \ldots \nu_r} I_{\nu_1} \ldots I_{\nu_r}$, wobei $r < n$ ist, so wähle man einen Index ν, der von allen $\nu_1, \ldots, \nu_r$ verschieden ist. Transformation von A mit $I_\nu I_{\nu_1}$ kehrt das Vorzeichen dieses Summanden um. So erhält man $a_{\nu_1 \ldots \nu_r} = 0$. Es haben also alle Zentrumselemente von C_2 die Gestalt $a + b\, I_1 \cdots I_n$, dabei kann $b \neq 0$ sein nur bei geradem n.

Die Algebra C_1 für einen zweidimensionalen Raum besitzt eine Basis

$$1,\; J_1 = I_1,\; J_2 = I_2,\; J_3 = I_1 I_2$$

mit der Multiplikationstabelle ($p_\nu = -2^{-1}\, \iota_\nu^2$):

$$J_1^2 = -p_1,\; J_2^2 = -p_2,\; J_3^2 = -p_1 p_2,\; J_3 = J_1 J_2,\; J_\mu J_\nu + J_\nu J_\mu = 0$$

für $\mu \neq \nu$. Ähnliche Bauart hat die zweite Cliffordsche Algebra für einen dreidimendionalen Raum. Eine Basis ist jetzt

$$1,\; J_1 = I_2 I_3,\; J_2 = I_3 I_1,\; J_3 = p_3 I_1 I_2,$$

und es besteht ein ähnliches Multiplikationsschema

$$J_1^2 = -p_2 p_3 = -q_1,\; J_2^2 = -p_1 p_3 = -q_2,\; J_3^2 = -p_1 p_2 p_3^2 = -q_1 q_2,$$
$$J_3 = J_1 J_2,\; J_\mu J_\nu + J_\nu J_\mu = 0.$$

Algebren dieser Art nennt man *Quaternionen-Algebren.* Es sind übrigens die ersten nicht kommutativen Algebren, die studiert wurden, und die Theorie der orthogonalen Gruppe der Dimensionszahl 3 hatte zu ihrer Bildung den Anlaß gegeben.

2. Die Darstellung der Automorphismengruppe von R in C_2. Ein Automorphismus T von R kann durch die Erklärung

$$(\alpha_1, \ldots, \alpha_r)^{\mathsf{T}} = (\mathsf{T}^{-1}\alpha_1, \ldots, \mathsf{T}^{-1}\alpha_r) \tag{4.4}$$

zu einem Automorphismus von C_1 und C_2 gemacht werden. Hierdurch wird $\mathfrak{O}$ auf je eine Untergruppe der Automorphismengruppen von C_1 und C_2 isomorph abgebildet. Wir erinnern an die Definition der eigentlichen Automorphismen zu Beginn von § 3, Nr. 4 und stellen zunächst fest

Satz 4.2. *Dann und nur dann ist T ein eigentlicher Automorphismus von R, wenn die Zentren von C_1 und C_2 bei der Operation (4.4) elementweise fest bleiben.*

Beweis. Man lege wie in Nr. 1 eine Orthogonalbasis (ι_ν) von R zugrunde und stelle T^{-1} in der Weise

$$\mathsf{T}^{-1}\iota_\nu = \sum_\mu \iota_\mu t_{\nu\mu}$$

dar. Man findet nun

$$(I_1 \cdots I_n)^{\mathsf{T}} = (\mathsf{T}^{-1}\iota_1) \cdots (\mathsf{T}^{-1}\iota_n) = \sum \pm t_{\mu_1 1} \cdots t_{\mu_n n} I_1 \cdots I_n,$$

zu summieren über alle Permutationen $\mu_1, \ldots, \mu_n$ der Ziffern $1, \ldots, n$, wobei das Vorzeichen $+$ für gerade und das Zeichen $-$ für ungerade Permutationen zu nehmen ist. Mit anderen Worten

$$(I_1 \cdots I_n)^{\mathsf{T}} = |t_{\mu\nu}|\, I_1 \cdots I_n.$$

Nach Satz 4.1 erzeugt das Produkt $I_1 \cdots I_n$ das Zentrum von C_2 oder C_1, je nachdem n gerade oder ungerade ist. Es bleibt also dann und nur dann bei T elementweise ungeändert, wenn T eigentlich ist.

Spezielle Automorphismen T von C_1 sind die *inneren Automorphismen*, welche jedes Element X von C_1 in

$$X^{\mathsf{T}} = T^{-1} X T \tag{4.5}$$

überführen, wobei T ein Element ist, welches ein inverses besitzt.

Satz 4.3. *Dem durch (4.5) definierten inneren Automorphismus T von C_1 entspricht dann und nur dann vermöge (4.4) ein Automorphismus von R, wenn er jedes eingliedrige Klammersymbol wieder in ein solches überführt.*

Beweis. Mit obiger Orthogonalbasis (ι_ν) bilden wir

$$(\varkappa_\nu) = T^{-1}(\iota_\nu)\, T.$$

Die nach Voraussetzung hierdurch eindeutig bestimmten Vektoren $\varkappa_\nu$ genügen den Gleichungen

$$\varkappa_\mu \varkappa_\nu = (\varkappa_\mu)(\varkappa_\nu) + (\varkappa_\nu)(\varkappa_\mu) = T^{-1}\big((\iota_\mu)(\iota_\nu) + (\iota_\nu)(\iota_\mu)\big)\, T = \iota_\mu \iota_\nu$$

und bilden daher eine zu (ι_ν) isomorphe Orthogonalbasis.

Nach Satz 1.6 läßt sich jeder Automorphismus T von R als Produkt von Spiegelungen $\Omega_\tau = 1 - \frac{2}{\tau^2}[\tau, \tau]$ schreiben, wobei für τ gewisse nichtisotrope Vektoren einzusetzen sind. Eigentliche T sind Produkte von geraden Anzahlen von Spiegelungen und daher auch Produkte gerader Anzahlen von Spiegelungen $\Gamma\,\Omega_\tau$ an den zu $k(\tau)$ senkrechten Teilräumen. Diese letzteren lassen sich aber leicht in der Form (4.5) darstellen. Es sei ξ der allgemeine Vektor von R und τ ein spezieller nicht isotroper. Zu dem eingliedrigen Klammersymbol (τ) invers ist dann

$$(\tau)^{-1} = \frac{2}{\tau^2}\,(\tau).$$

Man findet

$$(\tau)^{-1}(\xi)(\tau) = \frac{2}{\tau^2}(\tau, \xi, \tau) = \frac{2}{\tau^2}\big((\tau, \xi, \tau) + (\xi, \tau, \tau) - (\xi, \tau, \tau)\big)$$
$$= \Big(-\xi + \frac{2\,\tau\,\xi}{\tau^2}\,\tau\Big).$$

Das bedeutet

$$(\tau)^{-1}(\xi)(\tau) = (\Gamma\,\Omega_\tau\,\xi) = \big((\Gamma\,\Omega_\tau)^{-1}\,\xi\big). \tag{4.6}$$

Es folgt hieraus

Satz 4.4. *Zu jedem eigentlichen Automorphismus* T *von* R *gehört ein Element* $T(\mathsf{T})$ *in* C_2, *welches ein inverses besitzt, so daß für den allgemeinen Vektor* ξ *von* R *gilt:*

$$(\xi)^{\mathsf{T}} = (\mathsf{T}^{-1}\,\xi) = T(\mathsf{T})^{-1}(\xi)\,T(\mathsf{T}). \tag{4.7}$$

Ist $\mathsf{T} = \Omega_{\tau_1} \cdots \Omega_{\tau_{2m}}$ *eine Darstellung von* T *als ein Produkt von Spiegelungen (1.8), so ist*[13]

$$T(\mathsf{T}) = (\tau_1, \ldots, \tau_{2m}). \tag{4.8}$$

Satz 4.5. *Zwei zu einem eigentlichen Automorphismus* T *von* R *gehörige Elemente* T *und* T', *welche beide (4.7) befriedigen, unterscheiden sich höchstens um einen Zahlfaktor in* k.

Beweis. $S = T'\,T^{-1}$ ist nämlich mit jedem eingliedrigen Klammersymbol vertauschbar und daher mit jedem Klammersymbol überhaupt. Daher liegt S im Zentrum von C_1 wie von C_2 und nach Satz 4.1 also in k.

Die Vertauschung der Reihenfolge der Vektoren in den Klammersymbolen ist ersichtlich ein Antiautomorphismus A von C_1 und C_2:

$$(\alpha_1, \ldots, \alpha_r)^{\mathsf{A}} = (\alpha_r, \ldots, \alpha_1).$$

Durch

$$t(\mathsf{T}) = T(\mathsf{T})\,T(\mathsf{T})^{\mathsf{A}} = T(\mathsf{T})^{\mathsf{A}}\,T(\mathsf{T}) = \frac{1}{2}\,\tau_1^2 \cdots \frac{1}{2}\,\tau_{2m}^2 \tag{4.9}$$

wird nun jedem eigentlichen Automorphismus T von R eine Quadratklasse $t(\mathsf{T})$ in k zugeordnet; die Zuordnung ist eindeutig zufolge Satz 4.5. Für zwei eigentliche Automorphismen T_1, T_2 bestätigt man sofort die Gleichung

$$t(\mathsf{T}_1\,\mathsf{T}_2) = t\,(\mathsf{T}_1)\,t\,(\mathsf{T}_2). \qquad (4.10)$$

Die Darstellung $\mathsf{T} \to T(\mathsf{T})$ nennt man wegen ihrer erstmaligen Verwendung in der analytischen Theorie des Elektronen-Spin die *Spinor-Darstellung* von $\mathfrak{O}^+$. (Unter einem Spinor wird dort ein Element des — abstrakt aufgefaßten — Darstellungsmoduls verstanden, welcher die reguläre Darstellung von C_2 liefert. In diesem Buch wird von Spinoren nicht die Rede sein.) Die Funktion $t(\mathsf{T})$ heißt die *Spinor-Norm* von T. Sie definiert eine homomorphe Abbildung von $\mathfrak{O}^+$ in die Gruppe der Quadratklassen von k.

Die im Anschluß an Satz 3.3 gebliebene Lücke schließt sich mit

Satz 4.6. *Die in Satz 3.3 (im Falle eines isotropen Raumes R) auftretende Quadratklasse s ist gleich der Spinor-Norm von* T.

Beweis. Es ist zu zeigen, daß die Spinor-Norm von E^1_ω und E^2_ω für beliebiges ω in R_0 gleich 1 ist. Wie man leicht nachrechnet, ist E^1_ω das Produkt der Spiegelungen an den Vektoren ω und $\omega - \frac{\omega^2}{2}\iota_1$. Die Spinor-Norm dieses Produktes ist definitionsgemäß 1. Ferner zeigt eine kurze Rechnung:

$$\mathsf{P}_r = \Omega_{\iota_1 + r\iota_2}\,\Omega_{\iota_1+\iota_2}, \quad \text{also} \quad t(\mathsf{P}_r) = r.$$

Jede Quadratklasse in k tritt als Spinornorm eines $\mathsf{T} = \mathsf{P}_r$ auf.

3. Die Darstellung der Ähnlichkeitstransformationen in C_2 ist ebenfalls möglich. Für eine beliebige Ähnlichkeitstransformation Σ ist die Zuordnung

$$(\alpha_1, \ldots, \alpha_{2r}) \to \widetilde{(\alpha_1, \ldots, \alpha_{2r})} = n\,(\Sigma)^r\,(\Sigma^{-1}\alpha_1, \ldots, \Sigma^{-1}\alpha_{2r}) \qquad (4.11)$$

ersichtlich eine isomorphe Abbildung von C_2 auf sich. Wir benutzen sie, um alle Ähnlichkeitstransformationen in *eigentliche* und *uneigentliche* einzuteilen. Σ heiße eigentlich, wenn das Zentrum von C_2 hierbei elementweise fest bleibt, sonst uneigentlich[14]. Bei ungerader Dimension sind dann nach Satz 4.1 alle Ähnlichkeitstransformationen eigentlich. Die eigentlichen Ähnlichkeitstransformationen bilden eine Untergruppe vom Index 2 in der vollen Gruppe $\mathfrak{S}$, wenn die Dimension gerade ist.

§ 5. Räume der Dimensionen 2 bis 6[15].

1. Zweidimensionale Räume. Es folgen einige Bemerkungen, welche die in § 3 und 4 entwickelte Theorie beleuchten und ergänzen.

Ähnliche Räume haben isomorphe Gruppen von Automorphismen und Ähnlichkeitstransformationen. Indem nötigenfalls ein zweidimensionaler Raum R durch einen ähnlichen ersetzt wird, darf angenommen werden, daß er einen Vektor ε mit $\frac{1}{2}\varepsilon^2 = 1$ enthält. Ein solcher Vektor wird ein für allemal fixiert. Alle auf ε senkrechten Vektoren sind von einem einzigen linear abhängig; π sei ein solcher, und es werde $\frac{1}{2}\pi^2 = p$ geschrieben. Die Quadratklasse von p ist $-\Delta(R)$.

Wir ordnen dem allgemeinen Vektor $\xi = \varepsilon\, x_1 + \pi\, x_2$ das Element $X = x_1 + P\, x_2$ aus der zweiten Cliffordschen Algebra C_2 von R zu, dabei ist $1 = ()$, $P = (\varepsilon, \pi)$ gesetzt worden. Es ist $P^2 = -p$, und

$$\frac{1}{2}\,\xi^2 = n(X) = (x_1 + P\,x_2)\,(x_1 - P\,x_2)$$

ist die *Norm* von X bez. k. Multiplikation von X mit einem Element $S = s_1 + P\, s_2$, dessen Norm nicht verschwindet, induziert in R eine Ähnlichkeitstransformation Σ der Norm $n(\Sigma) = n(S)$:

$$\Sigma\,\xi = \eta = \varepsilon\, y_1 + \pi\, y_2, \quad X\,S = Y = y_1 + P\, y_2.$$

Ist $n(\Sigma) = n(S) = 1$, so liegt ein Automorphismus vor. Es ist

$$\frac{1}{n(S)}\,(\Sigma\,\varepsilon, \Sigma\,\pi) = \frac{1}{s_1^2 + p\,s_2^2}\,(\varepsilon\, s_1 + \pi\, s_2,\ -\varepsilon\, p\, s_2 + \pi\, s_1) = (\varepsilon, \pi), \tag{5.1}$$

nach der Erklärung von § 4, Nr. 3 ist also Σ eine eigentliche Ähnlichkeitstransformation.

Durch $\Phi\,\varepsilon = \varepsilon$, $\Phi\,\pi = -\pi$ wird ein uneigentlicher Automorphismus Φ von R definiert. Man kann nun leicht zeigen: *alle eigentlichen Ähnlichkeitstransformationen werden in der beschriebenen Art erzeugt, alle uneigentlichen entstehen aus den eigentlichen durch Multiplikation mit* Φ. Es sei nämlich Σ irgendeine Ähnlichkeitstransformation und $\Sigma\,\varepsilon = \varepsilon\, s_1 + \pi\, s_2$. Multiplikation von X mit $S = s_1 + P\, s_2$ induziert eine eigentliche Ähnlichkeitstransformation Σ'. $\mathsf{T} = \Sigma\,\Sigma'^{-1}$ läßt den Vektor ε fest und ist daher ein Automorphismus. $\mathsf{T}\,\pi = \pi'$ ist senkrecht auf ε, es ist $\pi^2 = \pi'^2$, und folglich $\pi' = \pm\pi$; also $\mathsf{T} = 1$ oder $= \Phi$, d. h. $\Sigma = \Sigma'$ oder $= \Phi\,\Sigma'$.

Welche Bedeutung hat nun die Spinor-Norm eines eigentlichen Automorphismus T? Nach Satz 4.4 stellt sich T in der Weise

$$(\mathsf{T}^{-1}\,\xi) = T^{-1}\,(\xi)\,T \tag{5.2}$$

dar, und nach Satz 4.5 ist T bis auf einen Faktor in k durch T eindeutig gegeben. Aus (5.1) folgt $P = \frac{2}{\xi^2}\,(\Xi\,\varepsilon, \Xi\,\pi) = \frac{2}{\xi^2}\,(\xi, \Xi\,\pi)$, wenn $\xi = \varepsilon\, x_1 + \pi\, x_2$ und Ξ die durch $X = x_1 + P\, x_2$ gelieferte Ähnlichkeitstransformation ist. Daraus folgt $(\xi)\, P = -P(\xi)$ und nunmehr nach (5.2)

$$(\mathsf{T}^{-1}\,\xi) = (\xi)\,(T^{-1})^{\Phi}\,T = (\xi)\,T^{1-\Phi}.$$

Wird andererseits T durch die Multiplikation von X mit dem Element S definiert, so folgt aus der letzteren Gleichung

$$S = T^{1-\Phi}. \tag{5.3}$$

Die Spinor-Norm ist jetzt, da der Antiautomorphismus A mit Φ übereinstimmt,

$$t\,(\mathsf{T}) = n\,(T).$$

Die Spinor-Norm eines eigentlichen durch ein Element S der Norm 1 dargestellten Automorphismus T *von R ist gleich der Quadratklasse der Norm eines Elementes T von C_2, welches die Gleichung (5.3) befriedigt.*

2. Dreidimensionale Räume. Eine Orthogonalbasis (ι_ν) von R wird zugrunde gelegt. Die Gruppe $\mathfrak{D}^+$ der eigentlichen Automorphismen wird in der Weise (4.7) durch Elemente der zweiten Cliffordschen Algebra C_2 dargestellt. Diese hat die Basis

$$1,\ J_1 = (\iota_2, \iota_3),\ J_2 = (\iota_3, \iota_1),\ J_3 = (\iota_1, \iota_2);$$

sie ist eine Quaternionen-Algebra. Jedes Quaternion T, für welches T^{-1} existiert, stellt einen eigentlichen Automorphismus T dar. Der Beweis ergibt sich, indem man vermittels

$$\begin{gathered}(x_1\iota_1 + x_2\iota_2 + x_3\iota_3)\, J = \frac{1}{2}\,(\iota_1^2\, x_1\, J_1 + \iota_2^2\, x_2\, J_2 + \iota_3^2\, x_3\, J_3),\\ J = (\iota_1, \iota_2, \iota_3)\end{gathered} \tag{5.4}$$

eine eineindeutige Zuordnung zwischen den ein- und zweigliedrigen Klammersymbolen $(\sum \iota_\nu x_\nu)$ und $\sum J_\nu x_\nu$ stiftet. Transformation mit einem nicht singulären Quaternion T führt jedes zweigliedrige Symbol in ein ebensolches über. Da das Element J im Zentrum von C_1 liegt, gilt das gleiche auch für die eingliedrigen Symbole zufolge (5.4). Jetzt liegt der Sachverhalt von Satz 4.3 vor.

Die Gruppe $\mathfrak{D}^+$ ist mithin isomorph mit der Faktorgruppe der Multiplikationsgruppe der nicht singulären Quaternionen T nach ihrem Zentrum, welches aus den von 0 verschiedenen Zahlen in k besteht.

Satz 3.5 besagt nun:

Aus $\mathfrak{D}^+$ wird durch die Bedingung $t(T) = 1$ ein Normalteiler $\overline{\mathfrak{D}}$ herausgehoben, welcher einfach ist im Falle eines isotropen Raumes R, ausgenommen wenn k der Primkörper der Charakteristik 3 ist.

Ist R isotrop, so ist C_2 isomorph mit der Algebra der zweireihigen Matrizen mit Elementen in k. $\mathfrak{D}^+$ ist dann isomorph mit der Gruppe der projektiven Transformationen $x \to \frac{a\,x + b}{c\,x + d}$ in k. Für den Fall eines anisotropen Raumes R vgl. § 10, Nr. 1.

3. Die Modulargruppe. Mit Rücksicht auf eine spätere Anwendung soll eine Untersuchung eingeschoben werden, auf die wir durch den Zusammenhang ohnehin vorbereitet sind. Es handelt sich um die sogenannte *homogene Modulargruppe* $\mathfrak{M}_h(p^\varrho)$ *zur Stufe* p^ϱ, nämlich die multiplikative Gruppe der zweireihigen Matrizen, deren Elemente Restklassen ganzer rationaler Zahlen modulo einer Primzahlpotenz p^ϱ sind, und welche die Determinante 1 mod p^ϱ haben. Das Zentrum $\mathfrak{Z}$ dieser Gruppe wird gebildet durch die beiden Elemente $\pm\begin{pmatrix}1 & 0\\ 0 & 1\end{pmatrix}$. $\mathfrak{M}_h(p^\varrho)$ wird erzeugt durch die Elemente

$$T = \begin{pmatrix}1 & 1\\ 0 & 1\end{pmatrix} \quad U = \begin{pmatrix}0 & 1\\ -1 & 0\end{pmatrix}. \tag{5.5}$$

Wir stellen uns die Aufgabe, sämtliche zwischen T und U bestehenden Relationen aufzufinden. Zunächst gilt natürlich

$$T^{p^\varrho} = 1, \quad U^4 = 1, \quad U^2 \in \mathfrak{Z}, \tag{5.6}$$

wenn das Einheitselement von $\mathfrak{M}_h(p^\varrho)$ mit 1 bezeichnet wird. Für jede zu p prime Restklasse r führen wir das Produkt

$$P_r = T^r\, U\, T^{r^{-1}}\, U\, T^r\, U = \begin{pmatrix} r & 0 \\ 0 & r^{-1} \end{pmatrix} \qquad (r, p) = 1 \tag{5.7}$$

ein. Dann gilt ferner

$$P_r\, P_s = P_{rs}, \qquad P_{-1} = U^2, \tag{5.8}$$

$$U\, P_r\, U^{-1} = P_{r^{-1}}, \tag{5.9}$$

$$P_r^{-1}\, T\, P_r = T^{r^{-2}}. \tag{5.10}$$

Sämtliche Relationen zwischen T und U sind auf (5.6) bis (5.10) zurückführbar.

Beweis. Irgendeine Relation kann wegen $U^2 \in \mathfrak{Z}$ in der Gestalt

$$W = T^{r_1}\, U\, T^{r_2}\, U \cdots T^{r_h}\, U^{1+f} = 1 \tag{5.11}$$

angesetzt werden. Die Elemente T, U, P_r entsprechen übrigens, wie wir bereits sahen, den Elementen E^2_ω, Ψ, P_{r^2} in der Darstellung der orthogonalen Gruppe für einen dreidimensionalen isotropen Raum. Wir führen auch noch das mit E^1_ω korrespondierende Element

$$S = U\, T\, U^{-1} = \begin{pmatrix} 1 & 0 \\ -1 & 1 \end{pmatrix} \tag{5.12}$$

ein und behaupten, daß allein durch Anwendung der genannten Relationen W in die Gestalt

$$U^a\, T^b\, S^c\, U^d\, P_e = U^a\, T^b\, S^c\, P_{e^{\pm 1}}\, U^d$$

gebracht werden kann. Das ist klar, wenn die Zahl h in (5.11) gleich 1 oder 2 ist, und es werde als richtig angenommen für $h-1$. Die Induktionsannahme ergibt dann

$$W = T^a\, U\, T^b\, U\, T^c\, U^d\, P_e.$$

Wenn b zu p prim ist, kann man W mittels der aus (5.7) folgenden Gleichung

$$T^b\, U = U\, T^{-b^{-1}}\, U\, T^{-b}\, P_b, \tag{5.13}$$

sowie mittels (5.8) bis (5.10) umformen:

$$W = T^{a-b^{-1}}\, U\, T^{b^2 c - b}\, U^d\, P_{e'}.$$

Ist b durch p teilbar, aber c zu p prim, so ist

$$W = T^a\, U\, T^{b-c^{-1}}\, U\, T^{-c}\, U^{d'}\, P_{e'} = T^a\, U\, T^{b'}\, U\, T^{c'}\, U^{d'}\, P_{e'},$$

und $(b', p) = 1$. Sind endlich b und c durch p teilbar, so schreibe man $T^a U = T^{a-1} T U$ und wende (5.13) auf $T U$ an. Es ergibt sich dann

$$\begin{aligned} W &= T^{a-1} U T^{-1} U T^{b-1} U T^c U^{d'} P_{e'} \\ &= T^{a-1} U T^{(1-b)^{-1}-1} U T^{1-b+c} U^d P_{e'} \\ &= T^{a'} U T^{b'} U T^{c'} U^{d'} P_{e'}, \end{aligned}$$

wobei c' zu p prim ist. Jetzt kann man die vorigen Umformungen durchführen.

Durch Anwendung von (5.6) bis (5.10) kann man also (5.11) in die Gestalt

$$U^a T^b S^c P_d U^{e-a} = 1 \tag{5.14}$$

bringen. Hier darf man $a = 0$ annehmen und hat dann

$$\begin{pmatrix} d(1-bc) & b d^{-1} \\ -cd & d^{-1} \end{pmatrix} \begin{pmatrix} 0 & 1 \\ -1 & 0 \end{pmatrix}^e \equiv \begin{pmatrix} 1 & 0 \\ 0 & 1 \end{pmatrix} \bmod p^e, \ 0 \leq e < 4.$$

Wegen $(d, p) = 1$ kann nicht e ungerade sein. Für ein gerades e muß aber $b \equiv c \equiv 0 \bmod p^e$ und $d \equiv \pm 1 \bmod p^e$ gelten, d. h. die linke Seite von (5.14) enthält (außer $P_{-1} U^2$) kein von 1 verschiedenes Element mehr. Unsere Behauptung ist damit bewiesen.

4. Vierdimensionale Räume. Wieder wird eine Orthogonalbasis (ι_ν) zugrunde gelegt. Die zweite Cliffordsche Algebra C_2 hat das Zentrum $Z_2 = k(J)$,

$$J = I_1 I_2 I_3 I_4.$$

Es ist

$$J^2 = \frac{1}{16} \iota_1^2 \cdot \iota_2^2 \cdot \iota_3^2 \cdot \iota_4^2 = \Delta(R). \tag{5.15}$$

Z_2 ist also dann und nur dann ein Körper, wenn $\Delta(R)$ keine Quadratzahl in k ist. Ist $\sqrt{\Delta(R)}$ in k gelegen, so ist Z_2 die direkte Summe zweier zu k isomorpher Körper.

Eine Basis von C_2 bez. k ist

$$1, \ J_1 = I_2 I_3, \ J_2 = I_3 I_1, \ J_3 = I_1 I_2,$$

$$J, \ J J_1 = -\frac{1}{4} \iota_2^2 \cdot \iota_3^2 \cdot I_1 I_4, \ J J_2 = -\frac{1}{4} \iota_1^2 \cdot \iota_3^2 \cdot I_2 I_4, \ J J_3 = -\frac{1}{4} \iota_1^2 \cdot \iota_2^2 I_3 I_4.$$

Die ersten 4 Basiselemente erzeugen eine Quaternionen-Algebra C über k, und C_2 ist das direkte Produkt $C_2 = C \times Z_2$. Das allgemeine Element von C_2 lautet also

$$T = T_0 + T_1 J_1 + T_2 J_2 + T_3 J_3$$

mit T_ν in Z_2. Die Norm von T bez. Z_2 ist

$$t(T) = T^A T = T T^A = T_0^2 - J_1^2 T_1^2 - J_2^2 T_2^2 - J_3^2 T_3^2. \tag{5.16}$$

T besitzt dann und nur dann ein inverses Element, wenn $t(T)$ kein Nullteiler ist. Nach § 4 muß $t(T)$ sogar in k liegen, wenn T einen eigentlichen Automorphismus T von R darstellen soll. Das Umgekehrte trifft auch zu: liegt $t(T)$ in k und ist $t(T) \neq 0$, so gilt für das allgemeine eingliedrige Klammersymbol (ξ):

$$T^{-1}(\xi)\,T = \frac{1}{t\,(T)}\,T^{\mathsf{A}}\,(\xi)\,T = Y$$

ist höchstens eine Summe von ein- und dreigliedrigen Klammersymbolen. Es ist $Y^{\mathsf{A}} = Y$, also enthält Y keine dreigliedrigen Symbole, da diese bei Anwendung von A das Vorzeichen wechseln und die Charakteristik $\neq 2$ ist. Satz 4.3 besagt mithin:

Die Gruppe $\mathfrak{O}^+$ ist isomorph mit der Faktorgruppe der Multiplikationsgruppe der Elemente aus C_2, deren Normen (5.16) bez. Z_2 von Null verschiedene Zahlen in k sind, nach der durch die Zahlen $\neq 0$ von k gebildeten invarianten Untergruppe.

Das Zentrum $\mathfrak{Z}$ von $\mathfrak{O}^+$ wird dargestellt durch die Elemente 1 und J.

Durch $t(T) = 1$ wird aus $\mathfrak{O}^+$ ein Normalteiler $\overline{\mathfrak{O}}$ herausgehoben, für welchen die Faktorgruppe $\mathfrak{O}^* = \overline{\mathfrak{O}}/\overline{\mathfrak{O}} \cap \mathfrak{Z}$ einfach ist, falls $\sqrt{\Delta\,(R)}$ nicht in k enthalten und R isotrop ist, oder das direkte Produkt von zwei zueinander isomorphen Gruppen, wenn $\sqrt{\Delta\,(R)}$ in k liegt.

Bei dem Beweis der letzteren Behauptung können wir uns nicht auf den Satz 3.5 berufen, vielmehr haben wir an dieser Stelle eine Lücke in dessen Aussage zu füllen. Zieht man die Darstellungen der Gruppen $\mathfrak{O}^+$ in C_2 heran, wie sie hier und in Nr. 2 für den dreidimensionalen Raum gegeben werden, so erkennt man: im erstgenannten Falle ist $\overline{\mathfrak{O}}/\overline{\mathfrak{O}} \cap \mathfrak{Z} = \mathfrak{O}^*$ isomorph mit der entsprechend gebildeten Gruppe für den dreidimensionalen Raum $R' = k(\iota_1, \iota_2, \iota_3)$ über dem Körper $k(J)$, welcher mit $k\left(\sqrt{\Delta\,(R)}\right)$ isomorph ist. War R isotrop, so kann man die Basis (ι_ν) so einrichten, daß $\iota_1^2 = -\iota_2^2$ ist, dann ist auch R' isotrop. Die besagte Isomorphie zeigt jetzt, daß $\mathfrak{O}^*$ einfach ist.

Im letzteren Falle ist Z_2 die direkte Summe zweier mit k isomorpher Körper, deren Einselemente

$$E' = \frac{1}{2}\left(1 + \frac{J}{\sqrt{J^2}}\right), \quad E'' = \frac{1}{2}\left(1 - \frac{J}{\sqrt{J^2}}\right)$$

sind. Das allgemeine Element von C_2 schreibt sich nun so:

$$T = T'\,E' + T''\,E'',$$

wobei T' und T'' die Gestalt $t_0 + t_1\,J_1 + t_2\,J_2 + t_3\,J_3$ mit t_ν in k haben. Es ist

$$t(T) = E'\,t(T') + E''\,t(T'').$$

Soll $t(T)$ in k liegen, so muß $t(T') = t(T'')$ sein, und für die Gruppe $\overline{\mathfrak{O}}$ speziell:

$$t(T') = t(T'') = 1.$$

Also $\overline{\mathfrak{O}}$ ist das direkte Produkt der Gruppen

$$\overline{\mathfrak{O}}_1: T = T'E' + E'',\quad t(T') = 1 \text{ und } \overline{\mathfrak{O}}_2: T = E' + T''E'',\quad t(T'') = 1.$$

Diese beiden sind isomorph mit der Gruppe $\overline{\mathfrak{O}}$ für den dreidimensionalen Raum $k(\iota_1, \iota_2, \iota_3)$. Ist dieser isotrop, so sind also $\overline{\mathfrak{O}}_1$ und $\overline{\mathfrak{O}}_2$ einfach, es sei dann k der Primkörper der Charakteristik 3.

Während es für $n = 3$ nur gewissermaßen triviale Ähnlichkeitstransformationen gibt, nämlich die Produkte der Automorphismen mit Zahlen aus k, definiert jetzt jedes nicht singuläre Element T aus C_2 eine eigentliche Ähnlichkeitstransformation Σ vermittels der Gleichung

$$(\Sigma^{-1}\xi) = (\eta) = T^{\mathsf{A}}(\xi)\,T, \tag{5.17}$$

die Zuordnung $\Sigma \to T$ ist eine treue Darstellung der Gruppe $\mathfrak{S}$ aller eigentlichen Ähnlichkeitstransformationen. Die Normen sind $n(\Sigma) = n_{k(J)/k}(T^{\mathsf{A}}\,T)$. Der einfache Beweis sei als Übungsaufgabe gestellt.

5. Fünfdimensionale Räume. Wie in den Fällen $n = 3$ und 4 liefern alle Elemente T aus C_2 mit $T^{\mathsf{A}}\,T = t \in k$ eigentliche Automorphismen. Ist nämlich ξ der allgemeine Vektor, so enthält das Element $T^{-1}(\xi)\,T$ nur solche Tensorkomponenten ungerader Stufe, welche bei Anwendung von A das Vorzeichen nicht ändern, das sind solche der Stufen 1 und 5. Es gibt bis auf Faktoren in k nur einen einzigen Tensor 5. Stufe, nämlich $J = (\iota_1, \ldots, \iota_5)$, wenn (ι_ν) wieder eine Orthogonalbasis bezeichnet. Es ist mithin

$$T^{-1}(\xi)\,T = (\eta) + y\,J,$$

wo η einen Vektor und y eine Zahl in k bezeichnet. Durch Quadrieren folgt

$$\xi^2 = \eta^2 + 2^{-5}\,y^2\,\iota_1^2 \cdots \iota_5^2 + 2\,y(\eta)\,J,$$

$y(\eta)\,J$ ist ein Tensor 4. Stufe, der verschwinden muß. Offenbar kann nicht $\eta = 0$ sein. Also ist $y = 0$, und T stellt in der Tat einen Automorphismus dar.

Die Kennzeichnung aller T mit $T^{\mathsf{A}}\,T = t$ ist unter Umständen sehr einfach. Die zweite Cliffordsche Algebra $C_2 = C_2^{(5)}$ ist ein direktes Produkt von Quaternionen-Algebren:

$$\begin{aligned} C_2^{(5)} = {} & [1, (\iota_1, \iota_2), (\iota_2, \iota_3), (\iota_3, \iota_1)] \\ & \times [1, (\iota_1, \iota_2, \iota_3, \iota_4), (\iota_1, \iota_2, \iota_3, \iota_5), (\iota_4, \iota_5)]\,. \end{aligned} \tag{5.18}$$

Ist sie isomorph mit der Algebra aller 4-reihigen Matrizen in k, so kann der Antiautomorphismus A mittels einer nicht singulären Matrix S auf die Spiegelung $T \to \dot{T}$ an der Hauptdiagonalen zurückgeführt werden (es wird der bekannte Satz benutzt, daß alle Automorphismen innere sind):

$$T^{\mathsf{A}} = S^{-1}\,\dot{T}\,S.$$

Die Gleichung $T^{\wedge} T = t$ schreibt sich nun so:

$$\dot{T} S T = t S. \tag{5.19}$$

Die Gruppe $\mathfrak{O}^+$ ist isomorph mit der Faktorgruppe der Multiplikationsgruppe der (5.19) *erfüllenden Matrizen nach ihrem Zentrum.*

Der Leser überlege zur Übung: wenn $C_2^{(5)}$ Matrixalgebra 4. Grades ist, so ist S schiefsymmetrisch.

6. Sechsdimensionale Räume. Interessant ist noch der Fall $n = 6$; hier reicht die Bedingung $T^{\wedge} T = t$ zur Kennzeichnung der Automorphismen T von R darstellenden Elemente T von C_2 nicht mehr aus. Man kann indessen noch wie bisher schließen, daß $T^{-1}(\xi)\, T$ nur Tensorkomponenten der Stufen 1 und 5 enthält. Ein Tensor 5. Stufe kann mit $J = (\iota_1, \ldots, \iota_6)$ und einem Vektor ζ in der Form $(\zeta)\, J$ geschrieben werden. Für jeden Vektor ξ gibt es mithin zwei Vektoren η und ζ, so daß

$$T^{-1}(\xi)\, T = (\eta) + (\zeta)\, J$$

ist. Bildung des Quadrats führt auf die Gleichung

$$\xi^2 = \eta^2 - J^2 \zeta^2 + J\big((\eta, \zeta) - (\zeta, \eta)\big);$$

J^2 liegt in k, dagegen ist $J\,((\eta, \zeta) - (\zeta, \eta))$ ein Tensor 4. Stufe. Dieser ist dann und nur dann 0, wenn η und ζ parallel sind. Mithin gilt

$$T^{-1}(\xi)\, T = U_T^{-1}(\eta), \qquad U_T = u_0 + u_1 J. \tag{5.20}$$

Das Element U_T darf von ξ unabhängig angenommen werden. Für zwei Vektoren ξ, ξ' folgt nämlich aus (5.20)

$$\begin{aligned} \xi \xi' &= T^{-1}\big((\xi, \xi') + (\xi', \xi)\big)\, T \\ &= U_T^{-1}\, \overline{U}_T'^{-1}(\eta, \eta') + \overline{U}_T^{-1}\, U_T'^{-1}(\eta', \eta), \end{aligned} \tag{5.21}$$

wo $\overline{U}_T = u_0 - u_1 J$ gesetzt wurde. Nur dann steht rechts eine Zahl in k, wenn

$$U_T^{-1}\, \overline{U}_T'^{-1} = \overline{U}_T^{-1}\, U_T'^{-1}, \quad \text{d. h.} \quad U_T'^{-1} = u\, U_T^{-1}, \quad u \in k$$

gilt. Den Faktor u in $U_T'^{-1}$ kann man aus $U_T'^{-1}$ herausziehen und mit (η') vereinigen. Dann gilt also (5.20) mit demselben U_T für alle ξ, und es folgt

$$\eta\, \eta' = n_{k(J)/k}(U_T)\, \xi\, \xi' = (u_0^2 - u_1^2 J^2)\, \xi\, \xi'.$$

Die durch (5.20) definierte Abbildung $\xi \to \eta$ ist mithin eine Ähnlichkeitstransformation der Norm $n_{k(J)/k}(U_T)$; und zwar ist es eine eigentliche, da sie das Zentrum von C_2 elementweise fest läßt. Da nach § 4, Nr. 3 alle eigentlichen Ähnlichkeitstransformationen durch innere Automorphismen von C_2 dargestellt werden können, *ist die Gruppe*

$\mathfrak{S}^+$, *als Faktorgruppe nach ihrem Zentrum betrachtet, isomorph mit der Gruppe der Elemente* T *in* C_2 *mit* $T^\wedge T = t \neq 0$ *in* k, *welche ebenfalls als Faktorgruppe nach ihrem Zentrum anzusehen ist.*

Wenn $J^2 = \Delta$ eine Quadrat in k ist, kann man noch einen Schritt weiter gehen. Jetzt zerfällt das Zentrum $k(J)$ von $C_2 = C_2^{(6)}$ in die direkte Summe zweier mit k isomorpher Körper. Bezeichnen E_1, E_2 deren Einselemente, so gilt wegen $J^\wedge = -J$: $E_1^\wedge = E_2$, $E_2^\wedge = E_1$. $C_2^{(6)}$ ist bei Zugrundelegung einer beliebigen Orthogonalbasis (ι_ν) von R das direkte Produkt von $k(J)$ mit der durch (5.18) definierten Algebra $C_2^{(5)}$. Schreibt man

$$T = T_1 E_1 + T_2 E_2 \quad \text{mit} \quad T_1, T_2 \in C_2^{(5)},$$

so bedeutet $T^\wedge T = t$:

$$T = T_1 E_1 + t(T_1^{-1})^\wedge E_2 = T_1 E_1 + t\, T_1^{-\wedge} E_2.$$

Zu jedem Element T_1 aus $C_2^{(5)}$ und jeder Zahl t in k gehört also eine eigentliche Ähnlichkeitstransformation. *Die Gruppe* $\mathfrak{S}^+$, *als Faktorgruppe nach ihrem Zentrum betrachtet, ist isomorph mit der Gruppe der inneren Automorphismen von* $C_2^{(5)}$ *für einen beliebigen fünfdimensionalen Teilraum.*

Ein anderer leicht übersehbarer Fall ist der folgende: $J^2 = \Delta$ ist kein Quadrat in k, aber $C_2^{(5)}$ ist mit der Algebra der 4-reihigen Matrizen isomorph. Jetzt gibt es eine nicht singuläre Matrix S mit Koeffizienten in $k(J)$, so daß

$$T^\wedge = S^{-1} \dot{\bar{T}} S$$

gilt, wo $\dot{\bar{T}}$ die zu T spiegelbildliche Matrix bezeichnet, in welcher noch alle Elemente durch ihre bez. k konjugierten Elemente ersetzt sind. $T^\wedge T = t$ schreibt sich jetzt so:

$$\dot{\bar{T}} S T = t S.$$

Der Leser möge zur Übung feststellen, daß bei geeigneter Darstellung von $C_2^{(5)}$ durch Matrizen in $k(J)$ die Matrix S Hermitesch ist: $\dot{\bar{S}} = S$.

Zweites Kapitel.

Metrische Räume über perfekten diskret bewerteten Körpern.

Voraussetzungen in Kapitel II. *Der Grundkörper* k *des halbeinfachen metrischen Raumes* R *hat eine von 2 verschiedene Charakteristik.* k *ist diskret bewertet und bezüglich dieser Bewertung perfekt. Der Restklassenkörper für die Bewertung besteht aus endlich vielen Elementen. Ausgenommen ist § 8, wo* k *archimedisch bewertet und perfekt angenommen wird.*

Der Integritätsbereich $\mathfrak{o}$ aller *ganzen* Zahlen aus k, d. h. aller der Zahlen, deren Betrag ≤ 1 ist, heißt die *Hauptordnung* von k. Alle Zahlen, deren Betrag < 1 ist, bilden das *Primideal* $\mathfrak{p}$. Es kann in der Weise $\mathfrak{p} = \mathfrak{o}\, p$ geschrieben werden, dabei bedeutet p ein sogenanntes *Primelement* von k. Ein solches wird willkürlich fixiert, sofern nicht im Text ausdrücklich eine bestimmte Festlegung gefordert wird. Der Körper der Restklassen von $\mathfrak{o}$ mod $\mathfrak{p}$ wird, wie gesagt, als endlich vorausgesetzt. Die Perfektheit von k bedeutet, daß alle unendlichen Summen

$$\sum_{\nu=0}^{\infty} a_\nu\, p^\nu$$

mit ganzen Koeffizienten a_ν in k konvergieren. Teilweise wird von dieser Voraussetzung kein Gebrauch gemacht, doch lohnt es sich kaum, die von ihr unabhängigen Sätze von den übrigen zu trennen.

Mit der Beschränkung auf solche Grundkörper kommen wir zu dem eigentlichen Thema dieses Buches. Die Aufgaben, denen sich die Theorie zu unterziehen hat, sind zu einem Teil durch die besondere Natur von k vorgezeichnet. Es gilt, die Begriffe der *Ganzheit* und der *Teilbarkeit*, wie sie in k gegeben sind, auf den metrischen Raum R, oder besser, auf das Gruppenpaar $\{R, \mathfrak{S}\}$ zu übertragen. Zum anderen ist eine Aufgabe zu lösen, wie sie schon im ersten Kapitel aufgeworfen wurde: Kennzeichnung aller halbeinfachen Räume über k durch Invarianten.

§ 6. Die Grundeigenschaften perfekter diskret bewerteter Körper und ihrer quadratischen Erweiterungen.

1. Quadratische Erweiterungen. Adjunktion der Quadratwurzel aus einem Nicht-Quadrat c erzeugt eine quadratische Erweiterung $K = k(\sqrt{c})$ von k. In späteren Anwendungen interessiert die Diskriminante $\mathfrak{d}_{K/k}$ dieser Erweiterung, die durch eine beliebige Basis $[W_1, W_2]$ der Hauptordnung $\mathfrak{O}$ von K bez. $\mathfrak{o}$ in der Weise

$$\mathfrak{d}_{K/k} = \mathfrak{o}\, |s(W_i\, W_k)|$$

definiert wird. Sie fällt verschieden aus, je nachdem das Primideal $\mathfrak{p}$ *gerade* oder *ungerade* ist, d.h. in dem Ideal $2\,\mathfrak{o}$ aufgeht oder nicht.

Satz 6.1. *Für ungerades* $\mathfrak{p}$ *ist* $\mathfrak{d}_{K/k} = \mathfrak{p}$ *oder* $= \mathfrak{o}$, *je nachdem* $\mathfrak{p}$ *in* $\mathfrak{o}\, c$ *in ungerader oder gerader Vielfachheit aufgeht.*

Jetzt sei $\mathfrak{p}$ *gerade. Man darf ohne Beschränkung der Allgemeinheit* c *als ganz und nicht durch* $\mathfrak{p}^2$ *teilbar annehmen* (s. den Beweis). *Geht* $\mathfrak{p}$ *in* $\mathfrak{o}\, c$ *auf, so ist* $\mathfrak{d}_{K/k} = 4\,\mathfrak{p}$. *Ist dagegen* c *eine Einheit, so bedeute* g *die größte natürliche Zahl der Art, daß*

$$c \equiv u^2 \bmod \mathfrak{p}^{2g} \tag{6.1}$$

lösbar ist; sie fällt stets $g \leq e$ *aus, wenn* $2\,\mathfrak{o} = \mathfrak{p}^e$ *gesetzt wird. In diesem Falle ist* $\mathfrak{d}_{K/k} = \mathfrak{p}^{2(e-g)} = 4\,\mathfrak{p}^{-2g}$.

Bemerkung. Wenn $\mathfrak{p}$ in $\mathfrak{d}_{K/k}$ aufgeht, so heißt K eine *verzweigte Erweiterung* von k, in einer solchen wird $\mathfrak{p}$ das Quadrat eines Primideals $\mathfrak{P}$. Im anderen Falle heißt K eine *unverzweigte Erweiterung*, und $\mathfrak{p}$ bleibt in ihr ein Primideal.

Beweis. Man kann c mit einer solchen geraden Potenz eines Primelements p multiplizieren, daß die mit c quadratgleiche Zahl $c' = c\,p^{2h}$ ganz und höchstens einmal durch $\mathfrak{p}$ teilbar ist. In dieser Gestalt darf man c ohne Beschränkung der Allgemeinheit von vornherein annehmen.

Zunächst sei $\mathfrak{p}$ ungerade. Man sieht unmittelbar, daß eine Zahl $a + b\sqrt{c}$ dann und nur dann ganze Spur und Norm hat, wenn a und b beide ganz sind. Es ist also $[1, \sqrt{c}]$ eine Basis vom $\mathfrak{O}$ bez. $\mathfrak{o}$, und die Diskriminante ist $\mathfrak{d}_{K/k} = \mathfrak{o}\,4\,c = \mathfrak{o}\,c$.

Dieselbe Schlußweise trifft zu, wenn $\mathfrak{p}$ gerade und c genau einmal durch $\mathfrak{p}$ teilbar ist.

Ist aber c eine Einheit bei geradem $\mathfrak{p}$, so müssen wir zunächst zeigen, daß der Exponent in (6.1) nicht $2g > 2e$ sein kann. Würde nämlich diese Kongruenz mit $g > e$ bestehen, so ersetze man hier u durch $u_1 = u + p^{2g-e}\,v_1 + p^{2g-e+1}\,v_2$ und bestimme v_1, v_2 in $\mathfrak{o}$ so, daß

$$c \equiv u_1^2 \equiv u^2 + 2\,p^{2g-e}\,u\,v_1 + 2\,p^{2g-e+1}\,u\,v_2 \mod \mathfrak{p}^{2(g+1)}$$

gilt, d. h. mit anderen Worten

$$v_1 \equiv \frac{c - u^2}{2\,p^{2g-e}\,u}, \quad v_2 \equiv \frac{c - u^2 - 2\,p^{2g-e}\,u\,v_1}{2\,p^{2g-e+1}\,u} \mod \mathfrak{p};$$

auf den rechten Seiten stehen hier nach Voraussetzung ganze Zahlen, sie sind also lösbar. Damit ist die Kongruenz (6.1) mit $g + 1$ an Stelle von g hergestellt. Wiederholung der Schlußweise liefert eine $\mathfrak{p}$-adisch konvergente Reihe

$$v = u + \sum_{\nu=0}^{\infty} p^{2g-e+\nu}\,v_{\nu+1}$$

und diese genügt der Gleichung $v^2 = c$. Das widerspricht aber der Voraussetzung, daß c nicht ein Quadrat in k sein sollte.

Eine ganze Zahl ist nun $p^{-g}(u + \sqrt{c})$, denn ihre Spur ist $2p^{-g}u$, also ganz wegen $g \leq e$, und ihre Norm ist $p^{-2g}(u^2 - c)$, diese ist zufolge (6.1) ganz. Es ist nun leicht zu zeigen, daß $[1, p^{-g}(u + \sqrt{c})]$ eine Basis von $\mathfrak{O}$ bez. $\mathfrak{o}$ ist. Wäre dies nämlich nicht der Fall, so gäbe es eine ganze Zahl der Form $p^{-g-1}(x + y\sqrt{c})$, wobei x und y ganz und nicht beide durch $\mathfrak{p}$ teilbar sind. Aus der Ganzheit ihrer Norm folgt $x^2 - c\,y^2 \equiv 0 \mod \mathfrak{p}^{2(g+1)}$, was der Annahme über g widerspricht. Die Diskriminante der angegebenen Basis ist $\mathfrak{d}_{K/k} = \mathfrak{p}^{2(e-g)}$.

Satz 6.2. *Es gibt genau eine unverzweigte quadratische Erweiterung K/k.*

Beweis. Ist $\mathfrak{p}$ ungerade, so ist jede Einheit in k bekanntlich entweder ein quadratischer Rest oder das Produkt eines festen Nichtrestes

c mit einem Rest. $k(\sqrt{c})$ ist nach Satz 6.1 unverzweigt. Es kommt nur noch darauf an, zu zeigen, daß ein quadratischer Rest r auch ein Quadrat ist. Aus

$$r \equiv a_0^2 \bmod \mathfrak{p}$$

gewinnt man die $\mathfrak{p}$-adische Potenzreihe

$$a = a_0 + \sum_{\nu=1}^{\infty} b_\nu p^\nu = a_i + \sum_{\nu=i+1}^{\infty} b_\nu p^\nu,$$

deren Koeffizienten nach dem Rekursionsschema

$$b_{i+1} \equiv \frac{r - a_i^2}{2\,p^{i+1}\,a_i} \bmod \mathfrak{p}$$

gebildet werden. Dieses hat die Gültigkeit von $r \equiv a_i^2 \bmod \mathfrak{p}^{i+1}$ zur Folge, also gilt $r = a^2$, wie behauptet wurde.

Für ein gerades in $2\,\mathfrak{o}$ genau e-mal aufgehendes $\mathfrak{p}$ betrachten wir die Restklassen $c = 1 + 4\,d \bmod \mathfrak{p}^{2e+1}$ sowie diejenigen unter ihnen, welche quadratische Reste mod $\mathfrak{p}^{2e+1}$ sind. Letztere haben offenbar die Gestalt $a^2 = (1 + 2\,b)^2$. Soll $c \equiv a^2 \bmod \mathfrak{p}^{2e+1}$ gelten, so muß

$$d \equiv b\,(b+1) \bmod \mathfrak{p}$$

sein. Durchläuft b alle Restklassen mod $\mathfrak{p}$ (ihre Anzahl ist eine gewisse Potenz von 2), so durchläuft d genau halb so viele. Es gibt mithin unter den c einen Nichtrest mod $\mathfrak{p}^{2e+1}$, und jedes c ist entweder ein Rest oder das Produkt eines Restes mit einem bestimmten Nichtrest. Die Quadratwurzel aus einem der Nichtreste ergibt nach Satz 6.1 eine unverzweigte Erweiterung.

Es muß noch wie im ersten Teile des Beweises gezeigt werden, daß ein quadratischer Rest mod $\mathfrak{p}^{2e+1}$ ein Quadrat in k ist. Ist $c \equiv a_0^2 \bmod \mathfrak{p}^{2e+1}$, und wird a_1 aus

$$a_1 \equiv \frac{c - a_0^2}{4\,p\,a_0} \bmod \mathfrak{p}$$

bestimmt, so gilt jetzt sogar $c \equiv (a_0 + 2\,p\,a_1)^2 \bmod \mathfrak{p}^{2(e+1)}$. Im Beweis für Satz 6.1 wurde aber hieraus gefolgert, daß c ein Quadrat ist.

2. Quaternionen-Algebren. Diejenigen Sätze aus der Zahlentheorie der Körper k von der in der Kapitelüberschrift genannten Beschaffenheit, welche für den Aufbau unserer Theorie benötigt werden, finden ihren Niederschlag in der Theorie der Quaternionen-Algebren über k. Diese liefert für sie auch die durchsichtigsten Beweise, und so sind sie in der Literatur am leichtesten zugänglich[1]. Die vollständige Durchführung an dieser Stelle würde vom eigentlichen Thema ablenken. Sofern k eine $\mathfrak{p}$-adische Erweiterung des rationalen Zahlkörpers ist, werden wir jedoch alles lückenlos begründen, ohne auf die Algebrentheorie Bezug zu nehmen. Ein an diesem Spezialfall allein interessierter Leser mag daher den folgenden Absatz überschlagen.

Das allgemeine Element einer durch

$$J_1^2 = -p_1, \quad J_2^2 = -p_2, \quad J_3^2 = -p_1 p_2, \quad (p_1 p_2 \neq 0)$$

$$J_1 J_2 = -J_2 J_1 = J_3, \quad J_2 J_3 = -J_3 J_2 = p_2 J_1, \quad J_3 J_1 = -J_1 J_3 = p_1 J_2$$

definierten Quaternionen-Algebra sei

$$X = x_0 + x_1 J_1 + x_2 J_2 + x_3 J_3.$$

Seine Norm ist

$$t(X) = x_0^2 + p_1 x_1^2 + p_2 x_2^2 + p_1 p_2 x_3^2. \tag{6.2}$$

Das Verschwinden der Norm ist notwendig und hinreichend dafür, daß X ein Nullteiler ist. Wir brauchen im folgenden erstens

Satz 6.3. *Es gibt (abgesehen von isomorphen) genau eine nullteilerfreie Quaternionen-Algebra.*

Ein Quaternion X mit verschwindender Spur genügt in k der quadratischen Gleichung

$$X^2 = -p_1 x_1^2 - p_2 x_2^2 - p_1 p_2 x_3^2 = c. \tag{6.3}$$

Wir werden zweitens benutzen:

Satz 6.4. *Eine nullteilerfreie Quaternionen-Algebra enthält zu jedem Nicht-Quadrat c in k ein Quaternion X, welches der Gl. (6.3) genügt.*

§ 7. Invariante Kennzeichnung der Räume und Raumtypen[2].

1. Die Q-Räume. Wir greifen jetzt das in § 2 aufgeworfene Problem auf, alle Raumtypen und alle Räume über einem Körper k der oben bezeichneten Beschaffenheit durch invariante Bestimmungsstücke zu kennzeichnen. Die Schlüsselstellung nehmen dabei diejenigen vierdimensionalen Räume ein, deren Diskriminante die Einheitsquadratklasse ist, und welche einen Vektor ι mit $\frac{1}{2}\iota^2 = 1$ enthalten; sie sollen *Q-Räume* heißen.

Satz 7.1. *Es gibt (bis auf isomorphe) genau einen isotropen und genau einen anisotropen Q-Raum.*

Beweis. Man bilde eine Orthogonalbasis $(\iota_0, \ldots, \iota_3)$ von R, ausgehend von einem ι_0 mit $\frac{1}{2}\iota_0^2 = 1$. Schreibt man $\frac{1}{2}\iota_1^2 = p_1$, $\frac{1}{2}\iota_2^2 = p_2$, so muß bis auf einen quadratischen Faktor, den man ohne Beschränkung der Allgemeinheit als 1 annehmen kann, $\frac{1}{2}\iota_3^2 = p_1 p_2$ sein, damit nämlich die Diskriminante $\Delta(R) = \iota_0^2 \cdots \iota_3^2 = 1$ wird. Das halbe Quadrat des allgemeinen Vektors aus R ist also

$$\frac{1}{2}\xi^2 = \frac{1}{2}\left(\sum \iota_\nu x_\nu\right)^2 = x_0^2 + p_1 x_1^2 + p_2 x_2^2 + p_1 p_2 x_3^2, \tag{7.1}$$

und das ist nach (6.2) die Norm des allgemeinen Elements aus einer Quaternionen-Algebra Q. Wie bereits oben erwähnt wurde, ist die nichttriviale Lösbarkeit von

$$x_0^2 + p_1 x_1^2 + p_2 x_2^2 + p_1 p_2 x_3^2 = 0 \tag{7.2}$$

gleichbedeutend mit der Existenz von Nullteilern in Q. Was die anisotropen Q-Räume betrifft, so folgt jetzt Satz 7.1 sofort aus Satz 6.3. Wie gesagt, wollen wir gleich noch eine andere Schlußweise angeben, die sich nicht auf Satz 6.3 stützt, sie ist allerdings nur für eine p-adische Erweiterung des Körpers der rationalen Zahlen gültig.

Der erste Teil von Satz 7.1 ist sehr leicht beweisbar. Ist ω_1 ein isotroper Vektor in R, so kann man zu ihm wegen der Halbeinfachheit von R einen Vektor ω mit $\omega_1 \omega = 1$ finden. Setzt man noch $\omega_2 = \omega - \frac{\omega^2}{2} \cdot \omega_1$, so wird $\omega_1 \omega_2 = 1$, $\omega_2^2 = 0$. Der zu $k(\omega_1, \omega_2)$ senkrechte zweidimensionale Teilraum R' von R besitzt wieder eine quadratische Diskriminante. Ist ι_1, ι_2 eine Orthogonalbasis von letzterem und $-\iota_1^2 \cdot \iota_2^2 = c^2$ mit c in k, so ist $\omega_3 = \iota_2^2 \cdot \iota_1 + c\,\iota_2$ ein isotroper Vektor in R'. Zu diesem gibt es nach obiger Schlußweise einen Vektor ω_4 mit $\omega_3 \omega_4 = 1$, $\omega_4^2 = 0$. Die Vektoren $\omega_1, \ldots, \omega_4$ bilden eine Basis von R mit

$$\frac{1}{2} (\omega_\nu x_\nu)^2 = x_1 x_2 + x_3 x_4,$$

damit ist der erste Teil bewiesen.

Jetzt sei k eine p-adische Erweiterung des rationalen Zahlkörpers. Die Fundamentalform eines Q-Raumes R sei (7.1), dieser werde als anisotrop vorausgesetzt, so daß also (7.2) höchstens die triviale Lösung besitzt. Die Zahlen p_1, p_2 können ohne Beeinträchtigung der Allgemeinheit als so normiert angenommen werden, daß sie einem Repräsentantensystem der Quadratklassen in k angehören.

Für ein ungerades p werden die Quadratklassen durch 1, p, einen beliebigen quadratischen Nichtrest q, sowie $p\,q$ vertreten. Man erhält also sämtliche Q-Räume, indem man $-p_1$, $-p_2$ gleich diesen Werten setzt. Kommt unter ihnen 1 vor, so ist R offenbar isotrop. Im Falle $-p_1 = -p_2 = q$ läßt sich (7.2) so schreiben:

$$x_0^2 + (q\,x_3)^2 = q\,(x_1^2 + x_2^2). \tag{7.3}$$

Bekanntlich stellt $x^2 + y^2$ sowohl quadratische Reste wie Nichtreste mod p dar. Wählt man x_0 und x_3 so, daß die linke Seite von (7.3) ein quadratischer Nichtrest mod p, wird, so ist (7.3) bereits mit $x_2 = 0$ lösbar, und R ist auch isotrop. Es bleiben die Fälle zu diskutieren, daß $-p_1 = q$, $-p_2 = p$ oder $-p_1 = q$, $-p_2 = p\,q$ ist. Im letzteren kann man aber

$$x_0^2 + q\,x_1^2 + p\,q\,x_2^2 + p\,q^2\,x_3^2 = x_0^2 + q\,x_1^2 + p(q\,x_3)^2 + p\,q\,x_2^2$$

schreiben, wodurch man auf den ersteren zurückgeführt wird.

Es ist damit eine eindeutige Normalform für einen anisotropen Q-Raum hergestellt worden. Daß wirklich ein solcher und nicht auch noch ein isotroper Raum vorliegt, sieht man folgendermaßen ein:

Multipliziert man die x_ν in einer als existierend angenommenen nicht trivialen Lösung von (7.2) mit einem geeigneten Faktor, so daß die x_ν ganz und nicht sämtlich durch p teilbar werden, so folgt zunächst

$$x_0^2 - q\,x_1^2 \equiv 0 \mod p. \tag{7.4}$$

Da q ein quadratischer Nichtrest sein sollte, muß $x_0 \equiv x_1 \equiv 0 \mod p$ gelten. Nach Division durch p kann man jetzt aus (7.2) die Kongruenz (7.4) mit x_2, x_3 an Stelle von x_0, x_1 folgern. Wiederum ergibt sich $x_3 \equiv x_4 \equiv 0 \mod p$, im Widerspruch zur Voraussetzung, daß die x_ν nicht sämtlich durch p teilbar sein sollten.

Für $p = 2$ läßt man $-p_1$, $-p_2$ das folgende Vertretersystem aller Quadratklassen durchlaufen: 1, 3, 5, 7, 2, 6, 10, 14. Sind p_1 und p_2 beide ungerade, so stellt man leicht fest, daß die Form $p_1 x_1^2 + p_2 x_2^2 + p_1 p_2 x_3^2$ alle geraden Restklassen mod 16, also jede der Zahlen 2, 6, 10, 14 darstellt. Durch einen entsprechenden Basiswechsel, welcher ι_0 fest läßt, kann man erreichen, daß p_2 eine dieser Zahlen, etwa $p_2 = 2$ ist. Ist auch noch p_1 gerade, so hat man

$$\frac{1}{2}\xi^2 = x_0^2 + \frac{1}{4} p_1 p_2 (2\,x_3)^2 + p_2 x_2^2 + \frac{1}{4} p_1 p_2 \cdot p_2 \left(\frac{2}{p_2} x_1\right)^2,$$

also $\frac{1}{4} p_1 p_2$ übernimmt die Rolle von p_1. Es bleiben damit die 4 Fälle $p_2 = 2$, p_1 ungerade zu diskutieren. Für $-p_1 = 1$ ist $\iota_0 + \iota_1$ isotrop. Für $-p_1 = 3$ ist $\iota_0 + \iota_1 + \iota_2$ isotrop. Im Falle $-p_1 = -1$ wird man durch die Basistransformation $\iota_0' = \iota_0$, $\iota_1' = \iota_1 + \iota_2$, $\iota_2' = \iota_3$, $\iota_3' = 2\,\iota_1 - \iota_2$ auf den Fall $-p_1 = -3$ bzw. 5 geführt. Jetzt erhält man in der Tat einen anisotropen Raum. Bei der Diskussion von (7.2) kann man ebenso wie im Falle eines ungeraden p schließen, nachdem man (7.2) in die Gestalt

$$y_0^2 + y_0 y_1 - y_1^2 + 2\,(y_2^2 + y_2 y_3 - y_3^2) = 0$$

mit $y_0 = x_0 - x_1$, $y_1 = 2\,x_1$, $y_2 = x_2 - x_3$, $y_3 = 2\,x_3$

gesetzt hat. Wir dürfen uns für später merken:

Corollar zu Satz 7.1. *Der anisotrope Q-Raum wird durch die Fundamentalform (7.1) definiert, wobei* $-p_1$ *gleich 5 (für* $p = 2$*) oder ein quadratischer Nichtrest mod* p *(für* $p > 2$*) und* $-p_2 = -2$ *bzw. eine beliebige durch* p *genau einmal teilbare Zahl ist.*

Nachdem Satz 6.3 in der Sprache der metrischen Räume formuliert wurde, muß nun noch Satz 6.4 ausgewertet werden. Das geschieht zugleich mit dem Beweis von

Satz 7.2. *Für die Lösbarkeit der Gleichung*

$$a_1 x_1^2 + a_2 x_2^2 + a_3 x_3^2 = a \qquad (a\,a_1 a_2 a_3 \neq 0) \tag{7.5}$$

ist das Folgende notwendig und hinreichend: man setze

$$-a\,a_1 a_2 a_3 = c$$

und bilde den Q-Raum R mit der Fundamentalform

$$y_0^2 + a_2 a_3 y_1^2 + a_3 a_1 y_2^2 + a_1 a_2 y_3^2.$$

Entweder ist R isotrop oder c ist kein Quadrat in k.

Beweis. Multiplikation mit $-a_1 a_2 a_3$ von (7.5) liefert die äquivalente Gleichung

$$-a_2 a_3 y_1^2 - a_3 a_1 y_2^2 - a_1 a_2 y_3^2 = c \quad (y_\nu = a_\nu x_\nu). \tag{7.6}$$

Nach Satz 7.1 ist der Raum R auf zwei Grundtypen zurückführbar, seine Fundamentalform kann in einer der folgenden Arten geschrieben werden:

$$z_0^2 - z_1^2 + z_2^2 - z_3^2 \text{ oder } z_0^2 + p_1 z_1^2 + p_2 z_2^2 + p_1 p_2 z_3^2,$$

wobei noch p_1, p_2 gemäß dem Corollar zu Satz 7.1 eindeutig fixierbar sind. Nach Satz 2.1 läßt sich dann auch die linke Seite von (7.6) in eine von zwei entsprechenden ternären Formen transformieren, so daß lediglich die Lösbarkeit einer der Gleichungen

$$\left.\begin{array}{c} z_1^2 - z_2^2 + z_3^2 \\ -p_1 z_1^2 - p_2 z_2^2 - p_1 p_2 z_3^2 \end{array}\right\} = c \tag{7.7}$$

zu diskutieren bleibt. Die erstere ist offenbar stets lösbar, wie auch die erstere Alternative in der Behauptung besagt. Ist R anisotrop, so darf natürlich nicht $c = y^2$ eine Quadratzahl in k sein. Von jetzt ab liege dieser letztere Sachverhalt vor.

Die Lösbarkeit von (7.7) bei nicht quadratischem c geht unmittelbar aus Satz 6.4 hervor. Wir wollen hierfür aber auch noch einen unabhängigen Beweis erbringen, sofern k eine p-adische Erweiterung des rationalen Zahlkörpers ist. Im Falle $p = 2$ kann man nach dem Corollar zu Satz 7.1 $p_1 = -5$, $p_2 = 2$ annehmen. Die Lösbarkeit von (7.7) für ein c aus jeder der Restklassen 3, 5, 7 mod 8 und 2, 6, 10, 14 mod 16 zeigt dann eine elementare Diskussion, und diese repräsentieren alle Quadratklassen bis auf 1. Ist $p > 2$ und c bis auf einen quadratischen Faktor, den man ohne Beschränkung der Allgemeinheit als 1 annehmen kann, genau einmal durch p teilbar, bezeichnet ferner q einen quadratischen Nichtrest mod p, so wird durch $z_0^2 - q z_1^2 - c z_2^2 - q c z_3^2$ der anisotrope Q-Raum definiert, dieser ist mit R isomorph. Also ist nach Satz 2.1 die Form $-p_1 z_1^2 - p_2 z_2^2 - p_1 p_2 z_3^2$ in $-q z_1^2 - c z_2^2 - q c z_3^2$ transformierbar, und das schließt die Lösbarkeit von (7.7) ein. Wenn aber c (bis auf einen unwesentlichen quadratischen Faktor) eine Einheit ist, so ist also c ein quadratischer Nichtrest q mod p, und man kann in gleicher Weise schließen. Damit ist Satz 7.2 bewiesen.

2. Aufzählung der anisotropen Räume. Zur Lösung dieser Aufgabe sind nunmehr alle Vorbereitungen getroffen.

Satz 7.3. *Es gibt (bis auf isomorphe) nur einen anisotropen vierdimensionalen Raum, nämlich den Q-Raum, und keinen von größerer Dimension.*

Beweis. R sie ein anisotroper Raum der Dimension 4 und der Diskriminante Δ. Nach Zugrundelegung einer Orthogonalbasis (ι_ν) schreibt sich das halbe Quadrat seines allgemeinen Vektors so:

$$\frac{1}{2}\,\xi^2 = a_1\,x_1^2 + a_2\,x_2^2 + a_3\,x_3^2 + a_4\,x_4^2.$$

Nach Satz 7.2 werden durch diese Form bereits mit $x_4 = 0$ alle Quadratklassen von k dargestellt bis auf höchstens eine einzige; diese ist dann $-a_1\,a_2\,a_3 = -\Delta\,a_4$. Entsprechendes gilt für die Teilformen, die durch Nullsetzen von x_1, x_2, x_3 entstehen. Wir wollen zunächst zeigen: R enthält einen Vektor ξ mit $\frac{1}{2}\,\xi^2 = 1$. Wäre dies falsch, so müßte $-\Delta\,a_\nu = 1$ sein für $\nu = 1, 2, 3, 4$, d. h. alle a_ν müßten der Quadratklasse $-\Delta$ angehören. Nun gibt es aber eine hiervon verschiedene Quadratklasse, die durch $a_1\,x_1^2 + a_2\,x_2^2 + a_3\,x_3^2$ dargestellt wird. Wechselt man die Basis, indem man $\iota_1\,x_1 + \iota_2\,x_2 + \iota_3\,x_3$ als ersten Basisvektor nimmt, so ändert damit a_1 seine Quadratklasse, und die Darstellbarkeit von 1 ist gewährleistet. Die gleiche Schlußweise liefert die Existenz eines Vektors mit beliebig vorgeschriebenem Wert $\frac{1}{2}\,\xi^2$. Daher ist eine Gleichung

$$a_1\,x_1^2 + \cdots + a_5\,x_5^2 = 0 \text{ mit } a_1 \cdots a_5 \neq 0$$

stets nicht trivial lösbar, es gibt also anisotrope Räume höchstens für die Dimension 4.

Wir kehren nochmals zu dem vierdimensionalen Raum R zurück. Wie gezeigt, besitzt er einen Vektor ξ mit $\frac{1}{2}\,\xi^2 = 1$. Soll ξ^2 stets $\neq 0$ sein, insbesondere also $a_1\,x_1^2 + a_2\,x_2^2 + a_3\,x_3^2 = -a_4$ unlösbar, so muß nach Satz 7.2 $a_1\,a_2\,a_3\,a_4 = \Delta$ ein Quadrat sein, also R ist der Q-Raum, wie behauptet wurde.

Satz 7.4. *Ein zweidimensionaler Raum ist dann und nur dann isotrop, wenn seine Diskriminante ein Quadrat ist.*

Zu einem vorgegebenen Nicht-Quadrat c in k gibt es genau zwei nicht isomorphe zweidimensionale Räume der Diskriminante c, sie haben die metrischen Fundamentalformen

$$x_1^2 - c\,x_2^2, \quad v\,(x_1^2 - c\,x_2^2),$$

wo v eine Zahl aus k bedeutet, welche nicht Norm einer Zahl aus $k(\sqrt{c})$ ist.

Bemerkung. Satz 7.4 läßt sich als ein Satz über quadratische Erweiterungen $K = k(\sqrt{c})$ formulieren: es gibt eine Zahl v, welche nicht Norm einer Zahl aus K ist, und jede Zahl in k ist entweder eine Norm oder das Produkt einer Norm mit v. Den bequemstem Zugang zu diesem Satz liefert die Algebrentheorie. Soweit unsere Schlußkette lückenlos ist, nämlich für p-adische Erweiterungen des rationalen Zahlkörpers, stellt sie im Prinzip eine Übersetzung entsprechender Schlüsse der Algebrentheorie dar. Man kann jedoch den eben genannten „Normensatz" auch noch auf einem anderen Wege beweisen und dann rückwärtsschließend die Sätze 7.1 — 7.3 aus ihm herleiten.

Beweis. Daß ein zweidimensionaler Raum mit quadratischer Diskriminante isotrop ist, sahen wir bereits in Nr. 1. Das Umgekehrte ist trivial.

Ist c ein beliebiges Nicht-Quadrat, so definiert die in Satz 7.4 an erster Stelle genannte Form einen anisotropen Raum R_1. Der durch $u(x_1^2 - c\,x_2^2)$ definierte Raum ist mit R_1 isomorph, wenn u die Norm einer Zahl aus $k(\sqrt{c})$ ist, sowie umgekehrt, wie man aus

$$(a_1^2 - c\,a_2^2)\,(x_1^2 - c\,x_2^2) = (a_1\,x_1 - c\,a_2\,x_2)^2 - c\,(a_1\,x_2 + a_2\,x_1)^2$$

entnimmt.

Mit R_1 und dem anisotropen Q-Raum R bilden wir jetzt die direkte Summe $R_1 + R$; sie ist isotrop nach Satz 7.3, und ihre Diskriminante ist c. Nach Satz 7.3 kann der zu $R_1 + R$ gehörige Kernraum R_2 nur die Dimension 2 haben. Zufolge Satz 2.1 ist R_2 nicht mit R_1 isomorph. Die Fundamentalform von R_2 kann offenbar in der Gestalt $v(x_1^2 - c\,x_2^2)$ angesetzt werden. Bezeichnet R_2' den Raum mit der entgegengesetzten Fundamentalform, so gilt

$$R_1 + R_2' = R. \tag{7.8}$$

Nun sei R_3 ein weiterer Raum mit der Fundamentalform $u(x_1^2 - c\,x_2^2)$, der nicht mit R_1 isomorph ist. Dann ist die Gleichung

$$x_1^2 - c\,x_2^2 - u\,(x_3^2 - c\,x_4^2) = 0$$

nur trivial lösbar. Sie definiert daher den nach Satz 7.3 einzigen anisotropen vierdimensionalen Raum R. Aus (7.8) und unter Heranziehung von Satz 2.1 findet man jetzt $R_3 \cong R_2$, womit alles bewiesen ist.

3. Die Invarianten der Räume und Raumtypen. Zwei Invarianten eines Raumtyps $\mathfrak{R}$ hatten sich schon in § 2 herausgestellt: der *Dimensionsindex*, d. h. die Restklasse $\nu(\mathfrak{R})$ der Dimension n nach dem Modul 2 und die *Diskriminante* $\Delta(\mathfrak{R})$. Wir wollen verabreden, daß $\nu(\mathfrak{R})$ stets eine der Zahlen 0 und 1 sein soll.

Jetzt definieren wir noch für Typen $\mathfrak{R}$ mit $\nu(\mathfrak{R}) = 0$ einen *Charakter* $\chi(\mathfrak{R})$ auf folgende Weise[3]:

$\chi(\mathfrak{R}) = 1$, falls $\mathfrak{R}$ der Nulltyp ist oder der Kernraum von $\mathfrak{R}$ mit dem in Satz 7.4 zuerst genannten Raum isomorph ist,

$\chi(\mathfrak{R}) = -1$, falls der Kernraum von $\mathfrak{R}$ die Dimension 4 hat oder mit dem in Satz 7.4 an zweiter Stelle genannten Raum isomorph ist.

Nach Satz 7.3 sind damit alle Typen mit $\nu(\mathfrak{R}) = 0$ erfaßt.

Den Typ, dessen Kernraum eindimensional ist und durch einen Vektor ι mit $\frac{1}{2}\,\iota^2 = c$ erzeugt wird, bezeichnen wir mit $\mathfrak{E}(c)$ und definieren

$$\chi(\mathfrak{R}) = \chi\big(\mathfrak{R} - \mathfrak{E}(\Delta(\mathfrak{R}))\big) \quad \text{für} \quad \nu(\mathfrak{R}) = 1. \tag{7.9}$$

Den Charakter $\chi(R)$ für einen Raum R erklärt man als $\chi(\mathfrak{R})$, wenn $\mathfrak{R}$ der durch R bestimmte Typ ist.

Nunmehr folgt aus den Sätzen 7.3 und 7.4:

Satz 7.5. *Ein Raumtyp $\mathfrak{R}$ wird durch die Invarianten $\nu(\mathfrak{R})$, $\Delta(\mathfrak{R})$, $\chi(\mathfrak{R})$ eindeutig gekennzeichnet. Zu beliebig vorgeschriebenen Invarianten gibt es stets einen Raumtyp.*

Die Raumtypen $\mathfrak{R}$ mit $\nu(\mathfrak{R}) = 0$ bilden eine Untergruppe vom Index 2 in der Wittschen Gruppe, sie wird durch folgenden Satz beschrieben:

Satz 7.6. *Bezeichnet man den Typ $\mathfrak{R}$, mit den Invarianten $\nu(\mathfrak{R}) = 0$, $\Delta(\mathfrak{R}) = \Delta$, $\chi(\mathfrak{R}) = \chi$ mit dem Symbol $\mathfrak{R}(\Delta, \chi)$, so gilt*

$$\mathfrak{R}(\Delta, \chi) + \mathfrak{R}(1, -1) = \mathfrak{R}(\Delta, -\chi), \tag{7.10}$$

und

$$\mathfrak{R}(\Delta, 1) + \mathfrak{R}(\Delta', 1) = \begin{cases} \mathfrak{R}(\Delta\Delta', 1), & \text{wenn } \Delta \\ \mathfrak{R}(\Delta\Delta', -1), & \text{wenn } \Delta \text{ nicht} \end{cases} \left. \begin{matrix} \text{Norm einer} \\ \text{Zahl aus} \\ k(\sqrt{\Delta'}) \text{ ist.} \end{matrix} \right. \tag{7.11}$$

Beweis. Zuerst sei $\Delta = 1$, $\chi = -1$ und $x_1^2 - u\,x_2^2 - p\,x_3^2 + p\,u\,x_4^2$ die metrische Fundamentalform von $\mathfrak{R}(1, -1)$. Nach Satz 7.3 ist sie in $-(x_1^2 - u\,x_2^2 - p\,x_3^2 + p\,u\,x_4^2)$ transformierbar. Folglich ist die Summe

$$\mathfrak{R}(1, -1) + \mathfrak{R}(1, -1) = \mathfrak{N} = \mathfrak{R}(1, 1), \tag{7.12}$$

d. h. der Nulltyp.

Zweitens sei $\Delta \neq 1$. Nach Satz 7.4 ist $\mathfrak{R}(\Delta, 1) - \mathfrak{R}(\Delta, -1)$ nicht der Nulltyp. Andererseits hat er quadratische Diskriminante. Also wegen Satz 7.1

$$\mathfrak{R}(\Delta, 1) - \mathfrak{R}(\Delta, -1) = \mathfrak{R}(1, -1),$$

was nach (7.12) mit (7.10) identisch ist.

Wir bilden drittens den Typ $\mathfrak{R}(\Delta, 1) + \mathfrak{R}(\Delta', 1) - \mathfrak{R}(\Delta\Delta', 1)$, welcher durch einen vierdimensionalen Raum R_4 mit der metrischen Fundamentalform

$$x_1^2 - \Delta x_2^2 - \Delta\, x_3^2 + \Delta\Delta' x_4^2$$

repräsentiert wird. R_4 ist ein Q-Raum, und zwar gehört er dann und nur dann zum Nulltyp, wenn Δ die Norm einer Zahl aus $k(\sqrt{\Delta'})$ ist; im anderen Falle ist $\chi(R_4) = -1$. Die Formel (7.11) ergibt sich jetzt unter Beachtung von (7.10).

Satz 7.7. *Zwischen der Dimension n eines Raumes R und den Invarianten ν, Δ, χ des durch R gegebenen Typs $\mathfrak{R}$ bestehen folgende Bindungen:*

1. $n \equiv \nu \bmod 2$,

2. $n \geq 4 - \nu$, *falls* $\nu = 0$, $\Delta = 1$, $\chi = -1$ *oder* $\nu = 1$, $\chi = -1$.

Ist n, ν, χ, Δ ein diesen Bedingungen genügendes System, so gibt es einen und bis auf isomorphe nur einen Raum mit diesen Invarianten.

Beweis. Nach Satz 7.5 gibt es einen Raum R' mit den Invarianten ν, Δ, χ, dessen Dimension n' zunächst größer als n sein darf. Wenn $n' > 4$, ist R' isotrop, und es gibt einen mit R' kerngleichen Raum R'' der Dimension $n' - 2$. Man kann dieselbe Schlußweise auf R'' anwenden usw., bis man auf einen Raum der Dimension n kommt.

Wir müssen uns lediglich von dem Bestehen der Bindungen 1. und 2. überzeugen. Die erstere ist trivial, die letztere folgt daraus, daß es keinen zweidimensionalen Raum R mit $\Delta(R) = 1$, $\chi(R) = -1$ und keinen eindimensionalen Raum R mit $\chi(R) = -1$ gibt.

§ 8. Räume und Raumtypen über den Körpern der reellen und der komplexen Zahlen.

Das Wenige, was über Räume über diesen beiden Körpern gesagt werden muß, darf an dieser Stelle eingeschoben werden.

Wenn k der Körper aller reellen Zahlen ist, so besitzt ein halbeinfacher Raum R über k eine Orthogonalbasis (ι_ν) mit $\iota_\nu^2 = \pm 1$. Eine Invariante von R und gleichzeitig auch des Typs $\mathfrak{R}$ von R ist auf Grund von Satz 2.2 die Differenz $\sigma(\mathfrak{R})$ der Anzahl der $\iota_\nu^2 = 1$ und der Anzahl der $\iota_\nu^2 = -1$, sie heißt die *Signatur*. Die Invarianz der Signatur eines Raumes ist der Inhalt des *Trägheitssatzes von Sylvester* in der elementaren analytischen Geometrie.

Es ist offenbar

$$\sigma(\mathfrak{R}) \equiv \nu(\mathfrak{R}) \bmod 2, \tag{8.1}$$

also

$$\varrho(\mathfrak{R}) = \frac{1}{2}\big(\sigma(\mathfrak{R}) + \nu(\mathfrak{R})\big) \tag{8.2}$$

ist eine ganze Zahl, wir bezeichnen sie als die *reduzierte Signatur*. Dabei ist zu verabreden, daß $\nu(\mathfrak{R})$ eine der Zahlen 0, 1 sein soll. Mittels dieser definieren wir noch den *Charakter von* $\mathfrak{R}$:

$$\chi(\mathfrak{R}) = (-1)^{\frac{1}{2}\varrho(\mathfrak{R})(\varrho(\mathfrak{R})-1)}, \tag{8.3}$$

welcher in § 23 eine Rolle spielen wird.

Mit der Diskriminante besteht der Zusammenhang

$$\Delta(\mathfrak{R}) = (-1)^{\varrho(\mathfrak{R})+\nu(\mathfrak{R})}, \tag{8.4}$$

wie man unter Benutzung einer Orthogonalbasis (ι_ν) mit $\iota_\nu^2 = \pm 1$ unmittelbar verifizieren kann.

Wenn k der Körper aller komplexen Zahlen ist, so sind alle halbeinfachen Räume der gleichen Dimension isomorph. Die einzige Invariante eines Raumtyps ist der Dimensionsindex $\nu(\mathfrak{R})$.

Den *Charakter von R* bzw. des durch R gegebenen Typs $\mathfrak{R}$ definieren wir in diesem Falle durch

$$\chi(\mathfrak{R}) = 1.$$

Man überzeuge sich davon, daß der Satz 7.2 auch in diesen Körpern wörtlich gültig ist.

§ 9. Die Gitter.

1. Definitionen. Die Auszeichnung ganzer Zahlen in k legt es nahe, Gesamtheiten $\mathfrak{J}$ von Vektoren aus R mit den folgenden Eigenschaften zu betrachten:

1. Sind α_1, α_2 zwei Vektoren aus $\mathfrak{J}$, so liegt auch $x_1\alpha_1 + x_2\alpha_2$ in $\mathfrak{J}$, wobei x_1, x_2 beliebige ganze Zahlen aus k sind.
2. Es gibt endlich viele Vektoren $\iota_1, \ldots, \iota_m$ in $\mathfrak{J}$ derart, daß jeder Vektor ι aus $\mathfrak{J}$ in der Gestalt $\iota = \sum \iota_\mu x_\mu$ mit ganzen x_μ darstellbar ist.

Solche Gesamtheiten werden wir als *Gitter* bezeichnen. Sofern nicht das Gegenteil ausdrücklich festgestellt wird, soll noch gefordert werden:

3. $\mathfrak{J}$ enthält n linear unabhängige Vektoren, wenn n wie bisher die Dimension von R bezeichnet.

Diese Definition ist gültig bei einem beliebigen Grundkörper, in welchem ein Ganzheitsbegriff existiert. Ein Gitter ist ein endlicher Modul bez. der Hauptordnung $\mathfrak{o}$ von k. Da alle Ideale von $\mathfrak{o}$ auf Grund der oben gemachten Voraussetzungen über k Hauptideale sind, gilt

Satz 9.1. *Ein Gitter $\mathfrak{J}$ besitzt stets eine Basis aus n linear unabhängigen Vektoren ι_ν.* Wir werden im folgenden die Schreibweise

$$\mathfrak{J} = [\iota_\nu] = [\iota_1, \ldots, \iota_n]$$

verwenden.

Zwei Gitter $\mathfrak{J}$ und $\mathfrak{K}$ in R heißen *ähnlich* bzw. *isomorph*, wenn es eine Ähnlichkeitstransformation bzw. einen Automorphismus Σ so gibt, daß

$$\mathfrak{K} = \Sigma\,\mathfrak{J}$$

ist. Ähnliche bzw. isomorphe Gitter werden zu *Ähnlichkeitsklassen* bzw. *Isomorphieklassen* vereinigt.

Die nächste Aufgabe ist es, Invarianten von Isomorphie- und Ähnlichkeitsklassen aufzustellen sowie zu versuchen, die letzteren durch die ersteren zu kennzeichnen. Die einfachste Invariante einer Isomorphieklasse ist die *Norm* eines Gitters $\mathfrak{J}$, welche folgendermaßen definiert wird: es bezeichne $\mathfrak{n}$ den Hauptnenner sämtlicher Zahlen $\frac{1}{2}\iota^2$, wenn ι alle Vektoren aus $\mathfrak{J}$ durchläuft, und $\mathfrak{z}$ den größten gemeinsamen Teiler der Ideale $\frac{1}{2}\iota^2\,\mathfrak{n}$. Dann soll das Ideal

$$n(\mathfrak{J}) = \frac{\mathfrak{z}}{\mathfrak{n}} = \frac{\text{gr. gem. Teiler}\left(\frac{1}{2}\iota^2\,\mathfrak{n}\right)}{\text{Hauptnenner}\left(\frac{1}{2}\iota^2\right)} \tag{9.1}$$

die Norm von $\mathfrak{J}$ heißen.

Es sei $\mathfrak{J} = [\iota_\nu]$ und $n(\mathfrak{J}) = \mathfrak{p}^l$. Wir betrachten die Matrix

$$F[\iota_\nu] = p^{-l} \begin{pmatrix} \iota_1^2 \ldots \iota_1 \iota_n \\ \ldots\ldots \\ \iota_n \iota_1 \ldots \iota_n^2 \end{pmatrix};$$

sie besitzt nur ganze Koeffizienten. Bei einem Basiswechsel, welcher die ι_ν ersetzt durch die Vektoren

$$\varkappa_\nu = \sum_{\mu=1}^{n} \iota_\mu u_{\mu\nu},$$

wird

$$F[\varkappa_\nu] = \dot{U} F[\iota_\nu] U, \qquad U = (u_{\mu\nu}), \dot{U} = (u_{\nu\mu}).$$

U ist eine unimodulare Matrix, d. h. eine solche, welche nur ganze Koeffizienten besitzt, deren Reziproke existiert und auch ganze Koeffizienten hat. Es folgt hieraus: der größte gemeinsame Teiler $\mathfrak{d}_m(\mathfrak{J})$ der Unterdeterminanten m-ten Grades von $F[\iota_\nu]$ ist eine Invariante von $\mathfrak{J}$, wenn m eine beliebige Zahl der Reihe $1, 2, \ldots, n$ ist. Das Ideal $\mathfrak{d}_n(\mathfrak{J})$ wollen wir auch kurz mit $\mathfrak{d}(\mathfrak{J})$ bezeichnen und die *reduzierte Determinante* des Gitters $\mathfrak{J}$ nennen. Sie darf natürlich nicht mit der Diskriminante $\Delta(R)$ von R verwechselt werden, welche kein Ideal, sondern eine Quadratklasse in k ist.

Die Ideale $\mathfrak{d}_m(\mathfrak{J})$ heißen die *Elementarteiler* von $\mathfrak{J}$, es sind offenbar Invarianten der Ähnlichkeitsklassen[4].

Besondere Bedeutung und Tiefe gewinnt die Frage nach der Kennzeichnung der Isomorphie- und Ähnlichkeitsklassen von Gittern erst dann, wenn der Grundkörper k ein algebraischer Zahl- oder Funktionenkörper ist. Davon wird in Kapitel III die Rede sein. Über diskret bewerteten perfekten Körpern kann man sich verhältnismäßig einfach eine Übersicht über sämtliche Gitter in einem Raum verschaffen durch Angabe von Basen besonders übersichtlicher Gestalt.

2. Kanonische Basen[5]. Eine Basis $[\iota_\nu]$ eines Gitters $\mathfrak{J}$ heißt *kanonisch*, wenn das Folgende gilt:

a) das Primideal $\mathfrak{p}$ sei ungerade: die ι_ν sind wechselseitig orthogonal, und ι_ν^2 teilt $\iota_{\nu+1}^2$.

b) das Primideal $\mathfrak{p}$ sei gerade: die ι_ν spannen über k teils eindimensionale, teils zweidimensionale zueinander orthogonale Räume auf und bilden gleichzeitig Basen von Gittern $\mathfrak{J}_\nu$ in diesen Räumen, so daß man also schreiben kann

$$\mathfrak{J} = \mathfrak{J}_1 + \mathfrak{J}_2 + \cdots,$$

dabei ist $n(\mathfrak{J}_\nu)$ ein Teiler von $n(\mathfrak{J}_{\nu+1})$.

Satz 9.2. *Jedes Gitter $\mathfrak{J}$ besitzt eine kanonische Basis.*

Beweis. Die Behauptung ist richtig für $n = 1$ und wird allgemein durch vollständige Induktion bez. n bewiesen. Es sei zunächst $[\omega_\nu]$

irgendeine Basis und $n(\mathfrak{J}) = \mathfrak{p}^l$. Die Zahlen $\frac{1}{2}\omega_\nu^2 p^{-l}$, $\omega_\mu \omega_\nu p^{-l}$ sind ganz. Wenn $\frac{1}{2}\omega_\nu^2 p^{-l}$ zu $\mathfrak{p}$ teilerfremd ist für ein ν, setze man $\iota_1 = \omega_\nu$. Im anderen Falle sei etwa $\omega_1 \omega_2 p^{-l}$ zu $\mathfrak{p}$ prim; dann nehme man $\iota_1 = \omega_1 + \omega_2$. Beide Male ist $\frac{1}{2}\iota_1^2 p^{-l}$ zu $\mathfrak{p}$ teilerfremd. Es beschränkt nicht die Allgemeinheit, wenn man die ω_ν so voraussetzt, daß bereits $\omega_1 = \iota_1$ genommen werden kann.

Wir müssen von hier ab verschieden vorgehen, je nachdem ob $\mathfrak{p}$ ungerade oder gerade ist. Für ungerades $\mathfrak{p}$ sind die Zahlen $\frac{\omega_1 \omega_\nu}{\omega_1^2}$ ganz. Die Vektoren

$$\omega_\nu' = \omega_\nu - \frac{\omega_1 \omega_\nu}{\omega_1^2}\omega_1 \qquad (\nu = 2, \ldots, n)$$

liegen also in $\mathfrak{J}$, sie sind zu $\omega_1 = \iota_1$ orthogonal, so daß $\mathfrak{J}$ die direkte Summe $\mathfrak{J} = [\iota_1] + [\omega_2', \ldots, \omega_n']$ ist. Nach der Induktionsvoraussetzung besitzt $[\omega_2', \ldots, \omega_n']$ eine kanonische Basis $[\iota_2, \ldots, \iota_n]$, und dann ist $[\iota_1, \ldots, \iota_n]$ eine solche für $\mathfrak{J}$. Nach passender Wahl der Reihenfolge wird nämlich ι_ν^2 ein Teiler von $\iota_{\nu+1}^2$.

Nun sei $\mathfrak{p}$ gerade. Besonders einfach läßt sich der Spezialfall behandeln, daß $\mathfrak{p}$ genau einmal in 2 aufgeht. Dann ist noch $\frac{\omega_1 \omega_\nu}{\frac{1}{2}\omega_1^2}$ ganz. Wenn sogar $\frac{\omega_1 \omega_\nu}{\omega_1^2}$ ganz ist, kann wie oben geschlossen werden. Im anderen Falle ist aber $[\omega_1, \omega_2]$ ein Teilgitter mit zu $\mathfrak{p}$ primer reduzierter Determinante. Von $\nu = 3$ ab setzen wir nun

$$\omega_\nu' = \omega_\nu - a_\nu \omega_1 - b_\nu \omega_2$$

und können dabei ganze a_ν, b_ν aus

$$\omega_1 \omega_\nu' = \omega_1 \omega_\nu - a_\nu \omega_1^2 - b_\nu \omega_1 \omega_2 = 0,\ \omega_2 \omega_\nu' = \omega_2 \omega_\nu - a_\nu \omega_2 \omega_1 - b_\nu \omega_2^2 = 0$$

bestimmen. Dann zerfällt $\mathfrak{J}$ in die direkte Summe $[\omega_1, \omega_2] + [\omega_3', \ldots, \omega_n']$. Anwendung der Induktionsvoraussetzung und Festlegung einer passenden Reihenfolge der direkten Summanden von $\mathfrak{J}$ stellt eine kanonische Basis her.

Es bleibt die Möglichkei $2\mathfrak{o} = \mathfrak{p}^e$, $e > 1$ zu behandeln. Man nehme wie bisher an, daß $\frac{1}{2}\omega_1^2 p^{-l}$ eine Einheit ist und transformiere $\omega_2, \ldots, \omega_n$ unimodular so, daß $\omega_1 \omega_3 = \cdots = \omega_1 \omega_n = 0$ wird. Darauf transformiere man $\omega_3, \ldots, \omega_n$ unimodular so, daß $\omega_2 \omega_4 = \cdots = \omega_2 \omega_n = 0$ wird, usw. Wir betrachten das Teilgitter $[\omega_1, \omega_2, \omega_3]$, seine Multiplikationstabelle heiße

$$(\omega_\mu \omega_\nu) = p^l \begin{pmatrix} 2g & a & 0 \\ a & 2b & c \\ 0 & c & 2d \end{pmatrix}, \qquad (\mu, \nu = 1, 2, 3)$$

dabei ist g eine Einheit. Wenn a durch 2 teilbar ist, kann man so vorgehen wie für ungerades $\mathfrak{p}$ und $[\omega_1]$ als direkten Summanden abspalten.

Wenn a eine Einheit ist, kann das Teilgitter $[\omega_1, \omega_2]$ als direkter Summand abgespalten werden. Wir haben also anzunehmen, daß a durch $\mathfrak{p}$ aber nicht durch 2 teilbar ist; es ist zwischen den Möglichkeiten zu unterscheiden, daß a in c aufgeht oder c in a. Geht a in c auf, so bilde man den Vektor

$$\omega_3' = \frac{a\,c}{4\,b\,g - a^2}\,\omega_1 - \frac{2\,g\,c}{4\,b\,g - a^2}\,\omega_2 + \omega_3.$$

Nach den gemachten Voraussetzungen liegt er in $\mathfrak{J}$, und er ist senkrecht auf ω_1, ω_2. Dann ist aber $\mathfrak{J}$ die direkte Summe $[\omega_1, \omega_2] + [\omega_3', \omega_4, \ldots, \omega_n]$. Geht aber c in a auf, so darf man offenbar voraussetzen, daß c ein echter Teiler von a ist. Wenn dabei c eine Einheit ist, so hat $[\omega_2, \omega_3]$ die reduzierte Diskriminante $\mathfrak{o}$ und ist daher ein direkter Summand von $\mathfrak{J}$. Diese Möglichkeit brauchen wir nicht mehr zu beachten und dürfen daher voraussetzen, daß auch c durch $\mathfrak{p}$, aber nicht durch 2 teilbar ist. Geht nun c in $\omega_3\,\omega_4$ auf, so wird die letzte Schlußweise auf das Teilgitter $[\omega_2, \omega_3, \omega_4]$ angewendet, sie führt auf eine Aufspaltung $\mathfrak{J} = [\omega_1, \omega_2, \omega_3] + [\omega_4', \omega_5, \ldots, \omega_n]$. Man kann so fortfahren und hat dann endlich die Möglichkeit ins Auge zu fassen, daß von den Zahlen $\omega_1\,\omega_2, \omega_2\,\omega_3, \omega_3\,\omega_4, \ldots$ jede ein echtes Vielfaches der folgenden ist. In diesem Falle kehre man aber einfach die Reihenfolge der ω_ν um und kann wie oben den direkten Summanden $[\omega_1, \omega_2]$ abspalten.

3. Maximale Gitter. Wir werden immer wieder die Theorie des Gruppenpaares $\{R, \mathfrak{S}\}$ über k und einer (algebraischen oder hyperkomplexen) Erweiterung K von k einander gegenüberstellen. In dieser Gegenüberstellung entspricht dem Begriff des Gitters in einem metrischen Raum der des Moduls in einer solchen Erweiterung. Ebenso wie man den maximalen Ordnungen $\mathfrak{O}$ von K und den Idealen für $\mathfrak{O}$ vor allen übrigen Moduln den Vorrang gibt, so ist es geboten, eine Klasse von Gittern besonders einfacher Beschaffenheit bevorzugt zu behandeln. Dieses sind die *maximalen Gitter*. Ein Gitter $\mathfrak{J}$ heiße maximal, wenn es kein von $\mathfrak{J}$ verschiedenes $\mathfrak{J}'$ gibt, welches $\mathfrak{J}$ umfaßt und die gleiche Norm wie $\mathfrak{J}$ hat[6, 7]. Ein hinreichendes Kriterium für die Maximalität ist

Satz 9.3. *Wenn die reduzierte Determinante* $\mathfrak{d}(\mathfrak{J})$ *eines Gitters* $\mathfrak{J}$ $\mathfrak{o}$ *oder* $\mathfrak{p}$ *ist, so ist* $\mathfrak{J}$ *maximal.*

Der elementare Beweis dafür darf übergangen werden.

Satz 9.4. *Sämtliche Vektoren* ι *aus einem anisotropen Raum* R, *für welche* $\frac{1}{2}\,\iota^2$ *durch ein gegebenes Ideal* $\mathfrak{p}^l$ *von* k *teilbar sind, bilden ein maximales Gitter. Seine Norm ist entweder gleich* $\mathfrak{p}^l$ *oder gleich* $\mathfrak{p}^{l+1}$.

Beweis. Man kann dem Raum R einen Raum R' zuordnen, dessen metrische Fundamentalform das p^{-l}-fache der Fundamentalform von R ist, und sämtliche Schlüsse für R' an Stelle von R durchführen. Das bedeutet: man darf ohne Beschränkung der Allgemeinheit $l = 0$ voraussetzen.

Es seien ι_1 und ι_2 zwei nicht linear abhängige Vektoren derart, daß $\frac{1}{2}\iota_1^2$ und $\frac{1}{2}\iota_2^2$ ganz sind. Behauptet wird zunächst, daß dann auch $\iota_1\iota_2$ ganz ist. Im Gegensatz hierzu werde angenommen, $\iota_1\iota_2$ habe den Nenner $\mathfrak{p}^s$, $s > 0$. Dann ist

$$\frac{1}{2\iota_1\iota_2}(\iota_1 x_1 + \iota_2 x_2)^2 = \frac{\iota_1^2}{2\iota_1\iota_2}x_1^2 + x_1 x_2 + \frac{\iota_2^2}{2\iota_1\iota_2}x_2^2$$
$$= a p^u x_1^2 + x_1 x_2 + b p^v x_2^2;$$

hier seien a und b Einheiten, also $u \geqq s > 0$, $v \geqq s > 0$. Man setze $x_1 = 1$, $x_2 = -a p^u(1 + a_1 p^{u+v} + a_2 p^{2(u+v)} + \cdots)$ ein:

$$\frac{1}{2\iota_1\iota_2}(\iota_1 x_1 + \iota_2 x_2)^2$$
$$= a p^{2u+v}\left[-a_1 - a_2 p^{u+v} - \cdots + \frac{b}{a}(1 + a_1 p^{u+v} + a_2 p^{2(u+v)} + \cdots)^2\right].$$

Bestimmt man $a_1, a_2, \ldots$ aus

$$a a_1 = b,$$
$$a a_2 = 2b a_1,$$
$$a a_3 = b(a_1^2 + 2a_2),$$
$$\ldots\ldots\ldots\ldots\ldots,$$

so wird $(\iota_1 x_1 + \iota_2 x_2)^2 = 0$, was aber den Voraussetzungen widerspricht, daß ι_1, ι_2 linear unabhängig und R anisotrop sein sollten.

Man nehme nun n linear unabhängige Vektoren $\iota_\nu^{(1)}$ mit ganzen $\frac{1}{2}\iota_\nu^{(1)2}$ und bilde das Gitter $\mathfrak{J}_1 = [\iota_1^{(1)}, \ldots, \iota_n^{(1)}]$. Wenn $\mathfrak{J}_1$ einen Vektor ι mit ganzem $\frac{1}{2}\iota^2$ noch nicht enthält, so füge man ι zu $\mathfrak{J}_1$ hinzu und erhält ein Gitter $\mathfrak{J}_2$, welches wiederum eine Basis $[\iota_1^{(2)}, \ldots, \iota_n^{(2)}]$ besitzt. Wiederholung der Schlußweise liefert eine Folge von Gittern $\mathfrak{J}_\mu$ mit $\mathfrak{J}_1 \subset \mathfrak{J}_2 \subset \ldots$. Es ist $\mathfrak{d}(\mathfrak{J}_\mu)/\mathfrak{d}(\mathfrak{J}_{\mu-1})$; andererseits ist $\mathfrak{d}(\mathfrak{J}_\mu)$ ganz. Also muß diese Folge abbrechen, ihr letztes Glied $\mathfrak{J}$ enthält dann alle ι mit ganzem $\frac{1}{2}\iota^2$.

Die Norm von $\mathfrak{J}$ ist entweder $\mathfrak{o}$ oder $\mathfrak{p}$. Wäre nämlich $n(\mathfrak{J})$ durch $\mathfrak{p}^2$ teilbar, so müßte $\frac{1}{2}\iota^2$ durch $\mathfrak{p}^2$ teilbar sein für jedes ι aus $\mathfrak{J}$. Dann hat aber $p^{-1}\iota$ ebenfalls ganze Norm und liegt daher in $\mathfrak{J}$. In gleicher Weise würde folgen: $p^{-2}\iota, p^{-3}\iota, \ldots$ liegen in $\mathfrak{J}$. Andererseits enthält diese Folge einen Vektor $p^{-s}\iota = \iota'$, für den $\frac{1}{2}\iota'^2$ nichr mehr ganz ist. Die Annahme $n(\mathfrak{J}) = \mathfrak{p}^s$, $s > 1$, führt also auf einen Widerspruch. Damit ist Satz 9.4 bewiesen.

Satz 9.5. *Es seien $\mathfrak{J}$ und $\mathfrak{K}$ zwei maximale Gitter in einem isotropen Raum R. Dann gibt es eine Basis $[\iota_\nu]$ von $\mathfrak{J}$ von folgender Beschaffenheit:*

1. *$\iota_1, \ldots, \iota_{n_0}$ bilden die Basis eines Kernraumes R_0 von R; $\iota_{n_0+2\mu-1}$, $\iota_{n_0+2\mu}$ für $\mu = 1, \ldots, m = \frac{n-n_0}{2}$ bilden die Basis je eines zweidimensionalen Raumes R_μ von Nulltyp, und R ist die direkte Summe*

$$R = R_0 + R_1 + \cdots + R_m,$$

2. *die Vektoren* $\varkappa_\nu = p^{t_\nu} \iota_\nu$ *bilden eine Basis von* $\mathfrak{K}$, *wobei* p^{t_ν} *geeignete Potenzen eines Primelementes* p *von* k *sind,*

3. $\mathfrak{J}_0 = [\iota_1, \ldots, \iota_{n_0}]$ *und* $\mathfrak{K}_0 = [\varkappa_1, \ldots, \varkappa_{n_0}]$ *sind maximale Gitter in* R_0 *der Normen* $\mathfrak{p}^{\varepsilon_1} n(\mathfrak{J})$ *und* $\mathfrak{p}^{\varepsilon_2} n(\mathfrak{K})$, *wobei* $\varepsilon_1, \varepsilon_2$ *möglichst kleine nicht negative Exponenten derart sind, daß es maximale Gitter dieser Normen überhaupt geben kann. Ferner sind* $\mathfrak{J}_\mu = [\iota_{n_0+2\mu-1}, \iota_{n_0+2\mu}]$ *und* $\mathfrak{K}_\mu = [\varkappa_{n_0+2\mu-1}, \varkappa_{n_0+2\mu}]$ *maximale Gitter der Normen* $n(\mathfrak{J})$ *und* $n(\mathfrak{K})$ *in* R_μ; *und zwar gilt speziell:*

$$\iota^2_{n_0+2\mu-1} = \iota^2_{n_0+2\mu} = 0, \quad \iota_{n_0+2\mu-1}\, \iota_{n_0+2\mu} = p^l, \text{ wenn } n(\mathfrak{J}) = \mathfrak{p}^l,$$

4. *für* $\mu = 1, \ldots m$ *ist*

$$\mathfrak{o}\, p^{t_{n_0+2\mu-1} + t_{n_0+2\mu}} = \frac{n(\mathfrak{K})}{n(\mathfrak{J})}.$$

Dieser Satz gilt trivialerweise auch für anisotrope Räume, wo R_0 mit R zusammenfällt. Für isotrope Räume hat er eine zweifache Bedeutung. Ist erstens $\mathfrak{K} = \mathfrak{J}$, so liefert er zusammen mit Satz 9.4 eine Übersicht über sämtliche maximalen Gitter, sofern isomorphe Gitter nicht unterschieden werden. Ist zweitens $\mathfrak{K} \neq \mathfrak{J}$, so stellt er eine Übertragung und Verschärfung des Hauptsatzes der Elementarteilertheorie in linearen Vektorräumen dar. Dieser besagt bekanntlich: sind $\mathfrak{J}$ und $\mathfrak{K}$ Moduln von maximalem Rang in einem linearen Vektorraum über k, so existiert für $\mathfrak{J}$ eine Basis $[\iota_\nu]$ sowie Potenzen p^{t_ν} des Primelementes derart, daß $[p^{t_\nu} \iota_\nu]$ eine Basis von $\mathfrak{K}$ ist.

Eine Folgerung ist

Satz 9.6. *Zwei maximale Gitter in demselben Raum von derselben Norm sind isomorph.*

Beweis. Nach Satz 9.5, 3. sind $\mathfrak{J}_0$, $\mathfrak{K}_0$ maximale Gitter derselben Norm in demselben Raum R_0, also nach Satz 9.4: $\mathfrak{J}_0 = \mathfrak{K}_0$. Die behauptete Isomorphie von $\mathfrak{J}$ und $\mathfrak{K}$ folgt nun sofort aus der besonderen Beschaffenheit der Vektoren $\iota_{n_0+1}, \ldots, \varkappa_{n_0+1}, \ldots$

Beweis für Satz 9.5. Für einen beliebigen Vektor ι aus $\mathfrak{J}$ bedeute $t(\iota)$ den kleinsten Exponenten von der Art, daß $p^{t(\iota)} \iota$ in $\mathfrak{K}$ enthalten ist. Die Zahlen $t(\iota)$ sind offenbar nach oben beschränkt.

Es sei ι_1 ein isotroper Vektor in $\mathfrak{J}$. Da nicht $p^{-s} \iota_1$ für jedes positive s in $\mathfrak{J}$ liegen kann, enthält $\mathfrak{J}$ einen solchen isotropen Vektor ι_1, für den nicht $p^{-1} \iota_1$ in $\mathfrak{J}$ liegt. Durchläuft ι sämtliche Vektoren aus $\mathfrak{J}$, so ist der größte gemeinsame Teiler der Produkte $\iota_1 \iota$ gleich $n(\mathfrak{J})$. Wären nämlich alle $\iota_1 \iota$ durch $\mathfrak{p}\, n(\mathfrak{J})$ teilbar, so wären alle $p^{-1} \iota_1 \iota$ durch $n(\mathfrak{J})$ teilbar. Ferner ist $\frac{1}{2} (p^{-1} \iota_1)^2 = 0$, also auch durch $n(\mathfrak{J})$ teilbar. Man könnte mithin $\mathfrak{J}$ durch Hinzufügen von $p^{-1} \iota_1$ zu einem umfassenderen Gitter der gleichen Norm erweitern, was aber der vorausgesetzten Maximalität von $\mathfrak{J}$ widerspricht. Ist also $n(\mathfrak{J}) = \mathfrak{p}^l$, so gibt es zu ι_1 in $\mathfrak{J}$ einen Vektor ι_2' mit $\iota_1 \iota_2' = p^l$. Ersetzt man noch ι_2' durch den ebenfalls zu $\mathfrak{J}$ gehörigen Vektor $\iota_2 = \iota_2' - \frac{\iota_2'^2}{2\,\iota_1\,\iota_2'}\,\iota_1$, so wird

$$\iota_1^2 = \iota_2^2 = 0,\quad \iota_1\,\iota_2 = p^l \text{ mit } \mathfrak{p}^l = n(\mathfrak{J}). \tag{9.2}$$

Ersichtlich ist $p^{-1}\,\iota_2$ nicht mehr in $\mathfrak{J}$ enthalten.

Entsprechendes gilt für $\mathfrak{K}$: ist $\varkappa_1$ ein isotroper Vektor aus $\mathfrak{K}$, und ist nicht $p^{-1}\,\varkappa_1$ in $\mathfrak{K}$ enthalten, so enthält $\mathfrak{K}$ einen weiteren isotropen Vektor $\varkappa_2$ mit $\varkappa_1\,\varkappa_2 = p^h$, wenn $n(\mathfrak{K}) = \mathfrak{p}^h$ war. Ferner liegt $p^{-1}\,\varkappa_2$ nicht mehr in $\mathfrak{K}$.

Jetzt werde unter allen isotropen ι_1 aus $\mathfrak{J}$, für welche nicht bereits $p^{-1}\,\iota_1$ in $\mathfrak{J}$ liegt, ein solcher Vektor ι_1 ausgewählt, für den $t(\iota_1)$ möglichst groß ausfällt. Die Vektoren $p^{t(\iota_1)}\,\iota_1$ und $p^{t(\iota_2)}\,\iota_2$ liegen in $\mathfrak{K}$, ihr Produkt ist also durch die Norm p^h von $\mathfrak{K}$ teilbar. Es gilt mithin

$$t(\iota_1) + t(\iota_2) \geqq h - l. \tag{9.3}$$

Zu $p^{t(\iota_1)}\,\iota_1$ gibt es in $\mathfrak{K}$ einen isotropen Vektor $\varkappa_2$ so, daß $p^{t(\iota_1)}\,\iota_1\,\varkappa_2 = p^h$ ist. Für eine gewisse Potenz von p liegt $p^{-u}\,\varkappa_2 = \iota_2'$ in $\mathfrak{J}$; u sei die größte ganze Zahl dieser Art. Dann ist einerseits $p^{-1}\,\iota_2'$ nicht in $\mathfrak{J}$ enthalten; andererseits ist $u \geqq t(\iota_2')$, und da $p^{-1}\,\varkappa_2$ nicht in $\mathfrak{K}$ liegt, sogar $u = t(\iota_2')$. Da $\iota_1\,\iota_2'$ durch $\mathfrak{p}^l$ teilbar ist, muß nun gelten: $h - t(\iota_1) - t(\iota_2') \geqq l$ oder

$$t(\iota_1) + t(\iota_2') \leqq h - l. \tag{9.4}$$

Da $p^{-1}\,\iota_2'$ nicht in $\mathfrak{J}$ liegt, gibt es in $\mathfrak{J}$ einen isotropen Vektor ι_1' mit $\iota_1'\,\iota_2' = p^l$. Es gilt entsprechend (9.3):

$$t(\iota_1') + t(\iota_2') \geqq h - l. \tag{9.5}$$

Aus (9.4) und (9.5) folgt $t(\iota_1') \geqq t(\iota_1)$. Da aber ι_1 so gewählt werden sollte, daß $t(\iota_1)$ maximal ist, muß $t(\iota_1') = t(\iota_1)$ sein und das Gleichheitszeichen sowohl in (9.4) wie in (9.5) stehen. Indem man nötigenfalls ι_1, ι_2 durch ι_1', ι_2' ersetzt, wird also

$$t(\iota_1) + t(\iota_2) = h - l. \tag{9.6}$$

Wir ergänzen nun ι_1, ι_2 zu einer Basis $[\iota_1, \iota_2, \iota_3', \iota_4', \ldots]$ von $\mathfrak{J}$ und ersetzen noch die ι_ν' durch die

$$\iota_\nu = \iota_\nu' - p^{-l}\,\iota_\nu'\,\iota_2 \cdot \iota_1 - p^{-l}\,\iota_\nu'\,\iota_1 \cdot \iota_2, \qquad (\nu = 3, 4, \ldots)$$

welche ebenfalls mit ι_1, ι_2 eine Basis von $\mathfrak{J}$ bilden. Wegen (9.2) sind die ι_ν zu ι_1, ι_2 senkrecht. Ebenso werden $\varkappa_1 = p^{t(\iota_1)}\,\iota_1$, $\varkappa_2 = p^{t(\iota_2)}\,\iota_2$ zu einer Basis $[\varkappa_1, \varkappa_2, \varkappa_3, \varkappa_4, \ldots]$ von $\mathfrak{K}$ ergänzt, wobei durch das gleiche Verfahren erreicht werden kann, daß $\varkappa_3, \varkappa_4, \ldots$ zu $\varkappa_1, \varkappa_2$ senkrecht sind. Hiermit stellt sich R als eine direkte Summe des Raumes $R_1 = k(\iota_1, \iota_2)$ und des hierzu senkrechten Teilraumes R_1' dar. Und dabei zerfallen gleichzeitig die Gitter $\mathfrak{J}$ und $\mathfrak{K}$ in die Teilgitter

$$\mathfrak{J}_1 = \mathfrak{J} \cap R_1,\quad \mathfrak{J}_1' = \mathfrak{J} \cap R_1',\quad \mathfrak{K}_1 = \mathfrak{K} \cap R_1,\quad \mathfrak{K}_1' = \mathfrak{K} \cap R_1',$$

und zwar so, daß $\mathfrak{J}_1, \mathfrak{J}_1'$ bzw. $\mathfrak{K}_1, \mathfrak{K}_1'$ die Gitter $\mathfrak{J}$ bzw. $\mathfrak{K}$ erzeugen.

Über die Gitter $\mathfrak{J}_1'$, $\mathfrak{K}_1'$ kann das Folgende ausgesagt werden: es sind maximale Gitter von kleinstmöglicher durch $n(\mathfrak{J})$, $n(\mathfrak{K})$ teibarer Norm. Wenn R_1' isotrop ist, so kann man nach obiger Schlußweise in $\mathfrak{J}_1'$ Vektoren ι_3, ι_4 mit $\iota_3^2 = \iota_4^2 = 0, \iota_3 \iota_4 = p^{l'}$ finden, $\mathfrak{p}^{l'} = n(\mathfrak{J}_1)$. Wenn $l' > l$ wäre, könnte man $p^{-1} \iota_3$ zu $\mathfrak{J}$ adjungieren. Also in diesem Fall ist $n(\mathfrak{J}_1') = n(\mathfrak{J})$, und natürlich ebenso $n(\mathfrak{K}_1') = n(\mathfrak{K})$. Wenn dagegen R_1' anisotrop ist, kann möglicherweise $n(\mathfrak{J}_1') = \mathfrak{p}\, n(\mathfrak{J})$ oder $n(\mathfrak{K}_1') = \mathfrak{p}\, n(\mathfrak{K})$ oder beides gelten.

Unser Satz ergibt sich jetzt ganz leicht durch vollständige Induktion bez. m. Für $m = 0$ ist er trivialerweise richtig. Ist er für $m - 1$ bewiesen, so wird obige direkte Summenzerlegung $R = R_1 + R_1'$ vorgenommen. Für R_1' ist die Behauptung richtig und folgt hiermit auch für R, wenn man beachtet, daß (9.6) mit der letzten Teilaussage des Satzes übereinstimmt.

4. Beispiele maximaler Gitter erhält man durch die Sätze 9.3 und 9.5. Zusammen mit Satz 9.5 liefert der folgende eine erschöpfende Übersicht über alle maximalen Gitter:

Satz 9.7. *Das durch Satz 9.4 in einem anisotropen Raum R definierte Gitter $\mathfrak{J}$ besitzt eine Basis $[\iota_\nu]$ mit der folgenden Multiplikationstabelle:*

1. $n = 1$:
$$\frac{1}{2} \iota_1^2 = p^l a,$$
a ist ganz, nicht durch $\mathfrak{p}^2$ teilbar, und nach Festlegung von p durch R als Quadratklasse eindeutig bestimmt.

2. $n = 2$:
$$\frac{1}{2} (\sum \iota_\nu x_\nu)^2 = \begin{cases} p^l\, n_{K/k} (P_1 x_1 + P_2 x_2) \\ \text{oder} \\ p^l\, v\, n_{K/k} (P_1 x_1 + P_2 x_2), \end{cases}$$
wobei K eine Erweiterung 2. Grades von k und $[P_1, P_2]$ eine Basis der Hauptordnung von K bez. $\mathfrak{o}$ ist; v bedeutet eine ganze nicht durch $\mathfrak{p}^2$ teilbare Zahl aus k, welche nicht Norm einer Zahl aus K ist. Welche der beiden Möglichkeiten zutrifft, hängt allein von p und R, dagegen nicht von $\mathfrak{J}$ ab. Falls $\mathfrak{p}$ in $k(\sqrt{\Delta(R)})$ verzweigt ist, ist v eine Einheit.

3. $n = 3$:
$$\frac{1}{2} (\sum \iota_\nu x_\nu)^2 = \begin{cases} p^l (p w x_1^2 + n_{K/k} (P_1 x_2 + P_2 x_3)) \\ \text{oder} \\ p^l (w x_1^2 + p\, n_{K/k} (P_1 x_2 + P_2 x_3)), \end{cases}$$
hier ist K/k die unverzweigte Erweiterung 2. Grades von k, $[P_1, P_2]$ ist wieder eine Basis der Hauptordnung von K und w eine Einheit aus k, welche nach Fixierung von p durch R bis auf einen quadratischen Faktor festgelegt wird.

4. $n = 4$:
$$\frac{1}{2} (\sum \iota_\nu x_\nu)^2 = p^l (n_{K/k} (P_1 x_1 + P_2 x_2) - p\, n_{K/k} (P_1 x_3 + P_2 x_4));$$
hier haben K, P_1, P_2 dieselbe Bedeutung wie unter 3.

Der Beweis ergibt sich durch Zusammentragen von Kenntnissen, die wir bereits in § 6 und § 7 erworben haben. Ohne Beschränkung der Allgemeinheit darf $l = 0$ vorausgesetzt werden. Der Fall $n = 1$ ist trivial.

Wenn $n = 2$ ist, schreibt sich das Quadrat des allgemeinen Vektors aus R nach Satz 7.4 als die Norm der allgemeinen Zahl X aus der quadratischen Erweiterung $K = k(\sqrt{\Delta(R)})$ oder als v mal dieser Norm, wo v eine beliebige Nicht-Norm ist. Ebenso kann man natürlich auch das halbe Quadrat des allgemeinen Vektors $\xi = \sum t_\nu x_\nu$ ansetzen:

$$\frac{1}{2}\xi^2 = n_{K/k}(X) \text{ oder } = v\, n_{K/k}(X).$$

Die Nicht-Norm v darf man dabei als ganz und nicht durch $\mathfrak{p}^2$ teilbar voraussetzen; ferner darf man annehmen, v ist eine Einheit, falls K/k verzweigt ist. In dem Falle gibt es nämlich ein Primelement p_0, welches Norm ist. Man kann nun v durch $v\, p_0^{-1}$ ersetzen. Ob man sogar $v = 1$ erreichen kann oder nicht, richtet sich allein nach R, nachdem man das Primelement p fixiert hat.

Wenn $\frac{1}{2}\xi^2 = n(X)$ ganz sein soll, so muß X ganz sein. Zur Aufstellung einer Basis aller ganzen Größen aus K vgl. Satz 6.1 und dessen Beweis.

Für $n = 4$ gibt es nach Satz 7.3 nur einen einzigen anisotropen Raum R. Nach § 7 kann man für das halbe Quadrat des allgemeinen Vektors von R schreiben:

$$\frac{1}{2}\xi^2 = n_{K/k}(X_1) - p\, n_{K/k}(X_2),$$

wobei K die unverzweigte quadratische Erweiterung von k ist und X_1, X_2 unabhängig voneinander alle Zahlen aus K durchlaufen. Soll $\frac{1}{2}\xi^2$ ganz sein, so müssen $n(X_1)$ und $n(X_2)$ und damit auch X_1 und X_2 ganz sein. Wären nämlich X_1 und X_2 nicht ganz, so würden $n(X_1)$ und $n(X_2)$ je eine Potenz von $\mathfrak{p}$ im Nenner enthalten; und zwar würden dies gerade Potenzen von $\mathfrak{p}$ sein, da kein Primelement von k die Norm einer Zahl aus K ist. Gerade Potenzen von $\mathfrak{p}$ im Nenner von $n(X_1)$ und $n(X_2)$ können sich aber nicht fortheben. Damit ist der Fall $n = 4$ erledigt.

Endlich sei $n = 3$ und u diejenige Einheit, für welche $K = k(\sqrt{u})$ die unverzweigte Erweiterung von k ist (vgl. Satz 6.2). Nach Satz 7.2 ist die Gleichung

$$\frac{1}{2}\xi^2 = u\,\Delta(R)$$

durch ein ξ in R lösbar. R enthält also einen Vektor ω_1 mit $\frac{1}{2}\omega_1^2 = u\,\Delta(R)$. Der auf ω_1 senkrechte Teilraum R' von R hat die Diskriminante u. Für den allgemeinen Vektor ξ aus R gilt somit

$$\frac{1}{2}\xi^2 = u\,\Delta(R)\,x_1^2 + n_{K/k}(X) \quad\text{oder}\quad = u\,\Delta(R)\,x_1^2 + v\,n_{K/k}(X), \tag{9.7}$$

wo K/k die unverzweigte quadratische Erweiterung von k, X die allgemeine Zahl aus K und v eine Nicht-Norm ist. Man darf für v ein beliebiges Primelement p von k einsetzen. Da R anisotrop sein sollte, ist $-u\,\Delta(R)$ bzw. $-\frac{u}{v}\Delta(R)$ nicht Norm einer Zahl aus K, diese Größen sind also stets durch $\mathfrak{p}$ in einer ungeraden Potenz teilbar. D. h. entweder trifft die erstere Gleichung (9.7) zu, und dann ist $u\,\Delta(R)$ durch $\mathfrak{p}$ in ungerader Potenz teilbar, oder es trifft die letztere zu, und dann ist $u\,\Delta(R)$ durch $\mathfrak{p}$ in gerader Potenz teilbar. Nunmehr folgt wie im Falle $n = 4$: $\frac{1}{2}\xi^2$ ist dann und nur dann ganz, wenn sowohl $u\,\Delta(R)\,x_1^2$ wie X ganz sind. Damit ist die in Satz 9.6 behauptete Basisdarstellung auch in diesem Falle geleistet.

Die Fixierung der Quadratklassen der Zahlen a und w in den Fällen 1. und 3. ergibt sich durch Bildung der Diskriminante:

$$\Delta(R) = p^l a \text{ bzw. } = p^{3l+1} \cdot u\, w \text{ oder } = p^{3l+2}\, u\, w.$$

Satz 9.8. *Zwei maximale Gitter $\mathfrak{J}$ und $\mathfrak{K}$ von gleicher reduzierter Determinante in einem Raum R sind ähnlich.*

Beweis. Die Richtigkeit der Behauptung folgt für einen anisotropen Raum R sofort aus Satz 9.7. Ist R isotrop, so wird Satz 9.5 herangezogen. Unter Benutzung der dortigen Bezeichnungen gilt laut Voraussetzung

$$\mathfrak{d}(\mathfrak{J}) = \mathfrak{d}(\mathfrak{J}_0)\, \mathfrak{p}^{n_0 \varepsilon_1} = \mathfrak{d}(\mathfrak{K}) = \mathfrak{d}(\mathfrak{K}_0)\, \mathfrak{p}^{n_0 \varepsilon_2}, \tag{9.8}$$

wobei ε_1, ε_2 nur 0 oder 1 sein können. Für $n_0 \neq 3$ haben $\mathfrak{J}_0$ und $\mathfrak{K}_0$ laut Satz 9.7 dieselben reduzierten Determinanten; aus (9.8) folgt daher $\varepsilon_1 = \varepsilon_2$. Für $n_0 = 3$ können sich $\mathfrak{d}(\mathfrak{J}_0)$ und $\mathfrak{d}(\mathfrak{K}_0)$ höchstens um den Faktor $\mathfrak{p}$ unterscheiden. Folglich ist auch jetzt wegen (9.8): $\mathfrak{d}(\mathfrak{J}_0) = \mathfrak{d}(\mathfrak{K}_0)$ und $\varepsilon_1 = \varepsilon_2$.

Dies hat zur Folge

$$\varkappa_\mu\, \varkappa_\nu = s\, p^t\, \iota_\mu\, \iota_\nu \quad \text{mit } \mathfrak{p}^t = \frac{n(\mathfrak{K})}{n(\mathfrak{J})} \quad \text{für } \mu, \nu = 1, \ldots, n_0$$

und mit einer Einheit s. Die ähnliche Abbildung von $\mathfrak{J}$ auf $\mathfrak{K}$ wird nun dadurch geliefert, daß man die in Satz 9.5 genannten weiteren Basisvektoren $\iota_{n_0+1}, \iota_{n_0+2}, \ldots$ ersetzt durch $\varkappa_{n_0+1} = s\, p^{t_{n_0+1}}\, \iota_{n_0+1}$, $\varkappa_{n_0+2} = p^{t_{n_0+2}}\, \iota_{n_0+2}$, $\varkappa_{n_0+3} = s\, p^{t_{n_0+3}}\, \iota_{n_0+3}, \ldots$

Nicht ganz unwichtig ist das folgende *Einzelbeispiel.* Es sei k die 2-adische Erweiterung des rationalen Zahlkörpers und R definiert durch eine Basis (ι_ν) mit

$$\frac{1}{2}\left(\sum_{\nu=1}^{n} \iota_\nu\, x_\nu\right)^2 = \sum_{\nu=1}^{n} x_\nu^2, \qquad n = 8.$$

Durch Anwendung von Satz 7.6 findet man zunächst, daß R ein Raum vom Nulltyp ist. Ein maximales Gitter $\mathfrak{J}$ in R muß nach Satz 9.5 die reduzierte Determinante $\mathfrak{d}(\mathfrak{J}) = \mathfrak{o}$ haben.

Das Gitter $\mathfrak{J}_0 = [\iota_1, \ldots, \iota_8]$ hat die reduzierte Determinante $\mathfrak{d}(\mathfrak{J}_0) = 2^8\mathfrak{o}$, es ist nicht maximal. Dagegen bilden die Vektoren

$$\iota_1, \iota_2, \iota_3, \iota_5, \quad \tfrac{1}{2}(\iota_1 + \iota_2 + \iota_3 + \iota_4), \quad \tfrac{1}{2}(\iota_1 - \iota_2 - \iota_5 + \iota_6),$$
$$\tfrac{1}{2}(\iota_3 - \iota_4 - \iota_7 + \iota_8), \quad \tfrac{1}{2}(\iota_1 - \iota_3 + \iota_5 - \iota_7)$$

die Basis eines Gitters $\mathfrak{J}$ der Norm $\mathfrak{o}$ und der reduzierten Determinante $\mathfrak{o}$. $\mathfrak{J}$ ist also maximal. $\mathfrak{J}$ umfaßt $\mathfrak{J}_0$.

§ 10. Die Einheiten.

1. Definition und elementare Eigenschaften. Unter Benutzung des Begriffes der ganzen Zahlen in k wurden aus dem gesamten Raum R Teilmengen von Vektoren herausgehoben, nämlich die Gitter. Dieser Begriff zieht sofort einen anderen nach sich: eine Auszeichnung gewisser Untergruppen aus den Gruppen $\mathfrak{S}$ und $\mathfrak{D}$ der Ähnlichkeitstransformationen und Automorphismen von R.

Ein Gitter $\mathfrak{J}$ sei vorgelegt. Dann heißt eine Ähnlichkeitstransformation Σ eine *Einheit* von $\mathfrak{J}$, wenn

$$\Sigma \mathfrak{J} = \mathfrak{J}$$

ist. Die Einheiten bilden ersichtlich eine Gruppe, welche mit $\mathfrak{B}_{\mathfrak{J}}$ bezeichnet sei. Die Einheiten, welche außerdem Automorphismen von R sind, sollen *automorphe Einheiten* heißen; sie bilden die Gruppe $\mathfrak{U}_{\mathfrak{J}}$. Diese Definitionen sind gültig für einen beliebigen Grundkörper, in welchem ein Ganzheitsbegriff besteht.

§ 10 behandelt drei kaum zusammenhängende Fragen, welche durch den Begriff der Einheit aufgeworfen werden. Ihre Bedeutung wird zum Teil erst später klar werden.

Satz 10.1. *Ist R ein anisotroper Raum und $\mathfrak{J}$ ein maximales Gitter in R, so ist jede Ähnlichkeitstransformation Σ eine Einheit von $\mathfrak{J}$, für welche die Norm $n(\Sigma)$ eine Einheit von k ist.*

Die Gruppe $\mathfrak{U}_{\mathfrak{J}}$ fällt also mit $\mathfrak{O}$ zusammen.

Beweis. Ist ι irgendein Vektor aus $\mathfrak{J}$, so ist $\frac{1}{2}(\Sigma\,\iota)^2 = \frac{1}{2}\,\iota^2\, n(\Sigma)$. Also $\frac{1}{2}(\Sigma\,\iota)^2$ ist durch $n(\mathfrak{J})$ teilbar. Nach Satz 9.4 liegt also $\Sigma\,\iota$ wieder in $\mathfrak{J}$. Ebenso zeigt man, daß auch $\Sigma^{-1}\,\iota$ zu $\mathfrak{J}$ gehört.

In diesem Zusammenhang kann gezeigt werden, daß die Gruppe $\mathfrak{O}$ für einen anisotropen Raum der Dimension $n > 1$ über einem perfekten diskret bewerteten Körper k unendlich viele Normalteiler besitzt. Solche Räume gibt es nach Satz 7.3 nur für die Dimensionen $n = 1$ bis 4. Wie aus § 5 hervorgeht, ist die Ordnung von $\mathfrak{O}$ gleich ∞. Es werde ein maximales Gitter $[\iota_\nu]$ vorgelegt. Für ein T aus $\mathfrak{O}$ gilt dann

$$\mathsf{T}\,\iota_\nu = \sum_\mu \iota_\mu\, t_{\mu\nu},$$

wobei die $t_{\mu\nu}$ nach Satz 10.1 ganz sind. Für jede natürliche Zahl v bilden nun die T, deren zugehörige Matrizen $(t_{\mu\nu})$ modulo $\mathfrak{p}^v$ der Einheitsmatrix kongruent sind, einen Normalteiler von $\mathfrak{O}$.

2. Die Einheiten in isotropen Räumen. R werde jetzt als isotrop angenommen. $\mathfrak{J}$ sei ein maximales Gitter der Norm $\mathfrak{p}^l$. Es beschränkt nicht die Allgemeinheit, wenn $l = 0$ angenommen wird. Man ersetze nämlich R durch den ähnlichen Raum R', dessen metrische Fundamentalform das p^{-l}-fache der Fundamentalform von R ist. Bei der ähnlichen Abbildung $R \to R'$ geht dann $\mathfrak{J}$ in ein ähnliches maximales Gitter $\mathfrak{J}'$ von R' der Norm $\mathfrak{o}$ über. Ähnliche Gitter haben offenbar isomorphe Einheitengruppen.

Es sei also $n(\mathfrak{J}) = \mathfrak{o}$ in R und $[\varkappa_1, \ldots, \varkappa_{n-2}, \iota_1, \iota_2]$ mit

$$\varkappa_\mu\, \iota_\nu = 0,\ \iota_1^2 = \iota_2^2 = 0,\ \iota_1\,\iota_2 = 1$$

eine Basis von $\mathfrak{J}$, wie sie nach Satz 9.5 existiert. Es werde noch

$$R_0 = k(\varkappa_1, \ldots, \varkappa_{n-2}), \quad \mathfrak{J}_0 = [\varkappa_1, \ldots, \varkappa_{n-2}]$$

geschrieben. Die Norm von $\mathfrak{J}_0$ ist dabei gleich $\mathfrak{o}$, falls R_0 ein maximales Gitter der Norm $\mathfrak{o}$ enthält, sonst ist $n(\mathfrak{J}_0) = \mathfrak{p}$ (vgl. Satz 9.5).

Jetzt wird die Bezeichnungsweise von § 3 herangezogen. Spezielle Einheiten von $\mathfrak{J}$ sind $\mathsf{E}^1_{\omega_1}$, $\mathsf{E}^2_{\omega_2}$, Ω_0, P_r, Ψ, wenn ω_1, ω_1 Vektoren aus dem Gitter $\mathfrak{J}_0$ und Ω_0 bzw. r Einheiten von $\mathfrak{J}_0$ bzw. k sind. Es soll versucht werden, sämtliche automorphen Einheiten aus diesen aufzubauen. Eine beliebige automorphe Einheit T werde gemäß Satz 3.1 in der Form

$$\mathsf{T} = \mathsf{E}^2_{\omega} \mathsf{E}^1_{\omega_1} \mathsf{E}^2_{\omega_2} \Omega_0 \mathsf{P}_r \mathsf{E}^2_{-\omega} \tag{10.1}$$

geschrieben. Man kann offenbar ein ω in $\mathfrak{J}_0$ so finden, daß diese Darstellung möglich ist. Es genügt daher, die speziellen Einheiten

$$\mathsf{T} = \mathsf{E}^1_{\omega_1} \mathsf{E}^2_{\omega_2} \Omega_0 \mathsf{P}_r \tag{10.2}$$

zu diskutieren.

Wir ziehen jetzt die Matrixdarstellung (3.10) von (10.2) sowie die Abkürzungen (3.11) heran. Soll (3.10) eine Einheit von $\mathfrak{J}$ darstellen, so müssen sämtliche Elemente der Matrix (3.10) „ganz" sein, d. h. der Operator $(1 - [\omega_1, \omega_2])\,\Omega_0$ führt jeden Vektor aus $\mathfrak{J}_0$ in einen ebensolchen über, $\Omega_0^{-1}\,\eta_2\,\xi$ und $\Omega_0^{-1}\omega_2\,\xi$ ist ganz für jedes $\xi_0 \in \mathfrak{J}_0$, $r^{-1}\,\eta_1$ und $r\,\omega_1$ liegen in $\mathfrak{J}_0$, und r, s, p_1, p_2 sind ganz. Wir beweisen jetzt den

Satz 10.2. *Die Einheitengruppe $\mathfrak{U}_{\mathfrak{J}}$ für ein maximales Gitter $\mathfrak{J}$ der Norm $\mathfrak{o}$ in einem isotropen Raum wird erzeugt durch Ψ, E^i_π mit $i = 1, 2$ und π in $\mathfrak{J}_0$, die Einheiten Ω_0 von $\mathfrak{J}_0$ und die P_r mit Einheiten r von k.*

Beweis. T sei eine beliebige Einheit der Gestalt (10.2). Ist zunächst r eine Einheit, so folgt aus den soeben formulierten Ganzheitsbedingungen: $\omega_1, \omega_2 \in \mathfrak{J}$, also ist $\mathsf{P}_r^{-1}\,\mathsf{E}^2_{-\omega_2}\,\mathsf{E}^1_{-\omega_1}\,\mathsf{T} = \Omega_0$ eine Einheit von $\mathfrak{J}_0$.

Durch vordere und hintere Multiplikation von T mit Ψ vertauschen sich in der Matrixdarstellung (3.10) die beiden letzten Zeilen und Spalten. Man kann auf diese Weise erreichen, daß an die Stelle von r diejenige der Zahlen r, s, p_1, p_2 kommt, welche durch $\mathfrak{p}$ am wenigsten oft teilbar ist.

Nunmehr bleibt nur noch der Fall zu behandeln, daß r, s, p_1, p_2 sämtlich durch $\mathfrak{p}$ teilbar sind. Wir ersetzen jetzt T durch $\mathsf{E}^1_\pi \mathsf{T}$ mit π in $\mathfrak{J}_0$. Dabei geht s über in

$$s' = s - \pi r^{-1}\eta_1 + \frac{1}{2}\pi^2 p_2.$$

Entweder kann man ein solches π finden, daß $\pi r^{-1} \eta_1$ und damit s' zu $\mathfrak{p}$ prim wird, wodurch ein früher erledigter Fall hergestellt wird. Oder es ist stets $\pi r^{-1} \eta_1 \equiv 0 \bmod \mathfrak{p}$ und insbesondere auch

$$r \omega_1 \cdot r^{-1} \eta_1 = \omega_1 \eta_1 = \omega_1 \omega_2 - \frac{1}{2} \omega_1^2 \cdot \omega_2^2 \equiv 0 \bmod \mathfrak{p}.$$

Aus

$$r s + \eta_1 \omega_1 = 1 - p_1 p_2$$

folgt dann $1 - p_1 p_2 \equiv 0 \bmod \mathfrak{p}$, also ein Widerspruch.

3. Assoziierte Vektoren. Ein beliebiges Gitter $\mathfrak{J}$ sei vorgelegt. Zwei Vektoren α und β heißen *assoziiert*(bez. der Einheitengruppe $\mathfrak{B}_{\mathfrak{J}}$), wenn es eine Einheit H von $\mathfrak{J}$ so gibt, daß $\beta = \mathsf{H}\,\alpha$ ist. α und β heißen *automorph assoziiert*, wenn es eine automorphe Einheit H mit $\beta = \mathsf{H}\,\alpha$ gibt.

Eine notwendige Bedingung für automorphe Assoziiertheit von α und β ist offenbar $\alpha^2 = \beta^2$. Eine weitere ist die folgende: man stelle α und β durch eine Basis $[\iota_\nu]$ von $\mathfrak{J}$ dar: $\alpha = \sum \iota_\nu a_\nu$, $\beta = \sum \iota_\nu b_\nu$, dann müssen die größten gemeinsamen Teiler der a_ν und der b_ν einander gleich sein. Diese sind offenbar von der Basis unabhängig; wir bezeichnen sie als *Teiler* von α bzw. β bez. $\mathfrak{J}$. Ein Vektor α aus $\mathfrak{J}$ heißt *primitiv*, wenn sein Teiler $\mathfrak{o}$ ist, sonst *imprimitiv*.

In Anknüpfung an Satz 1.4 wird jetzt die Frage aufgeworfen: wann sind zwei Vektoren eines Gitters assoziiert? Die Beantwortung ist bereits bei solchen vereinfachenden Annahmen über den Grundkörper k, wie sie in diesem Kapitel gemacht werden, recht schwierig. Es soll ein hinreichendes Kriterium angegeben werden. Dazu ist ein neuer Begriff einzuführen, das Analogon der Differente einer Ordnung einer Algebra.

Die Norm des Gitters $\mathfrak{J}$ sei $\mathfrak{p}^l$. Wir betrachten die Gesamtheit aller Vektoren $\tilde{\iota}$ aus R von der Eigenschaft, daß $\iota \tilde{\iota} \mathfrak{p}^{-l}$ ganz ist für jedes ι aus $\mathfrak{J}$. Sie bilden eine additive Gruppe $\tilde{\mathfrak{J}}$. Wir können leicht nachweisen, daß die $\tilde{\iota}$ ein Gitter bilden, und gleichzeitig eine Basis von $\tilde{\mathfrak{J}}$ angeben. $[\iota_\nu]$ sei irgendeine Basis von $\mathfrak{J}$, dann werden durch die Gleichungen

$$\iota_\mu \tilde{\iota}_\nu = \begin{cases} p^l & \text{für } \mu = \nu \\ 0 & \text{für } \mu \neq \nu \end{cases} \tag{10.3}$$

n linear unabhängige Vektoren $\tilde{\iota}_\nu$ definiert. Sie spannen ein Gitter auf, welches offenbar in $\tilde{\mathfrak{J}}$ enthalten ist. Ist $\tilde{\iota} = \sum \tilde{\iota}_\nu x_\nu$ ein beliebiger Vektor aus $\tilde{\mathfrak{J}}$, so müssen alle Zahlen $\iota_\nu \tilde{\iota} p^{-l} = x_\nu$ ganz sein. Also ist $\tilde{\mathfrak{J}} = [\tilde{\iota}_\nu]$.

$\tilde{\mathfrak{J}}$ heißt das *Komplement* von $\mathfrak{J}$. Das Ideal

$$\mathfrak{q} = \mathfrak{q}(\mathfrak{J}) = \frac{n(\mathfrak{J})}{n(\tilde{\mathfrak{J}})} \tag{10.4}$$

bezeichnet man als die *Stufe* des Gitters $\mathfrak{J}$. Die Grundeigenschaften dieses Begriffs sind:

Satz 10.3. *Die Stufe $\mathfrak{q}(\mathfrak{J})$ eines Gitters $\mathfrak{J}$ ist stets ganz. Sie teilt die reduzierte Determinante $\mathfrak{d}(\mathfrak{J})$, und $\mathfrak{q}(\mathfrak{J})^n$ ist durch $\mathfrak{d}(\mathfrak{J})$ teilbar. Es ist $\mathfrak{q}(\tilde{\mathfrak{J}}) = \mathfrak{q}(\mathfrak{J})$ und für jede Ähnlichkeitstransformation Σ auch $\mathfrak{q}(\Sigma\mathfrak{J}) = \mathfrak{q}(\mathfrak{J})$.*

Beweis. Ist Σ eine Ähnlichkeitstransformation, so folgt aus der Definition des Komplements: $\widetilde{\Sigma\mathfrak{J}} = \Sigma\tilde{\mathfrak{J}}$, also ähnliche Gitter haben dieselbe Stufe. Wir dürfen daher fortan $n(\mathfrak{J}) = \mathfrak{o}$ voraussetzen, ohne die Allgemeinheit zu beeinträchtigen.

Es werden die Abkürzungen

$$(\iota_\mu \iota_\nu) = (f_{\mu\nu}), \quad (f_{\mu\nu})^{-1} = (f'_{\mu\nu})$$

verwendet. Aus (10.3) geht dann hervor

$$\tilde{\iota}_\nu = \sum_\mu \iota_\mu f'_{\mu\nu}, \tag{10.5}$$

und das ergibt

$$(\tilde{\iota}_\mu \tilde{\iota}_\nu) = (f'_{\mu\nu}) = (f_{\mu\nu})^{-1}.$$

Jetzt ist $\mathfrak{q} = \mathfrak{q}(\mathfrak{J})$ die kleinste Potenz von $\mathfrak{p}$, für welche die Ideale $\frac{1}{2}\mathfrak{q} f'_{\mu\mu}, \mathfrak{q} f'_{\mu\nu}$ ganz werden. Also $\mathfrak{q}$ ist ganz und ein Teiler von $\mathfrak{d}(\mathfrak{J})$. Ebenso ist die Stufe $\mathfrak{q}(\tilde{\mathfrak{J}})$ die kleinste Potenz von $\mathfrak{p}$, welche die seitlichen und halben mittleren Koeffizienten der Matrix $(q f'_{\mu\nu})^{-1}$ ganz macht, unter q eine Zahl der Eigenschaft $q\,\mathfrak{o} = \mathfrak{q}$ verstanden. Nun ist aber $(q f'_{\mu\nu})^{-1} = q^{-1}(f_{\mu\nu})$. Folglich ist $\mathfrak{q}(\tilde{\mathfrak{J}}) = q\,\mathfrak{o} = \mathfrak{q}(\mathfrak{J})$.

Determinantenbildung ergibt endlich

$$|q f'_{\mu\nu}| = \frac{q^n}{|f_{\mu\nu}|},$$

da $(q f'_{\mu\nu})$ ganzzahlig ist, teilt $\mathfrak{d}(\mathfrak{J}) = |f_{\mu\nu}|\,\mathfrak{o}$ die n-te Potenz von $\mathfrak{q}$.

Das Gitter

$$\mathfrak{D}_{\mathfrak{J}} = \mathfrak{q}(\mathfrak{J})\,\tilde{\mathfrak{J}} \tag{10.6}$$

ist wegen (10.5) und der Definition der Stufe in $\mathfrak{J}$ enthalten. Es soll die *Differente* von $\mathfrak{J}$ heißen.

Satz 10.4. *Der Restklassenkörper* mod $\mathfrak{p}$ *enthalte mindestens 4 Elemente*[8]*: Dann sind zwei primitive Vektoren* α *und* β *in* $\mathfrak{J}$*, welche den Bedingungen*

$$\alpha^2 = \beta^2, \quad \alpha \equiv \beta \bmod \mathfrak{D}_{\mathfrak{J}}$$

genügen, automorph assoziiert.

Bemerkung. Wir werden den anscheinend tiefliegenden und für spätere Weiterführung der in Kap. IV dargestellten Untersuchungen nützlichen Satz 10.4 in diesem Buch nur in dem Spezialfall verwenden, daß $\mathfrak{q}(\mathfrak{J}) = \mathfrak{o}$, also $\tilde{\mathfrak{J}} = \mathfrak{D}_{\mathfrak{J}} = \mathfrak{J}$ ist. Dann ist übrigens die Kongruenz $\alpha \equiv \beta \bmod \mathfrak{D}_{\mathfrak{J}}$ trivial.

Der Beweis für diesen Spezialfall ist sehr einfach. Wir nehmen ohne Beschränkung der Allgemeinheit $\mathfrak{n}(\mathfrak{J}) = \mathfrak{o}$ an. Ist R anisotrop, so ergibt sich die Behauptung unmittelbar aus den Sätzen 1.4 und 10.1. Nun sei R isotrop und $\mathfrak{J}$ die direkte Summe $\mathfrak{J} = \mathfrak{J}_0 \dot{+} [\iota_1, \iota_2]$ mit $\iota_1^2 = \iota_2^2 = 0$, $\iota_1 \iota_2 = 1$ (vgl. dazu Satz 9.5). Es sei $\alpha = \alpha_0 + a_1 \iota_1 + a_2 \iota_2$ mit $\alpha_0 \in \mathfrak{J}_0$. Wenn a_1 oder $a_2 \not\equiv 0 \bmod \mathfrak{p}$ ist, ersetze man α durch $\alpha' = \mathsf{P}_{a_1}^{-1} \Psi \alpha$ oder $= \mathsf{P}_{a_2}^{-1} \alpha = \alpha_0' + a_1 a_2 \iota_1 + \iota_2$. Wenn $\alpha_1 \equiv a_2 \equiv 0 \bmod \mathfrak{p}$ ist, ersetze man α durch $\alpha' = \mathsf{P}_r \mathsf{E}_\omega^2 \alpha = \alpha_1' + a_1' \iota_1 + a_2' \iota_2$, $a_2' = r(a_2 - \omega \alpha_0 - \frac{1}{2} \omega^2 a_1)$. Da α als primitiv vorausgesetzt wurde, ist jetzt α_0 primitiv, und es gibt in $\mathfrak{J}_0$ einen Vektor ω, sowie eine Einheit r in k, daß $a_2' = 1$ wird. $\mathsf{P}_{a_1}^{-1} \Psi$, $\mathsf{P}_{a_2}^{-1}$, $\mathsf{P}_r \mathsf{E}_\omega^2$ sind Einheiten von $\mathfrak{J}$. Nunmehr wende man die Einheit $\mathsf{E}_{-\alpha_0'}^1$ auf α' an und kommt auf $\alpha'' = \mathsf{E}_{-\alpha_0'}^1 \alpha' = a_1'' \iota_1 + \iota_2$. Entsprechend wird mit β verfahren. Aus $\alpha^2 = \beta^2$ folgt $\alpha''^2 = \beta''^2 = 2a_1'' = 2b_1''$, es ist also $\alpha'' = \beta''$, und der Beweis ist erbracht.

Allgemeiner Beweis nach M. Kneser. Es darf wie im 1. Beweis $\mathfrak{n}(\mathfrak{J}) = \mathfrak{o}$ angenommen werden, da sich ähnliche Gitter bez. der Einheiten „isomorph" verhalten. Am einfachsten kommt man zum Ziel, wenn $\frac{1}{2}(\alpha - \beta)^2 = q\, e$ ist, wobei q wieder ein erzeugendes Element des Ideals $\mathfrak{q}(\mathfrak{J})$ bezeichnet und e eine Einheit. Aus $\alpha \equiv \beta \bmod \mathfrak{D}_{\mathfrak{J}}$ ergibt sich $\xi(\alpha - \beta) \equiv 0 \bmod \mathfrak{q}$ für jedes $\xi \in \mathfrak{J}$. Mithin ist die Spiegelung

$$\Omega_{\alpha - \beta}\, \xi = \xi - \frac{(\alpha - \beta)\, \xi}{\frac{1}{2}(\alpha - \beta)^2} (\alpha - \beta)$$

eine automorphe Einheit. Aus $\alpha^2 = \beta^2$ folgt $\frac{1}{2}(\alpha - \beta)^2 = \alpha(\alpha - \beta)$ und daraus $\Omega_{\alpha - \beta}\, \alpha = \beta$.

Wir nehmen hierauf an, daß

$$\frac{1}{2}(\alpha - \beta)^2 = \alpha(\alpha - \beta) \equiv 0 \bmod \mathfrak{p}\,\mathfrak{q} \tag{10.7}$$

ist und suchen einen Vektor τ in $\mathfrak{D}_{\mathfrak{J}}$, für welchen $\frac{1}{2q} \tau^2$ eine Einheit ist. Wieder ist die Spiegelung Ω_τ eine Einheit von $\mathfrak{J}$. Wird α durch $\alpha' = \Omega_\tau \alpha$ ersetzt, so folgt aus (10.7)

$$\frac{1}{2}(\alpha' - \beta)^2 = -\beta(\alpha' - \beta) = -\beta\left(\alpha - \beta - \frac{\tau\alpha}{\frac{1}{2}\tau^2}\tau\right)$$

$$= \frac{1}{2}(\alpha - \beta)^2 + \frac{\tau\alpha \cdot \tau\beta}{\frac{1}{2}\tau^2} \equiv \frac{\tau\alpha \cdot \tau\beta}{\frac{1}{2}\tau^2} \bmod \mathfrak{p}\,\mathfrak{q}.$$

Für das Paar α' und β liegt demnach der erste Fall vor, wenn man τ so finden kann, daß auch noch $\frac{\tau\alpha}{q}$ und $\frac{\tau\beta}{q}$ Einheiten sind.

Zur Konstruktion eines solchen Vektors τ bilden wir zunächst einige Hilfsvektoren. Wegen der Primitivität von α, β gibt es Vektoren $\tilde{\varrho}_1$, $\tilde{\varrho}_2 \in \mathfrak{J}$, so daß $\alpha\,\tilde{\varrho}_1 = \beta\,\tilde{\varrho}_2 = 1$ ist. Dann liegen $\varrho_i = q\,\tilde{\varrho}_i$ in $\mathfrak{D}_{\mathfrak{J}}$. Ferner gibt es ein $\sigma \in \mathfrak{D}_{\mathfrak{J}}$, für welches $e = \frac{\sigma^2}{2q}$ eine Einheit ist.

Hierauf sucht man ein $\varrho = \varrho_1 x_1 + \varrho_2 x_2$ mit ganzen x_1, x_2, für welches $\frac{\alpha\varrho}{q}, \frac{\beta\varrho}{q}$ Einheiten sind. Es muß also

$$x_1 + x_2 \frac{\alpha\varrho_2}{q} \not\equiv 0 \bmod \mathfrak{p},$$

$$x_1 \frac{\beta\varrho_1}{q} + x_2 \not\equiv 0 \bmod \mathfrak{p}$$

sein. Wenn $\frac{\alpha\varrho_2}{q}$ oder $\frac{\beta\varrho_1}{q}$ Einheiten sind, kann man $\varrho = \varrho_2$ oder $\varrho = \varrho_1$ nehmen. Anderenfalls leistet $\varrho = \varrho_1 + \varrho_2$ das Verlangte.

Hierauf setzt man den gesuchten Vektor in der Gestalt

$$\tau = x\,\varrho + y\,\sigma$$

mit ganzen x, y an. Verlangt wird, daß

$$x\frac{\alpha\varrho}{q} + y\frac{\alpha\sigma}{q} = e_1 \not\equiv 0 \bmod \mathfrak{p},$$

$$x\frac{\beta\varrho}{q} + y\frac{\beta\sigma}{q} = e_2 \not\equiv 0 \bmod \mathfrak{p},$$

$$x^2\frac{\varrho^2}{2q} + y\left(x\frac{\varrho\sigma}{q} + y\frac{\sigma^2}{2q}\right) = e_3 \not\equiv 0 \bmod \mathfrak{p}$$

sei. Wenn $\frac{\varrho^2}{2q} \not\equiv 0 \bmod \mathfrak{p}$ ist, kann man $\tau = \varrho$ nehmen. Von jetzt ab setzen wir $\frac{\varrho^2}{2q} \equiv 0 \bmod \mathfrak{p}$ voraus. Sind $\frac{\alpha\sigma}{q}$ und $\frac{\beta\sigma}{q}$ Einheiten, so leistet $\tau = \sigma$ das Verlangte wegen der Voraussetzung über σ. Wenn ferner $\frac{\alpha\sigma}{q} \equiv \frac{\beta\sigma}{q} \equiv 0 \bmod \mathfrak{p}$ ist, so kann man nach der Voraussetzung über den Restklassenkörper eine Einheit x so finden, daß $\tau = x\,\varrho + \sigma$ die gewünschten Eigenschaften hat.

Endlich nimmt man an, daß $\frac{\alpha\sigma}{q} \not\equiv 0$, $\frac{\beta\sigma}{q} \equiv 0 \bmod \mathfrak{p}$ sei. Dann sucht man eine Einheit x, für welche

$$x\frac{\alpha\varrho}{q}+\frac{\alpha\sigma}{q}, \qquad x\frac{\varrho\sigma}{q}+\frac{\sigma^2}{2q}$$

Einheiten sind. Eine solche Einheit gibt es, wenn der Restklassenkörper mindestens 3 Einheiten enthält. Mit diesem x nimmt man wieder $\tau = x\varrho + \sigma$. Damit ist der Beweis fertig.

Aus den ersten Zeilen des Beweises geht gleichzeitig hervor:

Satz 10.5. *Es gibt für jedes Gitter stets eine Einheit, welche gleichzeitig ein uneigentlicher Automorphismus ist; kurz: eine uneigentliche automorphe Einheit.*

§ 11. Die Ideale.

1. Ganze Ähnlichkeitstransformationen. Neben dem Begriff der Einheiten stützt sich auch der folgende auf den Begriff des Gitters. Eine Ähnlichkeitstransformation Σ heißt *ganz bezüglich* eines Gitters $\mathfrak{J}$, wenn das Gitter $\Sigma\mathfrak{J}$ in $\mathfrak{J}$ enthalten ist. Spezielle bez. $\mathfrak{J}$ ganze Ähnlichkeitstransformationen sind die Einheiten.

Ist Σ_1 ganz bez. $\mathfrak{J}$ und Σ_2 ganz bez. $\Sigma_1\mathfrak{J}$, so ist auch $\Sigma_2\Sigma_1$ ganz bez. $\mathfrak{J}$. Besteht für ein gegebenes bez. $\mathfrak{J}$ ganzes Σ eine solche Zerlegung $\Sigma = \Sigma_2\Sigma_1$, so heißt Σ *zerlegbar*, im anderen Falle unzerlegbar oder *prim*.

Die folgende selbstverständliche Gleichung ist für später festzuhalten:

$$n(\Sigma\mathfrak{J}) = n(\Sigma)\, n(\mathfrak{J})\,. \tag{11.1}$$

Die bez. eines Gitters $\mathfrak{J}$ ganzen Ähnlichkeitstransformationen bilden eine Halbgruppe. Zum Beweise stelle man die Gruppe aller Σ durch eine Basis $[\iota_\nu]$ von $\mathfrak{J}$ in der Weise

$$\Sigma\,\iota_\nu = \sum_{\mu=1}^{n} \iota_\mu\, s_{\mu\nu} \tag{11.2}$$

dar. Die Ganzheit von Σ ist gleichbedeutend mit der Ganzheit aller Koeffizienten $s_{\mu\nu}$. Da zu dem Produkt zweier Σ das Produkt ihrer Matrizen $(s_{\mu\nu})$ gehört, bilden die ganzen Σ eine Halbgruppe.

Die Elementarteiler der Matrix $(s_{\mu\nu})$ sind von der Basis von $\mathfrak{J}$ unabhängig, sie werden als die *Elementarteiler von Σ bez. $\mathfrak{J}$* bezeichnet.

Durch Vergleich der Determinanten $|\iota_\mu\,\iota_\nu|$ und

$$|\Sigma\,\iota_\mu\cdot\Sigma\,\iota_\nu| = |n(\Sigma)\,\iota_\mu\,\iota_\nu| = n(\Sigma)^n\,|\iota_\mu\,\iota_\nu| = |\iota_\mu\,\iota_\nu|\cdot|s_{\mu\nu}|^2$$

folgt

$$n(\Sigma)^n = |s_{\mu\nu}|^2. \tag{11.3}$$

Im Falle ungerader Dimension gibt es also nur solche Ähnlichkeitstransformationen, deren Normen Quadrate sind.

Welche Zahlen in k können überhaupt als Normen von Ähnlichkeitstransformationen auftreten? Zunächst einmal sicher alle Quadratzahlen s^2, denn durch $\Sigma\, \iota_\nu = s\, \iota_\nu$ wird eine Ähnlichkeitstransformation der Norm $n(\Sigma) = s^2$ definiert. Für ungerades n sind damit schon alle Normen beschrieben.

Es sei jetzt (ι_ν) irgendeine Basis von R und $(\varkappa_\nu)$ mit

$$\varkappa_\mu\, \varkappa_\nu = s\, \iota_\mu\, \iota_\nu \tag{11.4}$$

eine zu der ersteren ähnliche mit dem „Ähnlichkeitsfaktor“ s. Ohne Beschränkung der Allgemeinheit darf man voraussetzen, daß erstens $\iota_1, \ldots, \iota_{n_0}$ eine Basis eines Kernraumes R_0 von R bilden, daß zweitens $\iota_{n_0+1}, \ldots, \iota_n$ auf den ersteren Vektoren senkrecht stehen, und daß

$$\iota_{n_0+1}\, \iota_{n_0+2} = \iota_{n_0+3}\, \iota_{n_0+4} = \cdots = \iota_{n-1}\, \iota_n = 1, \qquad \iota_\mu\, \iota_\nu = 0 \text{ sonst}$$

gilt (vgl. Satz 2.2). Jetzt sind wegen (11.4) ersichtlich $k\,(\iota_{n_0+1}, \ldots, \iota_n)$ und $k\,(\varkappa_{n_0+1}, \ldots, \varkappa_n)$ isomorphe Teilräume von R; wegen Satz 2.1 sind dann auch $R_0 = k\,(\iota_1, \ldots, \iota_{n_0})$ und $k\,(\varkappa_1, \ldots, \varkappa_{n_0})$ isomorph. Mithin gibt es eine Ähnlichkeitstransformation Σ_0 von R_0 der Norm s. Umgekehrt folgt aus dieser Überlegung gleichzeitig: wenn es eine Ähnlichkeitstransformation Σ_0 der Norm s für R_0 gibt, so gibt es auch ein Σ für R der gleichen Norm s.

Es ist nunmehr leicht, durch Zurückgreifen auf die Ergebnisse von § 7 ein Kriterium dafür aufzustellen, wann eine Zahl s die Norm einer Ähnlichkeitstransformation von R ist. Wir dürfen obiger Überlegung zufolge voraussetzen, daß R anisotrop oder der Nullraum ist. Ferner war der Fall eines ungeraden n bereits behandelt. Für $n = 0$ tritt jedes $s \neq 0$ als Norm auf. Dasselbe trifft für den (anisotropen) Q-Raum zu, denn laut Satz 7.3 sind R und der Raum R', dessen metrische Fundamentalform das s-fache von der von R ist, isomorph. Ist endlich $n = 2$, so ist $\Delta(R)$ kein Quadrat, und nach Satz 7.4 sind R sowie der Raum R' mit der s-fachen Fundamentalform dann und nur dann isomorph, wenn s die Norm einer Zahl aus der quadratischen Erweiterung $k(\sqrt{\Delta(R)})$ ist. Man kann das Ergebnis zusammenfassen in

Satz 11.1. *Eine Zahl $s \neq 0$ von k ist dann und nur dann die Norm einer Ähnlichkeitstransformation von R, wenn s eine Quadratzahl ist im Falle ungerader Dimension n, und wenn die Gleichung $s = x^2 - \Delta(R)\, y^2$ eine Lösung x, y in k besitzt bei gerader Dimension n.*

Es gilt sogar

Satz 11.2. *Ist $\mathfrak{J}$ ein maximales Gitter und ist die ganze Zahl q aus k*

die Norm einer Ähnlichkeitstransformation, so gibt es eine bez. $\mathfrak{J}$ *ganze Ähnlichkeitstransformation dieser Norm.*

Beweis. Zufolge Satz 9.4 ist jede Ähnlichkeitstransformation der ganzen Norm q ganz bez. $\mathfrak{J}$, wenn der Raum R anisotrop ist. Ist R isotrop, so nehme man eine Zerlegung $\mathfrak{J} = \mathfrak{J}_0 + \mathfrak{J}_1 + \mathfrak{J}_2 + \cdots$ in eine direkte Summe gemäß Satz 9 5 vor. Σ_0 sei eine (ganze) Ähnlichkeitstransformation des durch $\mathfrak{J}_0$ aufgespannten Kernraumes. Man kann Σ_0 zu einem Σ von R fortsetzen, indem man den jeweils zweiten Basisvektor von $\mathfrak{J}_1, \mathfrak{J}_2, \ldots$ mit q multipliziert. Σ ist ganz bez. $\mathfrak{J}$.

Satz 11.3. *Es seien* $\mathfrak{J}$ *ein maximales Gitter und* Σ *eine bez.* $\mathfrak{J}$ *ganze Ähnlichkeitstransformation. Die Norm* $q = n(\Sigma)$ *lasse eine Zerlegung* $q = q_1 q_2$ *zu, wobei* q_1, q_2 *ganz und Normen von Ähnlichkeitstransformationen sind. Es gibt dann zwei bez.* $\mathfrak{J}$ *bzw.* $\Sigma_1 \mathfrak{J}$ *ganze Ähnlichkeitstransformationen* Σ_1, Σ_2 *der Normen* q_1, q_2 *mit* $\Sigma_2 \Sigma_1 = \Sigma$.

Beweis. Es sei $\mathfrak{J} = \mathfrak{J}_0 + \mathfrak{J}_1 + \cdots$ und $\Sigma \mathfrak{J} = \mathfrak{K} = \mathfrak{K}_0 + \mathfrak{K}_1 + \cdots$ die simultane Zerlegung von $\mathfrak{J}$ und $\Sigma \mathfrak{J} = \mathfrak{K}$ in eine direkte Summe gemäß Satz 9.5. In leichter Abänderung der dortigen Bezeichnungsweise sei ferner $\mathfrak{K}_\mu = [t_{n_0+2\mu-1}\,\iota_{n_0+2\mu-1},\ t_{n_0+2\mu}\,\iota_{n_0+2\mu}]$, die t_μ genügen dann den Gleichungen

$$t_{n_0+2\mu-1}\, t_{n_0+2\mu} = q = q_1 q_2 .$$

Vorausgesetzt wurde nun, daß es eine Ähnlichkeitstransformation der Norm q_1 für R gibt. Es gibt folglich eine ganze Ähnlichkeitstransformation Σ_{10} für $\mathfrak{J}_0$ dieser Norm. Man kann ferner die t_μ so zerlegen:

$$t_\mu = t_{2,\mu}\, t_{1,\mu} \quad \text{mit} \quad t_{1,n_0+2\mu-1}\, t_{1,n_0+2\mu} = q_1 .$$

Nun wird durch

$$\Sigma_1 \mathfrak{J}_0 = \Sigma_{10} \mathfrak{J}_0,\quad \Sigma_1 \mathfrak{J}_\mu = [t_{1,n_0+2\mu-1}\,\iota_{n_0+2\mu-1},\ t_{1,n_0+2\mu}\,\iota_{n_0+2\mu}]$$

eine bez. $\mathfrak{J}$ ganze Ähnlichkeitstransformation Σ_1 der Norm q_1 definiert. Es ist $\Sigma \mathfrak{J} \subset \Sigma_1 \mathfrak{J}$, also ist auch $\Sigma \Sigma_1^{-1} = \Sigma_2$ ganz bez. $\Sigma_1 \mathfrak{J}$ und $\Sigma = \Sigma_2 \Sigma_1$ die gesuchte Zerlegung.

2. Definition und Grundeigenschaften der Ideale. Ein Gitter $\mathfrak{J}$ sei vorgelegt. Ein Vektor α aus $\mathfrak{J}$ heißt *teilbar* durch eine bez. $\mathfrak{J}$ ganze Ähnlichkeitstransformation Σ, wenn auch $\Sigma^{-1} \alpha$ in $\mathfrak{J}$ enthalten ist. Ist α durch Σ teilbar und H eine Einheit von $\mathfrak{J}$, so ist α auch durch $\Sigma \mathsf{H}$ teilbar. Die Eigenschaft, einen Vektor zu teilen, kommt also der Gesamtheit $\Sigma \mathfrak{B}_{\mathfrak{J}}$ von Ähnlichkeitstransformationen zu bzw. nicht. Diese Gesamtheiten werden *Ideale* genannt. Wir können sagen: α sei durch $\Sigma \mathfrak{B}_{\mathfrak{J}}$ teilbar.

Ein Ideal $\Sigma\,\mathfrak{B}_{\mathfrak{J}}$ wird durch das Paar $\mathfrak{K} = \Sigma\,\mathfrak{J}, \mathfrak{J}$ von Gittern festgelegt, denn Σ ist durch $\mathfrak{J}$ und $\Sigma\,\mathfrak{J}$ bis auf einen rechtsseitigen Faktor $\mathsf{H} \in \mathfrak{B}_{\mathfrak{J}}$ eindeutig gegeben. Es wird sich als zweckmäßig herausstellen, das Ideal $\Sigma\,\mathfrak{B}_{\mathfrak{J}}$ durch ein neues Symbol zu bezeichnen:

$$\Sigma\,\mathfrak{B}_{\mathfrak{J}} = \Sigma\,\mathfrak{J}/\mathfrak{J} = \mathfrak{K}/\mathfrak{J}.$$

Speziell ist $\mathfrak{J}/\mathfrak{J}$ ein anders Symbol für die Einheitengruppe $\mathfrak{B}_{\mathfrak{J}}$. Da $\mathfrak{B}_{\mathfrak{J}}$ nach Satz 10.5 stets uneigentliche Einheiten enthält, dürfen wir ohne Beschränkung der Allgemeinheit verabreden, daß die ein Ideal $\Sigma\,\mathfrak{B}_{\mathfrak{J}}$ erzeugende Ähnlichkeitstransformation Σ eine eigentliche sei.

Die Teilbarkeit eines Vektors α durch $\mathfrak{K}/\mathfrak{J}$ besagt natürlich nichts anderes, als daß α in $\mathfrak{K}$ enthalten ist.

Ein Ideal $\mathfrak{K}/\mathfrak{J} = \Sigma\,\mathfrak{J}/\mathfrak{J}$ heißt *ganz*, wenn Σ ganz ist, oder auch wenn $\mathfrak{K} \subset \mathfrak{J}$ gilt. Es heißt *zerlegbar* oder *unzerlegbar*, je nachdem ob Σ zerlegbar ist oder nicht. Im letzteren Falle wird auch von *Primidealen* gesprochen. Diese Definition hängt offenbar von der speziellen Wahl von Σ in $\Sigma\,\mathfrak{B}_{\mathfrak{J}}$ nicht ab.

Sämtliche Ähnlichkeitstransformationen aus einem Ideal $\Sigma\,\mathfrak{B}_{\mathfrak{J}}$ haben bez. $\mathfrak{J}$ die gleichen Elementarteiler, man kann sie als die *Elementarteiler* des Ideals bezeichnen.

Die *Multiplikation der Ideale* beruht auf der folgenden evidenten Tatsache: aus $\mathfrak{K} = \Sigma\,\mathfrak{J}$ folgt $\mathfrak{B}_{\mathfrak{K}} = \Sigma\,\mathfrak{B}_{\mathfrak{J}}\,\Sigma^{-1}$; es ist also

$$\mathfrak{K}/\mathfrak{J} = \Sigma\,\mathfrak{B}_{\mathfrak{J}} = \mathfrak{B}_{\mathfrak{K}}\,\Sigma.$$

Ist nun $\mathfrak{L} = \Sigma'\,\mathfrak{K}$, so ist

$$\mathfrak{L}/\mathfrak{K} \cdot \mathfrak{K}/\mathfrak{J} = \Sigma'\,\mathfrak{B}_{\mathfrak{K}} \cdot \Sigma\,\mathfrak{B}_{\mathfrak{J}} = \Sigma'\Sigma\,\mathfrak{B}_{\mathfrak{J}} = \mathfrak{L}/\mathfrak{J}.$$

Die Multiplikation $\mathfrak{L}/\mathfrak{K} \cdot \mathfrak{J}/\mathfrak{J}$ ist ausführbar, wenn $\mathfrak{K} = \mathfrak{J}$ ist, und man stellt leicht fest:

Satz 11.4. *Die Ideale* $\mathfrak{K}/\mathfrak{J}$, *wobei* $\mathfrak{K}$ und $\mathfrak{J}$ *eine Gesamtheit ähnlicher Gitter durchlaufen, bilden ein Gruppoid, dessen Einheiten die Einheiten-Gruppen* $\mathfrak{B}_{\mathfrak{J}} = \mathfrak{J}/\mathfrak{J}$ *sind*[9].

Selbstverständlich gilt

Satz 11.5. *Jedes ganze Ideal läßt sich als ein Produkt von Primidealen schreiben.* Die Primzerlegung ist aber im allgemeinen nicht eindeutig.

Definiert man die *Norm* des Ideals $\Sigma\,\mathfrak{B}_{\mathfrak{J}}$ durch

$$n(\Sigma\,\mathfrak{B}_{\mathfrak{J}}) = n(\Sigma)\,\mathfrak{o} \tag{11.5}$$

so gilt wegen (11.1)

$$n(\mathfrak{K}/\mathfrak{J}) = \frac{n(\mathfrak{K})}{n(\mathfrak{J})} \tag{11.6}$$

und ferner

$$n(\mathfrak{L}/\mathfrak{K} \cdot \mathfrak{K}/\mathfrak{J}) = n(\mathfrak{L}/\mathfrak{K}) \cdot n(\mathfrak{K}/\mathfrak{J}). \tag{11.7}$$

Satz 11.6. *Die Anzahl der ganzen Ideale $\mathfrak{K}/\mathfrak{J}$ bei festgehaltener Norm und festgehaltenem Gitter $\mathfrak{J}$ ist endlich.*

Beweis. Es gilt sogar noch mehr: die Anzahl der Teilgitter $\mathfrak{K}$ von $\mathfrak{J}$ ist endlich, für welche die Determinante einer linearen Substitution, die eine Basis von $\mathfrak{J}$ in eine Basis von $\mathfrak{K}$ transformiert, eine festgehaltene Potenz von $\mathfrak{p}$ ist. Aus (11.3) und (11.5) folgt dann die Behauptung.

Für später wichtig ist noch folgende Einteilung der Ideale in reguläre und irreguläre. $\mathfrak{K}/\mathfrak{J}$ heißt *regulär*, wenn $\mathfrak{K}/\mathfrak{J}$ und $n(\mathfrak{K}/\mathfrak{J})\mathfrak{J}/\mathfrak{K}$ die gleichen Elementarteilersysteme haben, sonst *irregulär*. Aus Satz 9.5 folgert man leicht, daß Ideale zu maximalen Gittern stets regulär sind. Es lassen sich auch leicht Beispiele regulärer Ideale zu nicht maximalen Gittern bilden. Ein Beispiel eines irregulären Ideals ist $\mathfrak{K}/\mathfrak{J}$ mit $\mathfrak{J} = [\iota_1, \iota_2, \iota_3]$, $\mathfrak{K} = [p^3\iota_1, \iota_2, \iota_3]$ und $\iota_1^2 = 2$, $\iota_2^2 = 2p^2$, $\iota_3^2 = 2p^4$, $\iota_\mu \iota_\nu = 0$ sonst.

Satz 11.7. *Mit einem ganzen regulären Ideal $\mathfrak{K}/\mathfrak{J}$ ist auch $(n(\mathfrak{K}/\mathfrak{J})\mathfrak{J})/\mathfrak{K} = n(\mathfrak{K}/\mathfrak{J}) \cdot (\mathfrak{K}/\mathfrak{J})^{-1}$ ganz.*

3. Die Anzahl der ganzen Ideale, welche einen Vektor teilen. Stellt man ein hyperkomplexes System C, speziell einen Körper, und das Gruppenpaar $\{R, \mathfrak{S}\}$ einander gegenüber, so sind sowohl die Vektoren wie die Ähnlichkeitstransformationen als Analoga der hyperkomplexen Zahlen aufzufassen. Die Elemente von C sind also Träger sowohl der additiven wie der multiplikativen Eigenschaften von C, während in $\{R, \mathfrak{S}\}$ die Vektoren vornehmlich die additiven und die Ähnlichkeitstransformationen vornehmlich die multiplikativen Eigenschaften verkörpern. Beide werden hier wie dort durch den Idealbegriff verbunden. Im Falle von $\{R, \mathfrak{S}\}$ ist die Verbindung aber loser als die zwischen den additiven und multiplikativen Eigenschaften der hyperkomplexen Zahlen. Dieser Umstand gibt Anlaß zu einer Theorie des Gruppenpaares $\{R, \mathfrak{S}\}$, die über eine Analogie mit der Zahlentheorie der Algebren hinausführt. Wir werden die hiermit angedeuteten Aufgaben erst in Kapitel IV erörtern, zur Vorbereitung darauf stellen wir jedoch schon hier die folgende Teilfrage: wie viele ganze Ideale $\mathfrak{K}/\mathfrak{J}$ von vorgeschriebener Norm und Elementarteilern teilen einen gegebenen Vektor α aus $\mathfrak{J}$?

Wird noch einmal die Analogie zwischen einem quadratischen Zahlkörper K, als Beispiel eines hyperkomplexen Systems, und dem Gruppenpaar $\{R, \mathfrak{S}\}$ herangezogen, so müßte die entsprechende Frage für K lauten: durch wie viele ganze Ideale gegebener Norm ist eine ganze Zahl

α aus K teilbar? Die Antwort lautet, wenn α nicht durch eine ganze rationale Zahl teilbar ist: durch ein einziges Ideal. Die Anzahl der ganzen $\mathfrak{K}/\mathfrak{J}$, welche einen Vektor teilen, ist im Gegensatz dazu meistens sehr groß.

Im folgenden benutzen wir die wegen der erwähnten Analogie zweckmäßige Abkürzung (Norm von α)

$$\frac{1}{2}\alpha^2 = n(\alpha).$$

Dafür, daß ein ganzes Ideal $\mathfrak{K}/\mathfrak{J}$ einen Vektor α aus $\mathfrak{J}$ teilt, ist natürlich notwendig:

$$n(\alpha) \equiv 0 \bmod n(\mathfrak{K}). \tag{11.8}$$

Nach Satz 11.7 ist jeder Vektor aus $\mathfrak{k}\mathfrak{J}$ durch jedes ganze reguläre Ideal $\mathfrak{K}/\mathfrak{J}$ der Norm $\mathfrak{k}$ teilbar. Darauf beruht der evidente

Satz 11.8. *Ein beliebiges Gitter $\mathfrak{J}$ sei vorgelegt. Die Vektoren α aus $\mathfrak{J}$ verteilen sich auf endlich viele Klassen $\mathfrak{C}_i$ $(i = 1, 2, \ldots)$ von der Beschaffenheit, daß sämtliche α aus derselben Klasse $\mathfrak{C}_i$ durch gleichviele ganze reguläre Ideale $\mathfrak{K}/\mathfrak{J}$ der Norm $n(\mathfrak{K}/\mathfrak{J}) = \mathfrak{k}$ und von vorgeschriebenem Elementarteilersystem teilbar sind. Diese Klassen bestehen je aus einer Anzahl voller Restklassen von $\mathfrak{J}$ mod $\mathfrak{k}\mathfrak{J}$.*

Die Anzahl der ganzen regulären $\mathfrak{K}/\mathfrak{J}$ der Norm $\mathfrak{k}$ und von vorgegebenem Elementarteilersystem, welche einen Vektor der Klasse $\mathfrak{C}_i$ teilen, bezeichnen wir mit $\varrho(\mathfrak{C}_i)$. Ist ferner π die Anzahl dieser $\mathfrak{K}/\mathfrak{J}$ überhaupt, so führen wir noch den Quotienten

$$\lambda(\mathfrak{C}_i) = \frac{\pi}{\varrho(\mathfrak{C}_i)} \tag{11.9}$$

ein, der unten eine wichtige Rolle spielen wird[10]. Wir werden die $\mathfrak{C}_i$ in Nr. 4 für die einfachsten Sonderfälle explizit aufführen und behalten uns dabei vor, sie durch mehrfache Indizes anstatt durch einen einzigen zu unterscheiden.

Ganz allgemein läßt sich das Folgende aussagen: assoziierte Vektoren α und $\mathsf{H}\alpha$ sind durch gleichviele ganze reguläre Ideale gegebener Norm und Elementarteiler teilbar. Ist nämlich α durch $\mathfrak{K}/\mathfrak{J}$ teilbar, so ist $\mathsf{H}\alpha$ durch $\mathsf{H}\mathfrak{K}/\mathfrak{J}$ teilbar, und für eine Einheit H haben $\mathfrak{K}/\mathfrak{J}$ und $\mathsf{H}\mathfrak{K}/\mathfrak{J}$ gleiche Norm und Elementarteiler, wie aus der Darstellung (11.2) hervorgeht. Darauf beruht der Satz 11.9, welcher die Aufstellung der Klassen $\mathfrak{C}_i$ wesentlich erleichtert.

Satz 11.9. *Es bedeute $\mathfrak{D}_{\mathfrak{J}}$ die Differente und $\mathsf{q}(\mathfrak{J})$ die Stufe von $\mathfrak{J}$. Zwei primitive Vektoren α und β aus $\mathfrak{J}$ mögen erstens der Kongruenz*

$$\alpha \equiv \beta \bmod \mathfrak{D}_{\mathfrak{J}} \tag{11.10}$$

genügen. Zweitens sei $\mathfrak{p}^a$ eine in $\mathfrak{k} = \mathfrak{p}^{a+b}$ aufgehende Potenz von $\mathfrak{p}$, und es gelte

$$n(\alpha) \equiv n(\beta) \bmod \mathfrak{p}^b\, \mathfrak{q}(\mathfrak{J})\, n(\mathfrak{J}). \tag{11.11}$$

Dann gehören die Vektoren $p^a \alpha$ und $p^a \beta$ zur selben Klasse $\mathfrak{C}_i$ im Sinne von Satz 11.8.

Beweis. Ohne Beschränkung der Allgemeinheit darf $n(\mathfrak{J}) = \mathfrak{o}$ angenommen werden. Da β primitiv sein sollte, gibt es in $\tilde{\mathfrak{J}}$ einen Vektor γ_0 so, daß $\beta\gamma_0$ eine Einheit ist. Deshalb und wegen der Voraussetzung (11.11) gibt es auch ein solches γ_0 in $\tilde{\mathfrak{J}}$, daß

$$\beta\gamma_0 = \frac{\alpha^2 - \beta^2}{2p^b q} = \frac{n(\alpha) - n(\beta)}{p^b q}$$

gilt, unter p und q ein Primelement und ein erzeugendes Element des Ideals $\mathfrak{q}(\mathfrak{J})$ verstanden. Der Vektor $q\gamma_0$ liegt in $\mathfrak{D}_{\mathfrak{J}}$, und es ist $n(q\gamma_0) \equiv 0$ mod $\mathfrak{q}(\mathfrak{J})$. Nun gilt

$$n(\beta - p^b q\gamma_0)^2 = n(\alpha) + p^{2b} q^2 n(\gamma_0) \equiv n(\alpha) \bmod \mathfrak{p}^{2b}\, \mathfrak{q}(\mathfrak{J}).$$

Darauf wird in $\tilde{\mathfrak{J}}$ ein γ_1 mit

$$(\beta - p^b q\gamma_0)\gamma_1 = \frac{\alpha^2 - (\beta - p^b q\gamma_0)^2}{2p^{2b} q}$$

aufgesucht, und es wird

$$n(\beta - p^b q\gamma_0 - p^{2b} q\gamma_1) = n(\alpha) + p^{4b} q^2 n(\gamma_0) \equiv n(\alpha) \bmod \mathfrak{p}^{4b}\mathfrak{q}(\mathfrak{J}),$$

und so fort ad infinitum. Man erhält einen Vektor β' mit den Eigen schaften

$$n(\beta') = n(\alpha), \qquad \beta' \equiv \beta \bmod \mathfrak{p}^b\, \mathfrak{D}_{\mathfrak{J}}. \tag{11.12}$$

Wegen (11. 10) ist $\beta' \equiv \alpha \bmod \mathfrak{D}_{\mathfrak{J}}$, α und β' sind also assoziiert nach Satz 10.4. Mithin gehören $p^a \alpha$ und $p^a \beta'$ zur gleichen Klasse $\mathfrak{C}_i$. Dasselbe gilt für $p^a \beta'$ und $p^a \beta$ wegen $p^a \beta' \equiv p^a \beta \bmod \mathfrak{p}^{a+b}\mathfrak{J}$ und $\mathfrak{p}^{a+b} = \mathfrak{k}$.

4. Einzelausführungen. Wir wollen jetzt die Klassen $\mathfrak{C}_i$ explizit aufstellen unter den folgenden vereinfachenden Annahmen:

1. Die reduzierte Determinante $\mathfrak{d}(\mathfrak{J})$ und folglich auch die Stufe $\mathfrak{q}(\mathfrak{J})$ sind gleich $\mathfrak{o}$.

2. Die Ideale $\mathfrak{K}/\mathfrak{J}$ sind Primideale von noch näher zu beschreibendem Elementarteilersystem.

Eine dritte Voraussetzung beschränkt die Allgemeinheit nicht:

$n(\mathfrak{J}) = \mathfrak{o}$.

Bei der Berechnung der Invarianten (11.9) kann man so vorgehen: es sei $\varphi(\mathfrak{C}_i)$ die Anzahl der Restklassen von $\mathfrak{J}$ mod $\mathfrak{k}\mathfrak{J}$, aus welchen die Klasse $\mathfrak{C}_i$ zusammengesetzt ist, und $\psi(\mathfrak{C}_i)$ die Anzahl dieser Restklassen, welche außerdem die Eigenschaft haben, durch ein bestimmtes der Ideale $\mathfrak{K}/\mathfrak{J}$ teilbar zu sein. Es wird sich herausstellen, daß $\psi(\mathfrak{C}_i)$ von diesem speziellen Ideal unabhängig ist [12].

Man lege nun eine der Klassen $\mathfrak{C}_i$ zugrunde und zähle alle $\varphi(\mathfrak{C}_i)$ Restklassen mod $\mathfrak{k}\mathfrak{J}$ auf, in welche $\mathfrak{C}_i$ zerfällt. Jede dieser Restklassen ist durch je $\varrho(\mathfrak{C}_i)$ Ideale $\mathfrak{K}/\mathfrak{J}$ teilbar. Man bekommt so alle π Ideale $\mathfrak{K}/\mathfrak{J}$, und zwar jedes in der Vielfachheit $\psi(\mathfrak{C}_i)$. Folglich ist

$$\lambda(\mathfrak{C}_i) = \frac{\pi}{\varrho(\mathfrak{C}_i)} = \frac{\varphi(\mathfrak{C}_i)}{\psi(\mathfrak{C}_i)}. \tag{11.13}$$

Wenn $\psi(\mathfrak{C}_i) = 0$ ist, so ist auch $\varrho(\mathfrak{C}_i) = 0$.

Die Anzahlen $\varphi(\mathfrak{C}_i)$ und $\psi(\mathfrak{C}_i)$ sind relativ leicht berechenbar.

Unsere vereinfachenden Voraussetzungen führen auf drei Sonderfälle. Es gibt eine Basis $[\iota_\nu]$ von $\mathfrak{J}$, wobei

A. $\iota_1 \iota_2 = \iota_3 \iota_4 = \cdots = \iota_{n-1} \iota_n = 1$, $\iota_\mu \iota_\nu = 0$ für alle anderen Indexpaare,

B. $[\iota_1, \iota_2]$ ein anisotroper direkter Summand von $\mathfrak{J}$ ist mit der reduzierten Determinante $\mathfrak{o}$, und für $\iota_3, \ldots, \iota_n$ das unter A Gesagte gilt,

C. $\mathfrak{p}$ ungerade ist und ι_1^2 eine Einheit, während für $\iota_2, \ldots, \iota_n$ wieder das unter A Gesagte gilt.

Das Elementarteilersystem sei $\mathfrak{o}, \ldots, \mathfrak{o}, \mathfrak{p}, \ldots, \mathfrak{p}$ im Falle A, es sei $\mathfrak{o}, \ldots, \mathfrak{o}, \mathfrak{p}, \mathfrak{p}, \mathfrak{p}^2, \ldots, \mathfrak{p}^2$ im Falle B, und $\mathfrak{o}, \ldots, \mathfrak{o}, \mathfrak{p}, \mathfrak{p}^2, \ldots, \mathfrak{p}^2$ im Falle C. Nach Satz 9.5 kann man, wenn $\mathfrak{K}/\mathfrak{J}$ ein Ideal von solchen Elementarteilern ist, eine Basis $[\iota_\nu]$ von $\mathfrak{J}$ der oben bezeichneten Art angeben, daß dabei gleichzeitig

$$\mathfrak{K} = \begin{cases} [\iota_1, p\,\iota_2, \iota_3, p\,\iota_4, \ldots, \iota_{n-1}, p\,\iota_n] & \text{für A,} \\ [p\,\iota_1, p\,\iota_2, \iota_3, p^2\,\iota_4, \ldots, \iota_{n-1}, p^2\,\iota_n] & \text{für B,} \\ [p\,\iota_1, \iota_2, p^2\,\iota_3, \ldots, \iota_{n-1}, p^2\,\iota_n] & \text{für C} \end{cases} \tag{11.14}$$

ist. Hieraus geht die Unabhängigkeit der Anzahl $\psi(\mathfrak{C}_i)$ von $\mathfrak{K}$ hervor.

Bei der nun folgenden Aufführung der $\mathfrak{C}_i$ beschränken wir uns selbstverständlich auf Vektoren mit der Eigenschaft (11.8).

Fall A. $\mathfrak{C}_1$ *umfaßt alle primitiven* α *der Eigenschaft (11.8),*
$\mathfrak{C}_0$ *umfaßt alle imprimitiven* α.

Dabei ist

$$\lambda(\mathfrak{C}_0) = 1. \tag{11.15}$$

Die Anzahl $\psi(\mathfrak{C}_1)$ ist aus der Basis (11.14) von $\mathfrak{K}$ sofort zu entnehmen:

$$\psi(\mathfrak{C}_1) = N(\mathfrak{p})^{n/2} - 1,$$

wo $N(\mathfrak{p})$ die Anzahl der Restklassen von $\mathfrak{o}$ mod $\mathfrak{p}$ bezeichnet. $\varphi(\mathfrak{C}_1)$ ist gleich der Anzahl der nicht trivialen Lösungen der Kongruenz

$$a_1 a_2 + \cdots + a_{n-1} a_n \equiv 0 \bmod \mathfrak{p}.$$

Diese setzen sich zusammen aus solchen mit $a_1 \equiv a_3 \equiv \cdots \equiv a_{n-1} \equiv 0 \bmod \mathfrak{p}$ und solchen, für welche $a_1, \ldots, a_{n-1}$ nicht sämtlich durch $\mathfrak{p}$ teilbar sind. Bei der ersteren Sorte sind $a_2, \ldots, a_n$ beliebig, doch nicht zugleich durch $\mathfrak{p}$ teilbar, das ergibt $N(\mathfrak{p})^{n/2}-1$ Lösungen. Ebenso viele mod $\mathfrak{p}$ inkongruente Systeme $a_1, \ldots, a_{n-1}$ ohne den gemeinsamen Teiler $\mathfrak{p}$ gibt es. Zu jedem von ihnen gehören $N(\mathfrak{p})^{n/2-1}$ Lösungen der nunmehr homogenen linearen Kongruenz. Es folgt also

$$\varphi(\mathfrak{C}_1) = (N(\mathfrak{p})^{n/2} - 1)(N(\mathfrak{p})^{n/2-1} + 1)$$

und

$$\lambda(\mathfrak{C}_1) = N(\mathfrak{p})^{n/2-1} + 1. \tag{11.16}$$

Bei der folgenden Behandlung der Fälle B und C nehmen wir den Raum R als isotrop an; für anisotrope Räume fallen die Klassen $\mathfrak{C}_1$ und $\mathfrak{C}_{00}$ aus.

Fall B. $\mathfrak{C}_1$ *umfaßt die primitiven* α *der Eigenschaft* (*11.8*),
$\mathfrak{C}_{01}$ *umfaßt die imprimitiven* $\alpha = p\beta$ *mit primitivem* β *und* $n(\beta) \not\equiv 0$ *mod* $\mathfrak{p}$,
$\mathfrak{C}_{00}$ *umfaßt die imprimitiven* $\alpha = p\beta$ *mit primitiven* β *und* $n(\beta) \equiv 0$ *mod* $\mathfrak{p}$,
$\mathfrak{C}_{000}$ *umfaßt die imprimitiven* $\alpha = p^2\beta$.

Die Anzahlen $\psi(\mathfrak{C}_i)$ sind

$$\psi(\mathfrak{C}_1) = N(\mathfrak{p})^{n/2+1}(N(\mathfrak{p})^{n/2-1} - 1),$$
$$\psi(\mathfrak{C}_{01}) = N(\mathfrak{p})^{n/2-1}(N(\mathfrak{p})^2 - 1), \; \psi(\mathfrak{C}_{00}) = N(\mathfrak{p})^{n/2-1} - 1.$$

Die Berechnung der $\varphi(\mathfrak{C}_i)$ erfolgt ähnlich wie unter A. $\varphi(\mathfrak{C}_1)$ ist die Anzahl der Lösungen der Kongruenz

$$\frac{1}{2}(\iota_1 a_1 + \iota_2 a_2)^2 + a_3 a_4 + \cdots + a_{n-1} a_n \equiv 0 \bmod \mathfrak{p}^2, \tag{11.17}$$

wobei $a_1, \ldots, a_n$ nicht sämtlich durch $\mathfrak{p}$ teilbar sind. Man teile sie in zwei Klassen ein, für die erstere sei $\frac{1}{2}(\iota_1 a_1 + \iota_2 a_2)^2 = a \not\equiv 0 \bmod \mathfrak{p}$. Es gibt $N(\mathfrak{p})^4 - N(\mathfrak{p})^2$ Wertepaare a_1, a_2 mod $\mathfrak{p}^2$, für welche dies der Fall ist. Ferner gibt es $N(\mathfrak{p})^{n-2} - N(\mathfrak{p})^{(n-2)/2}$ Wertesysteme $a_3, a_5, \ldots, a_{n-1}$ mod $\mathfrak{p}^2$, welche nicht sämtlich durch $\mathfrak{p}$ teilbar sind. Zu einem jeden gibt es $N(\mathfrak{p})^{2((n-2)/2-1)}$ Lösungen $a_4, a_6, \ldots, a_n$ der Kongruenz

$$a_3 a_4 + \cdots + a_{n-1} a_n \equiv -a \bmod \mathfrak{p}^2.$$

Die erste Klasse umfaßt also $N(\mathfrak{p})^{3(n-2)/2}(N(\mathfrak{p})^{(n-2)/2} - 1)(N(\mathfrak{p})^2 - 1)$ Lösungen. Für die zweite Klasse sei $a_1 \equiv a_2 \equiv 0 \bmod \mathfrak{p}$. Es gibt $N(\mathfrak{p})^2$

solche Wertepaare $a_1, a_2 \bmod \mathfrak{p}^2$. Für jeweils festes a_1, a_2 besitzt die Kongruenz (11.17), mod $\mathfrak{p}$ genommen, $(N(\mathfrak{p})^{(n-2)/2} - 1)(N(\mathfrak{p})^{(n-2)/2-1} + 1)$ nicht-triviale Lösungen. Die Anzahl ihrer primitiven Lösungen mod $\mathfrak{p}^2$ ist $N(\mathfrak{p})^{n-3}$-mal so groß. Folglich ist

$$\varphi(\mathfrak{C}_1) = N(\mathfrak{p})^{n-1}(N(\mathfrak{p})^{n/2} + 1)(N(\mathfrak{p})^{n/2-1} - 1).$$

$\varphi(\mathfrak{C}_{00})$ ist die Anzahl der primitiven Kongruenzlösungen von (11.17) mod $\mathfrak{p}$ an Stelle mod $\mathfrak{p}^2$, also der $N(\mathfrak{p})^{n-1}$-te Teil von $\varphi(\mathfrak{C}_1)$. Endlich ist $\varphi(\mathfrak{C}_{01})$ die Anzahl der Kongruenzlösungen von

$$\frac{1}{2}(\iota_1 a_1 + \iota_2 a_2)^2 + a_3 a_4 + \cdots + a_{n-1} a_n \not\equiv 0 \bmod \mathfrak{p},$$

also $\varphi(\mathfrak{C}_{01}) + \varphi(\mathfrak{C}_{00}) + 1 = N(\mathfrak{p})^n$. Das Endresultat lautet nun

$$\left.\begin{aligned} &\lambda(\mathfrak{C}_1) = N(\mathfrak{p})^{n/2-2}(N(\mathfrak{p})^{n/2} + 1), && \lambda(\mathfrak{C}_{01}) = \frac{N(\mathfrak{p})^{n/2} + 1}{N(\mathfrak{p}) + 1}, \\ &\lambda(\mathfrak{C}_{00}) = N(\mathfrak{p})^{n/2} + 1, && \lambda(\mathfrak{C}_{000}) = 1. \end{aligned}\right\} \quad (11.18)$$

Es ist nicht unwichtig, zu wissen, daß die $\lambda(\mathfrak{C}_1)$ usw. wirklich von dem Elementarteilersystem der Ideale $\mathfrak{K}/\mathfrak{J}$ abhängen. Es sei etwa an Stelle von (11.14):

$$\mathfrak{K} = [p\,\iota_1, p\,\iota_2, p\,\iota_3, p\,\iota_4, \iota_5, p^2\,\iota_6, \ldots, \iota_{n-1}, p^2\,\iota_n].$$

Die Klassen $\mathfrak{C}_i$ sind wieder dieselben, und $\varphi(\mathfrak{C}_1)$ usw. bleibt ungeändert. Dagegen ist jetzt

$$\psi(\mathfrak{C}_1) = N(\mathfrak{p})^{n/2+2}(N(\mathfrak{p})^{n/2-2} - 1),$$

$$\psi(\mathfrak{C}_{01}) = N(\mathfrak{p})^{n/2+2} - N(\mathfrak{p})^{n/2+1} + N(\mathfrak{p})^{n/2} - N(\mathfrak{p})^{n/2-1},$$

$$\psi(\mathfrak{C}_{00}) = N(\mathfrak{p})^{n/2+1} - N(\mathfrak{p})^{n/2} + N(\mathfrak{p})^{n/2-1} - 1,$$

und

$$\lambda(\mathfrak{C}_1) = \frac{N(\mathfrak{p})^{n/2-3}(N(\mathfrak{p})^{n/2} + 1)\,N(\mathfrak{p})^{n/2-1} - 1)}{N(\mathfrak{p})^{n/2-2} - 1},$$

$$\lambda(\mathfrak{C}_{01}) = \frac{N(\mathfrak{p})^{n/2} + 1}{N(\mathfrak{p})^2 + 1},$$

$$\lambda(\mathfrak{C}_{00}) = \frac{(N(\mathfrak{p})^{n/2} + 1)(N(\mathfrak{p})^{n/2-1} - 1)}{N(\mathfrak{p})^{n/2+1} - N(\mathfrak{p})^{n/2} + N(\mathfrak{p})^{n/2-1} - 1}, \qquad \lambda(\mathfrak{C}_{000}) = 1.$$

Fall C. $\mathfrak{C}_1$ *umfaßt die primitiven α der Eigenschaft (11.8),*

$\mathfrak{C}_{01}$ *umfaßt die imprimitiven $\alpha = p\,\beta$ mit primitivem β und*

$$\left(\frac{n(\beta)\,n(\iota_1)}{\mathfrak{p}}\right) = 1,$$

$\mathfrak{C}_{0-1}$ *umfaßt die imprimitiven $\alpha = p\,\beta$ mit primitivem β und*

$$\left(\frac{n(\beta)\,n(\iota_1)}{\mathfrak{p}}\right) = -1,$$

$\mathfrak{C}_{00}$ *umfaßt die imprimitiven $\alpha = p\,\beta$ mit primitivem β und*

$$n(\beta) \equiv \bmod \mathfrak{p},$$

$\mathfrak{C}_{000}$ *umfaßt die imprimitiven $\alpha = p^2\,\beta$.*

Die Berechnung der Anzahlen $\psi(\mathfrak{C}_i)$ usw. erfolgt wie unter A und B, wir geben nur das Resultat an:

$$\begin{aligned}
\psi(\mathfrak{C}_1) &= N(\mathfrak{p})^{(n-1)/2+1}\,(N(\mathfrak{p})^{(n-1)/2}-1),\\
\psi(\mathfrak{C}_{01}) &= N(\mathfrak{p})^{(n-1)/2}\,(N(\mathfrak{p})-1),\\
\psi(\mathfrak{C}_{0-1}) &= 0, \qquad \psi(\mathfrak{C}_{00}) = N(\mathfrak{p})^{(n-1)/2}-1,\\
\varphi(\mathfrak{C}_1) &= N(\mathfrak{p})^{n-1}\,(N(\mathfrak{p})^{(n-1)/2}+1)\,(N(\mathfrak{p})^{(n-1)/2}-1),\\
\varphi(\mathfrak{C}_{01}) &= \frac{1}{2}\,(N(\mathfrak{p})-1)\,N(\mathfrak{p})^{(n-1)/2}\,(N(\mathfrak{p})^{(n-1)/2}+1),\\
\varphi(\mathfrak{C}_{00}) &= (N(\mathfrak{p})^{(n-1)/2}+1)\,(N(\mathfrak{p})^{(n-1)/2}-1),
\end{aligned}$$

$$\left.\begin{aligned}
\lambda(\mathfrak{C}_1) &= N(\mathfrak{p})^{(n-1)/2-1}\,(N(\mathfrak{p})^{(n-1)/2}+1),\\
\lambda(\mathfrak{C}_{01}) &= \frac{1}{2}\,N\big((\mathfrak{p})^{(n-1)/2}+1\big),\\
\lambda(\mathfrak{C}_{0-1}) &= \infty, \quad \lambda(\mathfrak{C}_{00}) = N(\mathfrak{p})^{(n-1)/2}+1, \quad \lambda(\mathfrak{C}_{000}) = 1.
\end{aligned}\right\} \tag{11.19}$$

Drittes Kapitel.

Die elementare Arithmetik der metrischen Räume über algebraischen Zahl- und Funktionenkörpern.

Voraussetzungen in Kapitel III. *Der Grundkörper k ist entweder ein endlich algebraischer Zahlkörper oder ein Körper algebraischer Funktionen einer Variablen von endlichem Grade über einem endlichen Konstantenkörper von ungerader Primzahlcharakteristik.*

Körper dieser Art besitzen zwei Arten von Bewertungen, erstens die diskreten, nicht-archimedischen, und zweitens die archimedischen, nicht-diskreten; letztere treten nur bei algebraischen Zahlkörpern auf. Durch Adjunktion zu k aller konvergenter Reihen oder Folgen im Sinne einer Bewertung entsteht ein Körper $\bar{k}$ der in Kapitel II vorausgesetzten Beschaffenheit (für archimedische Bewertungen nur § 8). Gleichzeitig wird der Raum R zu einem Raum $\bar{R}$ über $\bar{k}$ erweitert. Auf diese Weise lassen sich Aussagen über R aus den Ergebnissen des II. Kapitels herleiten.

Von entscheidender Wichtigkeit ist dabei der folgende Umstand. Man pflegt jeder Bewertung (genauer: jeder Klasse äquivalenter Bewertungen) einen *Primdivisor* von k zuzuordnen. Die Primdivisoren teilt man in willkürlicher Weise in zwei Klassen ein, deren Elemente man als *endlich* und *unendlich* unterscheidet. Jedoch soll die zweite Klasse nur endlich viele Primdivisoren enthalten und, im Falle eines algebraischen Zahlkörpers k, sämtliche archimedische Bewertungen liefern. Im allgemeinen nennt man nur die archimedischen Primdivisoren eines algebraischen Zahlkörpers k unendlich, es macht aber nichts aus, wenn auch noch endlich viele weitere zugelassen werden. Endliche Primdivisoren (bzw. die zugehörigen Bewertungen) bezeichnen wir durchweg mit $\mathfrak{p}$, $\mathfrak{p}_1, \ldots$, unendliche mit $\infty, \infty_1, \ldots$. Alle Zahlen a von k, welche bei sämtlichen endlichen Bewertungen Beträge $|a|_\mathfrak{p} \leq 1$ erhalten, bilden einen Integritätsbereich, die sogenannte *Hauptordnung* $\mathfrak{o}$ von k. Man muß stets im Auge behalten, daß die Hauptordnung eines Körpers diesem nicht in eindeutiger Weise zugeordnet ist, sondern von der Auswahl der unendlichen Primdivisoren abhängt[1].

Alle Zahlen a aus $\mathfrak{o}$, welche bei einer bestimmten endlichen Bewertung $\mathfrak{p}$ den Betrag $|a|_\mathfrak{p} < 1$ haben, bilden ein Primideal für $\mathfrak{o}$, welches mit dem gleichen Buchstaben $\mathfrak{p}$ bezeichnet werden darf.

Für *Ideale für* $\mathfrak{o}$ werden wir die im Falle algebraischer Zahlkörper übliche Bezeichnung *Ideale in* k benutzen. Sie ist insofern ungenau, als $\mathfrak{o}$ nicht in eindeutiger Weise festgelegt wird. Trotzdem sind keine Mißverständnisse zu befürchten, da die Auszeichnung von $\mathfrak{o}$ ein für allemal vorgenommen wird.

§ 12. Die Gitter.

1. Die $\mathfrak{p}$-adischen Erweiterungen eines Gitters. Nachdem, wie in der Einleitung zu Kapitel III ausgeführt wurde, eine Hauptordnung $\mathfrak{o}$ von k ausgezeichnet wurde, kann man die Definition eines *Gitters* $\mathfrak{J}$ in R unmittelbar von § 9 übernehmen. Dasselbe gilt für die folgenden Begriffe: *Ähnlichkeit* und *Isomorphie* zweier Gitter, die *Norm* eines Gitters.

Es ist jetzt aber zwischen *eigentlicher* und *uneigentlicher Isomorphie* zu unterscheiden. Zwei Gitter $\mathfrak{J}$ und $\mathfrak{K}$ heißen eigentlich isomorph, wenn es einen eigentlichen Automorphismus T von R so gibt, daß $\mathfrak{K} = \mathsf{T}\,\mathfrak{J}$ ist; gibt es wohl einen uneigentlichen, aber keinen eigentlichen Automorphismus T dieser Beschaffenheit, so heißen $\mathfrak{J}$ und $\mathfrak{K}$ uneigentlich isomorph. Dasselbe trifft für die Ähnlichkeit zu[2]. Es sei verabredet, daß stets eigentliche Ähnlichkeit bzw. Isomorphie gemeint ist, wenn von Ähnlichkeit bzw. Isomorphie die Rede ist, sofern nicht der Zusatz „uneigentlich" gemacht wird.

Ähnliche bzw. isomorphe Gitter werden zu *Ähnlichkeits- bzw. Isomorphieklassen* vereinigt. Eine wichtige Aufgabe der Theorie ist es, die Ähnlichkeits- bzw. Isomorphieklassen durch invariante Bestimmungsstücke zu kennzeichnen. Die entsprechende, in § 2 für Räume formulierte Aufgabe wird hierdurch wesentlich erweitert.

Gleichzeitig mit einem Raum $R = k(\iota_1, \ldots \iota_n)$ betrachten wir seine $\mathfrak{p}$-adischen Erweiterungen $R_\mathfrak{p}$. Sie werden durch die Vektoren $\iota_1, \ldots, \iota_n$ aufgespannt über den $\mathfrak{p}$-adischen Erweiterungen $k_\mathfrak{p}$ von k.

Es sei $\mathfrak{J}$ ein Gitter in R und $\iota_1, \ldots, \iota_m$ $(m \geq n)$ ein *Erzeugendensystem* von $\mathfrak{J}$, d. h. ein System von Vektoren von der Beschaffenheit, daß jeder Vektor aus $\mathfrak{J}$ in der Weise $\iota = \iota_1 x_1 + \cdots + \iota_m x_m$ mit ganzen Koeffizienten x_μ (d. h. x_μ in $\mathfrak{o}$) darstellbar ist. (Die Darstellung ist natürlich nicht eindeutig, es sei denn $m = n$.) Man definiert den *r-ten Elementarteiler* $\mathfrak{d}_r(\mathfrak{J})$ von $\mathfrak{J}$ folgendermaßen: $n(\mathfrak{J})^r\, \mathfrak{d}_r(\mathfrak{J})$ ist der größte gemeinsame Teiler aller r-reihigen Unterdeterminanten der Matrix $(\iota_\mu\, \iota_\nu)$. Speziell heißt wieder $\mathfrak{d}_n(\mathfrak{J}) = \mathfrak{d}(\mathfrak{J})$ die *reduzierte Determinante* von $\mathfrak{J}^3$. Für $r = 1, \ldots, n$ ist keiner der Elementarteiler $\mathfrak{d}_r(\mathfrak{J})$ gleich dem Nullideal. Die $\mathfrak{d}_r(\mathfrak{J})$ sind Invarianten der Ähnlichkeitsklasse von $\mathfrak{J}$.

Jetzt sei $\mathfrak{p}$ ein Primideal von k, oder mit anderen Worten ein endlicher Primdivisor. Man bildet die $\mathfrak{p}$-adischen Erweiterungen $k_\mathfrak{p}$, $\mathfrak{o}_\mathfrak{p}$, $R_\mathfrak{p}$ von k, $\mathfrak{o}$, R. Die *$\mathfrak{p}$-adische Erweiterung $\mathfrak{J}_\mathfrak{p}$ von $\mathfrak{J}$* ist die Gesamtheit der Vektoren $\iota_1 x_1 + \cdots + \iota_m x_m$ mit x_μ in $\mathfrak{o}_\mathfrak{p}$. Die Arithmetik der Gitter gründet sich wesentlich auf die simultane Betrachtung sämtlicher $\mathfrak{p}$-adischen Erweiterungen. Das durchgreifende Hilfsmittel dabei ist

Satz 12.1. *$\mathfrak{J}$ ist der Durchschnitt*

$$\mathfrak{J} = R \cap \mathfrak{J}_{\mathfrak{p}_1} \cap \mathfrak{J}_{\mathfrak{p}_2} \cap \cdots \tag{12.1}$$

von R und sämtlichen $\mathfrak{p}$-adischen Erweiterungen. Die Norm und die Elementarteiler sind formale Produkte

$$n(\mathfrak{J}) = \prod_{\mathfrak{p}} n(\mathfrak{J}_\mathfrak{p}), \tag{12.2}$$

$$\mathfrak{d}_r(\mathfrak{J}) = \prod_{\mathfrak{p}} \mathfrak{d}_r(\mathfrak{J}_\mathfrak{p}), \tag{12.3}$$

in denen die einzelnen Faktoren $n(\mathfrak{J}_\mathfrak{p}) = \mathfrak{p}^a$, $\mathfrak{d}_r(\mathfrak{J}_\mathfrak{p}) = \mathfrak{p}^b$ als Ideale in k aufzufassen sind; jeweils nur endlich viele der Faktoren sind von dem Einsideal $\mathfrak{o}$ verschieden.

Beweis. Die Beziehung $R \cap \mathfrak{J}_{\mathfrak{p}_1} \cap \cdots \supset \mathfrak{J}$ ist selbstverständlich. Umgekehrt sei ι_μ ein Erzeugendensystem von $\mathfrak{J}$ und $\iota = \sum \iota_\mu x_\mu$ ein Vektor aus R, der zu sämtlichen $\mathfrak{J}_\mathfrak{p}$ gehört. Die x_μ brauchen nicht $\mathfrak{p}$-adisch ganz zu sein für sämtliche $\mathfrak{p}$. Sofern nämlich die ι_μ nicht linear unabhängig sind, ist die Darstellung von ι durch die ι_μ in gewissem Umfang willkürlich. Alle Relationen zwischen den ι_μ folgen aber aus endlich vielen: $\sum \iota_\mu t_\mu^{(\sigma)} = 0$, $\sigma = 1, \ldots, s$, wobei man ohne Beschränkung der Allgemeinheit $t_\mu^{(\sigma)} \in \mathfrak{o}$ voraussetzen darf. Es seien jetzt $\mathfrak{p}_1, \ldots, \mathfrak{p}_r$ alle im Hauptnenner der x_μ aufgehenden Primideale. Nach Voraussetzung läßt ι Darstellungen $\iota = \sum \iota_\mu y_\mu^{(\varrho)}$, $y_\mu^{(\varrho)} \in \mathfrak{o}_{\mathfrak{p}_\varrho}$, zu, wobei $\sum \iota_\mu (x_\mu - y_\mu^{(\varrho)}) = 0$ ist. Demnach ist

$$x_\mu - y_\mu^{(\varrho)} = \sum_\sigma c_\sigma^{(\varrho)} t_\mu^{(\sigma)}, \quad c_\sigma^{(\varrho)} \in k_{\mathfrak{p}_\varrho}.$$

Man bestimme Zahlen d_σ in k, welche den Kongruenzen

$$d_\sigma \equiv c_\sigma^{(\varrho)} \bmod \mathfrak{o}_{\mathfrak{p}_\varrho}, \ (\varrho = 1, \ldots, r)$$

genügen und höchstens Potenzprodukte der $\mathfrak{p}_\varrho$ als Nenner haben. Dann ist auch

$$\iota = \sum_\mu \iota_\mu (x_\mu - \sum_\sigma d_\sigma t_\mu^{(\sigma)}) = \sum_\mu \iota_\mu y_\mu^{(\varrho)} + \sum_\mu \iota_\mu \sum_\sigma (c_\sigma^{(\varrho)} - d_\sigma) t_\mu^{(\sigma)} = \sum_\mu \iota_\mu x'_\mu,$$

wobei die x'_μ jetzt in $\mathfrak{o}$ liegen. Demzufolge ist ι in $\mathfrak{J}$ enthalten.

Aus der Definition der Norm und der Elementarteiler geht ferner hervor:

$$n(\mathfrak{J}_\mathfrak{p}) = \big(n(\mathfrak{J})\big)_\mathfrak{p}, \quad \mathfrak{d}_r(\mathfrak{J}_\mathfrak{p}) = \big(\mathfrak{d}_r(\mathfrak{J})\big)_\mathfrak{p},$$

(12.2) und (12.3) sind daher unmittelbare Folgen von (12.1).

Satz 12.2. *Ist* $\mathfrak{J} \subset \mathfrak{J}'$, *so ist*

$$\frac{n(\mathfrak{J})^n\, \mathfrak{d}(\mathfrak{J})}{n(\mathfrak{J}')^n\, \mathfrak{d}(\mathfrak{J}')} = \mathfrak{t}^2$$

das Quadrat eines ganzen Ideals $\mathfrak{t}$ *in* k, *und mit diesem gilt*

$$\mathfrak{t}\,\mathfrak{J}' \subset \mathfrak{J}.$$

Die Anzahl der Restklassen von $\mathfrak{J}'$ *mod* $\mathfrak{J}$ *ist gleich der Anzahl* $N(\mathfrak{t})$ *der Restklassen von* $\mathfrak{o}$ *mod* $\mathfrak{t}$.

Beweis. Man beweist die Behauptungen zunächst für die $\mathfrak{p}$-adischen Erweiterungen durch Benutzung von Basen $[\iota_\nu]$, $[\iota'_\nu]$ für $\mathfrak{J}_\mathfrak{p}$ und $\mathfrak{J}'_\mathfrak{p}$. Ist

$$\iota_\nu = \sum_{\mu=1}^{n} \iota'_\mu t_{\mu\nu},$$

so ist $\mathfrak{o}_\mathfrak{p} \,|t_{\mu\nu}| = \mathfrak{t}_\mathfrak{p}$. Satz 12.1 ermöglicht die unmittelbare Übertragung auf $\mathfrak{J}$ und $\mathfrak{J}'$.

Ein Gitter $\mathfrak{J}$ heißt *maximal*, wenn es kein Gitter $\mathfrak{J}' \neq \mathfrak{J}$ mit $\mathfrak{J} \subset \mathfrak{J}'$ und $n(\mathfrak{J}) = n(\mathfrak{J}')$ gibt.

Satz 12.3. *Jedes Gitter* $\mathfrak{J}$ *ist in einem maximalen enthalten.* $\mathfrak{J}$ *ist dann und nur dann maximal, wenn* $\mathfrak{J}_\mathfrak{p}$ *maximal ist für jedes Primideal* $\mathfrak{p}$.

Beweis. Es sei $\mathfrak{J}'$ eine echte Erweiterung von $\mathfrak{J}$ gleicher Norm. Setzt man (12.1) für $\mathfrak{J}$ und $\mathfrak{J}'$ an, so folgt die Existenz eines $\mathfrak{p}$, für welches $\mathfrak{J}'_\mathfrak{p}$ eine echte Erweiterung von $\mathfrak{J}_\mathfrak{p}$ ist. Dann ist nach Satz 12.2 $\mathfrak{d}(\mathfrak{J}')$ ein echter Teiler von $\mathfrak{d}(\mathfrak{J})$. Da aber $\mathfrak{d}(\mathfrak{J})$ nur endlich viele echte Teiler besitzen kann, ist ein Gitter unter Erhaltung der Norm nur beschränkt erweiterbar.

Wenn jedes $\mathfrak{J}_\mathfrak{p}$ maximal ist, so ist ersichtlich auch $\mathfrak{J}$ maximal. Wir nehmen an, $\mathfrak{J}_\mathfrak{p}$ lasse sich durch Hinzufügen eines Vektors $\iota'_\mathfrak{p}$ zu einem umfassenderen Gitter $\mathfrak{J}'_\mathfrak{p}$ der gleichen Norm erweitern. $\iota_1, \ldots, \iota_m$ sei wieder ein Erzeugendensystem für $\mathfrak{J}$ und $\iota'_\mathfrak{p} = \sum \iota_\mu x_\mu$ mit x_μ aus $k_\mathfrak{p}$; nicht alle x_μ sind ganz. Es gibt nun Zahlen y_μ in k, welche den Kongruenzen $y_\mu \equiv x_\mu \bmod \mathfrak{o}_\mathfrak{p}$ genügen und höchstens Potenzen von $\mathfrak{p}$ als Nenner haben. Mit ihnen bilde man $\iota = \sum \iota_\mu y_\mu$ und adjungiere ι zu $\mathfrak{J}$. So entsteht ein Gitter $\mathfrak{J}'$, dessen $\mathfrak{p}$-adische Erweiterung gerade $\mathfrak{J}'_\mathfrak{p}$ ist. Daher sind $n(\mathfrak{J}')$

und $n(\mathfrak{J})$ in gleicher Potenz durch $\mathfrak{p}$ teilbar. Nach der Konstruktion der y_μ ist ferner $\mathfrak{J}'_\mathfrak{q} = \mathfrak{J}_\mathfrak{q}$ für jedes von $\mathfrak{p}$ verschiedene Primideal $\mathfrak{q}$. Mithin gilt $n(\mathfrak{J}') = n(\mathfrak{J})$. Es ist damit bewiesen, daß die Erweiterbarkeit eines $\mathfrak{J}_\mathfrak{p}$ die von $\mathfrak{J}$ nach sich zieht.

2. Die Gitter als endliche Moduln. Die Gitter sind ihrer Definition nach endliche Moduln bez. der Hauptordnung $\mathfrak{o}$. Wir bringen zwei Sätze, welche nur auf diese Eigenschaft Bezug nehmen.

Satz 12.4. *Ein Gitter $\mathfrak{J}$ und zwei ganze Ideale $\mathfrak{a}$ und $\mathfrak{b}$ in k seien gegeben. Es gibt dann höchstens endlich viele Gitter $\mathfrak{K}$ derart, daß*

$$\mathfrak{a}\mathfrak{J} \subset \mathfrak{K}, \quad \mathfrak{b}\mathfrak{K} \subset \mathfrak{J}$$

gilt. Aus der Voraussetzung folgt nämlich, daß $\mathfrak{J}$ und $\mathfrak{K}$, als additive Gruppen aufgefaßt, in ihrer Vereinigung $[\mathfrak{J}, \mathfrak{K}]$ endliche durch die Ideale $\mathfrak{a}$ und $\mathfrak{b}$ festgelegte Indizes haben. Jede abelsche Gruppe mit endlicher Basis hat aber nur endlich viele Untergruppen von gegebenem endlichem Index und besitzt auch nur endlich viele Erweiterungen solcher Art.

Nicht jedes Gitter $\mathfrak{J}$ besitzt eine Basis bez. $\mathfrak{o}$, d. h. ein System linear unabhängiger Vektoren $\iota_1, \ldots, \iota_n$ derart, daß jeder Vektor aus $\mathfrak{J}$ in der Form $\iota = \sum \iota_\nu x_\nu$ mit ganzen x_ν darstellbar ist. Das ist nur dann der Fall, wenn die Klassenzahl der Ideale für $\mathfrak{o}$ gleich 1 ist. Der folgende Satz gibt einen Ersatz für die im allgemeinen nicht existierende Basis an:

Satz 12.5. *In einem Gitter $\mathfrak{J}$ gibt es $n-1$ linear unabhängige Vektoren $\iota_1, \ldots, \iota_{n-1}$ und ferner in R einen weiteren von diesen linear unabhängigen Vektor ι_n und ein Ideal $\mathfrak{m}$ in k derart, daß jeder Vektor ι aus $\mathfrak{J}$ in der Weise $\iota = \sum \iota_\nu x_\nu$ darstellbar ist, wobei $x_1, \ldots, x_{n-1}$ ganz und $x_n\,\mathfrak{o} = \mathfrak{m}\,\mathfrak{x}$ mit einem ganzen Ideal $\mathfrak{x}$ sind. Alle Vektoren ι dieser Beschaffenheit liegen in $\mathfrak{J}$.*

Man kann das System $\iota_1, \ldots, \iota_{n-1}, \mathfrak{m}\,\iota_n$ als eine *ideale Basis* von $\mathfrak{J}$ bezeichnen. Der Beweis wird durch vollständige Induktion bez. n erbracht. Für $n = 1$ ist die Behauptung selbstverständlich. Zum Schluß von $n-1$ auf n wählen wir zunächst n linear unabhängige Vektoren ω_ν in $\mathfrak{J}$ willkürlich aus; sie erzeugen einen Untermodul $\mathfrak{F}$ in $\mathfrak{J}$, und es gibt ein ganzes Ideal $\mathfrak{a}$ in k derart, daß $\mathfrak{a}\mathfrak{J} \subset \mathfrak{F}$ ist. $\mathfrak{J}$ kann durch Hinzufügen von endlich vielen Vektoren $\iota_\nu = \sum \omega_\mu q_{\mu\nu}$ $(\nu = 1, \ldots, m)$ zu $\mathfrak{F}$ erzeugt werden. Das bedeutet: ein Vektor $\iota = \sum \omega_\mu q_\mu$ liegt dann und nur dann in $\mathfrak{J}$, wenn eines der Kongruenzensysteme

$$q_\mu \equiv q_{\mu\nu} \bmod \mathfrak{o} \quad \text{(für alle } \mu \text{ und ein gewisses } \nu)$$

besteht. Die Nenner der $q_{\mu\nu}$ und q_μ sind Teiler von $\mathfrak{a}$.

Falls nun $n > 1$ ist, kann man eine solche Lösung jedes dieser Kongruenzensysteme finden, bei welchem die Zähler der q_μ durch kein zu $\mathfrak{a}$ primes ganzes Ideal $\mathfrak{q} \neq \mathfrak{o}$ gleichzeitig teilbar sind. Man wähle ein solches der genannten Kongruenzensysteme aus, welches die Eigenschaft hat, daß für keinen Teiler $\mathfrak{r} \neq \mathfrak{o}$ von $\mathfrak{a}$ das eindimensionale Gitter $\mathfrak{r}^{-1} \sum \omega_\mu q_\mu$ in $\mathfrak{J}$ enthalten ist. Dieses werde in der oben beschriebenen Art gelöst, und mit der Lösung q_μ werde der Vektor $\iota_1 = \sum \omega_\mu q_\mu$ gebildet. Es gibt jetzt konstruktionsgemäß überhaupt kein ganzes Ideal $\mathfrak{q} \neq \mathfrak{o}$, für welches $\mathfrak{q}^{-1} \iota_1 \in \mathfrak{J}$ gilt.

Die Restklassen von R mod $k(\iota_1)$ bilden einen $(n-1)$-dimensionalen linearen Vektorraum R'. Auf Grund der Induktionsvoraussetzung besitzt der Modul $\mathfrak{J}'$ der Restklassen von $\mathfrak{J}$ mod $k(\iota_1)$ eine ideale Basis $\iota_2', \ldots, \iota_{n-1}', \mathfrak{m}\,\iota_n'$. Sind $\iota_2, \ldots, \iota_n$ Vektoren aus den Restklassen $\iota_2', \ldots, \iota_n'$ mod $k(\iota_1)$ in $\mathfrak{J}$, so wird jetzt behauptet: $\iota_1, \iota_2, \ldots, \iota_{n-1}, \mathfrak{m}\,\iota_n$ ist eine ideale Basis von $\mathfrak{J}$. Linear unabhängig sind die ι_ν offensichtlich, ferner gilt $\iota_\nu \in \mathfrak{J}$ für $\nu = 1, \ldots, n-1$ und $\mathfrak{m}\,\iota_n \in \mathfrak{J}$. Es bleibt also nur noch das Folgende zu zeigen: liegt $\iota = \sum \iota_\nu x_\nu$ in $\mathfrak{J}$, so sind $x_1, \ldots, x_{n-1}$ ganz und x_n durch $\mathfrak{m}$ teilbar. Die Restklasse ι' von ι mod $k(\iota_1)$ ist $\iota_2' x_2 + \cdots + \iota_n' x_n$, daher sind $x_2, \ldots, x_{n-1}$ ganz und x_n durch $\mathfrak{m}$ teilbar. Aus diesem Grunde braucht man also nur noch zu beweisen: ist $\iota_1 x_1 \in \mathfrak{J}$, so ist x_1 ganz. So war ι_1 aber konstruiert worden.

3. Die Ähnlichkeits- und Isomorphieklassen. Die Frage nach der Anzahl der Ähnlichkeitsklassen von Gittern gegebener reduzierter Determinante gehört zu den wichtigsten, aber auch den schwierigsten Aufgaben der Theorie. Wir werden hier beweisen, daß diese Anzahl endlich ist. Zunächst übertragen wir den Satz 9.5, allerdings nicht in der allgemeinsten möglichen Form, die im folgenden nicht gebraucht wird.

Satz 12.6. *Ein maximales Gitter $\mathfrak{J}$ der Norm $\mathfrak{n}$ ist darstellbar als eine direkte Summe*

$$\mathfrak{J} = \mathfrak{J}_0 + \mathfrak{J}_1 + \cdots,$$

dabei ist $\mathfrak{J}_0$ ein maximales Gitter in einem Kernraum R_0 von R und

$$\mathfrak{J}_\mu = [\mathfrak{r}_\mu\, \varrho_\mu, \mathfrak{s}_\mu\, \sigma_\mu]$$

mit $\varrho_\mu^2 = \sigma_\mu^2 = 0$, $\varrho_\mu \sigma_\mu = 1$, $\mathfrak{r}_\mu$ und $\mathfrak{s}_\mu$ sind Ideale in k mit der Eigenschaft

$$\mathfrak{r}_\mu\, \mathfrak{s}_\mu = \mathfrak{n},$$

und die Norm von $\mathfrak{J}_0$ ist das kleinstmögliche ganze Vielfache von $\mathfrak{n}$ der Beschaffenheit, daß es ein maximales Gitter einer solchen Norm in R_0 überhaupt geben kann (kleinstmöglich bedeutet: $\frac{n(\mathfrak{J}_0)}{n(\mathfrak{J})}$ enthält möglichst wenig Teiler).

Man kann diese direkte Zerlegung stets so einrichten, daß ϱ_1 ein beliebig vorgegebener isotroper Vektor ist.

Beweis. Die Behauptung ist trivial für einen anisotropen Raum.

Gilt Satz 12.6 für ein Gitter $\mathfrak{J}$, so gilt er offenbar gleichzeitig für $\mathfrak{t}\,\mathfrak{J}$, wo $\mathfrak{t} \neq 0$ ein beliebiges Ideal in k ist.

Nun sei R isotrop und ϱ_1 ein isotroper Vektor in R. Die Gesamtheit der von ϱ_1 linear abhängigen Vektoren aus $\mathfrak{J}$ läßt sich in der Form $\mathfrak{r}_1 \varrho_1$ mit einem Ideal $\mathfrak{r}_1$ in k schreiben. Durchläuft σ sämtliche Vektoren aus $\mathfrak{J}$, so bilden die Produkte $r_1 \varrho_1 \sigma$ mit $r_1 \in \mathfrak{r}_1$ ein durch $\mathfrak{n}$ teilbares Ideal $\mathfrak{n}_1$ in k. Wäre $\mathfrak{n}_1 \neq \mathfrak{n}$, so könnte man $\frac{\mathfrak{r}_1 \mathfrak{n}}{\mathfrak{n}_1} \varrho_1$ zu $\mathfrak{J}$ adjungieren und würde ein umfassenderes Gitter derselben Norm erhalten, im Gegensatz zur Voraussetzung. Es ist mithin $\mathfrak{n}_1 = \mathfrak{n}$. Demnach gibt es zwei Vektoren σ', σ'' in $\mathfrak{J}$ so, daß $\mathfrak{n}$ der größte gemeinsame Teiler der Ideale

$$\mathfrak{r}_1 \varrho_1 \sigma' = \mathfrak{s}' \mathfrak{n}, \quad \mathfrak{r}_1 \varrho_1 \sigma'' = \mathfrak{s}'' \mathfrak{n} \tag{12.4}$$

ist. Wir ersetzen nun $\mathfrak{J}$ durch $\mathfrak{t}\mathfrak{J}$, wobei $\mathfrak{t}$ so bestimmt wird, daß $\frac{\mathfrak{n}}{\mathfrak{r}_1} \mathfrak{t}$ ein Hauptideal wird. Dadurch gehen $\mathfrak{r}_1$, $\mathfrak{n}$ in $\mathfrak{t}\,\mathfrak{r}_1$, $\mathfrak{t}^2 \mathfrak{n}$ über. Wir dürfen also ohne Beschränkung der Allgemeinheit voraussetzen, daß $\mathfrak{n} \sim \mathfrak{r}_1$ ist. Dann sind die Ideale $\mathfrak{s}'$, $\mathfrak{s}''$ in (12.4) Hauptideale, und man kann ganze Zahlen x', x'' so finden, daß mit $\sigma = \sigma' x' + \sigma'' x''$ gilt:

$$\mathfrak{r}_1 \varrho_1 \sigma = \mathfrak{n}.$$

Man setze noch $\sigma_1 = \frac{1}{\varrho_1 \sigma}\left(\sigma - \frac{\sigma^2}{2\,\varrho_1 \sigma} \varrho_1\right)$. Dann gilt $\sigma_1^2 = 0$, $\varrho_1 \sigma_1 = 1$, und $\frac{\mathfrak{n}}{\mathfrak{r}_1} \sigma_1 = \mathfrak{s}_1 \sigma_1$ ist in $\mathfrak{J}$ enthalten.

Jetzt sei α ein beliebiger Vektor aus $\mathfrak{J}$ und

$$\alpha_0 = \alpha - \alpha\,\sigma_1 \cdot \varrho_1 - \alpha\,\varrho_1 \cdot \sigma_1.$$

α_0 gehört also dem zu $k(\varrho_1, \sigma_1)$ senkrechten Teilraum R' an. Die Produkte $\alpha\,\sigma_1$, $\alpha\,\varrho_1$ sind durch $\frac{\mathfrak{n}}{\mathfrak{s}_1} = \mathfrak{r}_1$, $\frac{\mathfrak{n}}{\mathfrak{r}_1} = \mathfrak{s}_1$ teilbar. Daher liegen $\alpha\,\sigma_1 \cdot \varrho_1$, $\alpha\,\varrho_1 \cdot \sigma_1$ in $\mathfrak{J}$. α_0 liegt also für jedes α in $\mathfrak{J}$, und alle α_0 spannen das Gitter $\mathfrak{J}' = \mathfrak{J} \cap R'$ auf. Dieses ist wieder maximal, so daß die Schlußweise fortgesetzt werden kann.

Bei dem Beweis des folgenden Satzes ist es entscheidend, daß die Gesamtheit der Gitter gleicher reduzierter Determinante in allen Räumen einer Dimension n gleichzeitig in Betracht gezogen werden.

Satz 12.7. *Die Gitter gleicher reduzierter Determinante in beliebigen Räumen einer festgehaltenen Dimension n verteilen sich auf endlich viele Ähnlichkeitsklassen. Die Gitter gleicher Norm und reduzierter Determinante verteilen sich auf endlich viele Isomorphieklassen.*

Die Beweise beider Aussagen können im gleichen Zuge geführt werden[4]. Man lege ein Repräsentantensystem $\mathfrak{a}_1, \ldots, \mathfrak{a}_h$ aller Idealklassen in k zugrunde und schreibe für die Norm eines Gitters $\mathfrak{J}$: $n(\mathfrak{J}) = a\,\mathfrak{a}_i$. Einem Gitter $\mathfrak{J}$ mit dem Erzeugendensystem $\iota_1, \ldots, \iota_m$ ordne man jetzt das ähnliche Gitter $\mathfrak{J}'$ in einem ähnlichen Raum zu, welches erzeugt wird durch Vektoren $\iota_1', \ldots, \iota_m'$, deren Multiplikationsschema

$$\iota_\mu' \iota_\nu' = \frac{1}{a} \iota_\mu \iota_\nu$$

ist. Es gilt $n(\mathfrak{J}') = \mathfrak{a}_i$, die Norm von $\mathfrak{J}'$ gehört einem endlichen Vorrat an, die reduzierte Determinante ist $\mathfrak{d}(\mathfrak{J}') = \mathfrak{d}(\mathfrak{J})$. Es genügt daher, die zweite Behauptung zu beweisen.

Der Grundgedanke ist der folgende: man zeigt, daß in einem Gitter $\mathfrak{J}$ vorgeschriebener Norm und reduzierter Determinante ein nicht isotroper Vektor ι_1 existiert, für welchen ι_1^2 einem endlichen Vorrat von Zahlen in k angehört. Dieser Punkt enthält die eigentliche Schwierigkeit. Ist erst ein solcher Vektor gefunden, so wird wie folgt geschlossen. Die Behauptung trifft ersichtlich für $n = 1$ zu, man nehme sie als bewiesen an für alle kleineren Dimensionen als n.

Jedem Vektor ι aus $\mathfrak{J}$ wird jetzt der Vektor

$$\lambda = \iota_1^2 \cdot \iota - \iota \iota_1 \cdot \iota_1$$

zugeordnet; λ ist senkrecht zu ι_1, und alle λ spannen ein Gitter $\mathfrak{L}$ in dem halbeinfachen auf $k(\iota_1)$ senkrechten Teilraum von $R = k(\mathfrak{J})$ auf. Es gilt

$$\lambda \lambda' = \iota_1^2 (\iota_1^2 \cdot \iota \iota' - \iota \iota_1 \cdot \iota' \iota_1),$$

also ist $n(\mathfrak{L})$ durch $\frac{1}{2} \iota_1^2 n(\mathfrak{J})^2$ teilbar und daher ein ganzes Ideal, wenn die Repräsentanten $\mathfrak{a}_i$ als ganze Ideale gewählt wurden. Zur Abschätzung der reduzierten Determinante von $\mathfrak{L}$ legen wir für jedes Primideal $\mathfrak{p}$ von k eine Basis von $\mathfrak{J}_\mathfrak{p}$ zugrunde, deren erster Basisvektor von ι_1 linear abhängt: $\mathfrak{J}_\mathfrak{p} = [p^{-a} \iota_1, \iota_2, \ldots, \iota_n]$, dabei bedeute p ein Primelement von $k_\mathfrak{p}$; es ist offenbar $a \geqq 0$. Man hat dann

$$n(\mathfrak{J}_\mathfrak{p})^n \mathfrak{d}(\mathfrak{J}_\mathfrak{p}) = \mathfrak{o}_\mathfrak{p} \begin{vmatrix} p^{-2a} \iota_1^2 & p^{-a} \iota_2 \iota_1 & \ldots & p^{-a} \iota_n \iota_1 \\ p^{-a} \iota_1 \iota_2 & \iota_2^2 & \ldots & \iota_n \iota_2 \\ \cdot & \cdot & \cdot & \cdot \\ p^{-a} \iota_1 \iota_n & \iota_2 \iota_n & \ldots & \iota_n^2 \end{vmatrix}$$

$$= \mathfrak{p}^{-2a} (\iota_1^2)^{3-2n} \begin{vmatrix} \lambda_2^2 & \ldots & \lambda_n \lambda_2 \\ \cdot & \cdot & \cdot \\ \lambda_2 \lambda_n & \ldots & \lambda_n^2 \end{vmatrix} = \mathfrak{p}^{-2a} (\iota_1^2)^{3-2n} (\mathfrak{L}_\mathfrak{p})^{n-1n} \mathfrak{d}(\mathfrak{L}_\mathfrak{p}).$$

Nur für endlich viele $\mathfrak{p}$ ist $a \neq 0$. Unter Benutzung von Satz 12.1 folgt hieraus: $n(\mathfrak{L})$ und $\mathfrak{d}(\mathfrak{L})$ gehören einem endlichen Vorrat von Idealen an. von Idealen an.

Nach der Induktionsvoraussetzung gehört jetzt $\mathfrak{L}$ einem endlichen Vorrat von Isomorphieklassen an. Das hat das gleiche für die direkte Summe $[\iota_1] + \mathfrak{L} = \mathfrak{K}$ zur Folge. Es ist $\mathfrak{K} \subset \mathfrak{J}$, und da die Norm $n(\mathfrak{K}) = (\frac{1}{2} \iota_1^2, n(\mathfrak{L}))$ und reduzierte Determinante $\mathfrak{d}(\mathfrak{K}) = \iota_1^2 \, \mathfrak{d}(\mathfrak{L}) \dfrac{n(\mathfrak{L})^{n-1}}{n(\mathfrak{K})^n}$ endlich vieldeutig festliegt, ist der Index von $\mathfrak{K}$ in $\mathfrak{J}$ nach Satz 12.2 beschränkt. Nach Satz 12.4 ist dann auch endlich $\mathfrak{J}$ ein Gitter aus einem endlichen Vorrat von Isomorphieklassen.

Nicht schwierig ist der Nachweis eines Vektors ι_1 der genannten Beschaffenheit in $\mathfrak{J}$, wenn $\mathfrak{J}$ einen isotropen Raum R aufspannt. $\mathfrak{J}$ werde zunächst als maximal angenommen. Man stellt dann $\mathfrak{J}$ gemäß Satz 12.6 als eine direkte Summe dar. In dem direkten Summanden $\mathfrak{J}_1 = [\mathfrak{r}_1 \varrho_1, \mathfrak{s}_1 \sigma_1]$ ersetzt man noch ϱ_1, σ_1 durch $r^{-1} \varrho_1, r \sigma_1$, wobei die Zahl r in k so bestimmt wird, daß das Ideal $r \mathfrak{r}_1$ einem Repräsentantensystem der endlich vielen Idealklassen von k angehört. Man darf annehmen, daß dieses bereits für $\mathfrak{r}_1$ und wegen $\mathfrak{r}_1 \mathfrak{s}_1 = n(\mathfrak{J})$ dann auch für $\mathfrak{s}_1$ zutrifft. Zieht man noch den Dirichletschen Einheitensatz hinzu, so kann man in $\mathfrak{r}_1, \mathfrak{s}_1$ Zahlen $r_1 \neq 0$, $s_1 \neq 0$ finden, welche beide einem endlichen Vorrat angehören. Der Vektor $\iota_1 = r_1 \varrho_1 + s_1 \sigma_1$ hat dann die verlangte Beschaffenheit. Ist $\mathfrak{J}$ nicht maximal, und $\mathfrak{J}'$ ein $\mathfrak{J}$ umfassendes maximales Gitter der gleichen Norm, so gilt nach Satz 12.2: $\frac{\mathfrak{d}(\mathfrak{J})}{\mathfrak{d}(\mathfrak{J}')} = \mathfrak{t}^2$, $\mathfrak{t}\mathfrak{J}' \subset \mathfrak{J}$. Das Ideal $\mathfrak{t}$ gehört als Teiler von $\mathfrak{d}(\mathfrak{J})$ einem endlichen Vorrat an. Man kann die Zahlen r_1, s_1 so finden, daß sie außerdem durch $\mathfrak{t}$ teilbar sind, und dann liegt $\iota_1 = r_1 \varrho_1 + s_1 \sigma_1$ sogar in $\mathfrak{J}$. Es genügt hiernach, den Beweis unter der Voraussetzung zu führen, daß es sich um Gitter in anisotropen Räumen handelt.

Eine weitere Reduktion ist nötig, wenn k ein algebraischer Zahlkörper ist, und wenn noch andere Primdivisoren außer den archimedischen als unendlich gelten. In dem Falle wird die Hauptordnung $\mathfrak{o}$ von k verglichen mit der Ordnung $\bar{\mathfrak{o}}$ in k, deren Elemente a für sämtliche nicht-archimedischen Bewertungen $\mathfrak{p}$ Beträge $|a|_\mathfrak{p} \leqq 1$ haben. $\mathfrak{o}$ entsteht aus $\bar{\mathfrak{o}}$ durch Adjunktion aller der Zahlen, deren Nenner Potenzprodukte endlich vieler Primideale $\bar{\mathfrak{p}}_1, \bar{\mathfrak{p}}_2, \ldots$ für $\bar{\mathfrak{o}}$ sind. $\bar{\mathfrak{J}}$ sei das folgendermaßen definierte Gitter über $\bar{\mathfrak{o}}$: für alle nicht-archimedischen Primdivisoren $\mathfrak{p} \neq \bar{\mathfrak{p}}_i$ von k sei $\bar{\mathfrak{J}}_\mathfrak{p} = \mathfrak{J}_\mathfrak{p}$; für die $\mathfrak{p} = \bar{\mathfrak{p}}_i$ sei $\bar{\mathfrak{J}}_\mathfrak{p}$ ein maximales Gitter von ganzer und durch $\mathfrak{p}$ möglichst wenig oft teilbarer Norm. $\bar{\mathfrak{J}}$ wird als der Durchschnitt aller dieser $\bar{\mathfrak{J}}_\mathfrak{p}$ gebildet. Dann gehören Norm und reduzierte Determinante von $\bar{\mathfrak{J}}$ einem endlichen durch $n(\mathfrak{J})$ und $\mathfrak{d}(\mathfrak{J})$ und die $\bar{\mathfrak{p}}_i$ festgelegten Vorrat von Idealen für $\mathfrak{o}$ an. Es ist $\bar{\mathfrak{J}}\mathfrak{o} = \mathfrak{J}$. Kann man zeigen, daß $\bar{\mathfrak{J}}$ einem endlichen Vorrat von Isomorphieklassen angehört, so folgt dasselbe auch für $\mathfrak{J}$.

4. Fortsetzung. Der Nachweis eines Vektors ι_1 in einem Gitter $\mathfrak{J}$, für welchen ι_1^2 einem endlichen durch $n(\mathfrak{J})$ und $\mathfrak{d}(\mathfrak{J})$ bestimmten Vorrat angehört, erfordert einige Vorbereitungen, sofern $\mathfrak{J}$ einen anisotropen Raum R aufspannt[5].

Wenn k ein algebraischer Zahlkörper ist, bedeute k_0 den Körper der rationalen Zahlen. Ist dagegen k ein Funktionenkörper, so werde in $\mathfrak{o}$

eine Funktion x ausgezeichnet, für welche k eine separable Erweiterung des rationalen Funktionenkörpers $k_{00}(x)$ ist. Dieser Unterkörper heiße jetzt $k_0 = k_{00}(x)$; k_{00} bedeutet den Konstantenkörper. $\mathfrak{o}_0$ sei die Ordnung aller ganzen rationalen Zahlen bzw. aller Polynome in x mit Koeffizienten in k_{00}. Der Grad von k über k_0 heiße l.

Es wird die folgende Bewertung von k_0 benutzt: für eine rationale Zahl a sei $|a|$ der gewöhnliche absolute Betrag von a, ist a eine rationale Funktion

$$a = \frac{b_0 + b_1 x + \cdots + b_r x^r}{c_0 + c_1 x + \cdots + c_s x^s}, \quad b_r \neq 0, \; c_s \neq 0,$$

so werde

$$|a| = q^{r-s}$$

genommen, wenn q die Anzahl der Elemente von k_{00} ist. Diese Bewertung durch den einzigen „unendlichen" Primdivisor von k_0 läßt sich auf $r \geq 1$ Arten zu einer Bewertung von k fortsetzen. Im Falle eines algebraischen Zahlkörpers k erhält man auf diese Weise alle archimedischen Bewertungen, im Sinne der Schlußbemerkung in Nr. 3 also alle unendlichen Primdivisoren von k. Im Falle eines Funktionenkörpers sind wegen $x \in \mathfrak{o}$ einige unendliche Primdivisoren Teiler des Nennerdivisors von x. Gehören zu $\mathfrak{o}$ noch weitere unendliche Primdivisoren, so kann man ähnlich wie am Schluß von Nr. 3 verfahren.

Man fasse k als ein kommutatives hyperkomplexes System vom Rang l über k_0 auf und erweitere k_0 durch Adjunktion aller Grenzwerte unendlicher Folgen, die im Sinne der Bewertung $|a|$ absolut konvergieren. So entsteht eine Erweiterung k_∞ von k_0. Das hyperkomplexe System $k\,k_\infty$ wird jetzt eine direkte Summe von r Körpern $k_{1\infty}, \ldots, k_{r\infty}$ über k_∞, es sei

$$1 = u_1 + \cdots + u_r$$

die Zerlegung der 1 in primitive orthogonale Idempotente in $k\,k_\infty$. Ferner seien $u_\varrho v_1, \ldots, u_\varrho v_{l_\varrho}$ Basen von $k_{\varrho\infty}$ bez. k_∞.

Die Norm $N(a)$ eines Elementes a aus $k\,k_\infty$ bez. k_∞ läßt sich so ausdrücken. Man zerlegt zunächst a in die direkte Summe

$$a = \sum_{\varrho=1}^{r} a_\varrho = \sum_{\varrho=1}^{r} a\,u_\varrho,$$

dann ist

$$N(a) = \prod_{\varrho=1}^{r} N_\varrho(a_\varrho),$$

wenn $N_\varrho(a_\varrho)$ die Norm von $k_{\varrho\infty}$ bez. k_∞ bedeutet. Diese letztere ist ein homogenes Polynom l_ϱ-ten Grades in den Koordinaten $t_{\varrho\sigma}$ von

$$a_\varrho = \sum_{\sigma=1}^{l_\varrho} u_\varrho\, v_\sigma\, t_{\varrho\sigma},$$

sie ist dann und nur dann Null, wenn alle $t_{\varrho\sigma} = 0$ sind. Es gibt infolgedessen eine reelle Konstante c_ϱ so, daß

$$|N_\varrho(a_\iota)| = \left|N_\varrho\left(\sum_{\sigma=1}^{l_\varrho} u_\varrho v_\sigma t_{\varrho\sigma}\right)\right| \geq c_\varrho \operatorname{Max}\left(|t_{\varrho 1}|, \ldots, |t_{\varrho l_\varrho}|\right)^{l_\varrho}$$

ist, nämlich c_ϱ ist das Minimum der linken Seite für alle a_ϱ mit $\operatorname{Max}\left(|t_{\varrho 1}|, \ldots, |t_{\varrho l_\varrho}|\right) = 1$. Sicher ist $c_\varrho > 0$. Wir führen die Bezeichnung

$$|t_{\varrho 1}|^* = \cdots = |t_{\varrho l_\varrho}|^* = \operatorname{Max}\left(|t_{\varrho 1}|, \ldots, |t_{\varrho l_\varrho}|\right) \tag{12.5}$$

ein.

An Stelle der $l = \sum l_\varrho$ Basisgrößen $u_\varrho v_\sigma$ wollen wir jetzt $e_1, \ldots, e_l$ schreiben. Ist $a = \sum e_\lambda t_\lambda$ ein beliebiges Element aus $k\,k_\infty$, so gilt in der Bezeichnungsweise (12.5) und mit $c = c_1 \cdots c_r \neq 0$:

$$|N(a)| \geq c \prod_{\lambda=1}^{l} |t_\lambda|^*. \tag{12.6}$$

Nach diesen Vorbereitungen kann der Beweis für Satz 12.7 wieder aufgenommen werden. $\iota_1, \ldots, \iota_n$ sei eine Orthogonalbasis des durch das Gitter $\mathfrak{J}$ aufgespannten Raumes R über k und

$$\frac{1}{2}\iota_\nu^2 = \sum_{\lambda=1}^{l} q_{\nu\lambda} e_\lambda \tag{12.7}$$

mit $q_{\nu\lambda}$ in k_∞. Gleichzeitig betrachten wir den durch die $m = n\,l$ Vektoren $\iota_\nu e_\lambda$ über k_∞ aufgespannten Raum R_∞. Das halbe Quadrat des allgemeinen Vektors aus R_∞ ist mit m Unbestimmten $y_{\nu\lambda}$:

$$\frac{1}{2}\left(\sum_{\nu=1}^{n}\sum_{\lambda=1}^{l} \iota_\nu e_\lambda y_{\nu\lambda}\right)^2 = \sum_{\nu=1}^{n}\sum_{\varrho,\sigma,\tau=1}^{l} e_\varrho e_\sigma e_\tau q_{\nu\varrho} y_{\nu\sigma} y_{\nu\tau}. \tag{12.8}$$

Da die Idealklassenzahl in k_0 (d. h. für $\mathfrak{o}_0$) gleich 1 ist, besitzt das Gitter $\mathfrak{J}$ bez. $\mathfrak{o}_0$ eine Basis $\mathfrak{l}_1, \ldots, \mathfrak{l}_m$. Setzt man

$$\sum_{\mu=1}^{m} \mathfrak{l}_\mu x_\mu = \sum_{\nu=1}^{n}\sum_{\lambda=1}^{l} \iota_\nu e_\lambda y_{\nu\lambda}, \tag{12.9}$$

so werden die $y_{\nu\lambda}$ Linearformen in den x_μ mit Koeffizienten in k_∞. Der Betrag derDeterminante dieser m Linearformen berechnet sich folgendermaßen: man darf zunächst ohne Beschränkung der Allgemeinheit voraussetzen, daß die ι_ν in $\mathfrak{J}$ liegen. Ferner sei $[e'_\lambda]$ eine Basis von $\mathfrak{o}$ bez. $\mathfrak{o}_0$ und

$$\sum_{\nu,\lambda} \iota_\nu e_\lambda y_{\nu\lambda} = \sum_{\nu,\lambda} \iota_\nu e'_\lambda y'_{\nu\lambda},$$

dann ist der Betrag der Determinante $\left|\frac{\partial(y_{\nu\lambda})}{\partial(y'_{\nu\lambda})}\right|$ eine nur von k/k_0 abhängige Konstante $C_0 \neq 0$. Der Betrag der Determinante $\left|\frac{\partial(y'_{\nu\lambda})}{\partial(x_\mu)}\right|$ ist gleich der Anzahl der Restklassen des Gitters $\mathfrak{J}' = [\iota_\nu]$ über $\mathfrak{o}$, d. h.

des Moduls $[\iota_\nu e'_\lambda]$ über $\mathfrak{o}_0$, modulo $\mathfrak{J}$, also nach Satz 12.2

$$\left\|\frac{\partial(y'_{\nu\lambda})}{\partial(x_\mu)}\right\| = \left|N\left(\frac{n(\mathfrak{J})^n\,\mathfrak{d}(\mathfrak{J})}{n(\mathfrak{J}')^n\,\mathfrak{d}(\mathfrak{J}')}\right)\right|^{1/2} = \left|\frac{N(n(\mathfrak{J})^n\,\mathfrak{d}(\mathfrak{J}))}{\prod\limits_\nu N(\iota_\nu^2)}\right|^{1/2}.$$

Das ergibt

$$D = \left\|\frac{\partial(y_{\nu\lambda})}{\partial(x_\mu)}\right\| = C_0\left|\frac{N(n(\mathfrak{J})^n\,\mathfrak{d}(\mathfrak{J}))}{\prod\limits_\nu N(\iota_\nu^2)}\right|^{1/2}.$$

Der Linearformensatz von Minkowski, für den wir in Nr. 5 einen Beweis anfügen, besagt nun: wählt man m beliebige reelle positive Konstanten $d_{\nu\lambda}$, deren Produkt $\geq D$ ist, so kann man den x_μ in $\mathfrak{o}_0$ nicht sämtlich verschwindende Werte erteilen derart, daß die Ungleichungen

$$|y_{\nu\lambda}| \leq Q\, d_{\nu\lambda} \qquad (\nu = 1, \ldots, n;\ \lambda = 1, \ldots, l) \tag{12.10}$$

bestehen; dabei ist $Q = 1$, wenn k der rationale Zahlkörper ist, oder $Q = q$, wenn k_0 der rationale Funktionenkörper einer Variablen über einem endlichen Körper k_{00} von q Elementen ist. Wir setzen

$$d_{\nu\lambda} = C_0^{1/m}\,\frac{|N(n(\mathfrak{J})^n\,\mathfrak{d}(\mathfrak{J}))|^{1/2m}}{(2c)^{1/2l}\,|q_{\nu\lambda}|^{*1/2}}, \tag{12.11}$$

wenn c die in (12.6) auftretende Konstante ist. Das Produkt der $d_{\nu\lambda}$ ist nach (12.6) und (12.7)

$$\prod_{\nu,\lambda} d_{\nu\lambda} = C_0\,\frac{|N(n(\mathfrak{J})^n\,\mathfrak{d}(\mathfrak{J}))|^{1/2}}{\prod\limits_\nu (2c\,|q_{\nu 1}|^*\cdots|q_{\nu l}|^*)^{1/2}} \geq C_0\left|\frac{N(n(\mathfrak{J})^n\,\mathfrak{d}(\mathfrak{J}))}{\prod\limits_\nu N(\iota_\nu^2)}\right|^{1/2} = D.$$

Das halbe Quadrat des Vektors (12.9) ist nun

$$\frac{1}{2}\mathfrak{l}^2 = \sum_\nu \frac{1}{2}\iota_\nu^2\left(\sum_\sigma y_{\nu\sigma}\,e_\sigma\right)^2 = \sum_{\nu,\varrho} e_\varrho\, q_{\nu\varrho}\left(\sum_\sigma y_{\nu\sigma}\,e_\sigma\right)^2$$

$$= \sum_\nu \sum_{\varrho,\sigma,\tau} e_\varrho\, e_\sigma\, e_\tau\, q_{\nu\varrho}\, y_{\nu\sigma}\, y_{\nu\tau}. \tag{12.12}$$

Hiermit und mit (12.10) folgt mit einer nur von den e_ϱ abhängigen Konstanten C_1 (vgl. auch die Definition (12.5) für die $|q_{\nu\varrho}|^*$):

$$\frac{1}{2}\mathfrak{l}^2 = \sum_\lambda e_\lambda\, m_\lambda, \tag{12.13}$$

wobei die m_λ den Ungleichungen

$$|m_\lambda| \leq C_1\, N(n(\mathfrak{J})^n\,\mathfrak{d}(\mathfrak{J}))^{1/m} \tag{12.14}$$

genügen.

Man beachte nun auf der anderen Seite, daß $\frac{1}{2}\mathfrak{l}^2$ in dem Ideal $n(\mathfrak{J})$ enthalten ist. Bei gegebenen $n(\mathfrak{J})$, $\mathfrak{d}(\mathfrak{J})$ gibt es aber höchstens endlich viele

Zahlen (12.13) in $n(\mathfrak{S})$, welche den Ungleichungen (12.14) genügen. Da die x_μ nicht gleichzeitig Null sein sollten, ist $\mathfrak{l} \neq 0$, und da R anisotrop sein sollte, ist auch $\mathfrak{l}^2 \neq 0$. Ein Vektor $\mathfrak{l} = \iota_1$ von solcher Beschaffenheit war aber nachzuweisen.

5. Der Linearformensatz von Minkowski läßt sich unter Bezugnahme auf die zu Anfang von Nr. 4 erklärten Begriffe und Bezeichnungen wie folgt formulieren:

Ist $(a_{\mu\nu})$ eine m-reihige Matrix mit Elementen in k_∞, deren Determinante den Betrag $\|a_{\mu\nu}\| = D$ hat, und sind ferner d_μ m reelle positive Zahlen, deren Produkt $\geq D$ ist, so gibt es m ganze rationale, nicht gleichzeitig verschwindende Zahlen bzw. Funktionen x_ν, für welche die Ungleichungen

$$\left|\sum_{\nu=1}^{m} a_{\mu\nu}\, x_\nu\right| \leq Q\, d_\mu \qquad (\mu = 1, \ldots, m) \tag{12.15}$$

bestehen. Hier ist $Q = 1$, wenn k_0 der rationale Zahlkörper oder $Q = q$, wenn k_0 der rationale Funktionenkörper über dem endlichen Konstantenkörper k_{00} von q Elementen ist.

Beweis. Wir nehmen zunächst an, daß die $a_{\mu\nu}$ in k_0 liegen, und daß k_0 ferner m Elemente a_μ mit $|a_\mu| = d_\mu$ enthält. An Stelle von (12.15) mit $Q = 1$ betrachten wir das äquivalente System von Ungleichungen

$$\left|\sum_{\nu=1}^{m} b_{\mu\nu}\, x_\nu\right| = \left|\sum_{\nu=1}^{m} (2)\, a\, \frac{a_{\mu\nu}}{a_\mu}\, x_\nu\right| \leq |(2)\, a|, \tag{12.16}$$

hier bedeute a den Hauptnenner der $\dfrac{a_{\mu\nu}}{a_\mu}$, so daß die $b_{\mu\nu}$ ganz sind. Der Faktor 2 in (12.16) stehe nur dann, wenn k_0 der rationale Zahlkörper ist; er ist deshalb in Klammern gesetzt worden. Der Betrag der Determinante $|b_{\mu\nu}|$ ist jetzt voraussetzungsgemäß $\|b_{\mu\nu}\| \leq |(2)\, a|^m$.

Die Vektoren (einspaltigen Matrizen) $\mathfrak{x}$ mit ganzen Komponenten x_ν bilden eine additive Gruppe $\mathfrak{X}$. Diejenigen Vektoren $\mathfrak{y}$ in $\mathfrak{X}$, welche sich mit einem $\mathfrak{x}$ in $\mathfrak{X}$ in der Form $(b_{\mu\nu})\, \mathfrak{x} = \mathfrak{y}$ schreiben lassen, bilden eine Untergruppe $\mathfrak{Y}$ in $\mathfrak{X}$, deren Index $(\mathfrak{X}:\mathfrak{Y}) = \|b_{\mu\nu}\| \leq |(2)\, a|^m$ ist. Es gibt nun, falls k_0 der rationale Zahlkörper ist, $(2\,|a| + 1)^m$ Vektoren in $\mathfrak{X}$, deren Komponenten den Ungleichungen

$$|x_\mu| \leq |a| \tag{12.17}$$

genügen. Falls k_0 der rationale Funktionenkörper ist, gibt es $(q\,|a|)^m$ solche Vektoren. In beiden Fällen ist

$$(2\,|a| + 1)^m > |2\,a|^m \geq \|b_{\mu\nu}\| \quad \text{bzw.} \quad (q\,|a|)^m > |a|^m \geq \|b_{\mu\nu}\|.$$

Nach dem Schubfachschluß gibt es also mindestens zwei verschiedene Vektoren $\mathfrak{x}_1, \mathfrak{x}_2$ in $\mathfrak{X}$, welche den Ungleichungen (12.17) genügen und welche in derselben Restklasse von $\mathfrak{X}$ mod $\mathfrak{Y}$ liegen. Für die Differenz $\mathfrak{y} = \mathfrak{x}_1 - \mathfrak{x}_2$ gilt daher: $\mathfrak{y} = (b_{\mu\nu})\, \mathfrak{x}$ ist durch ein $\mathfrak{x}$ in $\mathfrak{X}$ lösbar, nicht alle Komponenten von $\mathfrak{x}$ sind Null, und wegen (12.17) bestehen die Ungleichungen (12.16).

Wenn die Koeffizienten $a_{\mu\nu}$ nicht in k_0 liegen, lassen sie sich durch Folgen $a_{\mu\nu}^{(i)}$ approximieren; man kann diese offenbar stets so wählen, daß dabei für die Determinanten $D^{(i)} = \|a_{\mu\nu}^{(i)}\| \leq D$ gilt.

Die Ungleichungen (12.15) mit $Q = 1$ lassen sich nun durch ganze rationale Zahlen oder Funktionen $x_\nu^{(i)}$ lösen, indem man zunächst die $a_{\mu\nu}$ durch die $a_{\mu\nu}^{(i)}$ ersetzt und an der Voraussetzung festhält, daß es Größen a_μ mit $|a_\mu| = d_\mu$ in k_0 gibt. Man setze noch

$$\sum_\nu a_{\mu\nu}^{(i)} x_\nu^{(i)} = y_\mu^{(i)}.$$

Aus der Beschränktheit der $y_\mu^{(i)}$ folgt durch Auflösung dieses Gleichungssystems ein System von Ungleichungen $|x_\nu^{(i)}| < \bar{d}_\nu < \infty$ für die $x_\nu^{(i)}$. Da die $x_\nu^{(i)}$ andererseits ganz sind, treten höchstens endlich viele verschiedene Systeme $x_\nu^{(i)}$ auf. Weil deshalb für unendlich viele i die $x_\nu^{(i)} = x_\nu$ übereinstimmen, so lösen die so bestimmten x_ν die Ungleichungen (12.15).

Im Falle, daß k_0 der rationale Zahlkörper ist, tritt jede reelle positive Zahl d_μ als Betrag einer ebensolchen auf. Man kann daher die $a_{\mu\nu}$ durch die d_μ dividieren und erhält an Stelle von (12.15) ein System von Ungleichungen, in dem alle $d_\mu = 1$ sind. Wenn aber k_0 der rationale Funktionenkörper ist, so treten nur ganze Potenzen von q als Beträge von Elementen aus k_0 oder k_∞ auf. Ist $d_\mu = q^{c_\mu}$ mit nicht ganzem c_μ, so liegt zwischen q^{c_μ} und $q^{c_\mu+1}$ der Betrag einer rationalen Funktion; man ersetze d_μ durch diesen Betrag.

§ 13. Die Ideale.

1. Kennzeichnung von Gittern. Der Begriff des Gitters, welcher sich ursprünglich im Bereich der (additiven) Arithmetik der Vektoren hält, zieht weitere Begriffsbildungen nach sich, die jetzt die (multiplikative) Theorie der Ähnlichkeitstransformationen und Automorphismen betreffen. Ein Gitter $\mathfrak{J}$ kann einerseits unmittelbar durch Angabe sämtlicher zu $\mathfrak{J}$ gehörigen Vektoren gegeben werden, etwa indem man eine ideale Basis gemäß Satz 12.5 aufzeigt. Es gibt andererseits noch eine andere Möglichkeit, welche auf dem folgenden Satz beruht.

Satz 13.1. *Sind $\mathfrak{J}$ und $\mathfrak{K}$ zwei beliebige Gitter in R, so ist bis auf endlich viele Ausnahme-Primideale $\mathfrak{p}$:*

$$\mathfrak{J}_\mathfrak{p} = \mathfrak{K}_\mathfrak{p}. \tag{13.1}$$

Beweis. Es seien $[\iota_1, \ldots, \iota_{n-1}, \mathfrak{m}\,\iota_n]$ und $[\varkappa_1, \ldots, \varkappa_{n-1}, \mathfrak{n}\,\varkappa_n]$ ideale Basen für $\mathfrak{J}$ und $\mathfrak{K}$. Bis auf endlich viele Ausnahmen ist $\mathfrak{m}_\mathfrak{p} = \mathfrak{n}_\mathfrak{p} = \mathfrak{o}_\mathfrak{p}$. Von den Ausnahmen abgesehen ist

$$\mathfrak{J}_\mathfrak{p} = [\iota_1, \ldots, \iota_n]_\mathfrak{p}, \qquad \mathfrak{K}_\mathfrak{p} = [\varkappa_1, \ldots, \varkappa_n]_\mathfrak{p}.$$

Ist

$$\varkappa_\nu = \sum_{\mu=1}^{n} \iota_\mu t_{\mu\nu},$$

so scheiden wir ferner die endlich vielen $\mathfrak{p}$ aus, welche in dem Hauptnenner der $t_{\mu\nu}$ aufgehen, und schließlich noch diejenigen, welche die Determinante $|t_{\mu\nu}|$ teilen. Für alle übrigen ist dann $[\iota_1, \ldots, \iota_n]_\mathfrak{p} = [\varkappa_1, \ldots, \varkappa_n]_\mathfrak{p}$ und folglich (13.1).

Ist ein Gitter $\mathfrak{J}$ in R gegeben, so kann man jedes weitere Gitter $\mathfrak{K}$ dadurch festlegen, daß man die $\mathfrak{p}$ aufzählt, für welche (13.1) nicht gilt, und für diese Ausnahmeprimideale $\mathfrak{K}_\mathfrak{p}$ definiert. Dann ist $\mathfrak{K}_\mathfrak{p}$ für sämtliche $\mathfrak{p}$ erklärt und $\mathfrak{K}$ durch

$$\mathfrak{K} = R \cap \mathfrak{K}_{\mathfrak{p}_1} \cap \mathfrak{K}_{\mathfrak{p}_2} \cap \ldots, \tag{13.2}$$

wenn $\mathfrak{p}_1, \mathfrak{p}_2, \ldots$ sämtliche Primideale durchlaufen.

Bedeutungsvoll ist diese Kennzeichnung eines Gitters, wenn sie folgendermaßen verwendet wird: Ein Gitter $\mathfrak{J}$ sei vorgelegt, und für jedes $\mathfrak{p}$ sei eine eigentliche Ähnlichkeitstransformation $\Sigma_{\mathfrak{p}}$ von $R_{\mathfrak{p}}$ gegeben, wobei bis auf endlich viele Ausnahmen $\Sigma_{\mathfrak{p}}$ eine Einheit von $\mathfrak{J}_{\mathfrak{p}}$ sein soll. Dann wird durch $\mathfrak{K}_{\mathfrak{p}} = \Sigma_{\mathfrak{p}} \mathfrak{J}_{\mathfrak{p}}$ und (13.2) ein Gitter $\mathfrak{K}$ in R definiert. Sämtliche so aus $\mathfrak{J}$ erhaltenen Gitter $\mathfrak{K}$ bilden einen *Idealkomplex* von Gittern. Ein solcher ist ersichtlich durch jedes beliebige in ihm enthaltene Gitter eindeutig fixiert. Beispiele von Idealkomplexen sind enthalten in

Satz 13.2. *Die Elementarteiler aller Gitter aus einem Idealkomplex stimmen überein.*

Sämtliche maximalen Gitter mit gleichen reduzierten Determinanten bilden einen Idealkomplex.

Beweis. Die erste Aussage ist eine Folge der Definition. Es seien nun $\mathfrak{K}$, $\mathfrak{J}$ zwei maximale Gitter mit gleichen reduzierten Determinanten. Für alle $\mathfrak{p}$, welche (13.1) erfüllen, setze man $\Sigma_{\mathfrak{p}} = 1$. Für die übrigen gibt es nach Satz 9.8 eine Ähnlichkeitstransformation $\Sigma_{\mathfrak{p}}$ so, daß $\mathfrak{K}_{\mathfrak{p}} = \Sigma_{\mathfrak{p}} \mathfrak{J}_{\mathfrak{p}}$ gilt; nach Satz 10.5 gibt es sogar eine eigentliche Ähnlichkeitstransformation dieser Eigenschaft.

Gitter aus demselben Idealkomplex heißen *idealverwandt*. Im Anschluß an § 11 ordnen wir nun einem Paar idealverwandter Gitter $\mathfrak{K}$, $\mathfrak{J}$ ein *Ideal* zu. Es sei definiert als das System der Nebengruppen $\mathfrak{K}_{\mathfrak{p}}/\mathfrak{J}_{\mathfrak{p}} = \Sigma_{\mathfrak{p}} \mathfrak{B}^+_{\mathfrak{J}_{\mathfrak{p}}}$ für sämtliche Primideale $\mathfrak{p}$ von k. Hier bedeutet $\mathfrak{B}^+_{\mathfrak{J}_{\mathfrak{p}}}$ die Untergruppe der eigentlichen Elemente aus $\mathfrak{B}_{\mathfrak{J}_{\mathfrak{p}}}$, auf die sich im Unterschied zu § 11 die Definition der Ideale endgültig stützt. Wegen Satz 10.5 ist die Abweichung unerheblich. Die aus $\mathfrak{K}_{\mathfrak{p}} = \Sigma_{\mathfrak{p}} \mathfrak{J}_{\mathfrak{p}}$ zu entnehmenden $\Sigma_{\mathfrak{p}}$ werden als eigentlich vorausgesetzt, sie sind bis auf endlich viele Ausnahmen in den Gruppen $\mathfrak{B}^+_{\mathfrak{J}_{\mathfrak{p}}}$ enthalten. Die Ideale werden mit folgendem Symbol bezeichnet:

$$\mathfrak{K}/\mathfrak{J} = \{\ldots, \Sigma_{\mathfrak{p}} \mathfrak{B}^+_{\mathfrak{J}_{\mathfrak{p}}}, \ldots\}.$$

Die Produkte der Elementarteiler der Ideale $\Sigma_{\mathfrak{p}} \mathfrak{B}^+_{\mathfrak{J}_{\mathfrak{p}}}$ nennen wir die *Elementarteiler* von $\mathfrak{K}/\mathfrak{J}$.

2. Grundeigenschaften der Ideale. Die Multiplikation der Ideale erfolgt, indem man ihre $\mathfrak{p}$-adischen Komponenten $\Sigma_{\mathfrak{p}} \mathfrak{B}^+_{\mathfrak{J}_{\mathfrak{p}}}$ multipliziert. Es ist dann

$$\mathfrak{L}/\mathfrak{K} \cdot \mathfrak{K}/\mathfrak{J} = \mathfrak{L}/\mathfrak{J}.$$

Satz 13.3. *Durchlaufen $\mathfrak{J}$ und $\mathfrak{K}$ sämtliche Gitter eines Idealkomplexes, so bilden die Ideale $\mathfrak{J}/\mathfrak{K}$ ein Gruppoid, dessen Einheiten die Ideale $\mathfrak{J}/\mathfrak{J}$ sind.*

Das ist selbstverständlich.

Die *Norm* eines Ideals $\mathfrak{R}/\mathfrak{J}$ wird erklärt durch

$$n(\mathfrak{R}/\mathfrak{J}) = \prod_{\mathfrak{p}} n(\mathfrak{R}_{\mathfrak{p}}/\mathfrak{J}_{\mathfrak{p}}). \tag{13.3}$$

Zufolge (11.6) gilt

$$n(\mathfrak{R}/\mathfrak{J}) = \frac{n(\mathfrak{R})}{n(\mathfrak{J})} \tag{13.4}$$

und wegen (11.7)

$$n(\mathfrak{L}/\mathfrak{R}\cdot\mathfrak{R}/\mathfrak{J}) = n(\mathfrak{L}/\mathfrak{R})\; n(\mathfrak{R}/\mathfrak{J}). \tag{13.5}$$

Ein Ideal $\mathfrak{R}/\mathfrak{J}$ heißt *ganz,* wenn $\mathfrak{R}\subset\mathfrak{J}$ ist. Aus Satz 11.6 folgt, wenn man beachtet, daß $\mathfrak{R}_{\mathfrak{p}}/\mathfrak{J}_{\mathfrak{p}}$ wegen Satz 13.1 höchstens für endlich viele $\mathfrak{p}$ von dem Einheitsideal $\mathfrak{J}_{\mathfrak{p}}/\mathfrak{J}_{\mathfrak{p}}$ verschieden sein kann:

Satz 13.4. *Die Anzahl der ganzen Ideale $\mathfrak{R}/\mathfrak{J}$ bei festgehaltenem Gitter $\mathfrak{J}$ und festgehaltener Norm ist endlich.*

Ebenso überträgt sich auch der Begriff des *regulären* Ideals sowie Satz 11.7:

Satz 13.5. *Mit einem regulären ganzen Ideal $\mathfrak{R}/\mathfrak{J}$ ist auch $(n(\mathfrak{R}/\mathfrak{J})\,\mathfrak{J})/\mathfrak{R} = n(\mathfrak{R}/\mathfrak{J})\,(\mathfrak{R}/\mathfrak{J})^{-1}$ ganz.*

Ein ganzes Ideal $\mathfrak{R}/\mathfrak{J}$ ist unzerlegbar oder ein *Primideal,* wenn es in dem zu $\mathfrak{R}$ und $\mathfrak{J}$ gehörigen Idealkomplex kein von $\mathfrak{J}$ und $\mathfrak{R}$ verschiedenes Gitter $\mathfrak{Z}$ so gibt, daß $\mathfrak{R}/\mathfrak{Z}$ und $\mathfrak{Z}/\mathfrak{J}$ ganze Ideale sind. Ein ganzes Ideal $\mathfrak{R}/\mathfrak{J}$ ist offenbar dann und nur dann ein Primideal, wenn für jedes $\mathfrak{p}$ entweder $\mathfrak{R}_{\mathfrak{p}}/\mathfrak{J}_{\mathfrak{p}}$ ein Primideal von $R_{\mathfrak{p}}$ ist oder $\mathfrak{R}_{\mathfrak{p}} = \mathfrak{J}_{\mathfrak{p}}$; jedoch darf nicht immer $\mathfrak{R}_{\mathfrak{p}} = \mathfrak{J}_{\mathfrak{p}}$ sein, da dann $\mathfrak{R} = \mathfrak{J}$ wäre.

Satz 13.6. *Jedes ganze Ideal $\mathfrak{L}/\mathfrak{J}$ läßt sich als Produkt von Primidealen schreiben.*

Sind

$$\mathfrak{L}/\mathfrak{J} = \mathfrak{L}/\mathfrak{R}_1\cdot\mathfrak{R}_1/\mathfrak{J} = \mathfrak{L}/\mathfrak{R}_2\cdot\mathfrak{R}_2/\mathfrak{J}$$

zwei Zerlegungen eines ganzen Ideals $\mathfrak{L}/\mathfrak{J}$ in Produkte ganzer Ideale, wobei $n(\mathfrak{R}_1/\mathfrak{J}) = n(\mathfrak{R}_2/\mathfrak{J})$ und zu $n(\mathfrak{L}/\mathfrak{R}_1)$ teilerfremd ist, so ist $\mathfrak{R}_1 = \mathfrak{R}_2$.

Beweis. Eine Zerlegung der angegebenen Art erhält man durch Aufspaltung der Norm in ein Produkt teilerfremder Faktoren $\mathfrak{n}_1, \mathfrak{n}_2$. $\mathfrak{R}_1$ sowie $\mathfrak{R}_2$ werden beide gekennzeichnet durch die Gleichungen

$$\mathfrak{R}_{1\mathfrak{p}} = \mathfrak{R}_{2\mathfrak{p}} = \begin{cases} \mathfrak{J}_{\mathfrak{p}}, & \text{falls } \mathfrak{p} \text{ in } \mathfrak{n}_1 \text{ aufgeht,} \\ \mathfrak{L}_{\mathfrak{p}}, & \text{falls } \mathfrak{p} \text{ in } \mathfrak{n}_2 \text{ aufgeht.} \end{cases}$$

3. Klassen und Geschlechter. Ein Ideal $\mathfrak{R}/\mathfrak{J}$ heißt ein *Hauptideal,* wenn $\mathfrak{R}$ und $\mathfrak{J}$ ähnliche Gitter sind: $\mathfrak{R} = \Sigma\,\mathfrak{J}$ mit einer eigentlichen

Ähnlichkeitstransformation Σ. Wird $\mathfrak{K}/\mathfrak{J}$ definiert durch das System der $\Sigma_{\mathfrak{p}}\,\mathfrak{B}^{+}_{\mathfrak{J}_{\mathfrak{p}}}$, so bedeutet dies: es gibt in den Einheitengruppen $\mathfrak{B}^{+}_{\mathfrak{J}_{\mathfrak{p}}}$ der Gitter $\mathfrak{J}_{\mathfrak{p}}$ Einheiten $H_{\mathfrak{p}}$, so daß $\Sigma_{\mathfrak{p}}\,H_{\mathfrak{p}} = \Sigma$ ist. Zwei Ideale $\mathfrak{Z}/\mathfrak{J}$ und $\mathfrak{L}/\mathfrak{K}$ heißen *äquivalent*, wenn es zwei Hauptideale $\Sigma_1\,\mathfrak{Z}/\mathfrak{Z}$ und $\mathfrak{J}/\Sigma_2\,\mathfrak{J}$ so gibt, daß

$$\mathfrak{L}/\mathfrak{K} = \Sigma_1\,\mathfrak{Z}/\mathfrak{Z}\cdot\mathfrak{Z}/\mathfrak{J}\cdot\mathfrak{J}/\Sigma_2\,\mathfrak{J} = \Sigma_1\,\mathfrak{Z}/\Sigma_2\,\mathfrak{J}$$

gilt, wenn also, mit anderen Worten, $\mathfrak{L}$ und $\mathfrak{Z}$ einerseits und $\mathfrak{K}$ und $\mathfrak{J}$ andererseits ähnlich sind. Äquivalente Ideale werden zu *Idealklassen* vereinigt.

Man kann das *Produkt zweier Klassen* Q_1 und Q_2 definieren, wenn Q_1 ein Ideal $\mathfrak{L}/\mathfrak{K}$ und Q_2 ein Ideal $\mathfrak{K}/\mathfrak{J}$ enthält, wobei also das rechts zu $\mathfrak{L}/\mathfrak{K}$ gehörige Einheitsideal $\mathfrak{K}/\mathfrak{K}$ mit dem links zu $\mathfrak{K}/\mathfrak{J}$ gehörigen übereinstimmt. Alsdann bezeichnet man die durch $\mathfrak{L}/\mathfrak{J}$ gegebene Idealklasse als das Produkt $Q_1\cdot Q_2$ von Q_1 und Q_2. Diese Produktdefinition ist offenbar unabhängig von den Repräsentanten $\mathfrak{L}/\mathfrak{K}$ und $\mathfrak{K}/\mathfrak{J}$, denn $\Sigma_1\,\mathfrak{L}/\Sigma_2\,\mathfrak{K}$ und $\Sigma_3\,\mathfrak{K}/\Sigma_4\,\mathfrak{J}$ ist dann und nur dann in dieser Reihenfolge multiplizierbar, wenn $\Sigma_2\,\mathfrak{K} = \Sigma_3\,\mathfrak{K}$ ist, und dann ist das Produkt $\Sigma_1\,\mathfrak{L}/\Sigma_4\,\mathfrak{J}$ mit $\mathfrak{L}/\mathfrak{J}$ äquivalent.

Satz 13.7. *Die Idealklassen bilden ein Gruppoid, dessen Einheiten die durch die Hauptideale gebildeten Klassen sind, und dessen Rang gleich der Anzahl der Ähnlichkeitsklassen der Gitter aus dem zugrunde gelegten Idealkomplex ist.*

Eine gröbere Idealeinteilung als in Klassen ist die Einteilung in *Geschlechter*. Es liegt nahe, ähnlich wie der Zahlentheorie der algebraischen Zahlkörper, die folgende Frage zu stellen: kann man unter Umständen aus der Kenntnis der Normen zweier Gitter bereits entscheiden, daß sie n i c h t ähnlich sind? In der Theorie der algebraischen Zahlkörper definiert man bekanntlich: ein Ideal $\mathfrak{A}$ aus einer relativ-zyklischen Erweiterung K/k gehört dann und nur dann zum Hauptgeschlecht, wenn es ein Element A in K so gibt, daß $n_{K/k}(\mathfrak{A}) = n_{K/k}(A)\,\mathfrak{o}$ ist. Entsprechend könnte man hier zwei idealverwandte Gitter $\mathfrak{J}$ und $\mathfrak{K}$ als verwandt erklären, wenn es eine eigentliche Ähnlichkeitstransformation Σ von R so gibt, daß

$$n(\mathfrak{K}) = n(\Sigma)\,n(\mathfrak{J}) \tag{13.6a}$$

ist. Dieser Verwandtschaftsbegriff läßt sich indessen durch einen schärferen ersetzen.

Zwei idealverwandte Gitter $\mathfrak{J}$ und $\mathfrak{K}$ heißen *verwandt*, wenn es eine eigentliche Ähnlichkeitstransformation Σ von R so gibt, daß

$$\mathfrak{K}_{\mathfrak{p}} \cong \Sigma\,\mathfrak{J}_{\mathfrak{p}} \quad \textit{für alle Primideale } \mathfrak{p} \tag{13.6b}$$

gilt[6]. Ersichtlich folgt (13.6a) aus (13.6b). Das Umgekehrte trifft aber im allgemeinen nicht zu. Allerdings kann man im Falle maximaler Gitter aus Satz 9.6 schließen, daß (13.6a) und (13.6b) äquivalent sind. Auf die Möglichkeit, den Verwandtschaftsbegriff zu vergröbern, indem (13.6b) durch (13.6a) ersetzt wird, werden wir in § 19 zurückgreifen.

Man kann die Definition auch so fassen, und dann tritt die Analogie mit der Arithmetik der Zahlkörper deutlicher hervor: $\mathfrak{J}$ und $\mathfrak{K}$ heißen verwandt, wenn $\mathfrak{K}/\mathfrak{J}$ durch das System $\{\ldots, \Sigma_{\mathfrak{p}} \mathfrak{B}^{+}_{\mathfrak{J}_{\mathfrak{p}}}, \ldots\}$ definiert wird, und wenn es eine eigentliche Ähnlichkeitstransformation Σ von R sowie für jedes $\mathfrak{p}$ eine Einheit $\mathsf{H}_{\mathfrak{p}}$ von $\mathfrak{J}_{\mathfrak{p}}$ so gibt, daß $n(\Sigma_{\mathfrak{p}} \mathsf{H}_{\mathfrak{p}}) = n(\Sigma)$ ist.

Die Gesamtheiten verwandter Gitter sind die *Geschlechter* von Gittern. Die Geschlechter von Idealen werden gebildet durch die Gesamtheiten $\mathfrak{K}/\mathfrak{J}$, wobei $\mathfrak{J}$ und $\mathfrak{K}$ sämtliche Gitter aus je einem Geschlecht von Gittern durchlaufen. Ideale aus demselben Geschlecht nennen wir verwandt.

Offenbar ist der Geschlechtsbegriff ebenso wie der Klassenbegriff reflexiv, symmetrisch und transitiv. Jedes Geschlecht umfaßt stets eine oder mehrere volle Klassen, gleichgültig ob es sich um Gitter oder um Ideale handelt.

Die Multiplikation der Geschlechter kann analog erklärt werden wie die Multiplikation der Idealklassen, und es gilt

Satz 13.9. *Die Ideal-Geschlechter bilden ein Gruppoid, dessen Einheiten die Haupt-Geschlechter sind; diese werden gebildet durch die Ideale $\mathfrak{K}/\mathfrak{J}$, wobei $\mathfrak{J}$ und $\mathfrak{K}$ verwandt sind. Der Rang dieses Gruppoids ist gleich der Anzahl der Gitter-Geschlechter.*

Für die Anwendung des Geschlechtsbegriffs ist es eine Hilfe, ein Kriterium dafür zu besitzen, wann eine Zahl in k die Norm einer Ähnlichkeitstransformation ist. Ein solches werden wir erst in Satz 23.6 erhalten.

4. Die Spinor-Geschlechter. $\mathfrak{J}$ und $\mathfrak{K}$ seien verwandte Gitter. Es gibt also eine eigentliche Ähnlichkeitstransformation Σ so, daß *für alle* $\mathfrak{p}$

$$\mathfrak{K}_{\mathfrak{p}} \cong \Sigma\, \mathfrak{J}_{\mathfrak{p}} \tag{13.7}$$

gilt. (13.7) bedeutet: für jedes $\mathfrak{p}$ gibt es einen eigentlichen Automorphismus $\mathsf{T}_{\mathfrak{p}}$ von $R_{\mathfrak{p}}$, so daß

$$\mathfrak{K}_{\mathfrak{p}} = \Sigma\, \mathsf{T}_{\mathfrak{p}}\, \mathfrak{J}_{\mathfrak{p}} \tag{13.8}$$

ist. Wir nennen $\mathfrak{J}$ und $\mathfrak{K}$ *Spinor-verwandt*, wenn folgende Bedingungen erfüllt sind: a) es gibt ein eigentliches Σ derart, daß (13.7) gilt und (13.8) durch eigentliche $\mathsf{T}_{\mathfrak{p}}$ befriedigt werden kann; b) es gibt bei *geeignetem* Σ einen eigentlichen Automorphismus T von R und für jedes $\mathfrak{p}$ eine eigentliche automorphe Einheit $\mathsf{E}_{\mathfrak{p}}$ von $\mathfrak{J}_{\mathfrak{p}}$ so, daß

$$t(\mathsf{T}) = t(\mathsf{T}_{\mathfrak{p}})\, t(\mathsf{E}_{\mathfrak{p}}) \tag{13.9}$$

gilt. Die Bezeichnung ist dadurch gerechtfertigt, daß sich die Definition auf die Spinor-Norm stützt. Die Gesamtheiten Spinor-verwandter Gitter heißen *Spinor-Geschlechter* (von *Gittern*). Entsprechend werden zwei Ideale $\mathfrak{J}/\mathfrak{I}$ und $\mathfrak{L}/\mathfrak{K}$ als *Spinor-verwandt* erklärt, wenn es die Gitter $\mathfrak{L}, \mathfrak{J}$ einerseits und $\mathfrak{K}, \mathfrak{I}$ andererseits sind. Die Gesamtheiten Spinor-verwandter Ideale sind die *Spinor-Geschlechter* (von *Idealen*).

Dieser neue Begriff steht zwischen den Begriffen der Verwandtschaft und der Ähnlichkeit. Die Geschlechter umfassen stets volle Spinor-Geschlechter, und letztere bestehen aus einer oder mehreren vollen Ähnlichkeitsklassen. Die Spinor-Verwandtschaft ist eine reflexive, symmetrische und transitive Eigenschaft.

Eine Multiplikation der Spinor-Geschlchter wollen wir nicht erklären. Wir werden in § 15 zeigen, daß in vielen Fällen die Spinor-Geschlechter mit den Ähnlichkeitsklassen zusammenfallen. Damit wird ein wichtiges in § 12 gestelltes Problem in diesen Fällen vollständig gelöst.

Die Entscheidung darüber, ob zwei gegebene verwandte Gitter auch Spinor-verwandt sind oder nicht, ist im allgemeinen recht schwierig. Immerhin handelt es sich dabei um ein Problem der Zahlentheorie „im Kleinen", welches auf die Betrachtung von Kongruenzensystemen, also von endlichen Objektbereichen hinausläuft, und dessen Lösung prinzipiell ohne Heranziehung weiterer Hilfsmittel erzwungen werden kann[7].

Zum Schluß müssen wir noch Beispiele dafür liefern, daß zwei Gitter verwandt sein können, ohne Spinor-verwandt zu sein. Es sei k der rationale Zahlkörper und p eine Primzahl der Form $8h + 5$. Wir definieren zunächst ein $(n-2)$-dimensionales Gitter $\mathfrak{I}_0$: $n-2$ Vektoren $\varkappa_\nu$ mit den folgenden Eigenschaften seien gegeben:

$$\varkappa_1^2 = 2u\,p^{-l_1}, \quad \varkappa_2^2 = 2\,p^{-l_2}, \quad \varkappa_3^2 = -2\,p^{-l_3}, \quad \varkappa_4^2 = 2\,p^{-l_4}, \quad \varkappa_5^2 = -2\,p^{-l_5}, \ldots;$$

$$\varkappa_\mu \varkappa_\nu = 0 \quad \text{für } \mu \neq \nu;$$

dabei sei $u = -1$ für ungerades n, dagegen sei u für gerades n eine Primzahl $\equiv -1 \bmod 8$, welche außerdem ein quadratischer Rest mod p ist. Die l_ν seien

$$l_1, l_2, l_3, \ldots = 1, 3, 4, 6, 7, 9, \ldots,$$

d. h. alle natürlichen Zahlen bis auf 2, 5, 8, ... Das Vorzeichen von $\varkappa_\nu^2$ ist abwechselnd $+$ und $-$ von $\varkappa_2^2$ ab. Die q-adischen Erweiterungen von $\mathfrak{I}_0$ seien $[\varkappa_1, \ldots, \varkappa_{n-2}]$ für $q \neq 2$ und gleich einem maximalen $[\varkappa_1, \ldots, \varkappa_{n-2}]$ umfassenden Gitter der Norm $\mathfrak{o}_2$ für $q = 2$. Jetzt wird $\mathfrak{I}_0$ folgendermaßen in dem Raum $R_0 = k(\varkappa_1, \ldots, \varkappa_{n-2})$ definiert:

$$\mathfrak{I}_0 = R_0 \cap \mathfrak{I}_{02} \cap \mathfrak{I}_{03} \cap \mathfrak{I}_{05} \cap \ldots$$

R_0 hat stets eine von 0 verschiedene Signatur. $\mathfrak{I}_0$ ist stets maximal, außer für $q = p$. Die reduzierte Determinante von $\mathfrak{I}_0$ ist außer durch eine Potenz von p nur genau einmal durch 2 (für ungerades n) oder genau einmal durch u (für gerades n) teilbar; weitere Teiler besitzt sie nicht. Zwei weitere auf allen $\varkappa_\nu$ senkrechte Vektoren ι_1, ι_2 mit $\iota_1^2 = \iota_2^2 = 0$, $\iota_1 \iota_2 = 1$ seien gegeben. Es wird behauptet: die Gitter

$$\mathfrak{I} = \mathfrak{I}_0 + [p\,\iota_1, \iota_1 + \iota_2], \quad \mathfrak{K} = \mathfrak{I}_0 + [p\,\iota_1, \iota_1 - \iota_2]$$

sind verwandt, aber nicht Spinor-verwandt.

Wir diskutieren zunächst die automorphen Einheiten E_p von $\mathfrak{J}_p$ und benutzen dabei die Bezeichnungen von § 3. Indem man nötigenfalls eine gegebene Einheit E_p mit einer Einheit E^2_ω (s. § 10, Nr. 2) transformiert, darf man sie nach Satz 3.1 in der Form

$$\mathsf{E}_p = \mathsf{E}^1_{\omega_1}\, \mathsf{E}^2_{\omega_2}\, \Omega_0\, \mathsf{P}_r$$

ansetzen. Der allgemeine Vektor aus $\mathfrak{J}_p$ ist

$$\xi = \xi_0 + p \iota_1\, y_1 + (\iota_1 + \iota_2)\, y_2,$$

wobei ξ_0 in $\mathfrak{J}_{0p}$ liegt. Man findet unter Benutzung von (3.10)

$$\begin{aligned} \mathsf{E}_p\, \xi = {} & (1 - [\omega_1, \omega_2])\, \Omega_0\, \xi_0 + p\, r^{-1}\, \eta_1\, y_1 + (r^{-1}\, \eta_1 + r\, \omega_1)\, y_2 \\ & + p\, \iota_1 \left(-\frac{1}{p} (\eta_2 - \omega_2)\, \Omega_0\, \xi_0 + (s + p_2)\, y_1 + \frac{1}{p} (s - r - p_1 + p_2)\, y_2 \right) \\ & + (\iota_1 + \iota_2)\, (-\omega_2\, \Omega_0\, \xi_0 - p\, p_2\, y_1 + (r - p_2)\, y_2)\,. \end{aligned} \tag{13.10}$$

Hier müssen die ξ_0 enthaltenden Skalarprodukte sowie die Koeffizienten von y_1, y_2 ganz sein; in der ersten Zeile stehen ferner drei in $\mathfrak{J}_{0p}$ enthaltene Vektoren.

$\mathsf{E}^1_{\omega_1}$, $\mathsf{E}^2_{\omega_2}$, $\Omega_0\, \mathsf{P}_r$ sind Einheiten von $\mathfrak{J}_p$ dann und nur dann, wenn

$$\omega_1, \omega_2 \in p\, n\, (\mathfrak{J}_{0p})^{-1}\, \tilde{\mathfrak{J}}_{0p} = p\, [p^{l_1} \varkappa_1, p^{l_2} \varkappa_2, \ldots], \; r \equiv \pm 1 \bmod p,$$

und wenn Ω_0 eine Einheit von $\mathfrak{J}_{0p}$ ist. $\mathsf{E}^1_{\omega_1}\, \mathsf{E}^2_{\omega_2}$ ist eine Einheit, wenn $\omega_1, \omega_2 \in n\, (\mathfrak{J}_{0p})^{-1}\, \tilde{\mathfrak{J}}_{0p}$ und $\omega_1 \equiv \omega_2 \bmod p\, n\, (\mathfrak{J}_{0p})^{-1}\, \tilde{\mathfrak{J}}_{0p}$ ist. Ψ ist eine Einheit. Wir zeigen zunächst, daß jede Einheit E_p sich als ein Produkt von den oben genannten speziellen schreiben läßt.

Aus (13.10) folgt im allgemeinen Falle: $r - p_2$ ist ganz, $\Omega_0^{-1}\, \omega_2 \in n\, (\mathfrak{J}_{0p})^{-1}\, \tilde{\mathfrak{J}}_{0p}$. Also ist $\frac{1}{2}\, (\Omega_0^{-1}\, \omega_2)^2 = \frac{1}{2}\, \omega_2^2 = r p_2 \equiv 0 \bmod p$. Deshalb sind p_2, r ganz. Ferner ist $\Omega_0^{-1}\, (\eta_2 - \omega_2) \in p\, n\, (\mathfrak{J}_{0p})^{-1}\, \tilde{\mathfrak{J}}_{0p}$. Ersetzt man E_p durch $\Psi\, \mathsf{E}_p$, so vertauschen sich in (3.10) die beiden letzten Zeilen, d. h. ω_2 und η_2 usw. Deshalb sind p_1, s ganz, $\Omega_0^{-1}\, \eta_2 \in n\, (\mathfrak{J}_{0p})^{-1}\, \tilde{\mathfrak{J}}_{0p}$ und $s\, p_1 \equiv 0 \bmod p$. Endlich gilt wegen (13.10): $s - r - p_1 + p_2 \equiv 0 \bmod p$. Wir fassen zusammen:

$$\left.\begin{aligned} & \Omega_0^{-1}\, \omega_2, \Omega_0^{-1}\, \eta_2 \in n\, (\mathfrak{J}_{0p})^{-1}\, \tilde{\mathfrak{J}}_{0p}, \quad && \Omega_0^{-1}\, \eta_2 \equiv \Omega_0^{-1}\, \omega_2 \bmod p\, n\, (\mathfrak{J}_{0p})^{-1}\, \tilde{\mathfrak{J}}_{0p} \\ & r\, p_2 \equiv s\, p_1 \equiv 0 \bmod p, && s - r - p_1 + p_2 \equiv 0 \bmod p\,. \end{aligned}\right\} \tag{13.11}$$

Durch vordere und hintere Multiplikation von E_p mit der Einheit Ψ kann man erreichen, daß von den Zahlen p_1, p_2, s, r die dritte durch p nicht öfter teilbar ist als die übrigen. Ist s eine p-adische Einheit, so folgt aus (13.11)

$$\begin{aligned} \Omega_0^{-1}\, (\eta_2 - \omega_2)\, \Omega_0^{-1}\, \omega_2 = (\eta_2 - \omega_2)\, \omega_2 &= \omega_1\, \omega_2 - \omega_2^2 - \frac{1}{2}\, \omega_1^2\, \omega_2^2 \\ &= \omega_1\, \omega_2 - 2\, r\, p_2 - 2\, p_1\, p_2 \equiv 0 \bmod p \end{aligned}$$

und weiter

$$r\, s = 1 - \omega_1\, \omega_2 + p_1\, p_2 \equiv 1 - p_1\, p_2 \equiv 1 \bmod p\,.$$

Wegen (13.11) muß daher $r \equiv \pm 1 \bmod p$ sein. Dann ist aber

$$r\, \Omega_0^{-1}\, \omega_1 = r\, \Omega_0^{-1}\, \eta_2 + r^2\, p_2\, \Omega_0^{-1}\, \omega_2 \equiv r^{-1}\, \Omega_0^{-1}\, \omega_2 \bmod p\, n\, (\mathfrak{J}_{0p})^{-1}\, \tilde{\mathfrak{J}}_{0p}\,.$$

Deshalb ist, wie wir oben sahen, $\mathsf{H}_p = \mathsf{E}^1_{r\, \Omega_0^{-1}\, \omega_1}\, \mathsf{E}^2_{r^{-1}\, \Omega_0^{-1}\, \omega_2}$ eine Einheit von $\mathfrak{J}_p$, und folglich auch $\mathsf{E}_p\, \mathsf{H}_p^{-1} = \Omega_0\, \mathsf{P}_r$ und Ω_0. Unter der Annahme, daß eine der Zahlen p_1, p_2, s, r eine p-adische Einheit ist, läßt sich also E_p durch die genannten speziellen Einheiten darstellen. Es bleibt der Fall zu diskutieren, daß alle diese Zahlen durch p teilbar sind. Man multipliziere E_p nun rechts mit E^1_π, $\pi \in p\, n\, (\mathfrak{I}_{0p})^{-1}\, \tilde{\mathfrak{I}}_{0p}$. Dabei geht r in

$$r' = r + \frac{1}{2}\, \pi^2 p_2 - \pi\, \Omega_0^{-1}\, \omega_2$$

über. Entweder kann man so erreichen, daß $\pi\, \Omega_0^{-1}\, \omega_2$ und damit auch r' zu p prim wird, dann kann man wie oben E_p durch die genannten Einheiten darstellen. Oder es ist stets $\pi\, \Omega_0^{-1}\, \omega_2 \equiv 0 \bmod p$. Man nehme speziell den Vektor $\pi = \Omega_0^{-1}\, (\eta_2 - \omega_2)$, der nach (13.11) in $p\, n\, (\mathfrak{I}_{0p})^{-1}\, \tilde{\mathfrak{I}}_{0p}$ liegt, und erhält dann

$$\begin{aligned}\Omega_0^{-1}\, (\eta_2 - \omega_2)\, \Omega_0^{-1}\, \omega_2 &= (\eta_2 - \omega_2)\, \omega_2 = \omega_1\, \omega_2 - \frac{1}{2}\, \omega_1^2 \cdot \omega_2^2 - \omega_2^2 \\ &= \omega_1\, \omega_2 - 2\, p_1\, p_2 - 2\, r\, p_2 \equiv \omega_1\, \omega_2 \equiv 0 \bmod p.\end{aligned}$$

Andererseits ist

$$r\, s = 1 - \omega_1\, \omega_2 + p_1\, p_2.$$

Jetzt müßte also $r\, s \equiv 1 \bmod p$ sein, aber das ist ein Widerspruch.

Die Spinor-Normen der $\mathsf{E}^1_{\omega_1}$, $\mathsf{E}^2_{\omega_2}$ sind 1, die von P_{+1} ist ± 1. Wegen der Voraussetzung über p ist -1 ein Quadrat in k_p. Ψ ist die Spiegelung an dem Vektor $\iota_1 + \iota_2$, und es ist $\frac{1}{2}(\iota_1 + \iota_2)^2 = 1$. Zur Berechnung der Spinor-Normen aller eigentlichen Einheiten von $\mathfrak{I}_p$ geht man nun folgendermaßen vor: eine Orthogonalbasis von $\mathfrak{I}_p$ ist

$$[\varkappa_{n-2}, \ldots, \varkappa_1, \iota_1 + \iota_2, p\, (\iota_1 - \iota_2)].$$

Wegen der Voraussetzung über p und u sind die Quadrate dieser Vektoren bis auf Quadrate von Einheiten in k_p: $\ldots$, $2\,p^{-6}$, $2\,p^{-4}$, $2\,p^{-3}$, $2\,p^{-1}$, $2\,p^0$, $2\,p^2$. Läßt man die beiden letzten Vektoren fort und multipliziert noch mit dem Ähnlichkeitsfaktor p^3, so treten wieder die gleichen Potenzen von p auf. $\mathfrak{I}_{0p}$ ist mithin ein Gitter gleicher Bauart wie $\mathfrak{I}_p$, bis auf die um 2 kleinere Dimension. Man kann aus diesem Grunde die Ω_0 in gleicher Weise zerlegen, und so fort, bis man auf ein Restgitter der Dimension 1 oder 2 stößt. Bei dieser Zerlegung für ein eigentliches E_p tritt eine gerade Anzahl von Spiegelungen auf, und zwar an Vektoren, deren halbe Quadrate Potenzen von p sind. Es folgt daraus: Die Spinor-Normen der eigentlichen Einheiten von $\mathfrak{I}_p$ sind entweder 1 oder p.

Die Einheiten E_q von $\mathfrak{I}_q$ für $q \neq p$ übersieht man mittels Satz 10.2; $\mathfrak{I}_{0q}$ ist stets maximal. Die Spinor-Normen der eigentlichen E_q sind bis auf q-adische Einheiten gleich denen der Einheiten Ω_0 von $\mathfrak{I}_{0q}$, bzw. von $\Omega_0\,\Psi$. Jetzt wird Satz 10.2 auf $\mathfrak{I}_{0q}$ angewendet usw., bis man auf ein Restgitter in dem Kernraum von R_q kommt. Ist $q = 2$, so ist dieser $\neq 0$ nur für ungerades n, und dann hat er die Dimension 1. Folglich sind die E_2 stets 2-adische Einheiten. Für $q \neq 2$, $\neq u$ gilt das gleiche. Für $q = u$ dagegen hat der Kernraum die Dimension 2, und man erkennt, daß auch u als Spinor-Norm einer Einheit auftreten kann.

Wir kommen zum Beweis, daß $\mathfrak{I}$ und $\mathfrak{K}$ verwandt sind. In der Tat gilt $\mathfrak{K}_q = \mathfrak{I}_q$ für $q \neq p$ und mit einer Lösung v der Kongruenz

$$v^2 \equiv -1 \bmod p$$

$\mathfrak{K}_p = \mathsf{P}_v\, \mathfrak{I}_p$. Die Gleichung (13.7) oder auch (13.6b) trifft wegen $n(\mathfrak{K}) = n(\mathfrak{I})$ mit $\Sigma = 1$ zu. Ist Σ eine andere diese Gleichung erfüllende Ähnlichkeitstransformation, so muß $n(\Sigma) = \pm 1$ gelten. Da R eine von 0 verschiedene Signatur hat, gibt es keine Ähnlichkeitstransformation der Norm -1. Es beschränkt daher nicht die Allgemeinheit, wenn $\Sigma = 1$ angenommen wird. Die Gleichungen (13.8) gelten nun mit $\mathsf{T}_q = 1$, und $\mathsf{T}_p = \mathsf{P}_v$; dabei merken wir uns: $t(\mathsf{P}_v) = v$, und v ist wegen $p \equiv 5 \bmod 8$ kein Quadrat in k_p.

Angenommen nun, $\mathfrak{J}$ und $\mathfrak{K}$ seien Spinor-verwandt, d. h. es gebe einen eigentlichen Automorphismus T von R und für p und jedes q eigentliche Einheiten E_p, E_q so, daß

$$t(\mathsf{T}) = t(\mathsf{E}_q), \ t(\mathsf{T}) = v\, t(\mathsf{E}_p)$$

gilt. Die ersteren von ihnen zeigen, daß $t = t(\mathsf{T})$ die Form $\pm u^a p^b s^2$ mit $a, b = 0, 1$ und einer rationalen Zahl s hat. Da aber $t(\mathsf{E}_p)$ stets 1 oder p ist und $\pm u$ quadratische Reste mod p sind, v dagegen nicht, ist die letztere Gleichung unmöglich. Also $\mathfrak{J}$ und $\mathfrak{K}$ sind nicht Spinor-verwandt.

§ 14. Beziehungen zur Arithmetik der Cliffordschen Algebren.

Zur Verdeutlichung der eingeführten Begriffe ist es lehrreich, sie in aller Kürze von der als bekannt vorausgesetzten Arithmetik der quadratischen Zahlkörper und einfachen Algebren her zu beleuchten. Die Beziehungen, die es zu besprechen gilt, umfassen die sogenannte *Kompositionstheorie der quadratischen Formen*, reichen aber über sie hinaus. Die Kompositionstheorie ist die historische Wurzel der heutigen Zahlentheorie der quadratischen Zahlkörper und der einfachen Algebren[8]. Die Kenntnis von § 14 wird weiter unten nicht vorausgesetzt.

1. Zweidimensionale Räume und quadratische Zahlkörper. Für Räume der Dimensionen $n = 2$ und $n > 2$ bestehen gewisse Unterschiede, die eine getrennte Behandlung ratsam erscheinen lassen. Im Falle $n = 2$ wollen wir uns auf anisotrope Räume R beschränken, d. h. die Diskriminante $\Delta(R)$ soll nicht die Einheitsquadratklasse sein. Wie in § 5 nehmen wir ferner an, daß R einen Vektor ε mit $\frac{1}{2}\varepsilon^2 = 1$ enthält; ein solcher Vektor wird ein für allemal fixiert. Die zweite Cliffordsche Algebra C_2 ist isomorph mit der quadratischen Körpererweiterung $K = k\left(\sqrt{\Delta(R)}\right)$.

Ist π ein auf ε senkrechter Vektor, so besteht eine additionstreue wechselseitig eindeutige Zuordnung zwischen den Vektoren $\xi = \varepsilon x_1 + \pi x_2$ in R und den Zahlen $X = x_1 + \sqrt{-\frac{1}{2}\pi^2}\, x_2$ in K. Schon in § 5 sahen wir, daß ebenfalls eine wechselseitig eindeutige multiplikationstreue Zuordnung zwischen den eigentlichen Ähnlichkeitstransformationen Ξ von R und den Zahlen X in K besteht. Beide Zuordnungen haben eine lückenlose Übertragung der Grundbegriffe der Arithmetik in R und K zur Folge, welche wir in der nachstehenden Tabelle wiedergeben.

R	$K \cong C_2(R)$
Vektoren ξ	Zahlen X
$\xi = \varepsilon,\ 0$	$X = 1,\ 0$
Addition der Vektoren	Addition der Zahlen
eigentliche Ähnlichkeitstransformationen Ξ	Zahlen $X = S(\Xi) \neq 0$

Multiplikation der eigentlichen Ähnlichkeitstransformationen	Multiplikation der Zahlen
Norm: $n(\xi) = \frac{1}{2}\xi^2$, $n(\Xi)$	Norm: $n_{K/k}(X)$
Gitter $\mathfrak{J}$	Moduln $\mathfrak{M} = \mathfrak{M}_{\mathfrak{J}}$
eigentlich ähnliche Gitter $\mathfrak{K} = \Xi\mathfrak{J}$	äquivalente Moduln $\mathfrak{M}_{\mathfrak{K}} = S(\Xi)\,\mathfrak{M}_{\mathfrak{J}}$
$n(\mathfrak{J})$	$n(\mathfrak{M}_{\mathfrak{J}})$
maximale Gitter	Ideale
eigentliche Ähnlichkeitsklassen maximaler Gitter	Idealklassen

Für die Einheiten gilt das Folgende. Ist H eine eigentliche Einheit für das Gitter $\mathfrak{J}$ und $E = S(\mathsf{H})$ die ihr zugeordnete Zahl in K, ferner $\mathfrak{M}_{\mathfrak{J}}$ der $\mathfrak{J}$ zugeordnete Modul, so ist $E\,\mathfrak{M}_{\mathfrak{J}} = \mathfrak{M}_{\mathfrak{J}}$. Wenn nun $\mathfrak{J}$ maximal, also $\mathfrak{M}_{\mathfrak{J}}$ ein Ideal ist, so muß E eine Einheit in K schlechthin sein. Mithin sind die Einheiten H eines maximalen Gitters gleichzeitig Einheiten aller maximalen Gitter. Wenn wir uns daher von jetzt ab auf maximale Gitter beschränken, so können wir von der Einheitengruppe $\mathfrak{B}^+$ von R schlechthin reden. Die Einheitengruppe von K bezeichnen wir mit $\mathfrak{E}$.

Ein Ideal $\mathfrak{K}/\mathfrak{J}$ in R wurde erklärt als das System $\{\ldots, \Sigma_{\mathfrak{p}}\,\mathfrak{B}^+_{\mathfrak{p}}, \ldots\}$, wobei nur für endlich viele $\mathfrak{p}$ die eigentliche Ähnlichkeitstransformation $\Sigma_{\mathfrak{p}}$ keine Einheit ist. Das entsprechende System $S(\Sigma_{\mathfrak{p}})\,\mathfrak{E}_{\mathfrak{p}}$ für K definiert nun aber ein Ideal $\mathfrak{T}$, dessen $\mathfrak{p}$-adische Komponenten

$$\mathfrak{T}_{\mathfrak{p}} = S(\Sigma_{\mathfrak{p}})\,\mathfrak{O}_{\mathfrak{p}}$$

sind, unter $\mathfrak{O}_{\mathfrak{p}}$ die Ordnung aller ganzen Größen der $\mathfrak{p}$-adischen Erweiterung $K_{\mathfrak{p}}$ verstanden. Umgekehrt kann jedes Ideal in K in dieser Weise erklärt werden. Sind $\mathfrak{M}_{\mathfrak{J}}$ und $\mathfrak{M}_{\mathfrak{K}}$ die $\mathfrak{J}$ und $\mathfrak{K}$ zugeordneten Ideale, so ist

$$\mathfrak{T} = \frac{\mathfrak{M}_{\mathfrak{K}}}{\mathfrak{M}_{\mathfrak{J}}}.$$

Zwei maximale Gitter $\mathfrak{J}$ und $\mathfrak{K}$ wurden als verwandt definiert, wenn es eine eigentliche Ähnlichkeitstransformation Ξ so gibt, daß

$$\frac{n(\mathfrak{K})}{n(\mathfrak{J})} = n(\Xi)\,\mathfrak{o}$$

gilt. Hieraus folgt

$$\frac{n(\mathfrak{M}_{\mathfrak{K}})}{n(\mathfrak{M}_{\mathfrak{J}})} = n(\mathfrak{T}) = n\big(S(\Xi)\big)\,\mathfrak{o} = n(X)\,\mathfrak{o},$$

und das kann gerade als die Erklärung dafür genommen werden, daß das Ideal $\mathfrak{T} = \frac{\mathfrak{M}_{\mathfrak{K}}}{\mathfrak{M}_{\mathfrak{J}}}$ zum Hauptgeschlecht gehört. Wir ordnen noch die letzten Bemerkungen in die Übersetzungstabelle ein.

R	K
eigentliche Einheiten maximaler Gitter	Einheiten von K
sie bilden die Gruppe $\mathfrak{B}^+$	sie bilden die Gruppe $\mathfrak{E}$
Ideale $\mathfrak{K}/\mathfrak{J}$	Ideale $\frac{\mathfrak{M}_\mathfrak{K}}{\mathfrak{M}_\mathfrak{J}}$
Geschlechter von Idealen	Geschlechter von Idealen

Die Spinor-Norm eines eigentlichen Automorphismus T von R deutet sich nach § 5 folgendermaßen: das T darstellende Element $S(\mathsf{T})$ in K hat die Norm 1, es gibt also in K ein Element U so, daß $S(\mathsf{T}) = U^{1-\sigma}$ ist, unter σ den nicht identischen k fest lassenden Automorphismus von K verstanden. Jetzt ist $t(\mathsf{T}) = n_{K/k}(U)$. Zwei verwandte Gitter $\mathfrak{J}$ und $\mathfrak{K}$ sind Spinor-verwandt, wenn es ein mit $\mathfrak{T} = \frac{\mathfrak{M}_\mathfrak{K}}{\mathfrak{M}_\mathfrak{J}}$ äquivalentes Ideal $\mathfrak{U}^{1-\sigma}$ gibt, wobei $\mathfrak{U}$ dem Hauptgeschlecht angehört. (Es ist möglich, daß $\mathfrak{T} \sim \mathfrak{U}^{1-\sigma} \sim \mathfrak{B}^{1-\sigma}$ ist, wo zwar $\mathfrak{U}$ aber nicht $\mathfrak{B}$ im Hauptgeschlecht liegt. Ein Beispiel liefert der quadratische Zahlkörper $k(\sqrt{130})$ über dem rationalen Zahlkörper k. Das Hauptideal $\mathfrak{T} = \left(\frac{11-\sqrt{130}}{3}\right)$ hat die Gestalt $\mathfrak{B}^{1-\sigma}$, $\mathfrak{B}$ liegt nicht im Hauptgeschlecht.)

2. Gitter in R und Ordnungen in C_2. Allgemein beruhen die Beziehungen zwischen der Arithmetik in einem Raum R und in seiner zweiten Cliffordschen Algebra C_2 auf dem folgenden Satz, dessen Beweis sofort aus der Definition von C_2 in § 4 entnommen werden kann. Er geht im Falle $n = 3$ auf H. Brandt[9] zurück.

Satz 14.1. *Ein Gitter $\mathfrak{J}$ in R sei vorgelegt. Alle Klammersymbole $a(\alpha_1, \ldots, \alpha_{2r})$, wobei die α_ϱ dem Gitter $\mathfrak{J}$ angehören und der Faktor a ein ganzes Vielfaches von $n(\mathfrak{J})^{-r}$ ist:*

$$a\,\mathfrak{o} = \mathfrak{a}\,n(\mathfrak{J})^{-r}, \quad \mathfrak{a} \text{ ganz},$$

bilden eine Ordnung $\mathfrak{O} = \mathfrak{O}_\mathfrak{J}$ in C_2.

Zu ähnlichen Gittern gehören isomorphe Ordnungen.

Ist $n(\mathfrak{J}) = n(\mathfrak{J}')$ und $\mathfrak{J} \subset \mathfrak{J}'$, so ist $\mathfrak{O}_\mathfrak{J} \subset \mathfrak{O}_{\mathfrak{J}'}$.

Im Falle $n = 2$ kann man leicht zeigen: ist $\mathfrak{M}_\mathfrak{J}$ der $\mathfrak{J}$ zugeordnete Modul in $K = C_2$ (vgl. Nr. 1), so ist $\mathfrak{O}_\mathfrak{J}$ die Ordnung des Moduls $\mathfrak{M}_\mathfrak{J}$, d. h. die Gesamtheit aller Elemente M aus K mit $M\,\mathfrak{M}_\mathfrak{J} \subset \mathfrak{M}_\mathfrak{J}$. Die Durchführung sei als Übungsaufgabe gestellt.

Fortan wird $n > 2$ angenommen. Wir stellen die Frage, inwieweit $\mathfrak{J}$ durch die Ordnung $\mathfrak{O} = \mathfrak{O}_\mathfrak{J}$ festgelegt wird. Zu ihrer Beantwortung setzen wir zunächst voraus, daß die Idealklassenzahl in k gleich 1 sei. $\mathfrak{J}$ besitzt dann nach Satz 12.5 eine Basis $[\iota_\nu]$, und die Norm ist ein Hauptideal $n(\mathfrak{J}) = \mathfrak{o}\,i$.

Wir betrachten nun die Tensorkomponenten der 2. Stufe aller der Elemente aus $\mathfrak{O}$, welche keine Tensorkomponenten höherer als zweiter Stufe besitzen. Diese sind ohne erneute Bezugnahme auf $\mathfrak{J}$ definiert. Sie bilden einen Modul $\mathfrak{Z} = \mathfrak{Z}_{\mathfrak{J}}$ vom Rang $n(n-1)/2$, und eine Basis von $\mathfrak{Z}$ bilden die Elemente $\frac{1}{2i}\left((\iota_\mu, \iota_\nu) - (\iota_\nu, \iota_\mu)\right)$.

Es sei nun $\mathfrak{J}' = [\iota'_\nu]$ ein anderes Gitter, welchem die gleiche Ordnung $\mathfrak{O}_{\mathfrak{J}'} = \mathfrak{O}_{\mathfrak{J}}$ zugehört. Man setze

$$\iota'_\nu = \sum_\mu \iota_\mu m_{\mu\nu}, \quad n(\mathfrak{J}') = \mathfrak{o}\, i'. \tag{14.1}$$

Deshalb ist

$$\frac{1}{i'}\left((\iota'_\mu, \iota'_\nu) - (\iota'_\nu, \iota'_\mu)\right) = \sum_{\varrho, \sigma} \frac{1}{i}\left((\iota_\varrho, \iota_\sigma) - (\iota_\sigma, \iota_\varrho)\right) \begin{vmatrix} m_{\varrho\mu} & m_{\sigma\mu} \\ m_{\varrho\nu} & m_{\sigma\nu} \end{vmatrix} \frac{i}{i'},$$

und da auch $\mathfrak{Z}_{\mathfrak{J}'} = \mathfrak{Z}_{\mathfrak{J}}$ sein muß, ist die $n(n-1)/2$-reihige Matrix

$$\left(\begin{vmatrix} m_{\varrho\mu} & m_{\sigma\mu} \\ m_{\varrho\nu} & m_{\sigma\nu} \end{vmatrix} \frac{i}{i'}\right) \tag{14.2}$$

unimodular. Bei Wechsel der Basen $[\iota'_\nu]$, $[\iota_\nu]$ multipliziert sich nun $(m_{\mu\nu})$ vorn und hinten mit unimodularen Matrizen. Diese kann man so einrichten, daß $(m_{\mu\nu})$ eine Diagonalmatrix mit den Elementen m_ν wird. Dann wird auch (14.2) eine Diagonalmatrix mit den Elementen $m_\mu m_\nu$. Unimodular kann (14.2) wegen $n > 2$ nur dann sein, wenn alle m_ν bis auf Einheiten als Faktoren gleich sind:

$$\mathfrak{o}\, i' = \mathfrak{o}\, i\, m_\nu^2 = \mathfrak{o}\, i\, m^2.$$

Nach (14.1) gibt es dann eine Zahl m so, daß $\mathfrak{J}' = m\,\mathfrak{J}$ ist. Diese Beziehung gilt auch, wenn k und R durch die $\mathfrak{p}$-adischen Erweiterungen ersetzt werden.

Wenn die Idealklassenzahl in k größer als 1 ist, so stelle man das Gitter $\mathfrak{J}$ als Durchschnitt (12.1) seiner $\mathfrak{p}$-adischen Erweiterungen dar. Dann ist auch

$$\mathfrak{O}_{\mathfrak{J}} = C_2 \cap \mathfrak{O}_{\mathfrak{J}_{\mathfrak{p}_1}} \cap \mathfrak{O}_{\mathfrak{J}_{\mathfrak{p}_2}} \cap \cdots. \tag{14.3}$$

Ist $\mathfrak{J}'$ ein anderes Gitter mit $\mathfrak{O}_{\mathfrak{J}'} = \mathfrak{O}_{\mathfrak{J}}$, so folgt aus obiger Betrachtung: für jedes $\mathfrak{p}$ gibt es ein Ideal $\mathfrak{m}_{\mathfrak{p}}$ in $k_{\mathfrak{p}}$ so, daß

$$\mathfrak{J}'_{\mathfrak{p}} = \mathfrak{m}_{\mathfrak{p}}\, \mathfrak{J}_{\mathfrak{p}}$$

gilt. Da nach Satz 13.1 $\mathfrak{J}'_{\mathfrak{p}} \neq \mathfrak{J}_{\mathfrak{p}}$ nur für endlich viele $\mathfrak{p}$ sein kann, sind fast alle $\mathfrak{m}_{\mathfrak{p}} = \mathfrak{o}_{\mathfrak{p}}$. Folglich gibt es ein Ideal $\mathfrak{m}$ in k, dessen sämtliche $\mathfrak{p}$-adischen Komponenten mit den $\mathfrak{m}_{\mathfrak{p}}$ übereinstimmen. Mit diesem

Ideal $\mathfrak{m}$ gilt jetzt

$$\mathfrak{J}' = \mathfrak{m}\mathfrak{J}. \tag{14.4}$$

Umgekehrt liefern $\mathfrak{J}$ und $\mathfrak{m}\mathfrak{J}$ ersichtlich dieselbe Ordnung.

Satz 14.2. *Es sei $n > 2$. Dann und nur dann ist $\mathfrak{O}_{\mathfrak{J}'} = \mathfrak{O}_{\mathfrak{J}}$, wenn es in k ein Ideal $\mathfrak{m}$ so gibt, daß (14.4) gilt.*

3. Ideale in R und in C_2. Σ sei eine eigentliche Ähnlichkeitstransformation von R. Sie definiert vermittels (4.11) einen Automorphismus von C_2, und die Eigentlichkeit von Σ besagt, daß das Zentrum von C_2 bei (4.11) fest bleibt. Nach einem Satz aus der Algebrentheorie sind solche Automorphismen aber innere Automorphismen. Es gibt mithin ein Element $T = T(\Sigma)$ in C_2 derart, daß für jedes Klammersymbol

$$n(\Sigma)^r (\Sigma^{-1}\alpha_1, \ldots, \Sigma^{-1}\alpha_{2r}) = T(\Sigma)^{-1} (\alpha_1, \ldots, \alpha_{2r})\, T(\Sigma) \tag{14.5}$$

gilt. Das Element $T(\Sigma)$ ist durch Σ bis auf einen Faktor aus dem Zentrum eindeutig bestimmt. Jetzt ergibt sich aus Satz 14.2

Satz 14.3. *Ist Σ eine eigentliche Ähnlichkeitstransformation und $\mathfrak{J}$ ein Gitter von R, so gilt für jedes Σ gemäß (14.5) darstellende Element $T(\Sigma)$ von C_2:*

$$\mathfrak{O}_{\Sigma\mathfrak{J}} = T(\Sigma)\, \mathfrak{O}_{\mathfrak{J}}\, T(\Sigma)^{-1}. \tag{14.6}$$

Auf Satz 14.3 beruht die folgende Zuordnung zwischen Idealen in R und in C_2. $\mathfrak{J}$ sei irgendein Gitter und $\mathfrak{K}/\mathfrak{J} = \{\ldots, \Sigma_\mathfrak{p}\, \mathfrak{B}^+_{\mathfrak{J}_\mathfrak{p}}, \ldots\}$ ein Ideal. Für die $\mathfrak{p}$-adischen Erweiterungen der $\mathfrak{J}$ und $\mathfrak{K}$ zugeordneten Ordnungen $\mathfrak{O}_\mathfrak{J}$ und $\mathfrak{O}_\mathfrak{K}$ gilt dann

$$\mathfrak{O}_{\mathfrak{K}_\mathfrak{p}} = T(\Sigma_\mathfrak{p})\, \mathfrak{O}_{\mathfrak{J}_\mathfrak{p}}\, T(\Sigma_\mathfrak{p})^{-1}. \tag{14.7}$$

Wir setzen nun $T_\mathfrak{p} = 1$, falls $\Sigma_\mathfrak{p}$ eine Einheit von $\mathfrak{J}_\mathfrak{p}$ ist, also für fast alle $\mathfrak{p}$, anderenfalls sei $T_\mathfrak{p} = T(\Sigma_\mathfrak{p})$. Damit bilden wir das Ideal

$$\mathfrak{T} = \mathfrak{T}_{\mathfrak{K}/\mathfrak{J}} = C_2 \cap T_{\mathfrak{p}_1} \mathfrak{O}_{\mathfrak{J}_{\mathfrak{p}_1}} \cap T_{\mathfrak{p}_2} \mathfrak{O}_{\mathfrak{J}_{\mathfrak{p}_2}} \cap \cdots \tag{14.8}$$

in C_2. Seine Rechtsordnung ist $\mathfrak{O}_\mathfrak{J}$, seine Linksordnung ergibt sich aus (14.7) als $\mathfrak{O}_\mathfrak{K}$.

Die Zuordnung $\mathfrak{K}/\mathfrak{J} \to \mathfrak{T}_{\mathfrak{K}/\mathfrak{J}}$ ist nicht eindeutig, da ja $T(\Sigma_\mathfrak{p})$ nur bis auf einen Faktor aus dem Zentrum durch $\Sigma_\mathfrak{p}$ bestimmt wird. (Übrigens könnte man auch noch für endlich viele $\mathfrak{p}$, für welche $\Sigma_\mathfrak{p}$ eine Einheit ist, $T_\mathfrak{p}$ gleich einem Zentrumselement von C_2 setzen.) Diese Mehrdeutigkeiten haben zur Folge, daß zu einem Ideal $\mathfrak{K}/\mathfrak{J}$ in R stets eine Gesamtheit von Idealen $\mathfrak{T}$ in C_2 gehört, welche sich nur um zweiseitige (ambige) Faktoren unterscheiden.

Besondere Verhältnisse herrschen im Falle vierdimensionaler Räume mit quadratischer Diskriminante. Für einen solchen Raum ist C_2 die direkte Summe zweier isomorpher Quaternionen-Algebren, und die

Gruppen $\mathfrak{O}^+$, $\mathfrak{S}^+$ sind direkte Produkte von je zwei isomorphen Gruppen. Dieser Umstand macht eine Verfeinerung der Arithmetik in R möglich, welche in der bekannten Idealtheorie der Quaternionen-Algebren ihren sachgemäßen Ausdruck findet. Wenngleich es nicht schwierig ist, aus unseren algebraischen und arithmetischen Grundbegriffen heraus diese Verfeinerung zu entwickeln, so müssen wir doch der Kürze halber den interessierten Leser auf die Brandtsche Kompositionstheorie[8] verweisen.

§ 15. Gitter in isotropen Räumen.

1. Spinor-verwandte Gitter. Mit Hilfe der in § 13 entwickelten Begriffe ist es nicht mehr schwierig, die zu Anfang von § 12 aufgeworfene Frage nach der Kennzeichnung der Ähnlichkeitsklassen von Gittern abschließend zu beantworten, wenn es sich um Gitter in einem isotropen Raum handelt. Übrigens besteht die Vermutung, daß der folgende Satz auch für anisotrope Räume gültig ist, sofern die Dimension $n > 2$ ist und die Gitter unendlich viele automorphe Einheiten besitzen (s. hierzu § 16, Nr. 2).

Satz 15.1[10]. *Spinor-verwandte Gitter in einem isotropen Raum R sind ähnlich, sofern $n > 2$ ist.*

Wir schicken dem Beweis einige Bemerkungen über die Einheiten eines Gitters $\mathfrak{J}$ in R voraus. R werde wie in § 3 in eine direkte Summe

$$R = R_0 + k(\iota_1, \iota_2), \qquad \iota_1^2 = \iota_2^2 = 0, \;\; \iota_1 \iota_2 = 1$$

aufgespalten; $\varkappa_1, \ldots, \varkappa_{n-2}$ seien beliebige linear unabhängige Vektoren aus R_0. Wir betrachten zunächst das Gitter

$$\mathfrak{L} = [\varkappa_1, \ldots, \varkappa_{n-2}, \iota_1, \iota_2] = \mathfrak{L}_0 + [\iota_1, \iota_2].$$

Die in § 3, Nr. 2 gegebene Darstellung der Automorphismen von R durch Matrizen zeigt: $\mathsf{E}^1_{\omega_1}$, $\mathsf{E}^2_{\omega_2}$ sind automorphe Einheiten von $\mathfrak{L}$, wenn ω_1, ω_2 in $\mathfrak{L}_0$ liegen, wenn $\frac{1}{2}\omega_1^2$, $\frac{1}{2}\omega_2^2$ ganz sind, und wenn auch $\omega_1 \lambda$, $\omega_2 \lambda$ für jedes λ aus $\mathfrak{L}_0$ ganz sind. Ist $\mathfrak{l}$ der Nenner von $n(\mathfrak{L}_0)$, so sind alle drei Bedingungen erfüllt, wenn ω_1, ω_2 in $\mathfrak{l}\,\mathfrak{L}_0$ liegen.

$\mathfrak{J}$ sei nun ein beliebiges Gitter in R. Nach Satz 13.1 gilt bis auf endlich viele Ausnahmen

$$\mathfrak{J}_\mathfrak{p} = \mathfrak{L}_\mathfrak{p}. \tag{15.1}$$

Wenn ω_1, ω_2 in $\mathfrak{l}\,\mathfrak{L}_0$ liegen, sind $\mathsf{E}^1_{\omega_1}$, $\mathsf{E}^2_{\omega_2}$ wenigstens Einheiten von $\mathfrak{J}_\mathfrak{p}$. Nun sei $\mathfrak{p}$ ein Primideal, für welches (15.1) nicht gilt. $[\iota_\nu]$ sei eine Basis von $\mathfrak{J}_\mathfrak{p}$ und $\mathsf{E} = \mathsf{E}^1_{\omega_1}$ oder $= \mathsf{E}^2_{\omega_2}$ werde durch diese in der Form

$$\mathsf{E}\,\iota_\nu = \sum_\nu \iota_\mu\, e_{\mu\nu}$$

dargestellt. Die $e_{\mu\nu}$ sind Polynome in den Koordinaten von ω_1, ω_2. Ist $\mathfrak{p}^f$ der Hauptnenner von deren Koeffizienten, so ist E eine Einheit von

$\mathfrak{J}_{\mathfrak{p}}$, sobald ω_1, ω_2 in $\mathfrak{p}^f \mathfrak{L}_0$ liegen. Sind also $\mathfrak{p}_1, \mathfrak{p}_2, \ldots$ alle diejenigen endlich vielen Primideale, für welche (15.1) falsch ist, so gibt es Exponenten $f_1, f_2, \ldots$ derart, daß $\mathsf{E}^1_{\omega_1}$, $\mathsf{E}^2_{\omega_2}$ Einheiten von $\mathfrak{J}$ sind, sobald ω_1, ω_2 in

$$\mathfrak{L}_1 = \mathfrak{p}_1^{f_1} \mathfrak{p}_2^{f_2} \ldots \mathfrak{L}_0$$

liegen.

Ferner gilt: P_r ist eine Einheit von $\mathfrak{L}$, wenn r eine Einheit von k ist. P_r ist wenigstens dann eine Einheit von $\mathfrak{J}_{\mathfrak{p}}$, wenn r eine Einheit von $k_{\mathfrak{p}}$ ist, und wenn die Gleichung (15.1) gilt.

Nach dieser Vorbereitung kann der Beweis für Satz 15.1 beginnen. $\mathfrak{J}$ und $\mathfrak{K}$ sollen Spinor-verwandt sein. Wir dürfen ohne Beschränkung der Allgemeinheit voraussetzen, daß $\mathfrak{J}$ und $\mathfrak{K}$ eigentlich isomorph sind für alle $\mathfrak{p}$. Es gibt dann also eigentliche Automorphismen $\mathsf{T}_{\mathfrak{p}}$ von $R_{\mathfrak{p}}$, so daß

$$\mathfrak{K}_{\mathfrak{p}} = \mathsf{T}_{\mathfrak{p}} \mathfrak{J}_{\mathfrak{p}} \qquad \textit{für alle } \mathfrak{p} \tag{15.2}$$

gilt; nur für endlich viele $\mathfrak{p}$ ist dabei $\mathsf{T}_{\mathfrak{p}}$ keine Einheit von $\mathfrak{J}_{\mathfrak{p}}$. Alle Primideale von k werden nun in zwei Klassen eingeteilt. Zur ersten sollen gehören 1. alle $\mathfrak{p}$, für welche (15.1) nicht gilt; 2. alle $\mathfrak{p}$, für welche $\mathsf{T}_{\mathfrak{p}}$ keine Einheit von $\mathfrak{J}_{\mathfrak{p}}$ ist; 3. alle $\mathfrak{p}$, für welche eine noch näher zu bestimmende Zahl r aus k keine $\mathfrak{p}$-adische Einheit ist. Das sind zusammen nur endlich viele. Alle übrigen $\mathfrak{p}$ kommen in die zweite Klasse. Die Zugehörigkeit zu einer dieser Klassen wird durch den Index 1 oder 2 angedeutet.

Jedes $\mathsf{T}_{\mathfrak{p}}$ in (15.2) schreiben wir gemäß Satz 3.2 in der Form

$$\mathsf{T}_{\mathfrak{p}} = \mathsf{H}_{\mathfrak{p}} \mathsf{P}_{r_{\mathfrak{p}}}, \tag{15.3}$$

wobei $\mathsf{H}_{\mathfrak{p}}$ in der dort bestimmten Untergruppe $\overline{\mathfrak{D}}_{\mathfrak{p}}$ der vollen Automorphismengruppe $\mathfrak{D}_{\mathfrak{p}}^+$ liegt. Die Quadratklasse von $r_{\mathfrak{p}}$ ist dann die Spinor-Norm von $\mathsf{T}_{\mathfrak{p}}$. Voraussetzungsgemäß gibt es in k eine Zahl r (nämlich die Spinor-Norm eines eigentlichen Automorphismus T von R), sowie für jedes $\mathfrak{p}$ eine eigentliche Einheit $\mathsf{E}_{\mathfrak{p}}$ von $\mathfrak{J}_{\mathfrak{p}}$ so, daß $r = r_{\mathfrak{p}}\, t(\mathsf{E}_{\mathfrak{p}})$ ist. Da man die $\mathsf{T}_{\mathfrak{p}}$ durch die $\mathsf{T}_{\mathfrak{p}} \mathsf{E}_{\mathfrak{p}}$ ersetzen darf, kann man

$$r_{\mathfrak{p}} = r \qquad \textit{für alle } \mathfrak{p} \tag{15.4}$$

annehmen. Diese Zahl r wird in der Definition der Klassen $\{\mathfrak{p}_1\}$, $\{\mathfrak{p}_2\}$ verwendet.

Die $\mathsf{H}_{\mathfrak{p}}$ in (15.3) lassen sich als Produkte von Automorphismen $\mathsf{E}^1_{\omega_1,\mathfrak{p}}$, $\mathsf{E}^2_{\omega_2,\mathfrak{p}}$ schreiben. Wir tun dies für alle $\mathfrak{p}_1$:

$$\mathsf{H}_{\mathfrak{p}_1} = \mathsf{E}^1_{\omega_1,\mathfrak{p}_1} \mathsf{E}^2_{\omega_2,\mathfrak{p}_1} \mathsf{E}^1_{\omega_3,\mathfrak{p}_1} \cdots \mathsf{E}^2_{\omega_{2m},\mathfrak{p}_1}. \tag{15.5}$$

Ohne Beschränkung der Allgemeinheit dürfen wir dabei voraussetzen, daß die Anzahl der Faktoren gleich ist für alle $\mathfrak{p}_1$ (sie sei etwa gerade, was aber keine Rolle spielt). Man kann nämlich triviale Faktoren $\mathsf{E}_0^1 = \mathsf{E}_0^2 = 1$ nach Belieben hinzufügen, und es gibt nur endlich viele $\mathfrak{p}_1$. Es gibt nun offenbar einen Vektor ω_{2m} in R_0 mit folgenden Eigenschaften:

$$\omega_{2m} \in \mathfrak{L}_{1\mathfrak{p}_2} \quad \textit{für alle } \mathfrak{p}_2,$$

$$\pi_{2m,\mathfrak{p}_1} = \omega_{2m} - \omega_{2m,\mathfrak{p}_1} \in r\,\mathfrak{L}_{1\mathfrak{p}_1} \quad \textit{für alle } \mathfrak{p}_1.$$

Wegen (15.3) bis (15.5) ist dann

$$\mathsf{T}_{\mathfrak{p}_1}^{(2m)} = \mathsf{E}^1_{\omega_{1},\mathfrak{p}_1}\mathsf{E}^2_{\omega_{2},\mathfrak{p}_1}\ldots\mathsf{E}^1_{\omega_{2m-1},\mathfrak{p}_1}\mathsf{E}^2_{\omega_{2m}}\mathsf{P}_r = \mathsf{T}_{\mathfrak{p}_1}\mathsf{E}^2_{r^{-1}\pi_{2m,\mathfrak{p}_1}},$$

und $\mathsf{E}^2_{r^{-1}\pi_{2m,\mathfrak{p}_1}}$ ist eine Einheit von $\mathfrak{J}_{\mathfrak{p}_1}$. Das gilt für alle $\mathfrak{p}_1$.

Ist π irgendein Vektor aus R_0, so läßt sich

$$\mathsf{E}^{1'}_{\pi} = \left(\mathsf{E}^2_{\omega_{2m}}\mathsf{P}_r\right)^{-1}\mathsf{E}^1_{\pi}\left(\mathsf{E}^2_{\omega_{2m}}\mathsf{P}_r\right) \tag{15.6}$$

wieder als ein Automorphismus $\mathsf{E}^1_{\pi'}$ in der Bezeichnungsweise von § 3 auffassen, allein ist dieser nicht mit den Vektoren ι_1, ι_2, π zu definieren, sondern mit

$$\iota_1' = \left(\mathsf{E}^2_{\omega_{2m}}\mathsf{P}_r\right)^{-1}\iota_1,\quad \iota_2' = \left(\mathsf{E}^2_{\omega_{2m}}\mathsf{P}_r\right)^{-1}\iota_2,\ \pi' = \left(\mathsf{E}^2_{\omega_{2m}}\mathsf{P}_r\right)^{-1}\pi.$$

Es gibt wieder ein Gitter $\mathfrak{L}_1'$ in $R_0' = (\mathsf{E}^2_{\omega_{2m}}\mathsf{P}_r)^{-1}R_0$ so, daß $\mathsf{E}^{1'}_{\pi}$ eine Einheit von $\mathfrak{J}$ ist, sobald π' in $\mathfrak{L}_1'$ oder π in $\mathfrak{L}_1 = \mathsf{E}^2_{\omega_{2m}}\mathsf{P}_r\mathfrak{L}_1'$ liegt. Dieses $\mathfrak{L}_1$ liegt wieder in R_0, es ist aber möglicherweise von dem obigen verschieden; man kann jedoch das ursprüngliche $\mathfrak{L}_1$ so erweitern, daß es das neue mit umfaßt, ohne die Konstruktion abzuändern.

Nachdem dieses geschehen ist, suche man ein ω_{2m-1} in R_0 von folgender Beschaffenheit auf:

$$\omega_{2m-1} \in \mathfrak{L}_{1\mathfrak{p}_2} \quad \textit{für alle } \mathfrak{p}_2,$$

$$\pi_{2m-1,\mathfrak{p}_1} = \omega_{2m-1} - \omega_{2m-1,\mathfrak{p}_1} \in \mathfrak{L}_{1\mathfrak{p}_1} \quad \textit{für alle } \mathfrak{p}_1.$$

Dann ist mit der Abkürzung (15.6)

$$\mathsf{T}_{\mathfrak{p}_1}^{(2m-1)} = \mathsf{E}^1_{\omega_1,\mathfrak{p}_1}\mathsf{E}^2_{\omega_2,\mathfrak{p}_1}\ldots\mathsf{E}^2_{\omega_{2m-2},\mathfrak{p}_1}\mathsf{E}^1_{\omega_{2m-1}}\mathsf{E}^2_{\omega_{2m}}\mathsf{P}_r = \mathsf{T}_{\mathfrak{p}_1}^{(2m)}\mathsf{E}^{1'}_{\pi_{2m-1,\mathfrak{p}_1}}$$

und für alle $\mathfrak{p}_1$ ist $\mathsf{E}^{1'}_{\pi_{2m-1,\mathfrak{p}_1}}$ eine Einheit von $\mathfrak{J}_{\mathfrak{p}_1}$.

Das Verfahren läßt sich ersichtlich fortsetzen. Man gelangt schließlich zu einem eigentlichen Automorphismus

$$\mathsf{T} = \mathsf{E}^1_{\omega_1}\mathsf{E}^2_{\omega_2}\ldots\mathsf{E}^2_{\omega_{2m}}\mathsf{P}_r,$$

für welchen gilt: 1.

$$\mathsf{T} = \mathsf{T}_{\mathfrak{p}_1}\mathsf{E}_{\mathfrak{p}_1} \quad \textit{für alle } \mathfrak{p}_1$$

mit Einheiten $\mathsf{E}_{\mathfrak{p}_1}$ von $\mathfrak{J}_{\mathfrak{p}_1}$; 2. T ist eine Einheit von $\mathfrak{J}_{\mathfrak{p}_2}$ für alle $\mathfrak{p}_2$. Wegen (15.2) ist dann $\mathfrak{K}_{\mathfrak{p}} = \mathsf{T}\,\mathfrak{J}_{\mathfrak{p}}$ für alle $\mathfrak{p}$, also

$$\mathfrak{K} = \mathsf{T}\,\mathfrak{J},$$

was zu beweisen war.

2. Maximale Gitter. Im gleichen Zusammenhang kann gezeigt werden:

Satz 15.2. *Wenn jedes Ideal für $\mathfrak{o}$ ein Hauptideal ist, sind verwandte maximale Gitter in einem isotropen Raum ähnlich*[11].

Beweis. Ein maximales Gitter $\mathfrak{J}$ kann nach Satz 12.6 in eine direkte Summe

$$\mathfrak{J} = \mathfrak{J}_0 + [\mathfrak{r}_1 \iota_1, \mathfrak{r}_2 \iota_2], \quad \mathfrak{r}_1 \mathfrak{r}_2 = n(\mathfrak{J}), \quad \iota_1^2 = \iota_2^2 = 0, \quad \iota_1 \iota_2 = 1$$

aufgespalten werden. Da alle Ideale für $\mathfrak{o}$ Hauptideale sein sollen, ist $\mathfrak{r}_1 = r_1\,\mathfrak{o}$, $\mathfrak{r}_2 = r_2\,\mathfrak{o}$. $\mathfrak{K}$ sei nun ein weiteres, mit $\mathfrak{J}$ verwandtes Gitter. Es beschränkt nicht die Allgemeinheit, wenn man $n(\mathfrak{J}) = n(\mathfrak{K})$ voraussetzt. Da man noch R durch den ähnlichen Raum ersetzen kann, dessen Fundamentalform das $n(\mathfrak{J})^{-1}$-fache der Fundamentalform von R ist, kann man sogar $n(\mathfrak{J}) = n(\mathfrak{K}) = \mathfrak{o}$ annehmen. Dann wird $\mathfrak{r}_2 = r_1^{-1}\,\mathfrak{o}$; ersetzt man endlich ι_1, ι_2 durch $r_1^{-1}\iota_1, r_1 \iota_2$, so wird

$$\mathfrak{J} = \mathfrak{J}_0 + [\iota_1, \iota_2], \quad \iota_1^2 = \iota_2^2 = 0, \quad \iota_1 \iota_2 = 1.$$

Wir müssen jetzt einen Hilfssatz einschalten: geht $\mathfrak{p}$ in $\mathfrak{d}(\mathfrak{J})$ nicht auf, so sind die Spinor-Normen der eigentlichen Einheiten $\mathsf{E}_{\mathfrak{p}}$ von $\mathfrak{J}_{\mathfrak{p}}$ solche Quadratklassen, welche durch Einheiten in $k_{\mathfrak{p}}$ vertreten werden können. Den Beweis liefert Satz 10.2. Jedes $\mathsf{E}_{\mathfrak{p}}$ läßt sich darstellen als ein Produkt von Einheiten $\mathsf{E}^1_{\omega_1}, \mathsf{E}^2_{\omega_2}, \mathsf{P}_r, \Omega_0, \Omega_0' \Psi$, wobei ω_1, ω_2 in $\mathfrak{J}_{0\mathfrak{p}}$ liegen, Ω_0, Ω_0' (eigentliche bzw. uneigentliche) Einheiten von $\mathfrak{J}_{0\mathfrak{p}}$ und r eine Einheit von $k_{\mathfrak{p}}$ ist. Die Spinor-Normen sind 1, 1, r $t(\Omega_0)$, $t(\Omega_0'\Psi)$. Ω_0, Ω_0' lassen sich in gleicher Weise zerlegen, usw., bis man auf ein Gitter $\mathfrak{J}_{0\ldots 0\mathfrak{p}}$ in einem Kernraum stößt. Wegen $\mathfrak{d}(\mathfrak{J}_{\mathfrak{p}}) = n(\mathfrak{J}_{\mathfrak{p}}) = \mathfrak{o}_{\mathfrak{p}}$ ist auch $\mathfrak{d}(\mathfrak{J}_{0\ldots 0\mathfrak{p}}) = n(\mathfrak{J}_{0\ldots 0\mathfrak{p}}) = \mathfrak{o}_{\mathfrak{p}}$, und die Dimension des Kernraumes ist nach Satz 9.7 gleich 0, 1 oder 2. Ferner ist die Quadratklasse von $\frac{1}{2}\tau^2$ für jeden Vektor τ aus $\mathfrak{J}_{0\ldots 0\mathfrak{p}}$ durch eine $\mathfrak{p}$-adische Einheit repräsentierbar. Der Hilfssatz trifft für $\mathfrak{J}_{0\ldots 0\mathfrak{p}}$ zu. Das Produkt der bei der Zerlegung eines eigentlichen $\mathsf{E}_{\mathfrak{p}}$ auftretenden Spiegelungen $\Psi = \Omega_{\iota_1+\iota_2}, \ldots, \Omega_\tau$ $(\tau \in \mathfrak{J}_{0\ldots 0\mathfrak{p}})$ hat die Spinor-Norm $\frac{1}{2}(\iota_1+\iota_2)^2 \cdots \frac{1}{2}\tau^2 = \frac{1}{2}\tau^2$. Damit ist alles bewiesen.

Der Beweis, daß $\mathfrak{J}$ und $\mathfrak{K}$ ähnlich sind, gelingt jetzt in wenigen Zeilen. Es gelten wieder die Gleichungen (15.2) und (15.3). Wir bezeichnen mit $\mathfrak{p}_1$ alle diejenigen Primideale, für welche 1. $\mathsf{T}_{\mathfrak{p}}$ in (15.2) keine Einheit ist, oder 2. $\mathfrak{d}(\mathfrak{J}_{\mathfrak{p}}) \neq \mathfrak{o}_{\mathfrak{p}}$ ist. Alle übrigen Primideale sollen $\mathfrak{p}_2$ heißen. Für diese letzteren ist nach dem Hilfssatz

$$r_{\mathfrak{p}_2} = e_{\mathfrak{p}_2} s^2_{\mathfrak{p}_2}, \quad d.\,h. \quad \mathsf{P}_{r_{\mathfrak{p}_2}} = \mathsf{P}^2_{s_{\mathfrak{p}_2}} \mathsf{P}_{e_{\mathfrak{p}_2}}$$

mit Einheiten $e_{\mathfrak{p}_2}$ in $k_{\mathfrak{p}_2}$. Die $\mathsf{P}^2_{s_{\mathfrak{p}_2}}$ können in (15.3) mit den $\mathsf{H}_{\mathfrak{p}_2}$ vereinigt werden. Damit werden also die $r_{\mathfrak{p}}$ bis auf endlich viele Ausnahmen $\mathfrak{p}$-adische Einheiten. Da nun die Idealklassenzahl für $\mathfrak{o}$ gleich 1 sein sollte, gibt es in k eine Zahl r derart, daß

$$r\,\mathfrak{o}_{\mathfrak{p}} = r_{\mathfrak{p}}\,\mathfrak{o}_{\mathfrak{p}} \quad \textit{für alle } \mathfrak{p}$$

gilt, d. h. $r^{-1}\,r_{\mathfrak{p}}$ ist stets eine Einheit in $k_{\mathfrak{p}}$. Man multipliziere sämtliche $\mathsf{T}_{\mathfrak{p}}$ mit den eigentlichen Einheiten

$$\mathsf{E}_{\mathfrak{p}} = \Omega_{\iota_1+\iota_2}\,\Omega_{\iota_1+r_{\mathfrak{p}}^{-1}r\iota_2},$$

da $t(\mathsf{E}_{\mathfrak{p}}) = r_{\mathfrak{p}}^{-1}\,r$ ist, werden damit die Gln. (15.4) hergestellt. Jetzt kann man in der Schlußweise von Nr. 1 fortfahren.

§ 16. Die elementare Theorie der Einheiten.

1. Vorbemerkungen. Den Begriff einer Einheit hatten wir bereits in § 10 definiert. Wir wiederholen: eine Ähnlichkeitstransformation Σ, welche ein Gitter $\mathfrak{J}$ in sich transformiert, so daß $\Sigma\,\mathfrak{J} = \mathfrak{J}$ gilt, heißt eine *Einheit* von $\mathfrak{J}$. Offenbar ist dann $n(\Sigma)$ eine Einheit in k. Ist Σ sogar ein Automorphismus von R, so nennen wir Σ eine *automorphe* Einheit von $\mathfrak{J}$. Die Einheiten und die automorphen Einheiten bilden je eine Gruppe $\mathfrak{B}_{\mathfrak{J}}$ und $\mathfrak{U}_{\mathfrak{J}}$.

Wir haben zu unterscheiden zwischen *eigentlichen* und *uneigentlichen* Einheiten. Wichtig sind besonders die ersteren, welche Untergruppen $\mathfrak{B}^+_{\mathfrak{J}}$ und $\mathfrak{U}^+_{\mathfrak{J}}$ in $\mathfrak{B}_{\mathfrak{J}}$ und $\mathfrak{U}_{\mathfrak{J}}$ bilden. Die Überlegungen dieses Paragraphen gelten wörtlich ebenso für $\mathfrak{B}^+_{\mathfrak{J}}$, $\mathfrak{U}^+_{\mathfrak{J}}$ wie für $\mathfrak{B}_{\mathfrak{J}}$, $\mathfrak{U}_{\mathfrak{J}}$. Zur Vereinfachung des Druckes sprechen wir aber nur von den Einheiten schlechthin.

Es ist wichtig zu bemerken, daß über k nur soviel vorausgesetzt wird, daß die Zahlen aus $\mathfrak{o}$ nach jedem in $\mathfrak{o}$ enthaltenen Ideal $\mathfrak{m}$ in endlich viele Restklassen zerfallen. Die im folgenden aufgestellten Definitionen und Aussagen sind also u. a. auch für die $\mathfrak{p}$-adischen Erweiterungen eines algebraischen Zahl- oder Funktionenkörpers gültig. (Auszunehmen ist allerdings Nr. 2.)

2. Die Ordnung der Einheitengruppen. Wir beginnen mit einem Satz, der zur Orientierung dient, aber sonst nur untergeordnete Bedeutung hat. Um den späteren Gedankengang nicht unterbrechen zu müssen, bringen wir ihn schon jetzt, obgleich im Beweis der Satz 16.2 vorausgesetzt wird.

Satz 16.1. *R sei nicht ein zweidimensionaler isotroper Raum. Die Ordnung von $\mathfrak{U}_{\mathfrak{J}}$ ist dann und nur dann endlich, wenn R_∞ anisotrop ist für sämtliche unendlichen Primdivisoren ∞ von k. $\mathfrak{B}_{\mathfrak{J}}$ hat dann und nur dann endliche Ordnung, wenn es außerdem nur einen einzigen unendlichen Primdivisor gibt.*

Beweis[12]. Spezielle Einheiten von $\mathfrak{J}$ werden definiert durch $\mathsf{E}\,\iota = e\,\iota$ mit einer Einheit e von k. Nur dann ist die Einheitengruppe von k endlich, wenn k nur einen einzigen unendlichen Primdivisor besitzt.

Dem Weiteren muß ein Hilfssatz vorausgeschickt werden: Bis auf endlich viele Ausnahmen gibt es zu jedem Element x aus $\mathfrak{o}$ einen unendlichen Primdivisor ∞ so, daß $x^2 - 1$ ein Quadrat in k_∞ ist.

Die Behauptung ist klar, wenn k ein algebraischer Zahlkörper ist. Ist k ein Funktionenkörper und x ganz, so ist x^{-1} ganz in k_∞ für jedes ∞. Es gibt nur endlich viele Konstanten nach Voraussetzung. Ist x nicht konstant, so ist x^{-1} durch mindestens ein ∞ teilbar, und dann ist $1 - x^{-2} = x^{-2}(x^2 - 1)$ ein Quadrat in k_∞.

Es sei nun R_∞ anisotrop für jeden unendlichen Primdivisor ∞, und $\iota_1, \ldots, \iota_n$ seien beliebige wechselseitig orthogonale Vektoren aus R. Wir wollen zeigen, daß $\mathfrak{J} = [\iota_\nu]$ nur endlich viele automorphe Einheiten besitzt. Nach Satz 16.2 folgt daraus dasselbe für jedes Gitter von R. Die Behauptung ist sicher richtig für $n = 1$ und sei beweisen für alle Dimensionen $< n$. Es gebe nun im Gegenteil unendlich viele automorphe Einheiten E von $\mathfrak{J}$. Die Gesamtheit der Vektoren $\mathsf{E}\iota_1$ spannt einen Teilraum R_1 von R auf, welcher natürlich wieder anisotrop ist. Gleichzeitig liegen die $\mathsf{E}\iota_1$ in einem Gitter $\mathfrak{J}_1$ von R_1. Wenn die Dimension von R_1 kleiner als n ist, so sind unter den $\mathsf{E}\iota_1$ nach der Induktionsvoraussetzung nur endlich viele verschieden. Es gibt dann unendlich viele E, welche ι_1 in sich transformieren. Diese E sind dann gleichzeitig Einheiten des Teilgitters $\mathfrak{J}' = [\iota_2, \ldots, \iota_n]$. Ebenfalls auf Grund der Induktionsannahme erzeugen sie in $\mathfrak{J}'$ nur endlich viele verschiedene lineare Transformationen. Damit haben wir einen Widerspruch gewonnen. Es ist daher anzunehemen, daß unter den Vektoren $\mathsf{E}\iota_1$ genau n linear unabhängige vorhanden sind. Diese seien etwa

$$\mathsf{E}^{(\varrho)}\iota_1 = \sum_\sigma \iota_\sigma h_\sigma^{(\varrho)}. \qquad (\varrho = 1, 2, \ldots, n)$$

Die Determinante $|h_\sigma^{(\varrho)}|$ ist dabei nicht 0. E durchlaufe weiterhin alle Einheiten von $\mathfrak{J}$ und

$$\mathsf{E}\,\iota_\nu = \sum_\mu \iota_\mu e_{\mu\nu},$$

dann ist

$$\mathsf{E}\,\mathsf{E}^{(\varrho)}\iota_1 = \sum_{\sigma,\mu} \iota_\mu e_{\mu\sigma} h_\sigma^{(\varrho)} = \sum_\mu \iota_\mu l_\mu^{(\varrho)}.$$

Wir behaupten:

$$l_1^{(\varrho)} = \sum_\sigma e_{1\sigma} h_\sigma^{(\varrho)}$$

nimmt unendlich viele verschiedene Werte an. Wäre dies nämlich nicht der Fall, so würden wegen $|h_\sigma^{(\varrho)}| \neq 0$ die $e_{1\sigma}$ endlich viedeutig festliegen und damit die Vektoren $\mathsf{E}\iota_1$. Es gäbe dann unendlich viele E, welche ι_1 fest lassen, woraus wir schon oben einen Widerspruch mit der Induktionsannahme herleiteten. Nach dem Hilfssatz gibt es also ein E und einen Index ϱ so, daß $l_1^{(\varrho)} \neq 1$ und $l_1^{(\varrho)2} - 1$ in einer Erweiterung k_∞ ein Quadrat ist. Jetzt ist

$$(\mathsf{E}\,\mathsf{E}^{(\varrho)}\iota_1)^2 = \iota_1^2 = \sum_\mu \iota_\mu^2 l_\mu^{(\varrho)2}$$

und folglich

$$\iota_1^2 (l_1^{(\varrho)2} - 1) + \sum_{\mu=2}^{n} \iota_\mu^2 l_\mu^{(\varrho)2} = 0,$$

im Gegensatz zu der Annahme, daß R_∞ anisotrop sein sollte. Es ist hiermit gezeigt: erfüllt R die Voraussetzungen von Satz 16.1, so hat $\mathfrak{U}_\mathfrak{J}$ stets endliche Ordnung.

Den Nachweis dafür, daß auch das Umgekehrte richtig ist, wollen wir ganz kurz skizzieren. Wenn R ein isotroper Raum ist, so hatten wir unendlich viele Einheiten für ein beliebiges Gitter in § 15 explizit angegeben. Ist dagegen R anisotrop, und R_∞ isotrop für einen unendlichen Primdivisor ∞, so kann man leicht einen zweidimensionalen Teilraum S von R angeben, für welchen auch S_∞ isotrop ist. Jedes Gitter in diesem Teilraum besitzt unendlich viele Einheiten, was man aus der entsprechenden Aussage für den quadratischen Körper $k(\sqrt{\Delta(R)})$ herleiten kann. Aus diesen lassen sich für jedes Gitter der Dimension n in R unendlich viele Einheiten konstruieren.

Übrigens folgt Satz 16.1 später aus der geometrischen Einheitentheorie; allerdings werden wir diese nur für Räume über dem rationalen Zahlkörper ausführen.

3. Die relativen Maße der Einheitengruppen. Die Gesamtheit der Einheiten eines Gitters ist von Ausnahmefällen abgesehen nur sehr schwer zugänglich. Ein großer Teil der Schwierigkeiten der Arithmetik der Gitter beruht auf diesem Umstand. Der folgende Satz liefert nun eine Handhabe, wenigstens die im allgemeinen unendlichen Einheitenanzahlen für verschiedene Gitter zu vergleichen.

Satz 16.2. *Sind $\mathfrak{J}$ und $\mathfrak{K}$ zwei Gitter in R, so hat der Durchschnitt $\mathfrak{B}_{\mathfrak{J}} \cap \mathfrak{B}_{\mathfrak{K}}$ sowohl in $\mathfrak{B}_{\mathfrak{J}}$ wie in $\mathfrak{B}_{\mathfrak{K}}$ einen endlichen Index. Ebenso hat $\mathfrak{U}_{\mathfrak{J}} \cap \mathfrak{U}_{\mathfrak{K}}$ in $\mathfrak{U}_{\mathfrak{J}}$ und in $\mathfrak{U}_{\mathfrak{K}}$ einen endlichen Index.*

Beweis (M. Kneser). Es gibt zwei ganze Größen $a, b \in \mathfrak{o}$, so daß

$$\mathfrak{J} \supseteqq a\,\mathfrak{K} \supseteqq b\,\mathfrak{J}$$

ist. Ferner ist ersichtlich

$$\mathfrak{B}_{\mathfrak{J}} = \mathfrak{B}_{b\mathfrak{J}}, \quad \mathfrak{B}_{\mathfrak{K}} = \mathfrak{B}_{a\mathfrak{K}}$$

Die Einheiten von $\mathfrak{J}$, welche jede Restklasse von $a\,\mathfrak{K}$ mod $b\,\mathfrak{J}$ festlassen, bilden einen Normalteiler von endlichem Index von $\mathfrak{B}_{\mathfrak{J}}$. Dieser Normalteiler enthält offenbar den Durchschnitt $\mathfrak{B}_{\mathfrak{J}} \cap \mathfrak{B}_{\mathfrak{K}}$. Das liefert die erste Behauptung.

Mit den Gruppen $\mathfrak{U}_{\mathfrak{J}}$, $\mathfrak{J}_{\mathfrak{K}}$ verfährt man in analoger Weise.

$$\mathsf{E}\,\iota_\nu = \sum_{\mu=1}^{n} \iota_\mu\, q_{\mu\nu}.$$

Jetzt werden *relative Maße* $v(\mathfrak{J})$ und $u(\mathfrak{J})$ der Gruppen $\mathfrak{B}_{\mathfrak{J}}$ und $\mathfrak{U}_{\mathfrak{J}}$ wie folgt erklärt. Für ein beliebiges Gitter $\mathfrak{J}_0$ werden $v(\mathfrak{J}_0)$ und $u(\mathfrak{J}_0)$ in willkürlicher Weise als je eine positive reelle Zahl angesetzt und sodann für jedes weitere Gitter durch

$$v(\mathfrak{J}) = v(\mathfrak{J}_0)\,\frac{[\mathfrak{B}_{\mathfrak{J}} : \mathfrak{B}_{\mathfrak{J}} \cap \mathfrak{B}_{\mathfrak{J}_0}]}{[\mathfrak{B}_{\mathfrak{J}_0} : \mathfrak{B}_{\mathfrak{J}} \cap \mathfrak{B}_{\mathfrak{J}_0}]}, \quad u(\mathfrak{J}) = u(\mathfrak{J}_0)\,\frac{[\mathfrak{U}_{\mathfrak{J}} : \mathfrak{U}_{\mathfrak{J}} \cap \mathfrak{U}_{\mathfrak{J}_0}]}{[\mathfrak{U}_{\mathfrak{J}_0} : \mathfrak{U}_{\mathfrak{J}} \cap \mathfrak{U}_{\mathfrak{J}_0}]} \qquad (16.2)$$

definiert. Handelt es sich um endliche Gruppen, und wird $v(\mathfrak{J}_0)$ und

$u(\mathfrak{J}_0)$ gleich den Ordnungen von $\mathfrak{B}_{\mathfrak{J}_0}$ und $\mathfrak{U}_{\mathfrak{J}_0}$ gesetzt, so sind ersichtlich auch $v(\mathfrak{J})$ und $u(\mathfrak{J})$ gleich den Ordnungen der Gruppen $\mathfrak{B}_{\mathfrak{J}}$ und $\mathfrak{U}_{\mathfrak{J}}$.

Sind $\mathfrak{J}_0$, $\mathfrak{J}$, $\mathfrak{K}$ drei Gitter, so folgt aus Satz 16.2, daß die Durchschnitte $\mathfrak{B}_{\mathfrak{K}} \cap \mathfrak{B}_{\mathfrak{J}} \cap \mathfrak{B}_{\mathfrak{J}_0}$ und $\mathfrak{U}_{\mathfrak{K}} \cap \mathfrak{U}_{\mathfrak{J}} \cap \mathfrak{U}_{\mathfrak{J}_0}$ in $\mathfrak{B}_{\mathfrak{J}_0}$, $\mathfrak{B}_{\mathfrak{J}}$, $\mathfrak{B}_{\mathfrak{K}}$ bzw. in $\mathfrak{U}_{\mathfrak{J}_0}$, $\mathfrak{U}_{\mathfrak{J}}$, $\mathfrak{U}_{\mathfrak{K}}$ endliche Indizes haben. Offenbar gilt

$$\frac{[\mathfrak{B}_{\mathfrak{J}} : \mathfrak{B}_{\mathfrak{J}} \cap \mathfrak{B}_{\mathfrak{J}_0}]}{[\mathfrak{B}_{\mathfrak{J}_0} : \mathfrak{B}_{\mathfrak{J}} \cap \mathfrak{B}_{\mathfrak{J}_0}]} = \frac{[\mathfrak{B}_{\mathfrak{J}} : \mathfrak{B}_{\mathfrak{K}} \cap \mathfrak{B}_{\mathfrak{J}} \cap \mathfrak{B}_{\mathfrak{J}_0}]}{[\mathfrak{B}_{\mathfrak{J}_0} : \mathfrak{B}_{\mathfrak{K}} \cap \mathfrak{B}_{\mathfrak{J}} \cap \mathfrak{B}_{\mathfrak{J}_0}]},$$

$$\frac{[\mathfrak{U}_{\mathfrak{J}} : \mathfrak{U}_{\mathfrak{J}} \cap \mathfrak{U}_{\mathfrak{J}_0}]}{[\mathfrak{U}_{\mathfrak{J}_0} : \mathfrak{U}_{\mathfrak{J}} \cap \mathfrak{U}_{\mathfrak{J}_0}]} = \frac{[\mathfrak{U}_{\mathfrak{J}} : \mathfrak{U}_{\mathfrak{K}} \cap \mathfrak{U}_{\mathfrak{J}} \cap \mathfrak{U}_{\mathfrak{J}_0}]}{[\mathfrak{U}_{\mathfrak{J}_0} : \mathfrak{U}_{\mathfrak{K}} \cap \mathfrak{U}_{\mathfrak{J}} \cap \mathfrak{U}_{\mathfrak{J}_0}]}$$

und Entsprechendes bei Vertauschung von $\mathfrak{J}_0$, $\mathfrak{J}$, $\mathfrak{K}$. Nun folgt aus (16.2)

$$v(\mathfrak{K}) = v(\mathfrak{J}) \frac{[\mathfrak{B}_{\mathfrak{K}} : \mathfrak{B}_{\mathfrak{K}} \cap \mathfrak{B}_{\mathfrak{J}} \cap \mathfrak{B}_{\mathfrak{J}_0}]}{[\mathfrak{B}_{\mathfrak{J}_0} : \mathfrak{B}_{\mathfrak{K}} \cap \mathfrak{B}_{\mathfrak{J}} \cap \mathfrak{B}_{\mathfrak{J}_0}]} \frac{[\mathfrak{B}_{\mathfrak{J}_0} : \mathfrak{B}_{\mathfrak{K}} \cap \mathfrak{B}_{\mathfrak{J}} \cap \mathfrak{B}_{\mathfrak{J}_0}]}{[\mathfrak{B}_{\mathfrak{J}} : \mathfrak{B}_{\mathfrak{K}} \cap \mathfrak{B}_{\mathfrak{J}} \cap \mathfrak{B}_{\mathfrak{J}_0}]}$$

$$= v(\mathfrak{J}) \frac{[\mathfrak{B}_{\mathfrak{K}} : \mathfrak{B}_{\mathfrak{K}} \cap \mathfrak{B}_{\mathfrak{J}}]}{[\mathfrak{B}_{\mathfrak{J}} : \mathfrak{B}_{\mathfrak{K}} \cap \mathfrak{B}_{\mathfrak{J}}]}$$

und das Entsprechende für $u(\mathfrak{K})$:

$$v(\mathfrak{K}) = v(\mathfrak{J}) \frac{[\mathfrak{B}_{\mathfrak{K}} : \mathfrak{B}_{\mathfrak{K}} \cap \mathfrak{B}_{\mathfrak{J}}]}{[\mathfrak{B}_{\mathfrak{J}} : \mathfrak{B}_{\mathfrak{K}} \cap \mathfrak{B}_{\mathfrak{J}}]}, \quad u(\mathfrak{K}) = u(\mathfrak{J}) \frac{[\mathfrak{U}_{\mathfrak{K}} : \mathfrak{U}_{\mathfrak{K}} \cap \mathfrak{U}_{\mathfrak{J}}]}{[\mathfrak{U}_{\mathfrak{J}} : \mathfrak{U}_{\mathfrak{K}} \cap \mathfrak{U}_{\mathfrak{J}}]}. \tag{16.3}$$

Ähnliche Gitter haben isomorphe Einheitengruppen, es ist daher zu erwarten:

Satz 16.3. *Für ähnliche Gitter $\mathfrak{J}$ und $\mathfrak{K}$ stimmen die relativen Maße $v(\mathfrak{J})$ und $v(\mathfrak{K})$ sowie $u(\mathfrak{J})$ und $u(\mathfrak{K})$ überein.*

Beweis[13]. Es sei $\mathfrak{K} = \Sigma \mathfrak{J}$, Σ eine Ähnlichkeitstransformation. Ist $n(\Sigma) = t^2$ eine Quadratzahl in k, so setze man $\Sigma = t\,\mathrm{T}$. Dabei ist T ein Automorphismus. Die Einheitengruppen von $\mathrm{T}\,\mathfrak{J}$ und $t\,\mathrm{T}\,\mathfrak{J} = \mathfrak{K}$ sind identisch und haben also dieselben relativen Maße. Man darf sich deshalb auf den Fall beschränken, daß Σ bereits ein Automorphismus von R ist. Nach Satz 1.5 kann man Σ als Produkt von Spiegelungen schreiben:

$$\Sigma = \Sigma_r \Sigma_{r-1} \ldots \Sigma_1.$$

Haben die Einheitengruppen von $\Sigma_{\varrho-1} \cdots \Sigma_1 \mathfrak{J}$ und $\Sigma_\varrho \Sigma_{\varrho-1} \cdots \Sigma_1 \mathfrak{J}$ die gleichen relativen Maße, so auch die von $\mathfrak{J}$ und $\mathfrak{K}$. Folglich darf man annehmen, Σ sei eine Spiegelung. Dann ist $\Sigma^2 = 1$.

Ferner ist

$$\mathfrak{B}_{\mathfrak{K}} = \Sigma\, \mathfrak{B}_{\mathfrak{J}}\, \Sigma^{-1}, \tag{16.4}$$

und wegen $\Sigma^2 = 1$ auch

$$\mathfrak{B}_{\mathfrak{J}} = \Sigma\, \mathfrak{B}_{\mathfrak{K}}\, \Sigma^{-1},$$

also
$$\mathfrak{B}_{\mathfrak{K}} \cap \mathfrak{B}_{\mathfrak{J}} = \Sigma\,(\mathfrak{B}_{\mathfrak{J}} \cap \mathfrak{B}_{\mathfrak{K}})\,\Sigma^{-1}.$$
Daraus folgt nach (16.3)
$$v(\mathfrak{K}) = v(\mathfrak{J})\,\frac{[\mathfrak{B}_{\mathfrak{K}} : \mathfrak{B}_{\mathfrak{K}} \cap \mathfrak{B}_{\mathfrak{J}}]}{[\mathfrak{B}_{\mathfrak{J}} : \mathfrak{B}_{\mathfrak{K}} \cap \mathfrak{B}_{\mathfrak{J}}]} = v(\mathfrak{J})\,\frac{[\Sigma\,\mathfrak{B}_{\mathfrak{K}}\,\Sigma^{-1} : \Sigma\,(\mathfrak{B}_{\mathfrak{K}} \cap \mathfrak{B}_{\mathfrak{J}})\,\Sigma^{-1}]}{[\Sigma\,\mathfrak{B}_{\mathfrak{J}}\,\Sigma^{-1} : \Sigma\,(\mathfrak{B}_{\mathfrak{K}} \cap \mathfrak{B}_{\mathfrak{J}})\,\Sigma^{-1}]}$$
$$= v(\mathfrak{J})\,\frac{[\mathfrak{B}_{\mathfrak{J}} : \mathfrak{B}_{\mathfrak{J}} \cap \mathfrak{B}_{\mathfrak{K}}]}{[\mathfrak{B}_{\mathfrak{K}} : \mathfrak{B}_{\mathfrak{J}} \cap \mathfrak{B}_{\mathfrak{K}}]}.$$

Also ist $v(\mathfrak{J}) = v(\mathfrak{K})$, wie zu beweisen war. Ebenso folgt $u(\mathfrak{J}) = u(\mathfrak{K})$.

Wenn $n(\Sigma)$ keine Quadratzahl in k ist, geht man von den bereits bewiesenen Gleichungen
$$v(\Sigma^2\,\mathfrak{J}) = v(\mathfrak{J}),\quad u(\Sigma^2\,\mathfrak{J}) = u(\mathfrak{J}) \tag{16.5}$$
aus. Ferner ist wegen (16.4)
$$\frac{v(\mathfrak{J})}{v(\Sigma\,\mathfrak{J})} = \frac{[\mathfrak{B}_{\mathfrak{J}} : \mathfrak{B}_{\mathfrak{J}} \cap \Sigma\,\mathfrak{B}_{\mathfrak{J}}\,\Sigma^{-1}]}{[\Sigma\,\mathfrak{B}_{\mathfrak{J}}\,\Sigma^{-1} : \mathfrak{B}_{\mathfrak{J}} \cap \Sigma\,\mathfrak{B}_{\mathfrak{J}}\,\Sigma^{-1}]}$$
$$= \frac{[\Sigma\,\mathfrak{B}_{\mathfrak{J}}\,\Sigma^{-1} : \Sigma\,\mathfrak{B}_{\mathfrak{J}}\,\Sigma^{-1} \cap \Sigma^2\,\mathfrak{B}_{\mathfrak{J}}\,\Sigma^{-2}]}{[\Sigma^2\,\mathfrak{B}_{\mathfrak{J}}\,\Sigma^{-2} : \Sigma\,\mathfrak{B}_{\mathfrak{J}}\,\Sigma^{-1} \cap \Sigma^2\,\mathfrak{B}_{\mathfrak{J}}\,\Sigma^{-2}]} = \frac{v(\Sigma\,\mathfrak{J})}{v(\Sigma^2\,\mathfrak{J})}$$
und entsprechend
$$\frac{u(\mathfrak{J})}{u(\Sigma\,\mathfrak{J})} = \frac{u(\Sigma\,\mathfrak{J})}{u(\Sigma^2\,\mathfrak{J})}.$$
Aus (16.5) folgt nun
$$v(\mathfrak{J})^2 = v(\Sigma\,\mathfrak{J})^2,\quad u(\mathfrak{J})^2 = u(\Sigma\,\mathfrak{J})^2$$
und daraus die Behauptung.

Die relativen Maße $v(\mathfrak{J})$, $u(\mathfrak{J})$ werden unten eine wichtige Rolle spielen. Eine eng verwandte Begriffsbildung, die im gleichen Zusammenhang wichtig ist, wird anschließend besprochen.

4. Die Einheitengruppen von Teilräumen[14]. Es sei T ein Teilraum von R. Diejenigen Einheiten eines Gitters $\mathfrak{J}$, welche T als Ganzes fest lassen, bilden Untergruppen $\mathfrak{B}_{\mathfrak{J}}(T)$ bzw. $\mathfrak{U}_{\mathfrak{J}}(T)$ von $\mathfrak{B}_{\mathfrak{J}}$ bzw. $\mathfrak{U}_{\mathfrak{J}}$. Ebenso bilden die automorphen Einheiten von $\mathfrak{J}$, welche jeden Vektor aus T einzeln fest lassen, eine Untergruppe $\mathfrak{U}_{\mathfrak{J}}[T]$ von $\mathfrak{U}_{\mathfrak{J}}$. Für diese Untergruppen gilt Analoges wie für die vollen Einheitengruppen. Man kann also relative Maße $v(\mathfrak{J}, T)$, $u(\mathfrak{J}, T)$, $u[\mathfrak{J}, T]$ von $\mathfrak{B}_{\mathfrak{J}}(T)$, $\mathfrak{U}_{\mathfrak{J}}(T)$, $\mathfrak{U}_{\mathfrak{J}}[T]$ für ein Gitter $\mathfrak{J} = \mathfrak{J}_0$ willkürlich festsetzen und dann definieren:
$$\begin{aligned}
v(\mathfrak{J}, T) &= v(\mathfrak{J}_0, T)\,\frac{[\mathfrak{B}_{\mathfrak{J}}(T) : \mathfrak{B}_{\mathfrak{J}}(T) \cap \mathfrak{B}_{\mathfrak{J}_0}(T)]}{[\mathfrak{B}_{\mathfrak{J}_0}(T) : \mathfrak{B}_{\mathfrak{J}}(T) \cap \mathfrak{B}_{\mathfrak{J}_0}(T)]},\\
u(\mathfrak{J}, T) &= u(\mathfrak{J}_0, T)\,\frac{[\mathfrak{U}_{\mathfrak{J}}(T) : \mathfrak{U}_{\mathfrak{J}}(T) \cap \mathfrak{U}_{\mathfrak{J}_0}(T)]}{[\mathfrak{U}_{\mathfrak{J}_0}(T) : \mathfrak{U}_{\mathfrak{J}}(T) \cap \mathfrak{U}_{\mathfrak{J}_0}(T)]},\\
u[\mathfrak{J}, T] &= u[\mathfrak{J}_0, T]\,\frac{[\mathfrak{U}_{\mathfrak{J}}[T] : \mathfrak{U}_{\mathfrak{J}}[T] \cap \mathfrak{U}_{\mathfrak{J}_0}[T]]}{[\mathfrak{U}_{\mathfrak{J}_0}[T] : \mathfrak{U}_{\mathfrak{J}}[T] \cap \mathfrak{U}_{\mathfrak{J}_0}[T]]}.
\end{aligned} \tag{16.6}$$

Diese Gleichungen gelten dann auch für ein beliebiges Paar $\mathfrak{J}, \mathfrak{J}_0$ von Gittern genau so wie die Definitionen (16.2) die Gleichungen (16.3) nach sich ziehen.

Ist T_1 ein mit T ähnlicher Teilraum von R, so können die Gruppen $\mathfrak{B}_{\mathfrak{J}}(T_1)$ usw. mit den $\mathfrak{B}_{\mathfrak{J}}(T)$ usw. und auch deren relativen Maße untereinander in Beziehung gesetzt werden. Es gibt nach Satz 1.4 eine Ähnlichkeitstransformation Σ so, daß

$$T_1 = \Sigma\, T \tag{16.7}$$

ist. Jetzt gilt

$$\begin{gathered}\mathfrak{B}_{\Sigma^{-1}\mathfrak{J}}(T) = \Sigma^{-1}\,\mathfrak{B}_{\mathfrak{J}}(T_1)\Sigma, \quad \mathfrak{U}_{\Sigma^{-1}\mathfrak{J}}(T) = \Sigma^{-1}\,\mathfrak{U}_{\mathfrak{J}}(T_1)\,\Sigma, \\ \mathfrak{U}_{\Sigma^{-1}\mathfrak{J}}[T] = \Sigma^{-1}\,\mathfrak{U}_{\mathfrak{J}}[T_1]\,\Sigma.\end{gathered} \tag{16.8}$$

Es ist daher sinnvoll, die Willkürlichkeit der Definition von $v(\mathfrak{J}, T_1)$ usw. so auszunutzen, daß man verlangt

$$\begin{gathered}v(\mathfrak{J}, \Sigma\, T) = v\,(\Sigma^{-1}\,\mathfrak{J}, T), \quad u(\mathfrak{J}, \Sigma\, T) = u(\Sigma^{-1}\,\mathfrak{J}, T), \\ u[\mathfrak{J}, \Sigma\, T] = u[\Sigma^{-1}\,\mathfrak{J}, T].\end{gathered} \tag{16.9}$$

Hierzu ist allerdings zweierlei noch zu zeigen: erstens die rechten Seiten in (16.9) ändern sich nicht, wenn man Σ ersetzt durch eine andere Ähnlichkeitstransformation, welche ebenfalls (16.7) befriedigt. Zweitens folgt (16.9) für alle Gitter $\mathfrak{J}$, sobald diese Gleichungen auch nur für ein einziges Gitter $\mathfrak{J} = \mathfrak{J}_0$ gelten.

Der erste Punkt erledigt sich unmittelbar nach der Schlußweise für Satz 16.3, wenn man beachtet, daß Σ durch (16.7) bis auf eine Ähnlichkeitstransformation Σ_0 als rechten Faktor festgelegt wird, welche T fest läßt. Zum zweiten Punkt setzen wir an:

$$\begin{aligned}v(\mathfrak{J}, \Sigma\, T) &= v(\mathfrak{J}_0, \Sigma\, T)\,\frac{[\mathfrak{B}_{\mathfrak{J}}(\Sigma\, T) : \mathfrak{B}_{\mathfrak{J}}(\Sigma\, T) \cap \mathfrak{B}_{\mathfrak{J}_0}(\Sigma\, T)]}{[\mathfrak{B}_{\mathfrak{J}_0}(\Sigma\, T) : \mathfrak{B}_{\mathfrak{J}}(\Sigma\, T) \cap \mathfrak{B}_{\mathfrak{J}_0}(\Sigma\, T)]} \\ &= v(\mathfrak{J}_0, \Sigma\, T)\,\frac{[\Sigma^{-1}\,\mathfrak{B}_{\mathfrak{J}}(\Sigma\, T)\,\Sigma : \Sigma^{-1}\,\mathfrak{B}_{\mathfrak{J}}(\Sigma\, T)\,\Sigma \cap \Sigma^{-1}\,\mathfrak{B}_{\mathfrak{J}_0}(\Sigma\, T)\,\Sigma]}{[\Sigma^{-1}\,\mathfrak{B}_{\mathfrak{J}_0}(\Sigma\, T)\,\Sigma : \Sigma^{-1}\,\mathfrak{B}_{\mathfrak{J}}(\Sigma\, T)\,\Sigma \cap \Sigma^{-1}\,\mathfrak{B}_{\mathfrak{J}_0}(\Sigma\, T)\,\Sigma]},\end{aligned}$$

das ist nach (16.8)

$$v(\mathfrak{J}, \Sigma\, T) = v(\mathfrak{J}_0, \Sigma\, T)\,\frac{[\mathfrak{B}_{\Sigma^{-1}\mathfrak{J}}(T) : \mathfrak{B}_{\Sigma^{-1}\mathfrak{J}}(T) \cap \mathfrak{B}_{\Sigma^{-1}\mathfrak{J}_0}(T)]}{[\mathfrak{B}_{\Sigma^{-1}\mathfrak{J}_0}(T) : \mathfrak{B}_{\Sigma^{-1}\mathfrak{J}}(T) \cap \mathfrak{B}_{\Sigma^{-1}\mathfrak{J}_0}(T)]};$$

aus (16.9) für $\mathfrak{J}_0$ an Stelle von $\mathfrak{J}$ und (16.6) folgt dann die erste der Gleichungen (16.9) für $\mathfrak{J}$. Entsprechend ergeben sich die beiden anderen.

Viertes Kapitel.

Vektoren und Ideale.

Voraussetzungen in Kapitel IV: *zunächst wie in Kapitel III. Gelegentlich, jedoch von § 20 ab durchweg, sei der Grundkörper k der rationale Zahlkörper.*

Wir beschränken uns ferner, sofern Ideale $\mathfrak{R}/\mathfrak{J}$ in R vorkommen, auf reguläre Ideale (s. S. 67 u. 88).

Mit Kapitel IV findet die elementare Arithmetik der Räume über Körpern der bezeichneten Art ihren Abschluß. Die (multiplikative) Gruppe der Ähnlichkeitstransformationen spiegelt sich in einer merkwürdigen Art in den Vektoren wieder, genauer: in den Anzahlen der Vektoren α in den einzelnen Gittern, für welche α^2 jeweils einen vorgeschriebenen Wert annimmt. Diese Anzahlen treten in speziellen Fällen als Entwicklungskoeffizienten von Thetafunktionen auf. Und so wurden die erwähnten Beziehungen zwischen den Ähnlichkeitstransformationen und Vektoren auch entdeckt. Wir werden uns aber zunächst auf elementare arithmetische Schlußweisen beschränken, die den Vorteil größerer Allgemeingültigkeit haben. Erst von § 20 ab ziehen wir die Funktionentheorie zur Hilfe heran und berichten dann in § 21 kurz über die Resultate, welche sie für unser Problem liefert.

§ 17. Die Anzahlmatrizen.

1. Definition und elementare Eigenschaften. Ein Repräsentantensystem $\mathfrak{J}_1, \ldots, \mathfrak{J}_h$ aller eigentlichen Ähnlichkeitsklassen von Gittern aus einem Idealkomplex sei ein für allemal zugrunde gelegt. (Die Anzahl dieser Klassen ist endlich zufolge der Sätze 13.2 und 12.7.) Ist $\mathfrak{K}$ ein Gitter aus diesem Idealkomplex, so gibt es also eine eigentliche Ähnlichkeitstransformation P und einen Index i aus der Reihe $1, \ldots, h$ so, daß

$$\mathfrak{K} = \mathsf{P}\,\mathfrak{J}_i \tag{17.1}$$

ist.

Für ein ganzes Ideal $\mathfrak{s}$ in k und einen festen Index j bilden wir die Gesamtheit der ganzen (regulären) Ideale $\mathfrak{K}/\mathfrak{J}_j$ der Norm $\mathfrak{s}$ und von vorgeschriebenem Elementarteilersystem. Ihre Anzahl ist zufolge Satz 13.4 endlich. Die Anzahl derjenigen, für welche (17.1) mit einem jeweils festen Index i gilt, bezeichnen wir mit $\pi_{ij}(\mathfrak{s})$. Die Abhängigkeit dieser Anzahl von dem Elementarteilersystem wollen wir nicht zum Ausdruck bringen, damit die Bezeichnungen nicht zu schwerfällig werden. Die h-reihige Matrix

$$P^{(0)}(\mathfrak{s}) = \left(\pi_{ij}(\mathfrak{s})\right) \tag{17.2}$$

nennen wir die *Anzahlmatrix* für das Ideal $\mathfrak{s}$ und das vorgeschriebene Elementarteilersystem. $P^{(0)}(\mathfrak{s})$ hängt offenbar nicht von dem gewählten Repräsentantensystem $\mathfrak{J}_i$ der Ähnlichkeitsklassen ab und ist daher eine Invariante des zugrunde liegenden Idealkomplexes von Gittern.

Die Anzahlmatrix zu dem Ideal $\mathfrak{s}^2$ und dem Elementarteilersystem $\mathfrak{s}, \ldots, \mathfrak{s}$ ist besonders einfach gebaut. Es gibt jeweils ein einziges Ideal dieser Beschaffenheit, nämlich

$$\mathfrak{s}\,\mathfrak{J}_j/\mathfrak{J}_j = \Sigma_{j'}\,\mathfrak{J}_{j'}/\mathfrak{J}_j,$$

dabei ist der Index j' eine eindeutige und eindeutig umkehrbare Funktion $p(j)$ von j. Also $P^{(0)}(\mathfrak{s}^2)$ stellt eine Permutation dar. Man sieht ferner: sie hängt nur von der Idealklasse von $\mathfrak{s}$ ab. Wir führen für diese speziellen Anzahlmatrizen den Buchstaben $L^{(0)}(\mathfrak{s})$ ein. Es gilt hiernach

$$L^{(0)}(\mathfrak{s})\,L^{(0)}(\mathfrak{t}) = L^{(0)}(\mathfrak{s}\,\mathfrak{t}). \tag{17.3}$$

Auch die folgende Tatsache sieht man leicht ein:

$$L^{(0)}(\mathfrak{s})\,P^{(0)}(\mathfrak{t}) = P^{(0)}(\mathfrak{t})\,L^{(0)}(\mathfrak{s}). \tag{17.4}$$

Es seien nämlich $\mathsf{P}_\nu \mathfrak{J}_i/\mathfrak{J}_j$ für $\nu = 1, \ldots, \pi_{ij}(\mathfrak{t})$ alle ganzen Ideale der Norm $\mathfrak{t}$, von vorgeschriebenem Elementarteilersystem und vorgeschriebenem Indexpaar i, j. Dann sind $\mathsf{P}_\nu\,\mathfrak{s}\,\mathfrak{J}_i/\mathfrak{s}\,\mathfrak{J}_j$ alle ganzen Ideale dieser Beschaffenheit für $\mathfrak{s}\,\mathfrak{J}_j$ an Stelle von $\mathfrak{J}_j$. Bezeichnet $p(i)$ die durch $L^{(0)}(\mathfrak{s})$ dargestellte Permutation, so ist also

$$\pi_{ij}(\mathfrak{t}) = \pi_{p(i)\,p(j)}(\mathfrak{t}).$$

In Matrixschreibweise lautet diese Gleichung (ein Punkte bedeutet die gespiegelte Matrix)

$$P^{(0)}(\mathfrak{t}) = \dot{L}^{(0)}(\mathfrak{s})\,P^{(0)}(\mathfrak{t})\,L^{(0)}(\mathfrak{s}) = L^{(0)}(\mathfrak{s})^{-1}\,P^{(0)}(\mathfrak{t})\,L^{(0)}(\mathfrak{s}),$$

und das war zu beweisen.

Wir wollen eine allgemeine Symmetrieeigenschaft der Anzahlmatrizen herleiten und führen dazu folgende Abkürzungen ein:

$$v_i = v^+(\mathfrak{J}_i). \tag{17.5}$$

Das sind die relativen Maße der Einheitengruppen $\mathfrak{B}^+_{\mathfrak{J}_i}$ der $\mathfrak{J}_i$ (vgl. § 16); sie hängen nach Satz 16.3 nur von den Ähnlichkeitsklassen ab. Für ein Ideal $\mathfrak{s}$ haben die Gitter $\mathfrak{J}_i$ und $\mathfrak{s}\,\mathfrak{J}_i$ stets dieselben Einheitengruppen. Daher ist $L^{(0)}(\mathfrak{s})$ stets mit der Diagonalmatrix

$$V^{(0)} = \begin{pmatrix} v_1 & & \\ & \ddots & \\ & & v_h \end{pmatrix} \tag{17.6}$$

vertauschbar:

$$V^{(0)}\,L^{(0)}(\mathfrak{s}) = L^{(0)}(\mathfrak{s})\,V^{(0)}. \tag{17.7}$$

Behauptet wird die Gleichung[1]:

$$V^{(0)}\,P^{(0)}(\mathfrak{s}) = L^{(0)}(\mathfrak{s})\,\dot{P}^{(0)}(\mathfrak{s})\,V^{(0)}. \tag{17.8}$$

Sie beruht auf Satz 13.5. Hiernach sind die Ideale $\mathfrak{K}/\mathfrak{J}_j$ und $n(\mathfrak{K}/\mathfrak{J}_j)(\mathfrak{K}/\mathfrak{J}_j)^{-1}$ stets gleichzeitig ganz. Ihre Normen und ihre Elementarteilersysteme sind nach der Grundvoraussetzung von Kapitel IV gleich. Es mögen $\mathsf{P}_\nu\,\mathfrak{J}_i/\mathfrak{J}_j$ alle ganzen Ideale der Norm $\mathfrak{s}$ und von einem vorgeschriebenen Elementarteilersystem bezeichnen, dabei läuft der Index ν von 1 bis $\pi_{ij}(\mathfrak{s})$. Dann sind auch die Ideale $\mathfrak{s}(\mathsf{P}_\nu\mathfrak{J}_i/\mathfrak{J}_j)^{-1} = \mathfrak{s}\,\mathfrak{J}_j/\mathsf{P}_\nu\mathfrak{J}_i$ ganz, haben die Norm $\mathfrak{s}$ und dasselbe Elementarteilersystem, und das gleiche trifft zu für die Ideale $\mathsf{P}_\nu^{-1}\mathfrak{s}\,\mathfrak{J}_j/\mathfrak{J}_i$. Wir nehmen folgende Zuordnung vor:

$$\mathsf{P}_\nu\,\mathfrak{J}_i/\mathfrak{J}_j \leftrightarrow \mathsf{P}_\nu^{-1}\mathfrak{s}\,\mathfrak{J}_j/\mathfrak{J}_i = \mathsf{P}_\nu^{-1}\Sigma_{j'}\,\mathfrak{J}_{j'}/\mathfrak{J}_i. \tag{17.9}$$

Sie ist keineswegs eindeutig, sondern hängt noch von den Repräsentanten P_ν ab. Ersetzt man P_ν durch $\mathsf{E}\,\mathsf{P}_\nu$, so ist dann und nur dann $\mathsf{E}\,\mathsf{P}_\nu\mathfrak{J}_i/\mathfrak{J}_j = \mathsf{P}_\nu\mathfrak{J}_i/\mathfrak{J}_j$, wenn $\mathsf{E}\in\mathfrak{B}^+_{\mathsf{P}_\nu\mathfrak{J}_i}$, und dann und nur dann $(\mathsf{E}\,\mathsf{P}_\nu)^{-1}\mathfrak{s}\,\mathfrak{J}_j/\mathfrak{J}_i = \mathsf{P}_\nu^{-1}\mathfrak{J}_j/\mathfrak{J}_i$, wenn $\mathsf{E}\in\mathfrak{B}^+_{\mathfrak{J}_j}$. Wir führen zur quantitativen Ausschöpfung des Sachverhaltes die Gruppe

$$\mathfrak{G} = \mathfrak{B}^+_{\mathfrak{J}_j} \cap \mathfrak{B}^+_{\mathsf{P}_\nu\mathfrak{J}_i} \cap \cdots \cap \mathfrak{B}^+_{\mathsf{P}_{\pi_{ij}}\mathfrak{J}_i}$$

ein. Sie hängt von den Repräsentanten P_ν der Ideale $\mathsf{P}_\nu\mathfrak{J}_i/\mathfrak{J}_j$ nicht ab. Aus Satz 16.2 geht hervor, daß sie in $\mathfrak{B}^+_{\mathfrak{J}_j}$ und allen $\mathfrak{B}^+_{\mathsf{P}_\nu\mathfrak{J}_i}$ endliche Indizes hat. Wir nehmen die folgenden Zerlegungen in Nebengruppen vor:

$$\mathfrak{B}^+_{\mathfrak{J}_j} = \sum_\varkappa \mathfrak{G}\,\mathsf{E}_\varkappa,\quad \mathfrak{B}^+_{\mathsf{P}_\nu\mathfrak{J}_i} = \sum_\lambda \mathfrak{G}\,\mathsf{H}_{\nu\lambda}.$$

Dann bilden einerseits sämtliche $\mathsf{E}_\varkappa\,\mathsf{P}_\nu$, andererseits sämtliche $\mathsf{H}_{\nu\lambda}\,\mathsf{P}_\nu$ ein Repräsentantensystem von Klassen bez. $\mathfrak{G}$ linksseitig assoziierter Ähnlichkeitstransformationen von der Eigenschaft, daß die Ideale $(\mathsf{E}_\varkappa\,\mathsf{P}_\nu)^{-1}\mathfrak{s}\,\mathfrak{J}_j/\mathfrak{J}_i$ bzw. $\mathsf{H}_{\nu\lambda}\,\mathsf{P}_\nu\,\mathfrak{J}_i/\mathfrak{J}_j$ vorgeschriebene Normen und Elementarteilersysteme haben. D. h. die Gesamtzahlen der $\mathsf{E}_\varkappa\,\mathsf{P}_\nu$ und der $\mathsf{H}_{\nu\lambda}\,\mathsf{P}_\nu$ sind gleich. Die ersteren repräsentieren jedes Ideal $\mathsf{P}_\nu^{-1}\mathfrak{s}\,\mathfrak{J}_j/\mathfrak{J}_i = \mathsf{P}_\nu^{-1}\Sigma_{j'}\,\mathfrak{J}_{j'}/\mathfrak{J}_i$ in der Vielfachheit $[\mathfrak{B}^+_{\mathfrak{J}_j}:\mathfrak{G}]$, die letzteren jedes Ideal $\mathsf{P}_\nu\,\mathfrak{J}_i/\mathfrak{J}_j$ in der Vielfachheit $\left[\mathfrak{B}^+_{\mathsf{P}_\nu\mathfrak{J}_i}:\mathfrak{G}\right]$. Nun ist nach § 16

$$\frac{[\mathfrak{B}^+_{\mathfrak{J}_j}:\mathfrak{G}]}{\left[\mathfrak{B}^+_{\mathsf{P}_\nu\mathfrak{J}_i}:\mathfrak{G}\right]} = \frac{v^+(\mathfrak{J}_j)}{v^+(\mathsf{P}_\nu\,\mathfrak{J}_i)} = \frac{v^+(\mathfrak{J}_j)}{v^+(\mathfrak{J}_i)} = \frac{v_j}{v_i}.$$

Es gilt mithin

$$v_i\,\pi_{ij}(\mathfrak{s}) = v_j\,\pi_{j'i}(\mathfrak{s}) = v_{j'}\,\pi_{j'i}(\mathfrak{s}),$$

was mit

$$V^{(0)}\,P^{(0)}(\mathfrak{s}) = \left(V^{(0)}\,L^{(0)}(\mathfrak{s})^{-1}\,P^{(0)}(\mathfrak{s})\right)'$$

oder, wegen (17.4) und (17.7), mit (17.8) übereinstimmt.

Eine Folgerung ist

Satz 17.1. *Wenn die Idealklassenzahl in k gleich 1 ist, so ist jeder kommutative durch Anzahlmatrizen (für reguläre Ideale) erzeugte Ring isomorph mit einer direkten Summe aus total reellen algebraischen Zahlkörpern*[1].

Beweis. Unter Voraussetzung, daß alle Ideale in k Hauptideale sind, ist die Matrix $L^{(0)}(\mathfrak{s})$ stets gleich der Einheitsmatrix. Führt man die Diagonalmatrix

$$W^{(0)} = \begin{pmatrix} \sqrt{v_1} & & \\ & \ddots & \\ & & \sqrt{v_h} \end{pmatrix}$$

ein, so ist $V^{(0)} = W^{(0)2}$, und (17.8) hat zur Folge, daß die Matrizen $Q^{(0)}(\mathfrak{s}) = W^{(0)} P^{(0)}(\mathfrak{s}) W^{(0)-1}$ symmetrisch sind. Kommutierende symmetrische Matrizen lassen sich bekanntlich simultan reell auf Diagonalform transformieren. Daraus folgt die Behauptung.

Für die Anzahlmatrizen gilt das Multiplikationstheorem:

Satz 17.2. *Sind* $\mathfrak{s}$ *und* $\mathfrak{t}$ *teilerfremde Ideale, so gilt*

$$P^{(0)}(\mathfrak{s})\, P^{(0)}(\mathfrak{t}) = P^{(0)}(\mathfrak{t})\, P^{(0)}(\mathfrak{s}) = P^{(0)}(\mathfrak{s}\,\mathfrak{t}).$$

Beweis. Ein ganzes Ideal $\mathfrak{L}/\mathfrak{J}$ der Norm $\mathfrak{s}\,\mathfrak{t}$ kann auf Grund von Satz 13.6 in ein Produkt

$$\mathfrak{L}/\mathfrak{J} = \mathfrak{L}/\mathfrak{K} \cdot \mathfrak{K}/\mathfrak{J} \quad mit \quad n(\mathfrak{L}/\mathfrak{K}) = \mathfrak{s},\ n(\mathfrak{K}/\mathfrak{J}) = \mathfrak{t}$$

zerlegt werden, die Zerlegung ist eindeutig. Es sei $\mathfrak{J} = \mathfrak{J}_i$, $\mathfrak{L}$ ähnlich mit $\mathfrak{J}_l$, $\mathfrak{K}$ ähnlich mit $\mathfrak{J}_k$. Die Anzahl der ganzen $\mathfrak{L}/\mathfrak{J}_i$ bei festgehaltenem Index l ist $\pi_{li}(\mathfrak{s}\,\mathfrak{t})$. Die Anzahl der ganzen $\mathfrak{K}/\mathfrak{J}_i$ bei festgehaltenem Index k ist $\pi_{ki}(\mathfrak{t})$. Die Anzahl der ganzen $\mathfrak{L}/\mathfrak{K}$ bei festgehaltenem $\mathfrak{K}$ und Index l ist $\pi_{lk}(\mathfrak{s})$. Demnach ist

$$\pi_{li}(\mathfrak{s}\,\mathfrak{t}) = \sum_{k=1}^{h} \pi_{lk}(\mathfrak{s})\, \pi_{ki}(\mathfrak{t}),$$

und das ist die eine der Behauptungen. Die andere ergibt sich durch Vertauschung von $\mathfrak{s}$ und $\mathfrak{t}$.

Die Berechnung der Produkte $P^{(0)}(\mathfrak{s})\, P^{(0)}(\mathfrak{t})$ bei nicht teilerfremden $\mathfrak{s}$ und $\mathfrak{t}$ ist im allgemeinen schwierig.

Wir erläutern die Anzahlmatrizen noch in dem Falle eines zweidimensionalen Raumes R über dem rationalen Zahlkörper k mit nicht quadratischer Diskriminante. In § 14 hatten wir gesehen, daß den maximalen Gittern in R die Ideale des quadratischen Zahlkörpers $K = k(\sqrt{\Delta(R)})$ entsprechen. $\mathfrak{J}_1, \ldots, \mathfrak{J}_h$ sei ein Repräsentantensystem aller Idealklassen. Die Anzahl $\pi_{ij}(s)$ ist dann die Anzahl der ganzen Ideale der Klasse $\frac{\mathfrak{J}_i}{\mathfrak{J}_j}$ und der Norm s. Da es nur eine einzige Einheitengruppe gibt, ist die Gl. (17.8) trivial. Sie besagt: in zu einander reziproken Klassen gibt es gleich viele ganze Ideale gegebener Norm. Satz 17.2 läßt sich auch unmittelbar bestätigen, er ist eine Folge der eindeutigen Primzerlegung der Ideale in K. Ist die Idealklassengruppe in K zyklisch von der Ordnung h, so ist der durch die Anzahlmatrizen erzeugte Ring isomorph mit dem Körper $k(\zeta + \zeta^{-1})$, unter ζ eine h-te primitive Einheitswurzel verstanden.

2. Verallgemeinerung der Anzahlmatrizen. Die $P^{(0)}(\mathfrak{s})$ sind ein Spezialfall einer allgemeineren Bildung. Wir erklären diese aber nur unter der *einschränkenden Voraussetzung, daß k der Körper der rationalen Zahlen, und daß die Signatur des Raumes R*

$$\sigma(R_\infty) = n$$

ist. Der die Archimedische Bewertung liefernde und kein weiterer Primdivisor sei als unendlich ausgezeichnet. Ob eine weiter reichende Verallgemeinerung möglich ist oder nicht, bleibt dahingestellt. Unter dieser Annahme haben die Einheitengruppen jedes Gitters aus R endliche Ordnungen (Satz 16.1), und man kann die relativen Maße mit diesen identifizieren.

$\mathfrak{J}_1, \ldots, \mathfrak{J}_h$ sei ein Repräsentantensystem aller Ähnlichkeitsklassen eines Idealkomplexes von Gittern in R. $[\iota_{i\nu}]$ seien Basen der $\mathfrak{J}_i$. Durch

$$\iota_{i\mu}\bar{\iota}_{i\nu} = \begin{cases} 1 & \textit{für } \mu = \nu \\ 0 & \textit{für } \mu \neq \nu \end{cases} \tag{17.10}$$

wird (abweichend von § 10) jeder dieser Basen eine *komplementäre Basis* $[\bar{\iota}_{i\nu}]$ in R zugeordnet. Die folgende Tatsache entnimmt man unmittelbar der Definition: ist P irgendeine Ähnlichkeitstransformation, so gilt

$$\widetilde{\mathsf{P}\,\iota_{i\mu}} = \frac{1}{n(\mathsf{P})}\,\mathsf{P}\bar{\iota}_{i\mu}. \tag{17.11}$$

Wie in Nr. 1 sei nun s ein Ideal in k, d. h. eine natürliche Zahl, und $\mathsf{F}_\varrho\, \mathfrak{J}_i/\mathfrak{J}_j$ mit $\varrho = 1, \ldots, \pi_{ij}(s)$ die Gesamtheit aller ganzen mit $\mathfrak{J}_i/\mathfrak{J}_j$ „rechtsäquivalenten" Ideale der Norm s und von vorgeschriebenen Elementarteilern. An Stelle der Anzahlen $\pi_{ij}(s)$ treten jetzt die Summen

$$\Pi_{ij}^{(r)}(s) = v_i^{-1} \sum_{\varrho=1}^{\pi_{ij}(s)} \sum_{\mathsf{E}\in\mathfrak{E}^+_{\mathfrak{J}_i}} \left((\mathsf{P}_\varrho \mathsf{E}\, \iota_{i\mu_1} \cdot \bar{\iota}_{j\nu_1}) \ldots (\mathsf{P}_\varrho \mathsf{E}\, \iota_{i\mu_r} \cdot \bar{\iota}_{j\nu_r}) \right); \tag{17.12}$$

es sind Matrizen von n^r Zeilen und Spalten, der Zeilenindex ist $(\mu_1, \ldots, \mu_r)$, der Spaltenindex $(\nu_1, \ldots, \nu_r)$. Die $\Pi_{ij}^{(r)}(s)$ sind von dem Repräsentantensystem $\mathfrak{J}_i$ der Ähnlichkeitsklassen unabhängig. Ist nämlich $\mathfrak{J}_i' = \Sigma_i\, \mathfrak{J}_i$ ein anderes Repräsentantensystem, so sind die betreffenden ganzen Ideale

$$\mathsf{P}_\varrho'\, \mathfrak{J}_i'/\mathfrak{J}_j' = \Sigma_j\, \mathsf{P}_\varrho\, \Sigma_i^{-1}\, \Sigma_i\, \mathfrak{J}_i/\Sigma_j\, \mathfrak{J}_j,$$

und Basen der Gitter $\mathfrak{J}_i'$ sind $[\iota_{i\nu}'] = [\Sigma_i\, \iota_{i\nu}]$. Nun ist für $\mathsf{E}' = \Sigma_i\, \mathsf{E}\, \Sigma_i^{-1}$:

$$\mathsf{P}_\varrho'\, \mathsf{E}'\, \iota_{i\mu}' \cdot \bar{\iota}_{j\nu}' = n(\Sigma_j)\, \mathsf{P}_\varrho\, \mathsf{E}\, \iota_{i\mu} \cdot \Sigma_j^{-1} \bar{\iota}_{j\nu}',$$

das ist nach (17.11)

$$\mathsf{P}_\varrho'\, \mathsf{E}'\, \iota_{i\mu}' \cdot \bar{\iota}_{j\nu}' = \mathsf{P}_\varrho\, \mathsf{E}\, \iota_{i\mu} \cdot \bar{\iota}_{j\nu}.$$

Von den Basen $[\iota_{i\nu}]$ der $\mathfrak{J}_i$ hängt (17.12) dagegen ab, hiervon wird in Nr. 3 die Rede sein. Da jedes Gitter die Einheit Γ hat, welche jeden Vektor in den entgegengesetzten transformiert, sind die $\Pi_{ij}^{(r)}(s) = 0$ für ungerades r. Das Beispiel am Schluß zeigt, daß aber nicht alle $\Pi_{ij}^{(r)}(s)$ verschwinden.

Die *verallgemeinerten Anzahlmatrizen* sind die $h\,n^r$-reihigen Matrizen

$$P^{(r)}(s) = \left(\Pi_{ij}^{(r)}(s)\right). \tag{17.13}$$

Es ist evident, daß man im Falle $r = 0$ den obigen Spezialfall erhält.

Das Multiplikationstheorem lautet:

Satz 17.3. *Sind s und t teilerfremde natürliche Zahlen, so ist*

$$P^{(r)}(s)\, P^{(r)}(t) = P^{(r)}(t)\, P^{(r)}(s) = P^{(r)}(s\,t).$$

Beweis. α und β seien zwei beliebige Vektoren, man stelle sie durch ein Paar komplementärer Basen dar:

$$\alpha = \sum_{\varrho=1}^{n} a_\varrho \iota_{j\varrho}, \quad \beta = \sum_{\varrho=1}^{n} b_\varrho \bar{\iota}_{j\varrho}.$$

Dann gilt einerseits wegen (17.10)

$$a_\varrho = \alpha \bar{\iota}_{j\varrho}, \quad b_\varrho = \beta \iota_{j\varrho},$$

andererseits $\alpha\beta = \sum a_\varrho b_\varrho$. Also ist

$$\alpha\beta = \sum_{\varrho=1}^{n} \alpha \bar{\iota}_{j\varrho} \cdot \beta \iota_{j\varrho}. \tag{17.14}$$

An Stelle von (17.12) kann man schreiben

$$\Pi_{ij}^{(r)}(s) = v_i^{-1} \sum \left((\mathsf{P}\, \iota_{i\mu_1} \cdot \bar{\iota}_{j\nu_1}) \cdots (\mathsf{P}\, \iota_{i\mu_r} \cdot \bar{\iota}_{j\nu_r}) \right), \tag{17.15}$$

zu summieren über alle P der Beschaffenheit, daß $\mathsf{P}\,\mathfrak{J}_i/\mathfrak{J}_j$ ein Ideal der Norm s und von vorgeschriebenem Elementarteilersystem ist.

Man ersetze s durch $s\,t$. Jedes so erhaltene Ideal $\mathsf{P}\,\mathfrak{J}_i/\mathfrak{J}_j$ läßt sich in eindeutiger Weise als Produkt

$$\mathsf{P}\,\mathfrak{J}_i/\mathfrak{J}_j = \mathsf{P}''\,\mathsf{P}'\,\mathfrak{J}_i/\mathsf{P}''\,\mathfrak{J}_l \cdot \mathsf{P}''\,\mathfrak{J}_l/\mathfrak{J}_j \tag{17.16}$$

eines ganzen Ideals $\mathsf{P}''\,\mathsf{P}'\,\mathfrak{J}_i/\mathsf{P}''\,\mathfrak{J}_l$ der Norm s und eines ganzen Ideals $\mathsf{P}''\,\mathfrak{J}_l/\mathfrak{J}_i$ der Norm t schreiben. Durch diese Zerlegung ist l eindeutig und P'' bis auf einen rechtsseitigen Faktor aus $\mathfrak{B}_{\mathfrak{J}_l}^{+}$ eindeutig bestimmt, d. h. P'' liegt v_l-deutig fest. Nachdem ein P'' ausgewählt wurde, erhält man P' aus der Gleichung

$$\mathsf{P} = \mathsf{P}''\,\mathsf{P}'.$$

Wegen (17.14) ist nun

$$\begin{aligned}
&(\mathsf{P}\,\iota_{i\mu_1} \cdot \bar{\iota}_{j\nu_1}) \cdots (\mathsf{P}\,\iota_{i\mu_r} \cdot \bar{\iota}_{j\nu_r}) \\
&= \sum_{\varrho_1,\ldots,\varrho_r} [(\mathsf{P}''\,\mathsf{P}'\,\iota_{i\mu_1} \cdot \widetilde{\mathsf{P}''\,\iota_{l\varrho_1}}) \cdots (\mathsf{P}''\,\mathsf{P}'\,\iota_{i\mu_r} \cdot \widetilde{\mathsf{P}''\,\iota_{j\varrho_r}})] \\
&\times [(\mathsf{P}''\,\iota_{l\varrho_1} \cdot \bar{\iota}_{j\nu_1}) \cdots (\mathsf{P}''\,\iota_{l\varrho_r} \cdot \bar{\iota}_{j\nu_r})].
\end{aligned}$$

Man summiere nun erstens über alle P', P'' von der Art, daß die Faktoren rechts in (17.16) ganze Ideale der Normen s und t sind. Man kann die hier in eckige Klammern gesetzten Ausdrücke als die Komponenten von $v_i\,\Pi_{il}^{(r)}(s)$ und $v_l\,\Pi_{lj}^{(r)}(t)$ deuten. Summiert man zweitens über l, so ist die rechte Seite noch durch v_l zu dividieren in Anbetracht der Tatsache, daß die Zerlegung $\mathsf{P} = \mathsf{P}''\,\mathsf{P}'$ v_l-deutig ist. Dividiert man endlich beide Seiten durch v_i, so entsteht die behauptete Gleichung

$$\Pi_{ij}^{(r)}(s\,t) = \sum_{l=1}^{h} \Pi_{il}^{(r)}(s)\,\Pi_{lj}^{(r)}(t).$$

Ein Beispiel. Der Raum R werde durch die zwei Vektoren ι_1, ι_2 mit der Multiplikationstabelle

$$\iota_1^2 = \iota_2^2 = 1, \quad \iota_1\,\iota_2 = 0$$

aufgespannt. Alle mit $\mathfrak{J} = [\iota_1, \iota_2]$ idealverwandten Gitter sind mit $\mathfrak{J}$ ähnlich also ist $h = 1$. Die komplementäre Basis ist

$$\bar{\iota}_\nu = \iota_\nu .$$

Es gibt vier Einheiten E, $\mathsf{E}^2 = -1$, E^3, $\mathsf{E}^4 = 1$,

$$\mathsf{E}\begin{pmatrix}\iota_1\\ \iota_2\end{pmatrix} = \begin{pmatrix}\iota_2\\ -\iota_1\end{pmatrix}.$$

Man findet daher

$$\Pi^{(r)}(s) = 0 \text{ für } r \equiv 1 \bmod 2$$

Aber

$$P^{(2)}(p) = \Pi^{(2)}(p) = p\begin{pmatrix}1 & 0 & 0 & 1\\ 0 & 1 & -1 & 0\\ 0 & -1 & 1 & 0\\ 1 & 0 & 0 & 1\end{pmatrix}$$

für eine Primzahl $p \equiv 1 \bmod 4$, und beispielsweise

$$P^{(2)}(65) = 130\begin{pmatrix}1 & 0 & 0 & 1\\ 0 & 1 & -1 & 0\\ 0 & -1 & 1 & 0\\ 1 & 0 & 0 & 1\end{pmatrix} = P^{(2)}(5)\,P^{(2)}(13).$$

3. Transformation der Anzahlmatrizen auf Normalgestalt. Nach Erweiterung von k zum Körper k_∞ aller reellen Zahlen wird R der euklidische Raum. ω_ν mit

$$\omega_\mu\,\omega_\nu = \begin{cases}1 \text{ für } \mu = \nu\\ 0 \text{ für } \mu \neq \nu\end{cases}$$

sei eine Basis von R_∞; sie stimmt mit der zu ihr komplementären überein. Eine Basis $[\iota_{i\nu}]$ von $\mathfrak{J}_i$ läßt sich mit reellen Koeffizienten $m_{\mu\nu}$ in der Form

$$\iota_{i\mu} = \sum_{\varrho=1}^{n} m_{\mu\varrho}^{(i)}\,\omega_\varrho$$

berechnen. Die komplementären Basisvektoren sind dann

$$\bar{\iota}_{i\mu} = \sum_{\varrho=1}^{n} q_{\mu\varrho}^{(i)}\,\omega_\varrho ,$$

wobei die Matrizengleichung

$$\left(q_{\mu\nu}^{(i)}\right)' = \left(m_{\mu\nu}^{(i)}\right)^{-1} \tag{17.17}$$

besteht. Wir bezeichnen mit $M_i^{(r)}$ das r-fache Kroneckersche Produkt der Matrix $(m_{\mu\nu}^i)$ mit sich selber und setzen ferner zur Abkürzung

$$M^{(r)} = \begin{pmatrix}M_1^{(r)} & & \\ & \ddots & \\ & & M_h^{(r)}\end{pmatrix}, \tag{17.18}$$

hier sind nicht besetzte Stellen durch Nullmatrizen auszufüllen.

Wir bilden nun analog zu (17.15) die Summe

$$\Pi_{0,ij}^{(r)}(s) = v_i^{-1}\sum_{\mathsf{P}}\left((\mathsf{P}\,\omega_{\mu_1}\cdot\omega_{\nu_1})\cdots(\mathsf{P}\,\omega_{\mu_r}\cdot\omega_{\nu_r})\right). \tag{17.19}$$

Es ist

$$\mathsf{P}\, \iota_{i\mu} \cdot \tilde{\iota}_{j\nu} = \sum_{\varrho,\sigma} m_{\mu\varrho}^{(i)} q_{\nu\sigma}^{(i)}\, \mathsf{P}\, \omega_\varrho \cdot \omega_\sigma,$$

also wegen (17.17) und der Bedeutung der $M_i^{(r)}$:

$$\Pi_{ij}^{(r)}(s) = M_i^{(r)}\, \Pi_{0,ij}^{(r)}(s)\, M_j^{(r)-1}. \tag{17.20}$$

Aus den $\Pi_{0,ij}^{(r)}(s)$ wird die $h\,n^r$-reihige Matrix

$$P_0^{(r)}(s) = \left(\Pi_{0,ij}^{(r)}(s)\right) \tag{17.21}$$

zusammengesetzt, welche wegen (17.20) und (17.18) mit der Anzahlmatrix $P^{(r)}(s)$ folgendermaßen zusammenhängt:

$$P^{(r)}(s) = M^{(r)}\, P_0^{(r)}(s)\, M^{(r)-1}. \tag{17.22}$$

Die Bedeutung der Matrizen $P_0^{(r)}(s)$ besteht darin, daß sie sich auf eine reziproke Darstellung der Gruppe der Ähnlichkeitstransformationen des euklidischen Raumes stützen. Sind P_1, P_2 zwei Ähnlichkeitstransformationen, so folgt aus (17.14) und $\tilde{\omega}_\nu = \omega_\nu$:

$$\sum_{\varrho=1}^{n} (\mathsf{P}_1\, \omega_\mu \cdot \omega_\varrho)\, (\mathsf{P}_2\, \omega_\varrho \cdot \omega_\nu)$$
$$= n\,(\mathsf{P}_2) \sum_{\varrho=1}^{n} (\mathsf{P}_1\, \omega_\mu \cdot \omega_\varrho)\, (\mathsf{P}_2^{-1}\, \omega_\nu \cdot \tilde{\omega}_\varrho) = \mathsf{P}_2\, \mathsf{P}_1\, \omega_\mu \cdot \omega_\nu.$$

Die Summanden $(\mathsf{P}\, \omega_{\mu_1} \cdot \omega_{\nu_1}) \cdots (\mathsf{P}\, \omega_{\mu_r} \cdot \omega_{\nu_r})$ in (17.19) sind daher die Koeffizienten der sogenannten *Tensordarstellung r-ten Grades* von $\mathfrak{S}$. Man kann diese Darstellung in irreduzible Bestandteile aufspalten und damit auch die Matrizen $P^{(r)}(s)$ ausreduzieren. Wir gehen auf diese Möglichkeit jedoch nicht weiter ein.

Die $P_0^{(r)}(s)$ haben eine ähnliche Symmetrieeigenschaft wie die $P^{(0)}(s)$. Es werde zur Abkürzung

$$|n(\mathfrak{J}_i)| = l_i \tag{17.23}$$

eingeführt, so daß für jedes P in (17.19)

$$n(\mathsf{P}) = \frac{l_j}{l_i}\, s \tag{17.24}$$

ist. Es gilt

$$\mathsf{P}\, \omega_\varrho \cdot \omega_\sigma = n(\mathsf{P})\, \mathsf{P}^{-1}\, \omega_\sigma \cdot \omega_\varrho.$$

Dieses in (17.19) eingesetzt ergibt

$$\Pi_{0,ij}^{(r)}(s) = v_i^{-1}\, n(\mathsf{P})^r \sum \left((\mathsf{P}^{-1}\, \omega_{\nu_1} \cdot \omega_{\mu_1}) \cdots (\mathsf{P}^{-1}\, \omega_{\nu_r} \cdot \omega_{\mu_r})\right).$$

Beachtet man (17.24), so folgt weiter

$$\Pi_{0,ij}^{(r)}(s) = \left(\frac{l_j}{l_i}\right)^r v_i^{-1} \sum \left((s\, \mathsf{P}^{-1}\, \omega_{\nu_1} \cdot \omega_{\mu_1}) \cdots (s\, \mathsf{P}^{-1}\, \omega_{\nu_r} \cdot \omega_{\mu_r})\right). \tag{17.25}$$

Wir hatten gesehen: durchläuft P sämtliche Ähnlichkeitstransformationen der Art, daß $\mathsf{P}\, \mathfrak{J}_i/\mathfrak{J}_j$ ein ganzes Ideal der Norm s ist, so erhält man alle P' der Art, daß $\mathsf{P}'\, \mathfrak{J}_j/\mathfrak{J}_i$ ein ganzes Ideal der Norm s

ist, in der Form $\mathsf{P}' = s\,\mathsf{P}^{-1}$ (vgl. (17.9)). Es ist daher die rechte Seite von (17.25):

$$\Pi_{0,ij}^{(r)}(s) = \frac{l_j^r v_j}{l_i^r v_i} \Pi_{0,ji}^{(r)}(s). \qquad (17.26)$$

Setzt man

$$W^{(r)} = \begin{pmatrix} \sqrt{l_1^r v_1}\,E & & \\ & \ddots & \\ & & \sqrt{l_h^r v_h}\,E \end{pmatrix} M^{(r)},$$

unter E die n^r-reihige Einheitsmatrix verstanden, so gilt wie in Nr. 1:

Satz 17.4. *Es gibt eine Matrix $W^{(r)}$ mit reellen Koeffizienten, so daß $Q^{(r)}(s) = W^{(r)} P^{(r)}(s) W^{(r)-1}$ eine symmetrische Matrix ist.*

Jeder kommutative durch gewisse Matrizen $P^{(r)}(s)$ (für reguläre Ideale) erzeugte Ring ist isomorph mit der direkten Summe aus total reellen algebraischen Zahlkörpern[1].

§ 18. Eine Reduktion der Anzahlmatrizen.

1. Die relativen Darstellungsmaße. Die Anzahlen $\pi_{ij}(t)$ der ganzen Ideale gegebener Norm und Klasse hängen zusammen mit den Anzahlen der Vektoren $\mathfrak{r}$ gegebener Norm

$$n(\mathfrak{r}) = \frac{1}{2}\mathfrak{r}^2 = t \qquad (18.1)$$

in den einzelnen Gittern. (Wir benutzen von jetzt ab wieder, wie bereits in § 11, die zweckmäßige Ausdrucksweise *Norm eines Vektors.*) Allerdings sind die Vektoren gegebener Norm mit gewissen Gewichten zu versehen, bevor man sie abzählt. Dieser Zusammenhang liefert wichtige multiplikative Beziehungen zwischen den Anzahlen der Vektoren verschiedener Normen. Gleichzeitig erfahren die Anzahlmatrizen eine Reduktion.

Zunächst haben wir eine zweckmäßige Abzählung der Vektoren gegebener Norm in einem Gitter vorzunehmen. *Betrachtet werden jeweils nur Vektoren, die untereinander ähnlich sind,* d. h. solche, deren Normen sich um Normen von Ähnlichkeitstransformationen als Faktoren unterscheiden.

Wie in § 17 wird ein Repräsentantensystem $\mathfrak{J}_1, \ldots, \mathfrak{J}_h$ aller Ähnlichkeitsklassen von Gittern aus einem Idealkomplex zugrunde gelegt. Die Normen der $\mathfrak{J}_i$ nennen wir

$$n(\mathfrak{J}_i) = \mathfrak{l}_i. \qquad (18.2)$$

Wir benutzen ferner die Abkürzungen

$$v_i = v^+(\mathfrak{J}_i), \; u_i(\mathfrak{r}) = u^+[\mathfrak{J}_i, \mathfrak{r}] \qquad (18.3)$$

für die relativen Maße der Gruppe $\mathfrak{V}_{\mathfrak{J}_i}^+$ der eigentlichen Einheiten von $\mathfrak{J}_i$ und der Gruppe $\mathfrak{U}_{\mathfrak{J}_i}^+[\mathfrak{r}]$ der eigentlichen automorphen Einheiten von

$\mathfrak{I}_i$, welche einen Vektor τ fest lassen. Die Willkürlichkeit der relativen Maße v_i und $u_i(\tau)$ wirkt sich so aus, daß sowohl die ersteren wie die letzteren bis auf je einen gemeinsamen Faktor fest liegen; für die $u_i(\tau)$ gilt dies allerdings nur unter der oben gemachten Voraussetzung, daß sämtliche vorkommenden Vektoren τ untereinander ähnlich sind (vgl. § 16).

Nunmehr nennen wir die Summe

$$\mu_i^{(0)}(\mathfrak{t}) = \sum_{(\tau)} \frac{v_i}{u_i(\tau)}, \tag{18.4}$$

jeweils erstreckt über ein Repräsentantensystem aller Klassen assoziierter Vektoren τ aus $\mathfrak{I}_i$ mit der Eigenschaft

$$n(\tau)\,\mathfrak{o} = \mathfrak{t}\,\mathfrak{l}_i, \tag{18.5}$$

das *relative Darstellungsmaß des Ideals* $\mathfrak{t}$ *bez. des Gitters* $\mathfrak{I}_i$. Sinnvoll ist diese Definition nur dann, wenn die Summe (18.4) endlich und von dem speziellen Repräsentantensystem unabhängig ist. Durch (18.5) wird $n(\tau)$ bis auf eine Einheit von k als Faktor eindeutig festgelegt. Da die Einheitengruppe von k eine endliche Basis besitzt, gibt es endlich viele Zahlen t_ν mit $t_\nu\,\mathfrak{o} = \mathfrak{t}\,\mathfrak{l}_i$ derart, daß jede Zahl t dieser Beschaffenheit bis auf das Quadrat einer Einheit e mit einem der t_ν übereinstimmt. Ist $n(\tau) = t$, so ist also $n(e^{-1}\tau) = t_\nu$. Laut Definition ist $u_i(e^{-1}\tau) = u_i(\tau)$. Es genügt also, in der Summe (18.4) nur die τ der endlich vielen Normen t_ν heranzuziehen. Diese verteilen sich auf endlich viele Klassen automorph assoziierter Vektoren, was wir allerdings erst in § 24 beweisen werden (Satz 24.1). Ist E eine automorphe Einheit von $\mathfrak{I}_i$, so ist nach (16.9): $u_i(\mathsf{E}\,\tau) = u_i(\tau)$, damit ist alles bewiesen.

Wenn die Gitter nur endlich viele Einheiten besitzen (*vgl. Satz 16.1*), *sind die Zahlen* (*18.4*) *proportional zu den nunmehr endlichen Anzahlen der Vektoren* τ *der Eigenschaft* (*18.5*). Nämlich die Anzahlen der Einheiten E in $\mathfrak{I}_i$ ist proportional v_i, und die Anzahl derjenigen E, für welche $\mathsf{E}\,\tau = \tau$ ist, proportional $u_i(\tau)$. Die Anzahl der verschiedenen unter den $\mathsf{E}\,\tau$ ist mithin proportional $\frac{v_i}{u_i(\tau)}$.

Wir werden später die Summen (18.4) in Teilsummen aufspalten. Diese sind von ählicher Beschaffenheit, es wird lediglich die Summation beschränkt auf Vektoren τ, welche in gewissen Klassen $\mathfrak{C}_k$ im Sinne von Satz 11.8 liegen. Wir bezeichnen sie mit

$$\mu_i^{(0)}(\tau, \mathfrak{C}_k) = \sum_{\tau \in \mathfrak{C}_k} \frac{v_i}{u_i(\tau)}. \tag{18.6}$$

und nennen sie die *spezifizierten Darstellungsmaße*, im Gegensatz zu den *unspezifizierten* (18.4).

2. Verknüpfung mit den Anzahlmatrizen, ein Spezialfall. Wir beginnen mit der Aufdeckung von Beziehungen zwischen den Anzahlmatrizen und den relativen Darstellungsmaßen in dem allereinfachsten Falle und nehmen dann später schrittweise Verallgemeinerungen vor.

Satz 18.1. *Es sei $\mathfrak{p}$ ein Primideal in k, und die $\mathfrak{p}$-adischen Erweiterungen $\mathfrak{J}_{i\mathfrak{p}}$ der Gitter $\mathfrak{J}_i$ mögen Basen $[\lambda_\nu]$ mit*

$$\lambda_1 \lambda_2 = \lambda_3 \lambda_4 = \cdots = \lambda_{n-1} \lambda_n = l_i, \quad \lambda_\mu \lambda_\nu = 0 \text{ sonst}$$

besitzen (Fall A in § 11, Nr. 4). Es gibt dann Ideale $\mathfrak{K}/\mathfrak{J}_i$ der Norm $\mathfrak{p}$, und alle primitiven Vektoren τ aus $\mathfrak{J}_{i\mathfrak{p}}$, deren Normen durch $\mathfrak{l}_i\, \mathfrak{p}$ teilbar sind, bilden eine Klasse $\mathfrak{C}_1$ im Sinne von Satz 11.8.

Bezeichnet $\varrho(\mathfrak{C}_1)$ die Anzahl der ganzen Ideale $\mathfrak{K}/\mathfrak{J}_i$ der Norm $\mathfrak{p}$, welche einen Vektor aus der Klasse $\mathfrak{C}_1$ in $\mathfrak{J}_{i\mathfrak{p}}$ teilen, und werden ferner für ein nicht durch $\mathfrak{p}$ teilbares Ideal $\mathfrak{t}$ die einzeiligen Matrizen

$$\mathfrak{m}^{(0)}(\mathfrak{t}) = \left(\mu_1^{(0)}(\mathfrak{t}), \ldots, \mu_h^{(0)}(\mathfrak{t})\right), \; \mathfrak{m}^{(0)}(\mathfrak{p}\,\mathfrak{t}) = \left(\mu_1^{(0)}(\mathfrak{p}\,\mathfrak{t}), \ldots, \mu_h^{(0)}(\mathfrak{p}\,\mathfrak{t})\right) \tag{18.7}$$

gebildet, so gilt

$$\mathfrak{m}^{(0)}(\mathfrak{t})\, P^{(0)}(\mathfrak{p}) = \varrho(\mathfrak{C}_1)\, \mathfrak{m}^{(0)}(\mathfrak{p}\,\mathfrak{t}). \tag{18.8}$$

Beweis. Es seien $\mathfrak{K}_1/\mathfrak{J}_j, \ldots, \mathfrak{K}_\pi/\mathfrak{J}_j$ alle ganzen Ideale der Norm $\mathfrak{p}$ bei festgehaltenem Gitter $\mathfrak{J}_j$. Sie lassen sich in der Form $\mathsf{P}\,\mathfrak{J}_i/\mathfrak{J}_j$ mit jeweils einem Index i schreiben. Ein Vektor τ in $\mathfrak{J}_j$ der Norm

$$n(\tau)\,\mathfrak{o} = \mathfrak{p}\,\mathfrak{t}\,\mathfrak{l}_j$$

sei gegeben. Er ist dann durch $\varrho(\mathfrak{C}_1)$ der Ideale $\mathfrak{K}_\nu/\mathfrak{J}_j$ teilbar. τ sei etwa durch $\mathsf{P}\,\mathfrak{J}_i/\mathfrak{J}_j$ teilbar, d. h. in $\mathsf{P}\,\mathfrak{J}_i$ gelegen. Dann ist

$$\sigma = \mathsf{P}^{-1}\,\tau \tag{18.9}$$

ein Vektor in $\mathfrak{J}_i$ und hat die Norm

$$n(\sigma)\,\mathfrak{o} = \frac{n(\tau)}{n(\mathsf{P})}\,\mathfrak{o} = \frac{\mathfrak{p}\,\mathfrak{t}\,\mathfrak{l}_j}{\mathfrak{p}\,\mathfrak{l}_j\,\mathfrak{l}_i^{-1}} = \mathfrak{t}\,\mathfrak{l}_i.$$

Ist umgekehrt σ ein Vektor dieser Norm in $\mathfrak{J}_i$, so wird ihm vermittels (18.9) ein Vektor τ der Norm $\mathfrak{p}\,\mathfrak{t}\,\mathfrak{l}_j$ aus $\mathfrak{J}_j$ zugeordnet. Es ist zu untersuchen, wie sich bei der Zuordnung (18.9) die Klassen assoziierter Vektoren verhalten.

Wir zählen dazu die Ideale $\mathfrak{K}_\nu/\mathfrak{J}_j$ nach Ähnlichkeitsklassen gesondert auf:

$$\mathfrak{K}_\nu/\mathfrak{J}_j = \mathsf{P}_{i1}\,\mathfrak{J}_i/\mathfrak{J}_j, \ldots, \mathsf{P}_{i\pi_{ij}}\,\mathfrak{J}_i/\mathfrak{J}_j \left(\pi_{ij} = \pi_{ij}(\mathfrak{p})\right), \; i = 1, \ldots, h$$

und bilden für festgehaltenen Index i den Durchschnitt der Einheitengruppen

$$\mathfrak{G}_{ij} = \mathfrak{V}^+_{\mathfrak{J}_j} \cap \mathfrak{V}^+_{\mathsf{P}_{i1}\mathfrak{J}_i} \cap \mathfrak{V}^+_{\mathsf{P}_{i2}\mathfrak{J}_i} \cap \cdots \cap \mathfrak{V}^+_{\mathsf{P}_{i\pi_{ij}}\mathfrak{J}_i}.$$

$\mathfrak{G}_{ij}$ hat nach Satz 16.2 in $\mathfrak{V}^+_{\mathfrak{J}_j}$ und allen $\mathfrak{V}^+_{\mathsf{P}_{i\nu}\mathfrak{J}_i}$ einen endlichen Index; dann hat auch $\mathsf{P}_{i\nu}^{-1}\,\mathfrak{G}_{ij}\,\mathsf{P}_{i\nu}$ in $\mathfrak{V}^+_{\mathfrak{J}_i} = \mathsf{P}_{i\nu}^{-1}\,\mathfrak{V}^+_{\mathsf{P}_{i\nu}\mathfrak{J}_i}\,\mathsf{P}_{i\nu}$ einen endlichen Index. Wir nehmen die folgenden Entwicklungen in Nebengruppen vor:

$$\mathfrak{V}^+_{\mathfrak{J}_j} = \sum_\varkappa \mathfrak{G}_{ij}\,\mathsf{E}_{j\varkappa}, \quad \mathfrak{V}^+_{\mathfrak{J}_i} = \sum_\lambda \mathsf{P}_{i\nu}^{-1}\,\mathfrak{G}_{ij}\,\mathsf{P}_{i\nu}\,\mathsf{H}_{i\nu\lambda} \tag{18.10}$$

und betrachten die Vektoren $\mathsf{E}_{j\varkappa}\tau$ für je ein τ der Norm $\mathfrak{p}\,\mathfrak{t}\,\mathfrak{l}_j$. Wie viele dieser Vektoren sind jeweils bez. der Gruppe $\mathfrak{G}_{ij}$ assoziiert? Zieht man die Gruppen $\mathfrak{U}^+_{\mathfrak{J}_j}[\mathsf{E}_{j\varkappa}\tau]$ und $\mathfrak{G}_{ij}\cap\mathfrak{U}^+_{\mathfrak{J}_j}[\mathsf{E}_{j\varkappa}\tau]$ heran, so sieht man: für jeden Index $\varkappa=\varkappa_0$ können jeweils so viele der Nebengruppen $\mathfrak{G}_{ij}\mathsf{E}_{j\varkappa}$ durch Elemente aus $\mathfrak{U}^+_{\mathfrak{J}_j}[\mathsf{E}_{j\varkappa_0}\tau]$ vertreten werden, als der Index

$$w(\mathsf{E}_{j\varkappa}\tau)=\left[\mathfrak{U}^+_{\mathfrak{J}_j}[\mathsf{E}_{j\varkappa}\tau]:\mathfrak{G}_{ij}\cap\mathfrak{U}^+_{\mathfrak{J}_j}[\mathsf{E}_{j\varkappa}\tau]\right] \qquad (18.11)$$

für $\varkappa=\varkappa_0$ beträgt. (18.11) wird sich unten als endlich herausstellen. Es sind also jeweils $w(\mathsf{E}_{j\varkappa}\tau)$ unter den Vektoren $\mathsf{E}_{j\varkappa}\tau$ mit einem bestimmten von ihnen bez. $\mathfrak{G}_{ij}$ assoziiert. Wenn man daher jedem der Vektoren $\mathsf{E}_{j\varkappa}\tau$ die Vielfachheit $w(\mathsf{E}_{j\varkappa}\tau)^{-1}$ zuschreibt, so wird jede Klasse von bez. $\mathfrak{G}_{ij}$ assoziierten Vektoren, welche überhaupt auftritt, durch die Gesamtheit der $\mathsf{E}_{j\varkappa}\tau$ in der genauen Vielfachheit 1 vertreten.

Hierauf lasse man die τ ein Repräsentantensystem der Klassen bez. $\mathfrak{B}^+_{\mathfrak{J}_j}$ assoziierten Vektoren der Norm $\mathfrak{p}\,\mathfrak{t}\,\mathfrak{l}_j$ durchlaufen. Die $\mathsf{E}_{j\varkappa}\tau$ durchlaufen dann ein Repräsentantensystem der Klassen von bez. $\mathfrak{G}_{ij}$ assoziierten Vektoren; und zwar wird jede Klasse genau einmal vertreten, sofern man sich an obige Verabredung hält.

Ebenso lasse man $\sigma=\sigma_i$ ein Repräsentantensystem der Klassen von bez. $\mathfrak{B}^+_{\mathfrak{J}_i}$ assoziierten Vektoren der Norm $\mathfrak{t}\,\mathfrak{l}_i$ in dem Gitter $\mathfrak{J}_i$ durchlaufen und die $\mathsf{H}_{i\nu\lambda}$ ($\lambda=1,2,\ldots$) die Einheiten aus der zweiten Nebengruppenzerlegung (18.10). Die $\mathsf{H}_{i\nu\lambda}\sigma_i$ vertreten dann die Klassen von bez. $\mathsf{P}_{i\nu}^{-1}\mathfrak{G}_{ij}\mathsf{P}_{i\nu}$ assoziierten Vektoren je genau einmal, wenn wie oben verabredet wird, daß jedes $\mathsf{H}_{i\nu\lambda}\sigma_i$ in der Vielfachheit $w(\mathsf{H}_{i\nu\lambda}\sigma_i)^{-1}$ gezählt wird:

$$w(\mathsf{H}_{i\nu\lambda}\sigma_i)=\left[\mathfrak{U}^+_{\mathfrak{J}_i}[\mathsf{H}_{i\nu\lambda}\sigma_i]:\mathsf{P}_{i\nu}^{-1}\mathfrak{G}_{ij}\mathsf{P}_{i\nu}\cap\mathfrak{U}^+_{\mathfrak{J}_i}[\mathsf{H}_{i\nu\lambda}\sigma_i]\right]. \qquad (18.12)$$

In (18.9) setzen wir $\mathsf{E}_{j\varkappa}\tau$, $\mathsf{H}_{i\nu\lambda}\sigma_i$, $\mathsf{P}_{i\nu}$ an Stelle von τ, σ, P ein; wir betrachten also die Gesamtheit der Gleichungen

$$\mathsf{H}_{i\nu\lambda}\sigma_i=\mathsf{P}_{i\nu}^{-1}\mathsf{E}_{j\varkappa}\tau. \qquad (18.13)$$

Wird dies links mit einem Element aus $\mathsf{P}_{i\nu}^{-1}\mathfrak{G}_{ij}\mathsf{P}_{i\nu}$ multipliziert, so geht $\mathsf{H}_{i\nu\lambda}\sigma_i$ in einen bez. dieser Gruppe assoziierten Vektor über und $\mathsf{E}_{j\varkappa}\tau$ in einen bez. $\mathfrak{G}_{ij}$ assoziierten Vektor. Es gehört also zu jeder Klasse $\mathsf{H}_{i\nu\lambda}\sigma_i$ und zu jedem Ideal $\mathsf{P}_{i\nu}\mathfrak{J}_i/\mathfrak{J}_j$ eine Klasse $\mathsf{E}_{j\varkappa}\tau$. Umgekehrt tritt jede Klasse $\mathsf{E}_{j\varkappa}\tau$ in genau $\varrho(\mathfrak{C}_1)$ solchen Gleichungen auf. Es ist mithin

$$\sum_{i,\nu}\sum_{\sigma_i,\lambda}\frac{1}{w(\mathsf{H}_{i\nu\lambda}\sigma_i)}=\varrho(\mathfrak{C}_1)\sum_{\tau,\varkappa}\frac{1}{w(\mathsf{E}_{j\varkappa}\tau)}. \qquad (18.14)$$

Beide Seiten dieser Gleichung lassen sich folgendermaßen umformen: Aus (18.13) geht hervor

$$\mathsf{P}_{i\nu}\mathfrak{U}^+_{\mathfrak{J}_i}[\mathsf{H}_{i\nu\lambda}\sigma_i]\mathsf{P}_{i\nu}^{-1}=\mathfrak{U}^+_{\mathsf{P}_{i\nu}\mathfrak{J}_i}[\mathsf{E}_{j\varkappa}\tau],$$

also wird (18.12):

$$w(\mathsf{H}_{i\nu\lambda}\sigma_i)=\left[\mathfrak{U}^+_{\mathsf{P}_{i\nu}\mathfrak{J}_i}[\mathsf{E}_{j\varkappa}\tau]:\mathfrak{G}_{ij}\cap\mathfrak{U}^+_{\mathsf{P}_{i\nu}\mathfrak{J}_i}[\mathsf{E}_{j\varkappa}\tau]\right].$$

Zieht man (18.11) einerseits und (16.6) andererseits heran, so resultiert

$$\frac{w(\mathsf{E}_{j\varkappa}\tau)}{w(\mathsf{H}_{i\nu\lambda}\sigma_i)} = \frac{u^+[\mathfrak{J}_j, \mathsf{E}_{j\varkappa}\tau]}{u^+[\mathsf{P}_{i\nu}\mathfrak{J}_i, \mathsf{E}_{j\varkappa}\tau]},$$

wegen (16.9) ist dies (vgl. die Abkürzung (18.3)):

$$\frac{w(\mathsf{E}_{j\varkappa}\tau)}{w(\mathsf{H}_{i\nu\lambda}\sigma_i)} = \frac{u^+[\mathfrak{J}_j, \mathsf{E}_{j\varkappa}\tau]}{u^+[\mathfrak{J}_i, \mathsf{H}_{i\nu\lambda}\sigma_i]} = \frac{u^+[\mathfrak{J}_j, \tau]}{u^+[\mathfrak{J}_i, \sigma_i]} = \frac{u_j(\tau)}{u_i(\sigma_i)}.$$

Man kann daher an Stelle von (18.14) auch schreiben:

$$\sum_{i,\nu} \sum_{\sigma_i,\lambda} \frac{1}{u_i(\sigma_i)} = \varrho(\mathfrak{C}_1) \sum_{\tau,\varkappa} \frac{1}{u_j(\tau)}.$$

Wird beachtet, daß $\varkappa$ und λ in (18.10) genau $[\mathfrak{B}^+_{\mathfrak{J}_j} : \mathfrak{G}_{ij}]$ und $[\mathfrak{B}^+_{\mathfrak{J}_i} : \mathsf{P}^{-1}_{i\nu}\,\mathfrak{G}_{ij}\,\mathsf{P}_{i\nu}] = [\mathfrak{B}^+_{\mathsf{P}_{i\nu}\mathfrak{J}_i} : \mathfrak{G}_{ij}]$ Werte durchlaufen, und daß diese Anzahlen in dem Verhältnis $v^+(\mathfrak{J}_j) : v^+(\mathsf{P}_{i\nu}\mathfrak{J}_i) = v^+(\mathfrak{J}_j) : v^+(\mathfrak{J}_i) = v_j : v_i$ stehen, so kommt man auf

$$\sum_{i,\nu} \sum_{\sigma_i} \frac{v_i}{u_i(\sigma_i)} = \varrho(\mathfrak{C}_1) \sum_{\tau} \frac{v_j}{u_j(\tau)}.$$

Da ν jeweils $\pi_{ij}(\mathfrak{p})$ Werte annimmt, stimmt diese Gleichung mit der Behauptung (18.8) überein.

3. Der allgemeine Fall. Es reichen wenige zusätzliche Bemerkungen hin, um Satz 18.1 nach zwei Richtungen zu erweitern. Erstens kann man $\mathsf{P}^{(0)}(\mathfrak{p})$ in (18.8) durch $\mathsf{P}^{(0)}(\mathfrak{s})$ mit einem beliebigen Ideal $\mathfrak{s}$ ersetzen; diese Möglichkeit wird zunächst studiert. Zweitens kann man eine entsprechende Aussage herleiten, in welcher an Stelle der $\mathsf{P}^{(0)}(\mathfrak{s})$ die Matrizen $\mathsf{P}^{(r)}(\mathfrak{s})$ auftreten; hierauf gehen wir in Nr. 6 ein.

Es werden sämtliche ganzen Ideale $\mathfrak{K}/\mathfrak{J}_j$ der Norm $\mathfrak{s}$ und von einem vorgeschriebenen Elementarteilersystem betrachtet.

Wir haben bei der ersten Verallgemeinerung die Vektoren τ aus $\mathfrak{J}_j$ der Norm $\mathfrak{s}\,\mathfrak{t}\,\mathfrak{l}_j$ auf verschiedene Klassen $\mathfrak{C}_k$ zu verteilen. Diese Klassen bestimmen sich als Durchschnitte der in Satz 11.8 definierten Klassen $\mathfrak{C}_k(\mathfrak{p}^s)$ für die einzelnen in $\mathfrak{s}$ aufgehenden Primidealpotenzen $\mathfrak{p}^s$ und haben die Eigenschaft, daß alle τ aus jeweils einer der Klassen $\mathfrak{C}_k$ durch gleich viele Ideale $\mathfrak{K}/\mathfrak{J}_j$ der Norm $\mathfrak{s}$ und von vorgeschriebenem Elementarteilersystem teilbar sind. Die $\mathfrak{C}_k$ umfassen nach Satz 11.8 stets volle Restklassen von $\mathfrak{J}_j \bmod \mathfrak{s}\,\mathfrak{J}_j$. Wir bezeichnen entsprechend § 11 mit

$\varrho(\mathfrak{C}_k)$: die Anzahl der $\mathfrak{K}/\mathfrak{J}_j$ der bezeichneten Art, welche einen Vektor $\tau \in \mathfrak{C}_k$ teilen.

Diese Zahlen bestimmen sich offenbar als die Produkte der entsprechend gebildeten Zahlen für die $\mathfrak{p}$-adischen Erweiterungen von $\mathfrak{J}_j$, zu deren Berechnung auf § 11 zurückgegriffen werden kann. Die Abhängigkeit von $\varrho(\mathfrak{C}_k)$ von $\mathfrak{s}$ und dem vorgeschriebenen Elementarteilersystem der Ideale $\mathfrak{K}/\mathfrak{J}_j$ wird wie bisher nicht besonders zum Ausdruck gebracht.

Die Überlegungen von Nr. 2 sind unter der allgemeinen Annahme gültig, daß die Norm $\mathfrak{s}$ und das Elementarteilersystem der ganzen Ideale $\mathfrak{K}/\mathfrak{J}_j = \mathsf{P}_{i\nu}\,\mathfrak{J}_i/\mathfrak{J}_j$ beliebig vorgeschrieben sind. Man muß nur zweierlei beachten: erstens gehören assoziierte Vektoren stets der gleichen Klasse $\mathfrak{C}_k$ an, zweitens tritt in (18.13) jede durch $\mathsf{E}_{j\varkappa}\,\tau$ vertretene Klasse $\mathfrak{C}_k$ assoziierter Vektoren genau $\varrho(\mathfrak{C}_k)$-mal auf. Man erhält so unmittelbar

Satz 18.2. *Die Anzahlmatrizen sowie die Klassen $\mathfrak{C}_k$ mögen sich auf Ideale von einem vorgeschriebenen Elementarteilersystem beziehen. Dann gilt für die einzeiligen Matrizen*

$$\mathfrak{m}^{(0)}(\mathfrak{t}, \mathfrak{C}_k) = \left(\mu_1^{(0)}(\mathfrak{t}, \mathfrak{C}_k), \ldots, \mu_h^{(0)}(\mathfrak{t}, \mathfrak{C}_k)\right) \tag{18.15}$$

das Gleichungssystem

$$\mathfrak{m}^{(0)}(\mathfrak{t})\, P^{(0)}(\mathfrak{s}) = \sum_{\mathfrak{C}_k} \varrho(\mathfrak{C}_k)\, \mathfrak{m}^{(0)}(\mathfrak{s}\,\mathfrak{t}, \mathfrak{C}_k). \tag{18.16}$$

Wir wollen jetzt die Formel (18.16) im einzelnen ausführen unter der Voraussetzung, daß $\mathfrak{s}$ die Norm eines Primideals und zur reduzierten Determinante des zugrunde liegenden Idealkomplexes teilerfremd ist. Es liegen somit die drei in § 11, Nr. 4 diskutierten Fälle A, B, C vor. Das Elementarteilersystem der Ideale $\mathfrak{K}/\mathfrak{J}_j$ fixieren wir wie dort durch (11.14). Die Klassen $\mathfrak{C}_k$ sind dann die in § 11 beschriebenen.

Zur Auswertung von (18.16) brauchen wir zunächst einen Spezialfall dieser Formel, nämlich den, in welchem die Ideale $\mathfrak{K}/\mathfrak{J}_j = \mathfrak{p}\,\mathfrak{J}_j/\mathfrak{J}_j$ sind:

$$\mathfrak{m}^{(0)}(\mathfrak{p}^2\,\mathfrak{t}, \mathfrak{C}_0) = \mathfrak{m}^{(0)}(\mathfrak{t})\, L^{(0)}(\mathfrak{p}), \tag{18.17}$$

wenn $\mathfrak{m}^{(0)}(\mathfrak{p}^2\,\mathfrak{t}, \mathfrak{C}_0)$ aus den Summe (18.4) mit $\tau \equiv 0 \bmod \mathfrak{p}\,\mathfrak{J}_j$ besteht. Hier braucht $\mathfrak{t}$ nicht prim zu $\mathfrak{p}$ zu sein. Daraus folgt weiter

$$\mathfrak{m}^{(0)}(\mathfrak{p}^s\,\mathfrak{t}) = \mathfrak{m}^{(0)}(\mathfrak{p}^s\,\mathfrak{t}, \mathfrak{C}_1) + \mathfrak{m}^{(0)}(\mathfrak{p}^{s-2}\,\mathfrak{t})\, L^{(0)}(\mathfrak{p}), \tag{18.18}$$

denn alle Vektoren setzen sich zusammen aus den primitiven, diese bilden die Klasse $\mathfrak{C}_1$, und den imprimitiven.

Nach dieser Vorbereitung dividieren wir die Gleichung (18.16) durch $\varrho(\mathfrak{C}_1)$ und erinnern an die Abkürzung (11.9), ferner setzen wir

$$S^{(0)}(\mathfrak{p}^\varrho) = \frac{1}{\varrho(\mathfrak{C}_1)}\, P^{(0)}(\mathfrak{p}^\varrho) \qquad (\varrho = 1{,}2). \tag{18.19}$$

Im Falle A gibt es nur die beiden Klassen $\mathfrak{C}_1$, $\mathfrak{C}_0$, also ergibt (18.16)

$$\mathfrak{m}^{(0)}(\mathfrak{p}^s\,\mathfrak{t})\, S^{(0)}(\mathfrak{p}) = \mathfrak{m}^{(0)}(\mathfrak{p}^{s+1}\,\mathfrak{t}, \mathfrak{C}_1) + \frac{\lambda(\mathfrak{C}_1)}{\lambda(\mathfrak{C}_0)}\, \mathfrak{m}^{(0)}(\mathfrak{p}^{s+1}\,\mathfrak{t}, \mathfrak{C}_0).$$

Das ist nach (18.17), (18.18) und (11.15), (11.16)

$$\left.\begin{array}{l} \mathfrak{m}^{(0)}(\mathfrak{p}^s\,\mathfrak{t})\, S^{(0)}(\mathfrak{p}) = \mathfrak{m}^{(0)}(\mathfrak{p}^{s+1}\,\mathfrak{t}) + N(\mathfrak{p})^{n/2-1}\, \mathfrak{m}^{(0)}(\mathfrak{p}^{s-1}\,\mathfrak{t})\, L^{(0)}(\mathfrak{p}) \\ \left(\textit{für } n \equiv 0 \textit{ mod } 2,\ \left(\frac{\Delta(R)}{\mathfrak{p}}\right) = 1,\ \left(\mathfrak{p}, \mathfrak{t}\,\mathfrak{d}(\mathfrak{S})\right) = \mathfrak{o},\ s \geqq 0\right). \end{array}\right\} \tag{18.20 A}$$

Hier ist sinngemäß $\mathfrak{m}^{(0)}(\mathfrak{p}^{-1}\,\mathfrak{t}) = 0$ zu setzen.

Im Falle B gibt es 4 Klassen $\mathfrak{C}_1, \mathfrak{C}_{01}, \mathfrak{C}_{00}, \mathfrak{C}_{000}$, und (18.16) liefert zwei Formeln

$$\mathfrak{m}^{(0)}(\mathfrak{t})\, S^{(0)}(\mathfrak{p}^2) = \mathfrak{m}^{(0)}(\mathfrak{p}^2\,\mathfrak{t}, \mathfrak{C}_1) + \frac{\lambda(\mathfrak{C}_1)}{\lambda(\mathfrak{C}_{01})}\,\mathfrak{m}^{(0)}(\mathfrak{p}^2\,\mathfrak{t}, \mathfrak{C}_{01}),$$

$$\mathfrak{m}^{(0)}(\mathfrak{p}^s\,\mathfrak{t})\, S^0(\mathfrak{p}^2)$$
$$= \mathfrak{m}^{(0)}(\mathfrak{p}^{s+2}\,\mathfrak{t}, \mathfrak{C}_1) + \frac{\lambda(\mathfrak{C}_1)}{\lambda(\mathfrak{C}_{00})}\,\mathfrak{m}^{(0)}(\mathfrak{p}^{s+2}\,\mathfrak{t}, \mathfrak{C}_{00}) + \frac{\lambda(\mathfrak{C}_1)}{\lambda(\mathfrak{C}_{000})}\,\mathfrak{m}^{(0)}(\mathfrak{p}^{s+2}\,\mathfrak{t}, \mathfrak{C}_{000}),$$

wobei $\mathfrak{t}$ zu $\mathfrak{p}$ prim und $s > 0$ angenommen wurde. (18.17), (18.18) und (11.18) erlaubt die Umformung in

$$\left.\begin{aligned}
&\mathfrak{m}^{(0)}(\mathfrak{t})\, S^{(0)}(\mathfrak{p}^2)\\
&\quad = \mathfrak{m}^{(0)}(\mathfrak{p}^2\,\mathfrak{t}) + \left(N(\mathfrak{p})^{n/2-2}\,(N(\mathfrak{p})+1) - 1\right)\mathfrak{m}^{(0)}(\mathfrak{t})\, L^{(0)}(\mathfrak{p}),\\
&\mathfrak{m}^{(0)}(\mathfrak{p}^s\,\mathfrak{t})\, S^{(0)}(\mathfrak{p}^2)\\
&\quad = \mathfrak{m}^{(0)}(\mathfrak{p}^{s+2}\,\mathfrak{t}) + \left(N(\mathfrak{p})^{n/2-2} - 1\right)\mathfrak{m}^{(0)}(\mathfrak{p}^s\,\mathfrak{t})\, L^{(0)}(\mathfrak{p})\\
&\qquad\qquad + N(\mathfrak{p})^{n-2}\,\mathfrak{m}^{(0)}(\mathfrak{p}^{s-2}\,\mathfrak{t})\, L^{(0)}(\mathfrak{p})^2\\
&\left(\textit{für } n \equiv 0 \textit{ mod } 2,\ \left(\frac{\Delta(R)}{\mathfrak{p}}\right) = -1,\ (\mathfrak{p}, \mathfrak{t}\,\mathfrak{d}(\mathfrak{J})) = \mathfrak{o},\ s > 0\right).
\end{aligned}\right\}\quad (18.20\text{B})$$

Wieder ist $\mathfrak{m}^{(0)}(\mathfrak{p}^{-1}\,\mathfrak{t}) = 0$ zu nehmen.

Der Fall C teilt sich in 3 Unterfälle auf, je nach der Klasse kommensurabler Vektoren, welche der Definition der Darstellungsmaße $\mu_i^{(0)}(\mathfrak{t})$ zugrunde liegt. Da es nur Primideale der Norm $\mathfrak{p}^2$ gibt, sind die Normen $\mathfrak{l}_i$ der Gitter $\mathfrak{J}_i$ stets durch eine gerade oder eine ungerade Potenz von $\mathfrak{p}$ teilbar. Im ersteren Falle ist, wenn ι_1 den ersten Basisvektor in (11.14) bezeichnet, $\frac{n(\tau)}{n(\iota_1)}$ für alle auftretenden τ entweder stets ein Quadrat in $k_\mathfrak{p}$ oder ein Nicht-Quadrat, entsprechend tritt von den Klassen $\mathfrak{C}_{01}$ oder $\mathfrak{C}_{0-1}$ jeweils höchstens eine auf. Die Quadratklasse von $n(\iota_1) = \frac{1}{2}\,\iota_1^2$ ist $\Delta(R)$. Sonst ändert sich gegenüber dem Fall B nichts, und man erhält nach (11.19)

$$\left.\begin{aligned}
&\mathfrak{m}^{(0)}(\mathfrak{t})\, S^{(0)}(\mathfrak{p}^2)\\
&\quad = \mathfrak{m}^{(0)}(\mathfrak{p}^2\,\mathfrak{t}) + \left((1+\varepsilon)\, N(\mathfrak{p})^{(n-1)/2-1} - 1\right)\mathfrak{m}^{(0)}(\mathfrak{t})\, L^{(0)}(\mathfrak{p}),\\
&\mathfrak{m}^{(0)}(\mathfrak{p}^s\,\mathfrak{t})\, S^{(0)}(\mathfrak{p}^2)\\
&\quad = \mathfrak{m}^{(0)}(\mathfrak{p}^{s+2}\,\mathfrak{t}) + \left(N(\mathfrak{p})^{(n-1)/2-1} - 1\right)\mathfrak{m}^{(0)}(\mathfrak{p}^s\,\mathfrak{t})\, L^{(0)}(\mathfrak{p})\\
&\qquad\qquad + N(\mathfrak{p})^{n-2}\,\mathfrak{m}^{(0)}(\mathfrak{p}^{s-2}\,\mathfrak{t})\, L^{(0)}(\mathfrak{p})^2\\
&\left(\text{für } n \equiv 1 \text{ mod } 2,\ \varepsilon = \left(\frac{n(\tau)\,\Delta(R)}{\mathfrak{p}}\right),\ ((\mathfrak{p}, \mathfrak{t}\,\mathfrak{d}(\mathfrak{J})) = \mathfrak{o},\ s > 0\right).
\end{aligned}\right\}\quad (18.20\text{C})$$

Bemerkenswert an den Formeln (18.20) ist, daß nur noch die unspezifizierten Darstellungsmaßen auftreten. Falls jedoch $\mathfrak{p}$ in der reduzierten Determinante $\mathfrak{d}(\mathfrak{J})$ aufgeht, ist Ähnliches nicht zu erwarten.

4. Multiplikative Eigenschaften der Darstellungsmaße. Man lasse $\mathfrak{t}$ die zur reduzierten Determinante des vorliegenden Idealkomplexes primen Idealnormen durchlaufen. Sämtliche so erhaltene $\mathfrak{m}^{(0)}(\mathfrak{t})$ spannen dann einen linearen Vektorraum $\mathfrak{M}^{(0)}(\tau, \mathfrak{J})$ auf, welcher natürlich erstens von der Klasse kommensurabler Vektoren und zweitens von dem Idealkomplex abhängt, welche der Definition der Darstellungsmaße zugrunde liegen; wir haben diese Abhängigkeit durch je einen Repräsentanten $\tau, \mathfrak{J}$ angedeutet. Die Formeln (18.20) zeigen, daß die $S^{(0)}(\mathfrak{p}^{e})$, $L^{(0)}(\mathfrak{p})$ lineare Operatoren für diesen Raum sind.

Die $S^{(0)}(\mathfrak{p}^{e})$, $L^{(0)}(\mathfrak{p})$ erzeugen nach Satz 17.2 einen kommutativen Ring $\mathfrak{P}^{(0)}$ von h-reihigen Matrizen, als Operatoren in $\mathfrak{M}^{(0)}(\tau, \mathfrak{J})$ erzeugen sie einen kommutativen mit $\mathfrak{P}^{(0)}$ homomorphen Ring $\mathfrak{Z}^{(0)}(\tau, \mathfrak{J})$ von Operatoren. Wie sich in § 21 zeigen wird, ist der lineare Rang f von $\mathfrak{M}^{(0)}(\tau, \mathfrak{J})$ i. a. kleiner als h, daher ist der Homomorphismus $\mathfrak{P}^{(0)} \to \mathfrak{Z}^{(0)}(\tau, \mathfrak{J})$ möglicherweise kein Isomorphismus. Uns interessiert besonders der Fall, daß k der Körper der rationalen Zahlen ist. Dann ist $\mathfrak{P}^{(0)}$ nach Satz 17.1 voll reduzibel, und $\mathfrak{Z}^{(0)}(\tau, \mathfrak{J})$ wird isomorph mit einem direkten Summanden von $\mathfrak{P}^{(0)}$. Die explizite Konstruktion dieses Ringes führt zu neuen Erkenntnissen.

Es seien $\mathfrak{t}_1, \ldots, \mathfrak{t}_f$ ganze zur reduzierten Determinante teilerfremde Ideale derart, daß die Vektoren $\mathfrak{m}^{(0)}(\mathfrak{t}_\nu)$ den ganzen Raum $\mathfrak{M}^{(0)}(\tau, \mathfrak{J})$ aufspannen. Man kann dann von den Indizes $i = 1, \ldots, h$ gerade f so auswählen, daß die Determinante $|\mu_i^{(0)}(\mathfrak{t}_\mu)|$ nicht verschwindet, es seien dies etwa $i = 1, \ldots, f$. Dann stellen die $\mu_i^{(0)}(\mathfrak{t})$ für $i = 1, \ldots, f$ ein Koordinatensystem in $\mathfrak{M}^{(0)}(\tau, \mathfrak{J})$ dar. Die übrigen Komponenten der $\mathfrak{m}^{(0)}(\mathfrak{t}_\nu)$ lassen sich jetzt so berechnen:

$$\mu_i^{(0)}(\mathfrak{t}_\nu) = \sum_{j=1}^{f} c_{ij}\, \mu_j^{(0)}(\mathfrak{t}_\nu)$$

mit rationalen von den $\mathfrak{t}_\nu$ unabhängigen c_{ij}. Diese Gleichungen bleiben bestehen, wenn man in ihnen die $\mathfrak{t}_\nu$ durch irgendwelche zur reduzierten Determinante primen Ideale ersetzt.

Wir definieren nun Operatoren $C^{(0)}(\mathfrak{s})$, $Z^{(0)}(\mathfrak{p})$ bzw. $Z^{(0)}(\mathfrak{p}^2)$ für $\mathfrak{M}^{(0)}(\tau, \mathfrak{J})$, welche den Ring $\mathfrak{Z}^{(0)}(\tau, \mathfrak{J})$ erzeugen, vermittels der Gleichungen

$$\mathfrak{m}^{(0)}(\mathfrak{t}) \circ C^{(0)}(\mathfrak{s}) = \mathfrak{m}^{(0)}(\mathfrak{t})\, L^{(0)}(\mathfrak{s}), \tag{18.21}$$

und für alle ganzen $\mathfrak{t}$:

$$\mathfrak{m}^{(0)}(\mathfrak{t}) \circ Z^{(0)}(\mathfrak{p}) = \mathfrak{m}^{(0)}(\mathfrak{t})\, S^{(0)}(\mathfrak{p}), \tag{18.22A}$$

$$\begin{aligned} &\mathfrak{m}^{(0)}(\mathfrak{t}) \circ Z^{(0)}(\mathfrak{p}^2) \\ &\quad = \mathfrak{m}^{(0)}(\mathfrak{t})\,[S^{(0)}(\mathfrak{p}^2) - (N(\mathfrak{p})^{n/2-2}(N(\mathfrak{p})+1) - 1)\, L^{(0)}(\mathfrak{p})], \end{aligned} \tag{18.22B}$$

$$\begin{aligned} &\mathfrak{m}^{(0)}(\mathfrak{t}) \circ Z^{(0)}(\mathfrak{p}^2) \\ &\quad = \mathfrak{m}^{(0)}(\mathfrak{t})\,[S^{(0)}(\mathfrak{p}^2) - \big((1+\varepsilon)\, N(\mathfrak{p})^{(n-1)/2-1} - 1\big)\, L^{(0)}(\mathfrak{p})], \end{aligned} \tag{18.22C}$$

betr. der Bedeutung von ε wolle man (18.20 C) vergleichen. Wir definieren weiterhin in den drei Fällen A, B, C für $s > 0$:

$$Z^{(0)}(\mathfrak{p}^{s+1}) = Z^{(0)}(\mathfrak{p}^s)\, Z^{(0)}(\mathfrak{p}) - N(\mathfrak{p})^{n/2-1}\, Z^{(0)}(\mathfrak{p}^{s-1})\, C^{(0)}(\mathfrak{p}), \qquad (18.23\,\mathrm{A})$$

$$\begin{aligned} Z^{(0)}(\mathfrak{p}^{2s+2}) &= Z^{(0)}(\mathfrak{p}^{2s})\big(Z^{(0)}(\mathfrak{p}^2) + N(\mathfrak{p})^{n/2-1}\, C^{(0)}(\mathfrak{p})\big) \\ &\quad - N(\mathfrak{p})^{n-2}\, Z^{(0)}(\mathfrak{p}^{2s-2})\, C^{(0)}(\mathfrak{p})^2, \end{aligned} \qquad (18.23\,\mathrm{B})$$

$$\begin{aligned} Z^{(0)}(\mathfrak{p}^{2s+2}) &= Z^{(0)}(\mathfrak{p}^{2s})\big(Z^{(0)}(\mathfrak{p}^2) + \varepsilon\, N(\mathfrak{p})^{(n-1)/2-1}\, C^{(0)}(\mathfrak{p})\big) \\ &\quad - N(\mathfrak{p})^{n-2}\, Z^{(0)}(\mathfrak{p}^{2s-2})\, C^{(0)}(\mathfrak{p})^2 \end{aligned} \qquad (18.23\,\mathrm{C})$$

und schließlich für Potenzprodukte von Primidealen:

$$Z^{(0)}(\mathfrak{p}_1^{a_1}\, \mathfrak{p}_2^{a_2} \cdots) = Z^{(0)}(\mathfrak{p}_1^{a_1})\, Z^{(0)}(\mathfrak{p}_2^{a_2}) \cdots. \qquad (18.24)$$

Diese Definitionen sind gerade so getroffen worden, daß die Gleichungen

$$\mathfrak{m}^{(0)}(\mathfrak{t}) \circ Z^{(0)}(\mathfrak{s}) = \mathfrak{m}^{(0)}(\mathfrak{s}) \circ Z^{(0)}(\mathfrak{t}) = \mathfrak{m}^{(0)}(\mathfrak{s}\,\mathfrak{t}) \quad \text{für } (\mathfrak{s}, \mathfrak{t}) = \mathfrak{o} \qquad (18.25)$$

gelten. Wir brauchen diesen Tatbestand nur in dem Sonderfall zu verifizieren, daß $\mathfrak{s} = \mathfrak{p}^s$ eine Primidealpotenz ist; das übrige folgt sofort aus (18.24). Liegt der Fall A vor, und ist $s = 1$, so folgt

$$\mathfrak{m}^{(0)}(\mathfrak{t}) \circ Z^{(0)}(\mathfrak{p}^s) = \mathfrak{m}^{(0)}(\mathfrak{p}^s\, \mathfrak{t})$$

sofort aus (18.20), (18.22). Diese Formel sei für einen gewissen Wert von s und alle kleineren bewiesen. Multipliziert man sie mit $Z^{(0)}(\mathfrak{p})$, so entsteht nach (18.23), (18.20)

$$\begin{aligned} &\mathfrak{m}^{(0)}(\mathfrak{t}) \circ \big(Z^{(0)}(\mathfrak{p}^{s+1}) + N(\mathfrak{p})^{n/2-1}\, Z^{(0)}(\mathfrak{p}^{s-1})\, C^{(0)}(\mathfrak{p})\big) \\ &\quad = \mathfrak{m}^{(0)}(\mathfrak{p}^{s+1}\, \mathfrak{t}) + N(\mathfrak{p})^{n/2-1}\, \mathfrak{m}^{(0)}(\mathfrak{p}^{s-1}\, \mathfrak{t})\, L^{(0)}(\mathfrak{p}), \end{aligned}$$

das ist dieselbe Gleichung mit $s + 1$ an Stelle von s. Im Falle B ergibt (18.20) und (18.22) zunächst wieder

$$\mathfrak{m}^{(0)}(\mathfrak{t}) \circ Z^{(0)}(\mathfrak{p}^{2s}) = \mathfrak{m}^{(0)}(\mathfrak{p}^{2s}\, \mathfrak{t})$$

für $s = 1$, und nach Multiplikation mit $Z^{(0)}(\mathfrak{p}^2)$ wegen (18.22), (18.23), (18.20)

$$\begin{aligned} &\mathfrak{m}^{(0)}(\mathfrak{t}) \circ \big(Z^{(0)}(\mathfrak{p})^{2s+2} - N(\mathfrak{p})^{n/2-1}\, Z^{(0)}(\mathfrak{p}^{2s})\, C^{(0)}(\mathfrak{p}) \\ &\qquad\qquad + N(\mathfrak{p})^{n-2}\, Z^{(0)}(\mathfrak{p}^{2s-2})\, C^{(0)}(\mathfrak{p})^2\big) \\ &= \mathfrak{m}^{(0)}(\mathfrak{p}^{2s+2}\, \mathfrak{t})) - N(\mathfrak{p})^{n/2-1}\, \mathfrak{m}^{(0)}(\mathfrak{p}^{2s}\, \mathfrak{t})\, L^{(0)}(\mathfrak{p}) \\ &\qquad\qquad + N(\mathfrak{p})^{n-2}\, \mathfrak{m}^{(0)}(\mathfrak{p}^{2s-2}\, \mathfrak{t})\, L^{(0)}(\mathfrak{p})^2, \end{aligned}$$

das ist dieselbe Gleichung mit $s + 1$ an Stelle von s. Ebenso wird im Falle C verfahren.

Die $Z^{(0)}(\mathfrak{s})$ lassen sich natürlich durch lineare Substitutionen $(z_{ij}^{(0)}(\mathfrak{s}))$ darstellen, welche die f Koordinaten $\mu_i^{(0)}(\mathfrak{s})$ für $i = 1, \ldots, f$ verändern.

Die Gleichungen (18.25) schreiben sich dann so:

$$\sum_{i=1}^{f} \mu_i^{(0)}(\mathfrak{t}_\nu)\, z_{ij}^{(0)}(\mathfrak{s}) = \sum_{i=1}^{f} \mu_i^{(0)}(\mathfrak{s})\, z_{ij}^{(0)}(\mathfrak{t}_\nu), \qquad \nu = 1, \ldots, f.$$

Hier steht ein Gleichungssystem für die als unbekannt angenommenen $z_{ij}^{(0)}(\mathfrak{s})$. Die Determinante des Koeffizientenschemas $\mu_i^{(0)}(\mathfrak{t}_\nu)$ ist nach Voraussetzung nicht Null. Auf der rechten Seite stehen Linearformen in den $\mu_i^{(0)}(\mathfrak{s})$. Die Auflösung ergibt also

$$Z^{(0)}(\mathfrak{s}) = \sum_{i=1}^{f} Z_i^{(0)}\, \mu_i^{(0)}(\mathfrak{s}). \tag{18.26}$$

Die $Z_i^{(0)}$ sind unabhängig von $\mathfrak{s}$. Sie können aber auch von den der Rechnung zugrunde liegenden $\mathfrak{t}_\nu$ nicht abhängen, denn wegen der angenommenen linearen Unabhängigkeit der $\mu_i^{(0)}(\mathfrak{s})$ kann es nicht verschiedene Darstellungen (18.26) geben.

Wir fassen die Ergebnisse zusammen in

Satz 18.3. *Das Ideal $\mathfrak{s}$ durchlaufe alle zur reduzierten Determinante primen Idealnormen. Ist $\mu_1^{(0)}(\mathfrak{s}), \ldots, \mu_f^{(0)}(\mathfrak{s})$ ein maximales System linear unabhängiger Darstellungsmaße, so gibt es f lineare Operatoren $Z_i^{(0)}$, so daß die Summen (18.26) die Gleichungen (18.23) (18.24) erfüllen.*

Wir halten noch für eine spätere Anwendung die folgenden Formeln fest:

$$\begin{aligned} &\mathfrak{m}^{(0)}(\mathfrak{p}^s\,\mathfrak{t}) \circ Z^{(0)}(\mathfrak{p}) \\ &\quad = \mathfrak{m}^{(0)}(\mathfrak{p}^{s+1}\,\mathfrak{t}) + N(\mathfrak{p})^{n/2-1}\,\mathfrak{m}^{(0)}(\mathfrak{p}^{s-1}\,\mathfrak{t}), \qquad (s \geqq 0) \end{aligned} \tag{18.27A}$$

$$\left.\begin{aligned} &\mathfrak{m}^{(0)}(\mathfrak{t}) \circ Z^{(0)}(\mathfrak{p}^2) = \mathfrak{m}^{(0)}(\mathfrak{p}^2\,\mathfrak{t}), \\ &\mathfrak{m}^{(0)}(\mathfrak{p}^{2s}\,\mathfrak{t}) \circ Z^{(0)}(\mathfrak{p}^2) \\ &\quad = \mathfrak{m}^{(0)}(\mathfrak{p}^{2s+2}\,\mathfrak{t}) + N(\mathfrak{p})^{n/2-1}\,\mathfrak{m}^{(0)}(\mathfrak{p}^{2s}\,\mathfrak{t}) \circ C^{(0)}(\mathfrak{p}) \\ &\quad\quad + N(\mathfrak{p})^{n-2}\,\mathfrak{m}^{(0)}(\mathfrak{p}^{2s-2}\,\mathfrak{t}) \circ C^{(0)}(\mathfrak{p})^2 \qquad (s > 0) \end{aligned}\right\} \tag{18.27B}$$

$$\left.\begin{aligned} &\mathfrak{m}^{(0)}(\mathfrak{t}) \circ Z^{(0)}(\mathfrak{p}^2) = \mathfrak{m}^{(0)}(\mathfrak{p}^2\,\mathfrak{t}) \\ &\mathfrak{m}^{(0)}(\mathfrak{p}^{2s}\,\mathfrak{t}) \circ Z^{(0)}(\mathfrak{p}^2) \\ &\quad = \mathfrak{m}^{(0)}(\mathfrak{p}^{2s+2}\,\mathfrak{t}) - \varepsilon\, N(\mathfrak{p})^{(n-1)/2-1}\,\mathfrak{m}^{(0)}(\mathfrak{p}^{2s}\,\mathfrak{t}) \circ C^{(0)}(\mathfrak{p}) \\ &\quad\quad + N(\mathfrak{p})^{n-2}\,\mathfrak{m}^{(0)}(\mathfrak{p}^{2s-2}\,\mathfrak{t}) \circ C^{(0)}(\mathfrak{p})^2 \qquad (s > 0) \end{aligned}\right\} \tag{18.27C}$$

Sie ergeben sich unmittelbar aus (18.23), (18.25).

Die Bedeutung von Satz 18.3 liegt darin, daß die $\mu_i^{(0)}(\mathfrak{s})$ aus den $\mu_i^{(0)}(\mathfrak{p}^\varrho)$ ($\varrho = 1$ bzw. 2) rational berechenbar sind. Es projizieren sich hiermit gewissermaßen die multiplikativen Eigenschaften der Ähnlichkeitstransformationen auf Eigenschaften der Vektoren, obwohl für letztere keine Multiplikation erklärt ist.

5. Zusätzliche Bemerkungen. Die Relationen (18.23), (18.24) lassen sich übersichtlich zusammenfassen durch die Einführung der folgenden formal gebildeten Dirichletschen Reihe

$$\zeta(\sigma) = \sum_{\mathfrak{s}} Z^{(0)}(\mathfrak{s})\, N(\mathfrak{s})^{-\sigma} \qquad (Z^{(0)}(1) = 1)$$

einer Variablen σ; dabei bedeutet $N(\mathfrak{s})$ die Anzahl der Restklassen von $\mathfrak{o}$ mod $\mathfrak{s}^2$. Die Gleichung (18.24) besagt, daß sie ein sogenanntes Eulersches Produkt

$$\sum_{\mathfrak{s}} Z^{(0)}(\mathfrak{s})\, N(\mathfrak{s})^{-\sigma} = \prod_{\mathfrak{p}} \sum_{s=0}^{\infty} Z^{(0)}(\mathfrak{p}^{\varrho s})\, N(\mathfrak{p})^{-\varrho s\sigma} = \prod_{\mathfrak{p}} f_{\mathfrak{p}}(\sigma) \tag{18.28}$$

ist ($\varrho = 1$ bzw. 2). Die Faktoren lassen sich unter Benutzung von (18.23) berechnen. Im Falle A findet man ($1 =$ Einsoperator)

$$f_{\mathfrak{p}}(\sigma)\, Z^{(0)}(\mathfrak{p}) = N(\mathfrak{p})^{\sigma}\big(f_{\mathfrak{p}}(\sigma) - 1\big) + N(\mathfrak{p})^{n/2-1-\sigma} f_{\mathfrak{p}}(\sigma)\, C^{(0)}(\mathfrak{p})\,,$$

also

$$f_{\mathfrak{p}}(\sigma) = \frac{1}{1 - Z^{(0)}(\mathfrak{p})\, N(\mathfrak{p})^{-\sigma} + C^{(0)}(\mathfrak{p})\, N(\mathfrak{p})^{n/2-1-2\sigma}}\,; \tag{18.29A}$$

da der Ring $\mathfrak{Z}^{(0)}(\tau, \mathfrak{J})$ kommutativ ist, darf man die Inversenbildung durch einen Bruchstrich bezeichnen. Eine kurze Rechnung der gleichen Art führt zu

$$f_{\mathfrak{p}}(\sigma) = \frac{1 - C^{(0)}(\mathfrak{p})\, N(\mathfrak{p})^{n/2-1-2\sigma}}{1 - \big(Z^{(0)}(\mathfrak{p}^2) + N(\mathfrak{p})^{n/2-1}\, C^{(0)}(\mathfrak{p})\big)\, N(\mathfrak{p})^{-2\sigma} + C^{(0)}(\mathfrak{p})^2\, N(\mathfrak{p})^{n-2-4\sigma}}, \tag{18.29B}$$

$$f_{\mathfrak{p}}(\sigma) = \frac{1 - \varepsilon\, C^{(0)}(\mathfrak{p})\, N(\mathfrak{p})^{(n-1)/2-1-2\sigma}}{1 - \big(Z^{(0)}(\mathfrak{p}^2) + \varepsilon\, N(\mathfrak{p})^{(n-1)/2-1}\, C^{(0)}(\mathfrak{p})\big)\, N(\mathfrak{p})^{-2\sigma} + C^{(0)}(\mathfrak{p})^2\, N(\mathfrak{p})^{n-2-4\sigma}}. \tag{18.29C}$$

Sämtliche Überlegungen lassen sich durchführen, wenn man die Ideale $\mathfrak{t}$ eine Gesamtheit $\mathfrak{t}_0$ mal Idealnorm durchlaufen läßt. Wir verzichten auf die Durchführung, welche keine neuen Gesichtspunkte bringt.

Auf eine merkwürdige Konsequenz von Satz 18.3 muß noch hingewiesen werden. In den Fällen B, C hatten wir solche Ideale zugrunde gelegt, welche ein durch (11.14) fest vorgeschriebenes Elementarteilersystem haben. Die endgültig erhaltenen Operatoren $Z^{(0)}(\mathfrak{s})$ hängen aber von diesem wegen ihrer Darstellung (18.26) nicht mehr ab. Nun hatten wir aber (wenigstens) im Falle B in § 11 gesehen, daß die Zahlen $\lambda(\mathfrak{C}_1)$, $\lambda(\mathfrak{C}_{01})$, $\lambda(\mathfrak{C}_{00})$ von dem Elementarteilersystem abhängen. Die zur Definition der $Z^{(0)}(\mathfrak{s})$ führenden Rechnungen enthalten den Quotienten $\frac{\lambda(\mathfrak{C}_1)}{\lambda(\mathfrak{C}_{01})}$, der sich ebenfalls mit dem Elementarteilersystem ändert. Will man diesem Umstand Rechnung tragen, so lautet die erste der Gleichungen (18.20B)

$$\mathfrak{m}^{(0)}(\mathfrak{t})\, S^{(0)}(\mathfrak{p}^2) = \mathfrak{m}^{(0)}(\mathfrak{p}^2\,\mathfrak{t}) + \left(\frac{\lambda(\mathfrak{C}_1)}{\lambda(\mathfrak{C}_{01})} - 1\right) \mathfrak{m}^{(0)}(\mathfrak{t})\, L^{(0)}(\mathfrak{p})$$

und man muß an Stelle (18.22B) definieren:

$$\mathfrak{m}^{(0)}(\mathfrak{p}) \circ Z^{(0)}(\mathfrak{p}^2) = \mathfrak{m}^{(0)}(\mathfrak{t}) \left[S^{(0)}(\mathfrak{p}^2) - \left(\frac{\lambda(\mathfrak{C}_1)}{\lambda(\mathfrak{C}_{01})} - 1\right) L^{(0)}(\mathfrak{p})\right]. \tag{18.30}$$

Die linke Seite ist nun von dem Elementarteilersystem unabhängig, dagegen die Matrix

$$S^{(0)}(\mathfrak{p}^2) - \left(\frac{\lambda(\mathfrak{C}_1)}{\lambda(\mathfrak{C}_{01})} - 1\right) L^{(0)}(\mathfrak{p})$$

wahrscheinlich nicht. Ist sie es nicht, so enthält (18.30), für verschiedene Elementarteilersysteme angesetzt, in $\mathfrak{t}$ identisch geltende lineare Relationen zwischen den Koeffizienten $\mu_i^{(0)}(\mathfrak{t})$ von $\mathfrak{m}^{(0)}(\mathfrak{t})$, welche zur Folge haben, daß $f < h$ wird.

6. Die Übertragung auf die verallgemeinerten Anzahlmatrizen ist nicht schwierig. Sie waren definiert worden unter der Voraussetzung, daß k der rationale Zahlkörper ist, daß einzig der archimedische Primdivisor als unendlich gilt, und daß für diesen die Signatur des Raumes $\sigma(R_\infty) = n$ ist. Es gibt dann zufolge der Sätze 16.1 und 24.1 jeweils nur endlich viele Vektoren gegebener Norm in einem Gitter.

Wir definieren als Verallgemeinerung des relativen Darstellungsmaßes (18.4):

$$\mu^{(r)}_{i;\nu_1,\ldots,\nu_r}(t) = \sum_{n(\tau)=tl_i} \tau\bar{\iota}_{i\nu_1}\cdot\tau\bar{\iota}_{i\nu_2}\cdots\tau\bar{\iota}_{i\nu_r}, \tag{18.31}$$

wenn einerseits l_i die Norm (17.23), andererseits $[\iota_{i\nu}]$ eine Basis des Gitters $\mathfrak{J}_i$ bezeichnet und $[\bar{\iota}_{i\nu}]$ die dazu komplementäre. Diese Zahlen werden wieder zu einspaltigen Matrizen

$$\mathfrak{m}^{(r)}(t) = \left(\mu^{(r)}_{1;1,\ldots,1}(t),\ldots,\mu^{(r)}_{h;n,\ldots,n}(t)\right) \tag{18.32}$$

vereinigt, welche nunmehr aus $h\,n^r$ Elementen bestehen. Wie oben braucht man auch die bez. der Klassen $\mathfrak{C}_k$ spezifizierten Summen, die mit $\mu^{(r)}_{i;\nu_1,\ldots,\nu_r}(t,\mathfrak{C}_k)$, $\mathfrak{m}^{(r)}(t,\mathfrak{C}_k)$ bezeichnet werden.

Satz 18.4. *Unter den Voraussetzungen von Satz 18.2 ist*

$$\mathfrak{m}^{(r)}(t)\,P^{(r)}(s) = \sum_{\mathfrak{C}_k}\varrho(\mathfrak{C}_k)\,\mathfrak{m}^{(r)}(s\,t,\mathfrak{C}_k). \tag{18.33}$$

Der Beweis stützt sich wieder auf die Zuordnung (18.9) der Vektoren τ und σ der Normen $s\,t\,l_j$ und $t\,l_i$ in $\mathfrak{J}_j$ und $\mathfrak{J}_i$, wenn $\mathsf{P}\,\mathfrak{J}_i/\mathfrak{J}_j$ ein ganzes Ideal der Norm s und mit vorgeschriebenem Elementarteilersystem bezeichnet. Jeder Vektor τ tritt in $\varrho(\mathfrak{C}_k)$ solchen Gleichungen auf, wenn er in der Klasse $\mathfrak{C}_k$ liegt, und wenn jedes Ideal $\mathsf{P}\,\mathfrak{J}_i/\mathfrak{J}_j$ genau einmal gezählt wird. Wir wollen indessen die Darstellung (17.15) für die Teilmatrizen $\Pi^{(r)}_{ij}(s)$ von $\mathsf{P}^{(r)}$ heranziehen, wo summiert wird über alle P mit den Eigenschaften: $\mathsf{P}\,\mathfrak{J}_i/\mathfrak{J}_j$ ist ein ganzes Ideal der Norm s und von vorgeschriebenem Elementarteilersystem. Dann wird jedes der Ideale $\mathsf{P}\,\mathfrak{J}_i/\mathfrak{J}_j$ genau v_i-mal vertreten, und der Vektor τ kommt jeweils in $v_i\,\varrho(\mathfrak{C}_k)$ Gleichungen (18.9) vor. Die linke Seite von (18.33) lautet nun:

$$\sum_{i=1}^{h} v_i^{-1}\sum_{\mu_\varrho=1}^{n}\sum_{n(\sigma)=tl_i}\sum_{\mathsf{P}}\sigma\bar{\iota}_{i\mu_1}\cdots\sigma\bar{\iota}_{i\mu_r}(\mathsf{P}\,\iota_{i\mu_1}\cdot\bar{\iota}_{j\nu_1})\cdots(\mathsf{P}\,\iota_{i\mu_r}\cdot\bar{\iota}_{j\nu_r}).$$

Hier ist

$$\mathsf{P}\,\iota_{i\mu_\varrho}\cdot\bar{\iota}_{j\nu_\varrho} = \iota_{i\mu_\varrho}\cdot\mathsf{P}^{-1}\bar{\iota}_{j\nu_\varrho}\,n(\mathsf{P})$$

zu beachten. Unter Anwendung von (17.14) formt sich obiger Ausdruck um zu

$$\begin{aligned}
&\sum_{i=1}^{h} v_i^{-1}\sum_{n(\sigma)=tl_i}\sum_{\mathsf{P}} n(\mathsf{P})^r(\sigma\cdot\mathsf{P}^{-1}\bar{\iota}_{j\nu_1})\cdots(\sigma\cdot\mathsf{P}\,\bar{\iota}_{j\nu_r})\\
&=\sum_{i=1}^{h} v_i^{-1}\sum_{n(\sigma)=tl_i}\sum_{\mathsf{P}}(\mathsf{P}\,\sigma\cdot\bar{\iota}_{j\nu_1})\cdots(\mathsf{P}\,\sigma\;\;\bar{\iota}_{j\nu_r})\\
&=\sum_{\mathfrak{C}_k}\varrho(\mathfrak{C}_k)\sum_{\substack{n(\tau)=stl_j\\ \tau\in\mathfrak{C}_k}}\tau\bar{\iota}_{j\nu_1}\cdots\tau\bar{\iota}_{j\nu_r},
\end{aligned}$$

und das war zu beweisen.

Auch die weiteren aus Satz 18.2 gezogenen Folgerungen sind unmittelbar übertragbar. Die einzige Abweichung ist die Formel

$$\mathfrak{m}^{(r)}(p^s t) = \mathfrak{m}^{(r)}(p^s t, \mathfrak{C}_1) + p^r \mathfrak{m}^{(r)}(p^{s-2} t) \tag{18.34}$$

an Stelle von (18.18).

Satz 18.5. *Die Zahl s durchlaufe alle zur reduzierten Determinante primen Idealnormen. Unter den $h\,n^r$ verallgemeinerten Darstellungsmaßen (18.31) (mit s an Stelle von t) seien gerade $f^{(r)}$ linear unabhängig, sie seien mit $\mu_i^{(r)}(s)$, $i = 1, \ldots, f^{(r)}$ bezeichnet, so daß also jede dieser Zahlen in der Form*

$$\mu_{j;\nu_1,\ldots,\nu_r}^{(r)}(s) = \sum_{i=1}^{f^{(r)}} c_{j;\nu_1,\ldots,\nu_r;i}\, \mu_i^{(r)}(s)$$

mit von s unabhängigen Koeffizienten $c_{j;\nu_1,\ldots,\nu_r;i}$ darstellbar ist. Es gibt dann $f^{(r)}$ $f^{(r)}$-reihige Matrizen $Z_i^{(r)}$ von der Art, daß die Summen

$$Z^{(r)}(s) = \sum_{i=1}^{f^{(r)}} Z_i^{(r)} \mu_i^{(r)}(s) \tag{18.35}$$

die Gleichungen

$$Z^{(r)}(p_1^{a_1} p_2^{a_2} \cdots) = Z^{(r)}(p_1^{a_1})\, Z^{(r)}(p_2^{a_2}) \cdots, \tag{18.36}$$

$$Z^{(r)}(p^{s+1}) = Z^{(r)}(p^s)\, Z^{(r)}(p) - p^{n/2+r-1} Z^{(r)}(p^{s-1}), \tag{18.37 A}$$

$$Z^{(r)}(p^{2s+2}) = Z^{(r)}(p^{2s})\left(Z^{(r)}(p^2) + p^{n/2+r-1}\right) - p^{n+2r-2} Z^{(r)}(p^{2s-2}), \tag{18.37 B}$$

$$Z^{(r)}(p^{2s+2}) = Z^{(r)}(p^{2s})\left(Z^{(r)}(p^2) + \varepsilon p^{(n-1)/2+r-1}\right) - p^{n+2r-2} Z^{(r)}(p^{2s-2}), \tag{18.37 C}$$

erfüllen.

Diese Formeln, für $r = 0, 1, 2, \ldots$ angesetzt, enthalten einen Ersatz für die nicht mögliche Multiplikation der Vektoren. Das geht aus der Tatsache hervor, daß die Gesamtheit aller Vektoren τ der Norm t eindeutig bestimmt wird durch die Gesamtheit aller $\mathfrak{m}^{(r)}(t)$, und für die letzteren enthält Satz 18.5 ein Multiplikationstheorem. Sie ist leicht beweisbar:

Es seien nämlich $\sigma_1, \ldots, \sigma_s$ und $\tau_1, \ldots, \tau_t$ zwei nicht übereinstimmende Systeme von Vektoren und etwa $\sigma_1 = \sum_\nu \iota_{1\nu} s_\nu \neq \tau_i$ für $i = 1, \ldots, t$. Wir konstruieren ein Polynom

$$f(x_1, \ldots, x_n) = \sum_{\nu=1}^{n} x_\nu a_\nu + \sum_{\nu_1,\nu_2=1}^{n} x_{\nu_1} x_{\nu_2} a_{\nu_1\nu_2} + \cdots + \sum_{\nu_\varrho=1}^{n} x_{\nu_1} \cdots x_{\nu_r} a_{\nu_1\ldots\nu_r},$$

welches 1 ist für $x_\nu = s_\nu$ und 0, wenn man die Koordinaten der Vektoren τ_ϱ und der von σ_1 verschiedenen σ_ϱ bez. der Basis $[\iota_{1\nu}]$ einsetzt. Dann ist

$$\sum_{i=1}^{s}\left[\sum_\nu \sigma_i \bar{\iota}_{1\nu} a_\nu + \cdots + \sum_{\nu_\varrho} \sigma_i \bar{\iota}_{1\nu_1} \cdots \sigma_i \bar{\iota}_{1\nu_r} a_{\nu_1\ldots\nu_r}\right]$$

gleich der Anzahl der σ_i, welche mit σ_1 übereinstimmen. Die entsprechend gebildete Summe mit den τ_i an Stelle der σ_i verschwindet dagegen.

Speziell kann man also Zahlen $a_{\nu_1\nu_2}, \ldots$ so finden, daß für $s \neq t$

$$\sum_{\nu_1, \nu_2} \left(\mu^{(2)}_{1;\nu_1\nu_2}(s) - \mu^{(2)}_{1;\nu_1\nu_2}(t)\right) a_{\nu_1\nu_2} + \cdots \neq 0$$

wird. Daher stimmen nicht alle $\mathfrak{m}^{(r)}(s)$ und $\mathfrak{m}^{(r)}(t)$ überein.

§ 19. Eine weitere Reduktion der Anzahlmatrizen.

1. Durchführung der Reduktion. Wir gehen von einer naheliegenden Erweiterung, d. h. Vergröberung, des Geschlechtsbegriffes aus. Zwei idealverwandte Gitter $\mathfrak{J}$ und $\mathfrak{K}$ heißen *halbverwandt*, wenn es eine Ähnlichkeitstransformation $\boldsymbol{\Sigma}$ von R so gibt, daß

$$n(\mathfrak{K}) = n(\boldsymbol{\Sigma})\, n(\mathfrak{J})$$

ist. Die Gesamtheiten halbverwandter Gitter nennen wir *Halbgeschlechter.* Diese werden durch die Normen der in ihnen enthaltenen Gitter eindeutig gekennzeichnet. Gefordert wird also nur die erstere der Gleichungen (13.6). In § 13 haben wir gesehen, daß im Falle maximaler Gitter (13.6b) aus (13.6a) folgt. Für maximale Gitter stimmen daher die Halbgeschlechter mit den Geschlechtern überein.

Die Anzahl g der Halbgeschlechter in einem Idealkomplex ist natürlich höchstens so groß wie die Anzahl der Geschlechter und daher endlich. Die Halbgeschlechter bezeichnen wir mit $G_1, \ldots, G_g$.

Wir führen nun die einspaltigen h-reihigen Matrizen $\mathfrak{e}_j$ mit den Elementen e_{ji} ein:

$$e_{ji} = \begin{cases} \dfrac{1}{v_i} & \text{für } \mathfrak{J}_i \in G_j, \\ 0 & \text{sonst}, \end{cases} \tag{19.1}$$

dabei bedeutet v_i wie bisher das relative Maß der Einheitengruppe des Gitters $\mathfrak{J}_i$.

Satz 19.1. *Bezieht sich die Anzahlmatrix $P^{(0)}(\mathfrak{p}^\varrho)$ auf die ganzen Primideale der Norm $\mathfrak{p}^\varrho$ mit irgendwie vorgeschriebenem Elementarteilersystem, so ist*

$$P^{(0)}(\mathfrak{p}^\varrho)\, \mathfrak{e}_{j'} = \pi(\mathfrak{p}^\varrho)\, \mathfrak{e}_j, \tag{19.2}$$

dabei ist $\pi(\mathfrak{p}^\varrho)$ die Anzahl der Primideale $\mathfrak{K}/\mathfrak{J}$ dieses Elementarteilersystems für ein festgehaltenes Gitter $\mathfrak{J}$. Ferner ist der Index j' durch j und $\mathfrak{p}^\varrho$ in eindeutiger Weise bestimmt und zwar so, daß $G_{j'}$ dasjenige Halbgeschlecht ist, welches ein Gitter der Norm $\mathfrak{p}^\varrho\, n(\mathfrak{J}_j)$ enthält.

Beweis. Die Spaltensummen der Matrix $P^{(0)}(\mathfrak{p}^\varrho)$ ergeben die Gesamtzahl $\pi(\mathfrak{p}^\varrho)$ der ganzen Primideale:

$$\sum_{i=1}^{h} \pi_{ij}(\mathfrak{p}^\varrho) = \pi(\mathfrak{p}^\varrho). \tag{19.3}$$

Die Gleichung (17.8) ergibt $V^{(0)^{-1}} L^{(0)}(\mathfrak{p}^\varrho)\, \dot{P}^{(0)}(\mathfrak{p}^\varrho) = P^{(0)}(\mathfrak{p}^\varrho)\, V^{(0)^{-1}}$, was sich so schreiben läßt:

$$\pi_{fi}(\mathfrak{p}^\varrho)\,\frac{1}{v_i} = \pi_{ij}(\mathfrak{p}^\varrho)\,\frac{1}{v_j},$$

wobei sich der Index f aus $\mathfrak{p}^\varrho \mathfrak{J}_j = \Sigma\, \mathfrak{J}_f$ bestimmt. Summation über i führt nach (19.3) auf

$$\sum_{i=1}^{h} \pi_{fi}(\mathfrak{p}^\varrho)\,\frac{1}{v_i} = \pi(\mathfrak{p}^\varrho)\,\frac{1}{v_j}.$$

Hier ist $\pi_{fi}(\mathfrak{p}^\varrho) = 0$, außer wenn das Gitter $\mathfrak{J}_i$ dem durch $\mathfrak{p}^{-\varrho}\, n(\mathfrak{J}_f)$ oder durch $\mathfrak{p}^\varrho\, n(\mathfrak{J}_j)$ bezeichneten Halbgeschlecht angehört. Bezeichnet man dieses mit $G_{j'}$, so ist die letzte Gleichung mit (19.2) identisch.

(19.2) gilt auch für die Matrizen $L^{(0)}(\mathfrak{p})$, welche ja als Anzahlmatrizen deutbar sind: $L^{(0)}(\mathfrak{p})\, \mathfrak{e}_{j'} = \mathfrak{e}_j$.

In § 18, Nr. 4 hatten wir den kommutativen Ring $\mathfrak{P}^{(0)}$ gebildet, der aus den $L^{(0)}(\mathfrak{p})$, $P^{(0)}(\mathfrak{p}^\varrho)$ ($\varrho = 1$ oder 2) mit zur reduzierten Determinante teilerfremden $\mathfrak{p}$ erzeugt wird. Er ist nach Satz 19.1 ein Ring von Linksoperatoren in dem durch die einspaltigen Matrizen $\mathfrak{e}_j$ aufgespannten g-dimensionalen linearen Vektorraum $\mathfrak{M}_g$ und läßt daher eine Darstellung durch g-reihige Matrizen zu. Oder mit anderen Worten, die h-reihigen Matrizen aus $\mathfrak{P}^{(0)}$ erlauben die Abspaltung eines g-reihigen Bestandteils. Wenn k die Idealklassenzahl 1 hat, so ist dieser nach Satz 17.1 vollständig ausreduzierbar.

2. Die relativen Darstellungsmaße bez. der Halbgeschlechter. Die Elemente aus dem Ring $\mathfrak{P}^{(0)}$ sind Rechtsoperatoren für den in § 18, Nr. 4 definierten Raum $\mathfrak{M}^{(0)}(\tau, \mathfrak{J})$ und Linksoperatoren für den soeben erklärten Raum $\mathfrak{M}_g$. Diese Tatsache gibt Anlaß zu einer neuen Begriffsbildung. Wir nennen die Zahlen

$$M_j(\mathfrak{t}) = \mathfrak{m}^{(0)}(\mathfrak{t})\, \mathfrak{e}_j \tag{19.4}$$

die *relativen Darstellungsmaße des Ideals* $\mathfrak{t}$ *in bezug auf das Halbgeschlecht* G_j. Entsprechend (18.6) können diese natürlich auch noch spezifiziert werden.

Zur Erlangung übersichtlicherer Formeln ist es zweckmäßig, die $M_j(\mathfrak{t})$ noch etwas anders anzuordnen. Die Normen der Ideale für den zugrunde liegenden Idealkomplex von Gittern bilden eine Gruppe. Eine Untergruppe wird gebildet durch die Normen derjenigen Ideale $\mathfrak{K}/\mathfrak{J}$, welche halbverwandte Gitter $\mathfrak{J}$ und $\mathfrak{K}$ verbinden. Die Faktorgruppe nennen wir $\mathfrak{G}$, ihre Ordnung ist g. Es wird jetzt für einen absolut irreduziblen Charakter χ von $\mathfrak{G}$ definiert

$$M_\chi(\mathfrak{t}) = \sum_{i=1}^{g} M_i(\mathfrak{t})\, \chi\big(n(\mathfrak{J}_i/\mathfrak{J})\big), \tag{19.5}$$

wobei $\mathfrak{J}$ irgendein ein für allemal festgelegtes Gitter des Idealkomplexes ist und $\mathfrak{J}_i$ ein Repräsentantensystem der Halbgeschlechter durchläuft. Es gibt ebenso viele Charaktere χ wie die Ordnung g von $\mathfrak{G}$ beträgt, und die bekannten Relationen zwischen den Charakteren erlauben die Berechnung der $M_i(\mathfrak{t})$ aus den $M_\chi(\mathfrak{t})$.

Wenn man an Stelle der $\mathfrak{e}_j$ die einspaltigen Matrizen

$$\mathfrak{e}_\chi = \sum_{i=1}^{g} \chi\left(n(\mathfrak{J}_i/\mathfrak{J})\right) \mathfrak{e}_i \tag{19.6}$$

einführt, kann man für (19.4) auch schreiben

$$M_\chi(\mathfrak{t}) = \mathfrak{m}^{(0)}(\mathfrak{t})\, \mathfrak{e}_\chi. \tag{19.7}$$

Die Gleichungen (19.2) schreiben sich nun so:

$$P^{(0)}(\mathfrak{p}^\varrho)\, \mathfrak{e}_\chi = \pi(\mathfrak{p}^\varrho)\, \chi(\mathfrak{p}^\varrho)\, \mathfrak{e}_\chi, \tag{19.8}$$

worin als Spezialfall enthalten ist

$$L^{(0)}(\mathfrak{p})\, \mathfrak{e}_\chi = \chi(\mathfrak{p}^2)\, \mathfrak{e}_\chi. \tag{19.9}$$

Man setzt (19.8), (19.9) in (18.20) ein und erhält unter Benutzung von (19.7) sowie von (18.19) und den Werten von $\dfrac{\pi(\mathfrak{p}^\varrho)}{\varrho(\mathfrak{C}_1)} = \lambda(\mathfrak{C}_1)$ aus § 11:

$$\begin{aligned} &M_\chi(\mathfrak{p}^{s+1}\mathfrak{t}) \\ &= \chi(\mathfrak{p})\left(N(\mathfrak{p})^{n/2-1}+1\right) M_\chi(\mathfrak{p}^s\mathfrak{t}) - \chi(\mathfrak{p}^2)\, N(\mathfrak{p})^{n/2-1} M_\chi(\mathfrak{p}^{s-1}\mathfrak{t}) \quad (s \geqq 0) \end{aligned} \tag{19.10A}$$

$$\left.\begin{aligned} M_\chi(\mathfrak{p}^2\mathfrak{t}) &= \chi(\mathfrak{p}^2)\left(N(\mathfrak{p})^{n-2} - N(\mathfrak{p})^{n/2-1} + 1\right) M_\chi(\mathfrak{t}), \\ M_\chi(\mathfrak{p}^{s+2}\mathfrak{t}) &= \chi(\mathfrak{p}^2)\left(N(\mathfrak{p})^{n-2}+1\right) M_\chi(\mathfrak{p}^s\mathfrak{t}) \\ &\quad - \chi(\mathfrak{p}^4)\, N(\mathfrak{p})^{n-2} M_\chi(\mathfrak{p}^{s-2}\mathfrak{t}) \qquad (s > 0) \end{aligned}\right\} \tag{19.10B}$$

$$\left.\begin{aligned} M_\chi(\mathfrak{p}^2\mathfrak{t}) &= \chi(\mathfrak{p}^2)\left(N(\mathfrak{p})^{n-2} - \varepsilon N(\mathfrak{p})^{(n-1)/2-1} + 1\right) M_\chi(\mathfrak{t}), \\ M_\chi(\mathfrak{p}^{s+2}\mathfrak{t}) &= \chi(\mathfrak{p}^2)\left(N(\mathfrak{p})^{n-2}+1\right) M_\chi(\mathfrak{p}^s\mathfrak{t}) \\ &\quad - \chi(\mathfrak{p}^4)\, N(\mathfrak{p})^{n-2} M_\chi(\mathfrak{p}^{s-2}\mathfrak{t}) \qquad (s > 0) \end{aligned}\right\} \tag{19.10C}$$

wo wie bisher $(\mathfrak{p}, \mathfrak{t}) = \mathfrak{o}$ und $M_\chi(\mathfrak{p}^{-1}\mathfrak{t}) = 0$ zu nehmen ist[3].

Die Formeln (19.10) haben die Bedeutung, daß man die $M_\chi(\mathfrak{t}_0\mathfrak{t})$ für eine beliebige zur reduzierten Determinante prime Idealnorm $\mathfrak{t}$ berechnen kann, wenn man nur $M_\chi(\mathfrak{t}_0)$ kennt. In der Rechnung treten außer den Charakterwerten der Gruppe $\mathfrak{G}$ lediglich bekannte rationale Zahlen auf.

Wir werden diese Ergebnisse in einem anderen Zusammenhang, und zwar gleich in wesentlich allgemeinerer Form wiederfinden.

Zum Schluß bringen wir noch drei *Beispiele*. Der rationale Zahlkörper liege zugrunde. Man überzeuge sich zunächst davon, etwa durch Anwendung der Beweismethode für Satz 12.7, daß alle mit $\mathfrak{J} = [\iota_1, \iota_2, \iota_3, \iota_4]$ idealverwandten Gitter mit diesem sogar ähnlich sind; dabei sei das Multiplikationsschema

$$\iota_\mu\, \iota_\nu = \begin{cases} 2 \text{ für } \mu = \nu, \\ 0 \text{ für } \mu \neq \nu. \end{cases} \tag{19.11}$$

Man hat also $h = g = 1$. Für jede ungerade Primzahl p liegt der Fall A vor. Für $M_\chi(t) = M(t)$ kann man die Anzahl der Darstellungen von t in der Form

$$t = n(\sum \iota_\nu t_\nu)^2 = \sum t_\nu^2$$

nehmen. Es ist $M(1) = 8$. Aus (19.10A) erhält man

$$M(p) = (p+1)\,M(1), \ldots, M(p^s) = \frac{p^{s+1}-1}{p-1}\,M(1),$$

allgemein ist die Anzahl der Darstellungen einer ungeraden Zahl $p_1^{s_1} p_2^{s_2} \cdots$ als Summe von vier Quadraten:

$$M(p_1^{s_1} p_2^{s_2} \ldots) = 8\,\frac{p_1^{s_1+1}-1}{p_1-1}\,\frac{p_2^{s_2+1}-1}{p_2-1} \ldots,$$

ein Ergebnis, welches Jacobi erstmalig mit Hilfe der elliptischen Funktionen erzielte.

Als zweites Anwendungsbeispiel bringen wir den Beweis, daß die mit $\mathfrak{J} = [\iota_1, \iota_2, \ldots, \iota_9]$ idealverwandten Gitter in mindestens zwei Ähnlichkeitsklassen zerfallen; die Multiplikationstabelle sei wieder (19.11). Es werde das Gegenteil angenommen. Dann gibt es nur ein einziges Darstellungsmaß $M_\chi(t) = M(t)$, dieses könnte als die Anzahl der Darstellungen von t als Summe von 9 Quadraten genommen werden. Es ist $M(1) = 18$. Nach (19.10C) müßte $M(9) = 2161 \cdot 18$ sein. Es ist aber in Wirklichkeit die Anzahl der Zerlegungen von 9 in 9 Quadrate gleich 34,802.

Die Anzahl der Spinor-Geschlechter, in welche die mit $\mathfrak{J}$ idealverwandten Gitter zerfallen, erweist sich als 1. Wir sehen damit gleichzeitig, daß Satz 15.1 allgemein nicht zutrifft.

Das letzte Beispiel wird später eine Rolle spielen. $\mathfrak{J}$ sei das am Schluß von § 9 beschriebene Gitter bez. $\mathfrak{o}$, aber der Grundkörper soll der rationale Zahlkörper sein. Man kann beweisen, daß alle mit $\mathfrak{J}$ idealverwandten Gitter mit $\mathfrak{J}$ ähnlich sind[4]. Alle Vektoren der Norm 1 sind $\pm \iota_\nu$, $\frac{1}{2}(\pm \iota_{\nu_1} \pm \iota_{\nu_2} \pm \iota_{\nu_3} \pm \iota_{\nu_4})$, wobei $\nu_1, \nu_2, \nu_3, \nu_4$ die folgenden 14 Indexkombinationen sind:

1234	3478	2457	1467	2358	2367	5678
1256	1357	1458	1278	1368	2468	3456

Das sind im ganzen 240 Vektoren. Die Anzahl der Vektoren der Norm 2 ist dann nach (19.10A) gleich $240\,(2^3 + 1)$, was man übrigens auch direkt nachrechnen kann.

Nun bilden wir die direkte Summe $\mathfrak{K}$ von drei mit $\mathfrak{J}$ isomorphen Gittern. Sie hat die Dimension 24. Behauptet wird, daß es mit $\mathfrak{K}$ idealverwandte, aber nicht ähnliche Gitter gibt. Es wird wieder das Gegenteil angenommen. Dann wäre die Funktion $M(t)$ wieder die Anzahl der Vektoren der Norm t in $\mathfrak{K}$ und nach (19.10A): $M(2) = M(1)\,(2^{11} + 1)$. Aus der Zerfällung von $\mathfrak{K}$ in drei direkte Summanden und deren Eigenschaft folgt $M(1) = 3 \cdot 240$ und $M(2) = 3 \cdot 240^2 + 3(2^3 + 1) \cdot 240$. Es ist aber $3 \cdot 240^2 + 3(2^3+1) \cdot 240 \neq 3 \cdot 240\,(2^{11} + 1)$.

§ 20. Die Thetafunktionen.

1. Einführung. Es sind hauptsächlich zwei Fragen, welche man im Anschluß an die vorhergehenden Paragraphen stellen wird: 1. Wie groß ist die Maximalzahl linear unabhängiger Vektoren $\mathfrak{m}^{(0)}(t)$ bzw. $\mathfrak{m}^{(r)}(t)$? 2. Welche Bedeutung haben die Eigenwerte der Matrizen der $Z^{(0)}(t)$ und $Z^{(r)}(t)$? Auf keine dieser Fragen gibt es heute schon eine Antwort. Es ist möglich und sicherlich bedeutungsvoll, sie in einen anderen Zusammenhang zu stellen, und das geschieht mittels der Theorie der Thetafunktionen und Modulfunktionen, in welche § 20 einführen soll.

Es ist zweckmäßig, nicht von Gittern, sondern von quadratischen Formen zu reden. *Der Grundkörper k ist von jetzt ab der Körper der rationalen Zahlen, $\mathfrak{o}$ die Ordnung aller ganzen rationalen Zahlen. Die Dimension des metrischen Raumes bzw. die Variablenanzahl soll stets gerade sein:*

$$n = 2m.$$

Die Signatur von R sei

$$\sigma_\infty(R) = n.$$

Einem Gitter $\mathfrak{J} = [\iota_\nu]$ in R wird die *definite quadratische Form*

$$F(x_1, \ldots, x_n) = \frac{1}{2l}\left(\sum_{\nu=1}^{n} \iota_\nu x_\nu\right)^2, \; l = |n(\mathfrak{J})| \tag{20.1}$$

zugeordnet. *Hierdurch wird eine Klasse äquivalenter* (d. h. unimodular ineinander transformierbarer) *Formen in eineindeutiger Weise verknüpft mit einer Ähnlichkeitsklasse von Gittern.* Praktisch ist die folgende Bezeichnungsweise: $\mathfrak{x}$ bedeute die einspaltige Matrix mit den Koeffizienten $x_1, \ldots, x_n$, $F = \left(\frac{1}{l}\,\iota_\mu\,\iota_\nu\right)$ die Koeffizientenmatrix der quadratischen Form (20.1), $\dot{\mathfrak{x}}$ die zu $\mathfrak{x}$ spiegelbildliche, d. h. die einzeilige Matrix mit den Koeffizienten $x_1, \ldots, x_n$. Dann kann man (20.1) auch so schreiben:

$$F(x_1, \ldots, x_n) = \frac{1}{2}\,\dot{\mathfrak{x}}\,F\,\mathfrak{x}. \tag{20.2}$$

Es gibt zu keinem Mißverständnis Anlaß, wenn eine quadratische Form und ihre Koeffizientenmatrix mit demselben Buchstaben F bezeichnet werden.

Die *Diskriminante* der Form F wird durch

$$D = (-1)^{n/2}\,|F| \tag{20.3}$$

definiert; sie ist stets $\neq 0$. Die Quadratklasse von D ist $\Delta(R)$, wenn R der durch $\mathfrak{J}$ aufgespannte metrische Raum ist. Die Abhängigkeit von D von F braucht im allgemeinen nicht zum Ausdruck gebracht zu werden. Daneben brauchen wir die *Stufe* von F, es ist die kleinste ganze rationale Zahl q von der Beschaffenheit, daß die Matrix $q\,F^{-1}$ ganze rationale Koeffizienten und sogar gerade Koeffizienten in der Diagonalen hat. Bezüglich der Eigenschaften dieses Begriffs siehe Satz 10.3. Die Diskriminante ist durch die Stufe endlich vieldeutig festgelegt. Aus Satz 12.7 geht dann hervor:

Satz 20.1. *Es gibt zu gegebener Variablenzahl und Stufe jeweils nur endlich viele Formenklassen.*

Die Form F^{-1} oder mit anderen Worten $\frac{1}{2}\,\dot{\mathfrak{x}}\,F^{-1}\,\mathfrak{x}$ heißt die *reziproke Form zu F, $q\,F^{-1}$* heißt die *adjungierte Form.*

Die Form F, wie sie durch (20.1) definiert wurde, stellt für ganze rationale Werte der x_ν ganze rationale Zahlen dar, deren größter gemeinsamer Teiler 1 ist. Dasselbe gilt dann auch für die adjungierte Form. Wir werden es im folgenden meistens mit Formen dieser speziellen Beschaffenheit zu tun haben; sie heißen *ganz* und *primitiv*.

2. Die Reziprozitätsformel. Mit einer beliebigen definiten quadratischen Form F mit reellen Koeffizienten $f_{\mu\nu}$ in n Variablen wird die unendliche Reihe

$$\vartheta(\tau|\mathfrak{x}) = \sum_{\mathfrak{n}} e^{\pi i \tau (\dot{\mathfrak{n}} + \dot{\mathfrak{x}}) F (\mathfrak{n} + \mathfrak{x})} = \vartheta(\tau|-\mathfrak{x}) \tag{20.4}$$

gebildet, sie ist zu erstrecken über sämtliche ganzzahligen Werte der n Koeffizienten n_ν der einspaltigen Matrix $\mathfrak{n}$; $\mathfrak{x}$ habe die oben erklärte Bedeutung, und τ bezeichne eine komplexe Variable, deren Imaginärteil positiv ist. Den einfachen Konvergenzbeweis, der auf der Definitheit von F beruht, dürfen wir dem Leser überlassen. Ebenso den Nachweis dafür, daß die durch partielle Ableitungen nach den x_ν von beliebiger Ordnung entstehenden Reihen ebenfalls absolut und in jedem abgeschlossenen Bereich $|x_\nu| <$ const. gleichmäßig konvergieren.

Aus der Definitionsgleichung geht unmittelbar hervor, daß $\vartheta(\tau|\mathfrak{x})$ in den x_ν mit der Periode 1 periodisch ist. Wegen der stetigen Differenzierbarkeit ist diese Funktion also in eine mehrfache Fouriersche Reihe

$$\vartheta(\tau|\mathfrak{x}) = \sum_{\mathfrak{m}} a_{\mathfrak{m}} e^{2\pi i \dot{\mathfrak{m}} \mathfrak{x}} = \sum_{m_\nu = -\infty}^{+\infty} a_{m_1, \ldots, m_n} e^{2\pi i (m_1 x_1 + \cdots + m_n x_n)} \tag{20.5}$$

entwickelbar. Die Koeffizienten $a_{\mathfrak{m}}$ bekommt man aus

$$\begin{aligned} a_{\mathfrak{m}} &= \int_0^1 \cdots \int_0^1 \vartheta(\tau|\mathfrak{x})\, e^{-2\pi i \dot{\mathfrak{m}} \mathfrak{x}} dx_1 \cdots dx_n \\ &= \int_0^1 \cdots \int_0^1 \sum_{\mathfrak{n}} e^{\pi i \tau (\dot{\mathfrak{n}} + \dot{\mathfrak{x}} - \tau^{-1} \dot{\mathfrak{m}} F^{-1}) F (\mathfrak{n} + \mathfrak{x} - \tau^{-1} F^{-1} \mathfrak{m}) - \pi i \tau^{-1} \dot{\mathfrak{m}} F^{-1} \mathfrak{m}} dx_1 \cdots dx_n \\ &= e^{-\pi i \tau^{-1} \dot{\mathfrak{m}} F^{-1} \mathfrak{m}} \int_{-\infty}^{+\infty} \cdots \int_{-\infty}^{+\infty} e^{\pi i \tau (\dot{\mathfrak{x}} - \tau^{-1} \dot{\mathfrak{m}} F^{-1}) F (\mathfrak{x} - \tau^{-1} F^{-1} \mathfrak{m})} dx_1 \cdots dx_n . \end{aligned}$$

Führt man an Stelle der x_ν die Koeffizienten y_ν der einspaltigen Matrix $\mathfrak{y} = \mathfrak{x} - \tau^{-1} F^{-1} \mathfrak{m}$ als Integrationsvariable ein, so müssen diese je eine parallele Gerade zur reellen Achse in der komplexen Zahlenebene durchlaufen. Nun ist der Integrand für jede Variable y_ν in der ganzen Ebene regulär analytisch und verschwindet überdies im Unendlichen. Man darf daher auf Grund des Cauchyschen Integralsatzes die y_ν wiederum die reelle Achse durchlaufen lassen:

$$a_{\mathfrak{m}} = e^{-\pi i \tau^{-1} \dot{\mathfrak{m}} F^{-1} \mathfrak{m}} \int_{-\infty}^{+\infty} \cdots \int_{-\infty}^{+\infty} e^{\pi i \tau \dot{\mathfrak{y}} F \mathfrak{y}} dy_1 \cdots dy_n .$$

Das Integral stellt eine analytische Funktion in τ dar. Wir berechnen es für rein imaginäre $\tau = i\,t$, $t > 1$ durch nochmaligen Wechsel der Integrationsvariablen. Die definite quadratische Form $i \tau \dot{\mathfrak{y}} F \mathfrak{y}$ läßt sich durch eine reelle lineare Substitution $\mathfrak{z} = S\,\mathfrak{y}$ in die Gestalt

$$i\,\tau\,\dot{\mathfrak{y}}F\,\mathfrak{y} = -\dot{\mathfrak{y}}\dot{S}\,S\,\mathfrak{y} = \dot{\mathfrak{z}}\,\mathfrak{z} = -\sum_{\nu=1}^{n} z_\nu^2$$

bringen. Es ist dann die Funktional-Determinante

$$|S| = \left|\frac{\partial(z_\nu)}{\partial(y_\nu)}\right| = \sqrt{t^n\,|F|}$$

und

$$a_{\mathfrak{m}} = \frac{1}{\sqrt{t^n|F|}}\,e^{-\pi i \tau^{-1}\dot{\mathfrak{m}}F^{-1}\mathfrak{m}} \int_{-\infty}^{+\infty}\cdots\int_{-\infty}^{+\infty} e^{-\pi(z_1^2+\cdots+z_n^2)}\,dz_1\cdots dz_n$$

$$= \frac{1}{\sqrt{t^n|F|}}\,e^{-\pi i \tau^{-1}\dot{\mathfrak{m}}F^{-1}\mathfrak{m}}\left(\int_{-\infty}^{+\infty} e^{-\pi z^2}\,dz\right)^n = \frac{1}{\sqrt{t^n|F|}}\,e^{-\pi i \tau^{-1}\dot{\mathfrak{m}}F^{-1}\mathfrak{m}}.$$

Die Quadratwurzel ist ihrer Bedeutung gemäß positiv zu nehmen. Man schreibe wieder $-i\,\tau$ an Stelle von t und führe das Ergebnis in (20.5) ein. So entsteht die grundlegende *Reziprozitätsformel der Thetafunktionen*

$$\vartheta(\tau\,|\,\mathfrak{x}) = \frac{1}{(-i\tau)^m\sqrt{|F|}}\sum_{\mathfrak{n}} e^{-\pi i \tau^{-1}\dot{\mathfrak{n}}F^{-1}\mathfrak{n} + 2\pi i\dot{\mathfrak{n}}\mathfrak{x}}. \qquad (20.6)$$

Ein Spezialfall ist

$$\sum_{\mathfrak{n}} e^{-\pi\dot{\mathfrak{n}}F\mathfrak{n}} = \frac{1}{\sqrt{|F|}}\sum_{\mathfrak{n}} e^{-\pi\dot{\mathfrak{n}}F^{-1}\mathfrak{n}}. \qquad (20.7)$$

Wir wollen (20.6) in dem Falle anwenden, daß F eine ganze primitive Form der Stufe q ist. Es bedeute $\mathfrak{r}$ eine ganzzahlige einspaltige Matrix, welche die Kongruenz

$$F\,\mathfrak{r} \equiv 0 \bmod q \qquad (20.8)$$

erfüllt, und in (20.6) werde $\mathfrak{x} = q^{-1}\,\mathfrak{r}$ eingesetzt. Die rechte Seite kann noch umgeformt werden. Man schreibe

$$\mathfrak{n} = F\,\mathfrak{m} + \mathfrak{t},\quad q\,F^{-1}\,\mathfrak{t} = \mathfrak{s}, \qquad (20.9)$$

dann ist auch $\mathfrak{s}$ eine ganzzahlige Lösung von (20.8), und zwar bekommt man ein volles Lösungssystem mod q, wenn man $\mathfrak{t}$ ein Restsystem mod F gemäß (20.9) durchlaufen läßt. (20.9) in (20.6) eingesetzt ergibt dann, wenn man wieder $\mathfrak{n}$ statt $\mathfrak{m}$ schreibt,

$$\vartheta(\tau\,|\,q^{-1}\,\mathfrak{r}) = \frac{1}{(-i\,\tau)^m\sqrt{|F|}}\sum_{\mathfrak{s}}\sum_{\mathfrak{n}} e^{-\pi i\tau^{-1}(\dot{\mathfrak{n}}+q^{-1}\dot{\mathfrak{s}})F(\mathfrak{n}+q^{-1}\mathfrak{s}) + 2\pi i q^{-2}\dot{\mathfrak{r}}F\mathfrak{s}}$$

oder mit $-\tau^{-1}$ an Stelle von τ:

$$(-\tau)^{-m}\,\vartheta(-\tau^{-1}\,|\,q^{-1}\,\mathfrak{r}) = \frac{(-i)^m}{\sqrt{|D|}}\sum_{\mathfrak{s}} e^{2\pi i q^{-2}\dot{\mathfrak{r}}F\mathfrak{s}}\,\vartheta(\tau\,|\,q^{-1}\,\mathfrak{s}). \qquad (20.10)$$

Dabei ist $\mathfrak{r}$ eine Lösung von (20.8) und $\mathfrak{s}$ durchläuft ein volles Lösungssystem von (20.8) mod q.

Neben (20.10) wird die evidente Funktionalgleichung

$$\vartheta(\tau + 1 | q^{-1}\mathfrak{r}) = e^{\pi i q^{-2}\dot{\mathfrak{r}}F\mathfrak{r}}\,\vartheta(\tau | q^{-1}\mathfrak{r}) \tag{20.11}$$

gesetzt.

Wir ordnen jetzt jeder ganzzahligen Matrix $\begin{pmatrix} a & b \\ c & d \end{pmatrix}$ der Determinante 1 einen ebenso bezeichneten linearen Operator zu, welcher auf die den endlich vielen Kongruenzlösungen von (20.8) zugehörigen Thetafunktionen wirkt. Und zwar definieren wir:

$$\vartheta(\tau | q^{-1}\mathfrak{r}) \circ \begin{pmatrix} a & b \\ c & d \end{pmatrix} = (c\tau + d)^{-m}\,\vartheta\left(\frac{a\tau + b}{c\tau + d}\middle| q^{-1}\mathfrak{r}\right). \tag{20.12}$$

Dann geben (20.10) und (20.11) das Resultat bei Anwendung der speziellen Operatoren

$$U = \begin{pmatrix} 0 & 1 \\ -1 & 0 \end{pmatrix}, \quad T = \begin{pmatrix} 1 & 1 \\ 0 & 1 \end{pmatrix}$$

an. *Diese Formeln liefern eine Darstellung der durch U und T erzeugten Gruppe aller ganzzahligen* $\begin{pmatrix} a & b \\ c & d \end{pmatrix}$ *der Determinante 1 im Raume der* $\vartheta(\tau | q^{-1}\mathfrak{r})$. *Diese Gruppe heißt die homogene Modulgruppe* $\mathfrak{G}_h$. Die Darstellung ist zu bestimmen, was in Nr. 5 geschehen wird.

3. Gaußsche Summen. Eine Hilfsbetrachtung ist einzuschalten. Durch

$$G(r, F) = \sum_{\mathfrak{r}} e^{\pi i r q^{-2}\dot{\mathfrak{r}}F\mathfrak{r}} \tag{20.13}$$

wird eine sogenannte *Gaußsche Summe* definiert. Dabei sei r eine ganze zu q teilerfremde Zahl, summiert wird über ein volles Lösungssystem $\mathfrak{r} \bmod q$ der Kongruenz (20.8). Wir wollen diese Summe berechnen. Man beachte zunächst, daß $G(r, F)$ nur von der Restklasse von $r \bmod q$ abhängt, man kann daher ohne Beschränkung der Allgemeinheit annehmen, daß r eine ungerade Primzahl ist. Es ist für ein positives reelles λ

$$\begin{aligned}
&\vartheta(r + i\lambda | q^{-1}\mathfrak{r}) \\
&\quad = \sum_{\mathfrak{m}} e^{\pi i (r + i\lambda)(\dot{\mathfrak{m}} + q^{-1}\dot{\mathfrak{r}}) F (\mathfrak{m} + q^{-1}\mathfrak{r})} \\
&\quad = \sum_{\mathfrak{n} \bmod q} \sum_{\mathfrak{m}} e^{\pi i (r + i\lambda)(q\dot{\mathfrak{m}} + \dot{\mathfrak{n}} + q^{-1}\dot{\mathfrak{r}}) F (q\mathfrak{m} + \mathfrak{n} + q^{-1}\mathfrak{r})} \\
&\quad = \sum_{\mathfrak{n} \bmod q} e^{\pi i r (\dot{\mathfrak{n}} + q^{-1}\dot{\mathfrak{r}}) F (\mathfrak{n} + q^{-1}\mathfrak{r})} \sum_{\mathfrak{m}} e^{-\pi\lambda q^2 (\dot{\mathfrak{m}} + q^{-1}\dot{\mathfrak{n}} + q^{-2}\dot{\mathfrak{r}}) F (\mathfrak{m} + q^{-1}\mathfrak{n} + q^{-2}\mathfrak{r})} \\
&\quad = \sum_{\mathfrak{n} \bmod q} e^{\pi i r q^{-2}\dot{\mathfrak{r}}F\mathfrak{r}} \sum_{\mathfrak{m}} e^{-\pi\lambda q^2 (\dot{\mathfrak{m}} + q^{-1}\dot{\mathfrak{n}} + q^{-2}\dot{\mathfrak{r}}) F (\mathfrak{m} + q^{-1}\mathfrak{n} + q^{-2}\mathfrak{r})},
\end{aligned}$$

das ist nach (20.6), angewandt mit $\lambda q^2 F$ an Stelle von F,

$$= \frac{e^{\pi i r q^{-2}\dot{\mathfrak{r}}F\mathfrak{r}}}{q^{2m}\lambda^m \sqrt{|D|}} \sum_{\mathfrak{n} \bmod q} \sum_{\mathfrak{m}} e^{-\pi\lambda^{-1}\dot{\mathfrak{m}}F\mathfrak{m} + 2\pi i \dot{\mathfrak{m}}(q^{-1}\mathfrak{n} + q^{-2}\mathfrak{r})}.$$

Für $\lambda \to 0$ streben sämtliche Reihenglieder gegen 0 bis auf das mit $\mathfrak{m} = 0$, also

$$\lim_{\lambda \to 0} \lambda^m \vartheta(r + i\lambda | q^{-1}\mathfrak{r}) = \frac{e^{\pi i r q^{-2} \dot{\mathfrak{r}} F \mathfrak{r}}}{\sqrt{|D|}}.$$

Das ergibt, wenn $\mathfrak{r}$ ein Lösungssystem der Kongruenz (20.8) durchläuft,

$$\lim_{\lambda \to 0} \lambda^m \sum_{\mathfrak{r}} \vartheta(r + i\lambda | q^{-1}\mathfrak{r}) = \frac{G(r, F)}{\sqrt{|D|}}.$$

Durchläuft $\mathfrak{n}$ alle ganzzahligen einspaltigen Matrizen und $\mathfrak{r}$ ein volles Lösungssystem von (20.8) mod q, so durchläuft $\mathfrak{m} = F(\mathfrak{n} + q^{-1}\mathfrak{r})$ auch alle ganzzahligen einspaltigen Matrizen. Also ist die linke Seite letzterer Gleichung

$$\lim_{\lambda \to 0} \lambda^m \sum_{\mathfrak{m}} e^{\pi i (r + i\lambda) \dot{\mathfrak{m}} F^{-1} \mathfrak{m}}.$$

Wendet man (20.7) an, aber mit $-i(r + i\lambda) F^{-1}$ an Stelle von F, so ergibt sich

$$\begin{aligned} G(r, F) &= \lim_{\lambda \to 0} \lambda^m \frac{|D|}{(\lambda - i r)^m} \sum_{\mathfrak{n}} e^{-\pi i \left(\frac{1}{r} - \frac{i\lambda}{r(r + i\lambda)}\right) \dot{\mathfrak{n}} F \mathfrak{n}} \\ &= \frac{|D|}{(-i r)^m} \lim_{\lambda \to 0} \lambda^m \sum_{\mathfrak{n} \bmod r} e^{-\pi i \left(\frac{1}{r} - \frac{i\lambda}{r(r + i\lambda)}\right) \dot{\mathfrak{n}} F \mathfrak{n}} \sum_{\mathfrak{m}} e^{-\pi \frac{r\lambda}{(r + i\lambda)} \dot{\mathfrak{m}} F \mathfrak{m}} \\ &= \frac{|D|}{(-i r)^m} \sum_{\mathfrak{n} \bmod r} e^{-\frac{\pi i}{r} \dot{\mathfrak{n}} F \mathfrak{n}} \lim_{\lambda \to 0} \lambda^m \sum_{\mathfrak{m}} e^{-\pi \lambda \dot{\mathfrak{m}} F \mathfrak{m}}. \end{aligned}$$

Eine letzte Anwendung von (20.7) ergibt dann die *Reziprozitätsformel der Gaußschen Summen*:

$$G(r, F) = \frac{\sqrt{|D|}}{(-i r)^m} \sum_{\mathfrak{n} \bmod r} e^{-\frac{\pi i}{r} \dot{\mathfrak{n}} F \mathfrak{n}}. \tag{20.14}$$

Nach Satz 9.2 läßt sich F mod r in die kanonische Gestalt

$$\dot{\mathfrak{n}} F \mathfrak{n} \equiv \sum_{\nu=1}^{n} 2 f_\nu n_\nu^2 \bmod r$$

transformieren. Es wird dann

$$G(r, F) = \frac{\sqrt{|D|}}{(-i r)^m} \prod_{\nu=1}^{n} \sum_{n_\nu = 0}^{r} e^{-2\pi i \frac{f_\nu}{r} n_\nu^2}. \tag{20.15}$$

Die einzelnen Faktoren in diesem Produkt lassen sich leicht berechnen. Offenbar ist

$$\sum_{t=0}^{r-1} 2 e^{2\pi i \frac{t}{r}} = 0,$$

Die Hälfte der Komponenten wird durch die Summe

$$G = \sum_{t=0}^{r-1} e^{2\pi i \frac{t^2}{r}}$$

geliefert, die andere Hälfte durch

$$G' = \sum_{t=0}^{r-1} e^{2\pi i \frac{f t^2}{r}}$$

mit einem quadratischen Nichtrest f mod r. Folglich gilt allgemein

$$\sum_{t=0}^{r-1} e^{2\pi i \frac{f t^2}{r}} = \left(\frac{f}{r}\right) G, \tag{20.16}$$

wo $\left(\frac{f}{r}\right)$ das Legendresche Symbol bedeutet. Man findet noch

$$\left(\frac{-1}{r}\right) G^2 = \sum_{t_1, t_2 = 0}^{r-1} e^{\frac{2\pi i}{r}(t_1^2 - t_2^2)} = \sum_{t_1, t_2 = 0}^{r-1} e^{\frac{2\pi i}{r}(t_1 + t_2)(t_1 - t_2)}.$$

Da r eine ungerade Primzahl ist, durchlaufen mit t_1, t_2 auch $t_1 + t_2$, $t_1 - t_2$ je ein volles Restsystem mod r. Das liefert

$$\left(\frac{-1}{r}\right) G^2 = r \quad \text{oder} \quad G^2 = \left(\frac{-1}{r}\right) r.$$

Setzt man diese Formel und (20.16) in (20.15) ein und beachtet, daß die Variablenzahl $n = 2m$ gerade ist, so folgt nun

$$G(r, F) = i^m \sqrt{|D|} \left(\frac{-1}{r}\right)^m \prod_{\nu=1}^{n} \left(\frac{f_\nu}{r}\right).$$

Es ist aber $(-1)^m \prod_\nu f_\nu \equiv D$ mod r, also endlich

$$G(r, F) = \sum_{\mathfrak{r}} e^{\pi i r q^{-2} \mathfrak{r}' F \mathfrak{r}} = i^m \sqrt{|D|} \left(\frac{D}{r}\right). \tag{20.17}$$

Die Formel (20.14) gilt offenbar auch für $r = -1$ und ergibt die folgende Ergänzung zu (20.17):

$$G(-1, F) = (-i)^m \sqrt{|D|}.$$

4. Die Modulgruppe. Man nennt die Gruppe der ganzzahligen Matrizen $\begin{pmatrix} a & b \\ c & d \end{pmatrix}$ der Determinante 1 die *homogene Modulgruppe* $\mathfrak{G}_h$. Ihr durch die zwei Elemente $\pm\begin{pmatrix} 1 & 0 \\ 0 & 1 \end{pmatrix}$ gebildetes Zentrum heiße $\mathfrak{Z}$. Dann ist die Faktorgruppe

$$\mathfrak{G}_h / \mathfrak{Z} = \mathfrak{G}$$

die *inhomogene Modulgruppe*. Sie kann auch definiert werden als die Gruppe der gebrochenen linearen Substitutionen $\tau \to \frac{a\tau + b}{c\tau + d}$, wo a, b, c, d die soeben erklärte Bedeutung haben. Durch

$$\begin{pmatrix} a & b \\ c & d \end{pmatrix} \equiv \begin{pmatrix} 1 & 0 \\ 0 & 1 \end{pmatrix} \bmod q$$

wird die *homogene Hauptkongruenzuntergruppe* $\mathfrak{H}_h(q)$ *zur Stufe* q *in* $\mathfrak{G}_h$ ausgezeichnet. Sie ist ein Normalteiler von $\mathfrak{G}_h$, und die Faktorgruppe

$$\mathfrak{G}_h / \mathfrak{H}_h(q) = \mathfrak{M}_h(q)$$

ist die *homogene Modulargruppe zur Stufe q*, vgl. hierzu § 5, Nr. 3. Die *inhomogene Hauptkongruenzuntergruppe* $\mathfrak{H}(q)$ sowie die *inhomogene Modulargruppe* $\mathfrak{M}(q)$ werden durch

$$\mathfrak{H}(q) = \mathfrak{H}_h(q)/(\mathfrak{Z} \cap \mathfrak{H}_h(q)),\ \mathfrak{M}(q) = \mathfrak{G}/\mathfrak{H}(q)$$

definiert. Besonders werden die *homogene* und *inhomogene Kongruenzuntergruppe* $\mathfrak{G}_h(q)$ und $\mathfrak{G}(q)$ gebraucht, welche durch $c \equiv 0 \bmod q$ in $\mathfrak{G}_h$ bzw. $\mathfrak{G}$ ausgezeichnet werden.

Der Index $[\mathfrak{G}_h(q):\mathfrak{H}_h(q)]$ ist gleich der Anzahl der Elemente der homogenen Modulargruppen der Gestalt

$$\begin{pmatrix} a & b \\ 0 & d \end{pmatrix} \bmod q,$$

wobei also $a\,d \equiv 1 \bmod q$ sein muß. Folglich ist

$$[\mathfrak{G}_h(q):\mathfrak{H}_h(q)] = q\,\varphi(q) = q^2 \prod_{p/q} (1 - p^{-1}), \tag{20.18}$$

wo $\varphi(q)$ die Eulersche Funktion bezeichnet. Die Anzahl der Elemente der homogenen Modulargruppe überhaupt ist gleich der Anzahl der Kongruenzlösungen von $a\,d - b\,c \equiv 1 \bmod q$. Diese Anzahl ist das Produkt der Lösungsanzahlen von $a\,d - b\,c \equiv 1 \bmod p^{\varrho}$ für die einzelnen in q aufgehenden Primzahlpotenzen. Die letzteren sind offenbar $p^{3\varrho-2}(p^2 - 1)$. Also besitzt $\mathfrak{M}_h(q)$

$$[\mathfrak{G}_h:\mathfrak{H}_h(q)] = q^3 \prod_{p/q} (1 - p^{-2}) \tag{20.19}$$

Elemente.

Für $q = 2$ ist das Zentrum $\mathfrak{Z}$ von $\mathfrak{G}_h$ in $\mathfrak{H}_h(q)$ enthalten, für $q > 2$ dagegen nicht; aber es ist stets $\mathfrak{Z} \subset \mathfrak{G}_h(q)$. Daher wegen (20.18), (20.19)

$$[\mathfrak{G}(q):\mathfrak{H}(q)] = q^2 \prod_{p/q} (1 - p^{-1}) \cdot \begin{cases} 1 & \text{für } q = 2 \\ \frac{1}{2} & \text{für } q > 2 \end{cases}$$

und

$$[\mathfrak{G}:\mathfrak{H}(q)] = q^3 \prod_{p/q} (1 - p^{-2}) \cdot \begin{cases} 1 & \text{für } q = 2 \\ \frac{1}{2} & \text{für } q > 2 \end{cases}$$

also

$$[\mathfrak{G}:\mathfrak{G}(q)] = q \prod_{p/q} (1 + p^{-1}) = g(q). \tag{20.20}$$

Ebenso groß ist auch der Index $[\mathfrak{G}_h:\mathfrak{G}_h(q)]$.

5. Die Darstellung der Modulgruppe im Raum der Thetafunktionen. Wir kommen jetzt zur Diskussion der durch (20.10), (20.11) gelieferten Darstellung der Modulgruppe $\mathfrak{G}_h$. Behauptet wird, daß es gleichzeitig eine Darstellung der Modulargruppe $\mathfrak{M}_h(q)$ ist, d. h. mit anderen Worten, daß die Funktionen $\vartheta(\tau\,|\,q^{-1}\,\mathfrak{r})$ bei Operatoren aus der Hauptkongruenzuntergruppe $\mathfrak{H}_h(q)$ ungeändert bleiben. Zum Beweis wird zunächst angenommen, daß $q = p^{\varrho}$ eine Primzahlpotenz ist, und das

Resultat von § 5, Nr. 3 herangezogen. Es ist zu prüfen, daß für die erwähnte Darstellung die Relationen (5.6) bis (5.10) gelten.

Evident ist nach (20.11), (20.12):

$$\vartheta(\tau|q^{-1}\mathfrak{r}) \circ T^q = \vartheta(\tau|q^{-1}\mathfrak{r}),\ \vartheta(\tau|q^{-1}\mathfrak{r}) \circ U^2 = (-1)^m \vartheta(\tau|q^{-1}\mathfrak{r}). \tag{20.21}$$

Unter Bezugnahme auf Satz 9.2 bestätigt man leicht: die Anzahl der Kongruenzlösungen von (20.8) ist $|D|$. Zu einer Lösung $\mathfrak{r} \not\equiv 0 \bmod q$ gibt es ferner eine Lösung $\mathfrak{s}$ mit $\dot{\mathfrak{r}} F \mathfrak{s} \not\equiv 0 \bmod q^2$. Daraus folgt leicht

$$\sum_{\mathfrak{s}} e^{2\pi i q^{-2} \dot{\mathfrak{r}} F \mathfrak{s}} = \begin{cases} |D| & \text{für} \quad \mathfrak{r} \equiv 0 \bmod q, \\ 0 & \text{für} \quad \mathfrak{r} \not\equiv 0 \bmod q. \end{cases} \tag{20.22}$$

Der durch (5.7) definierte Operator P_r stellt sich folgendermaßen dar[5]:

$$\begin{aligned} &\vartheta(\tau|q^{-1}\mathfrak{r}) \circ P_r \\ &\quad = \frac{(-i)^m}{|D|^{3/2}} \sum_{\mathfrak{s},\mathfrak{t},\mathfrak{u}} e^{\pi i q^{-2}(r\dot{\mathfrak{r}}F\mathfrak{r} + 2\dot{\mathfrak{r}}F\mathfrak{s} + r^{-1}\dot{\mathfrak{s}}F\mathfrak{s} + 2\dot{\mathfrak{s}}F\mathfrak{t} + r\dot{\mathfrak{t}}F\mathfrak{t} + 2\dot{\mathfrak{t}}F\mathfrak{u})} \vartheta(\tau|q^{-1}\mathfrak{u}) \\ &\quad = \frac{(-i)^m}{|D|^{3/2}} \sum_{\mathfrak{s}} e^{\pi i r^{-1} q^{-2}(r\dot{\mathfrak{r}} + \dot{\mathfrak{s}} + r\dot{\mathfrak{t}})F(r\mathfrak{r} + \mathfrak{s} + r\mathfrak{t})} \sum_{\mathfrak{t},\mathfrak{u}} e^{2\pi i q^{-2}(\dot{\mathfrak{u}} - r\dot{\mathfrak{r}})F\mathfrak{t}} \vartheta(\tau|q^{-1}\mathfrak{u}). \end{aligned}$$

Mit $\mathfrak{s}$ durchläuft auch $r\mathfrak{r} + \mathfrak{s} + r\mathfrak{t}$ ein volles Lösungssystem von (20.8) mod q. Anwendung von (20.17) und (20.22) ergibt daher[5]

$$\vartheta(\tau|q^{-1}\mathfrak{r}) \circ P_r = \left(\frac{D}{r^{-1}}\right) \vartheta(\tau|r q^{-1}\mathfrak{r}) \tag{20.23}$$

und nach der Ergänzung zu (20.17)

$$\vartheta(\tau|q^{-1}\mathfrak{r}) \circ P_{-1} = (-1)^m \vartheta(\tau|q^{-1}\mathfrak{r}) \circ U^2.$$

Aus (20.23) folgt

$$\left(\vartheta(\tau|q^{-1}\mathfrak{r}) \circ P_r\right) \circ P_s = \vartheta(\tau|q^{-1}\mathfrak{r}) \circ P_{rs}. \tag{20.24}$$

Aus (20.10) und (20.23) folgt weiter

$$\begin{aligned} &\vartheta(\tau|q^{-1}\mathfrak{r}) \circ U P_r U \\ &\qquad = \frac{(-1)^m}{|D|} \left(\frac{D}{r^{-1}}\right) \sum_{\mathfrak{s},\mathfrak{t}} e^{2\pi i q^{-2}(\dot{\mathfrak{r}}F\mathfrak{s} + r\dot{\mathfrak{s}}F\mathfrak{t})} \vartheta(\tau|q^{-1}\mathfrak{t}) \\ &\qquad = (-1)^m \left(\frac{D}{r^{-1}}\right) \vartheta(\tau|-r^{-1}q^{-1}\mathfrak{r}) = (-1)^m \left(\frac{D}{r^{-1}}\right) \vartheta(\tau|r^{-1}q^{-1}\mathfrak{r}), \end{aligned}$$

das ist

$$\vartheta(\tau|q^{-1}\mathfrak{r}) \circ U P_r U^{-1} = \vartheta(\tau|q^{-1}\mathfrak{r}) \circ P_{r^{-1}}. \tag{20.25}$$

Endlich ist nach (20.11) und (20.23)

$$\vartheta(\tau|q^{-1}\mathfrak{r}) \circ P_r^{-1} T P_r = \vartheta(\tau|q^{-1}\mathfrak{r}) \circ T^{r^{-2}}. \tag{20.26}$$

Das Element U^2 gehört dem Zentrum von $\mathfrak{G}_h$ an. Hier stehen die Relationen (5.6) bis (5.10), welche nach § 5 die Gruppe $\mathfrak{M}_h(q)$ definieren. Mit anderen Worten: (20.10) bis (20.12) erzeugen eine Darstellung von $\mathfrak{M}_h(q)$[6].

Als Konsequenz dürfen wir die *Funktionalgleichung der Thetafunktionen*

$$\vartheta(\tau|q^{-1}\mathfrak{r}) \circ \begin{pmatrix} a & b \\ c & d \end{pmatrix} = (c\tau + d)^{-m}\,\vartheta\left(\frac{a\tau+b}{c\tau+d}\,\middle|\,q^{-1}\mathfrak{r}\right) = \vartheta(\tau|q^{-1}\mathfrak{r}) \quad (20.27)$$

$$\text{für} \quad \begin{pmatrix} a & b \\ c & d \end{pmatrix} \equiv \begin{pmatrix} 1 & 0 \\ 0 & 1 \end{pmatrix} \bmod q$$

notieren. Aus (20.11) und (20.23) folgt speziell für die Funktion $\vartheta(\tau|0)$:

$$\vartheta(\tau|0) \circ \begin{pmatrix} a & b \\ c & d \end{pmatrix} = (c\tau + d)^{-m}\,\vartheta\left(\frac{a\tau+b}{c\tau+d}\,\middle|\,0\right) = \left(\frac{D}{a}\right)\vartheta(\tau|0) \quad (20.28)$$

$$\text{für } c \equiv 0 \bmod q.$$

Die letztere Formel ist die Grundlage der analytischen Theorie der Thetafunktionen. Es sei noch angemerkt, daß in der linearen Schar der $\vartheta(\tau|q^{-1}\mathfrak{r})$ außer $\vartheta(\tau|0)$ möglicherweise noch weitere Funktionen enthalten sind, welche ebenfalls (20.28) befriedigen. Eine solche ist z. B.

$$\vartheta(\tau) = \sum_{\frac{1}{2}\dot{\mathfrak{r}}F\mathfrak{r} \equiv 0 \bmod q^2} \vartheta(\tau|q^{-1}\mathfrak{r}), \quad (20.29)$$

diese Funktion ist nicht 0, wenn es eine Lösung $\mathfrak{r} \not\equiv 0 \bmod q$ von (28.8) und $\frac{1}{2}\dot{\mathfrak{r}}F\mathfrak{r} \equiv 0 \bmod q^2$ gibt.

Unser Beweis von (20.27), (20.28) setzte voraus, daß $q = p^{\varrho}$ eine Primzahlpotenz ist. Diese Voraussetzung kann leicht eliminiert werden. Ist

$$q = p_1^{\varrho_1} p_2^{\varrho_2} \cdots,$$

so ersetze man T der Reihe nach durch

$$T_\nu = T^{q p_\nu^{-\varrho_\nu} a_\nu} \quad \text{mit} \quad q\,p_\nu^{-\varrho_\nu} a_\nu \equiv 1 \bmod p_\nu^{\varrho_\nu}, \qquad (a_\nu, q) = 1$$

und erhält dann in (20.10) und den aus (20.11) folgenden Gleichungen

$$\vartheta(\tau|q^{-1}\mathfrak{r}) \circ T_\nu = e^{\pi i p_\nu^{-2\varrho_\nu}\dot{\mathfrak{r}}F\mathfrak{r}}\,\vartheta(\tau|q^{-1}\mathfrak{r})$$

je eine Darstellung der Modulargruppe $\mathfrak{M}_h(p_\nu^{\varrho_\nu})$. Die insgesamt gelieferte Darstellung ist dann gleichzeitig eine Darstellung von

$$\mathfrak{M}_h(p_1^{\varrho_1}) \times \mathfrak{M}_h(p_2^{\varrho_2}) \times \cdots = \mathfrak{M}_h(q).$$

Daraus folgen die Gleichungen (20.27), (20.28) nunmehr allgemein.

Eine wichtige Aufgabe in diesem Zusammenhang wäre die Zerfällung der gewonnenen Darstellung der Modulargruppe in irreduzible Bestandteile; sie ist im allgemeinen Falle noch ungelöst. Was für irreduzible Darstellungen die Modulargruppe $\mathfrak{M}_h(q)$ überhaupt besitzt, ist nur in den Fällen bekannt, wo q eine Primzahl oder das Quadrat einer solchen ist[7].

§ 21. Modulformen und Modulfunktionen[8].

1. Funktionentheoretische Grundlagen. Eine in der oberen Halbebene definierte und dort überall regulär analytische Funktion $F(\tau)$

heißt eine *ganze Modulform* der *Stufe* q, des *Gewichts* $-m$ und des *Charakters* $\chi = \chi(a)$, wenn sie erstens der folgenden Funktionalgleichung genügt:

$$F(\tau) \circ \begin{pmatrix} a & b \\ c & d \end{pmatrix} = (c\tau + d)^{-m} F\left(\frac{a\tau + b}{c\tau + d}\right) = \chi(a) F(\tau) \quad \text{für} \quad \begin{pmatrix} a & b \\ c & d \end{pmatrix} \in \mathfrak{G}_h(q). \tag{21.1}$$

Zweitens soll $F(\tau)$ in der Umgebung des unendlich fernen Punktes $\tau \to i\infty$ und jedes rationalen $\tau = \frac{a}{c}$ eine konvergente Reihenentwicklung

$$(\tau) = \sum_{t=0}^{\infty} a(t)\, e^{2\pi i \frac{t}{f}\tau} \quad \text{bzw.} \quad = \left(\tau - \frac{a}{c}\right)^{-m} \sum_{t=0}^{\infty} a_{a/c}(t)\, e^{-\frac{2\pi i t}{fc(c\tau - a)}} \quad (f > 0, f/q) \tag{21.2}$$

besitzen. Wir sprechen kurz von einer ganzen Modulform des *Typus* (m, q, χ). Die Funktion $\chi(a)$ ist eine zahlentheoretische Funktion der zu q primen Restklassen mod q und genügt den Funktionalgleichungen

$$\chi(a\,a') = \chi(a)\,\chi(a'), \quad \chi(-1) = (-1)^m, \tag{21.3}$$

welche unmittelbar aus (21.1) folgen. Die ganzen Modulformen jeweils gleichen Typus bilden einen linearen Vektorraum $\mathfrak{M}(m, q, \chi)$ über dem Körper $\bar{k}$ der komplexen Zahlen.

Spezielle ganze Modulformen sind die Thetafunktionen $\vartheta(\tau|0)$.

Wir stellen im folgenden die Grundzüge der Funktionentheorie der Modulformen in berichtender Form zusammen und wenden diese dann auf die Thetafunktionen an.

Der Quotient $G(\tau)$ zweier ganzer Modulformen $F_1(\tau)$, $F_2(\tau)$ der gleichen Art heißt eine *Modulfunktion der Stufe* q, sie genügt also der Funktionalgleichung

$$G\left(\frac{a\tau + b}{c\tau + d}\right) = G(\tau) \quad \text{für} \quad \begin{pmatrix} a & b \\ c & d \end{pmatrix} \in \mathfrak{G}_h(q). \tag{21.4}$$

Die Modulfunktionen der Stufe 1 bilden über dem Körper $\bar{k}$ der komplexen Zahlen eine einfach transzendente Erweiterung $\bar{k}(J(\tau))$, d. h. *alle Modulfunktionen der Stufe 1 sind rationale Funktionen einer einzigen Modulfunktion* $J(\tau)$.

Es sei

$$\mathfrak{G} = \sum_{\nu=1}^{g(q)} Q_\nu\, \mathfrak{G}(q), \quad g(q) = q \prod_{p/q} (1 + p^{-1})$$

eine Zerlegung von $\mathfrak{G}$ in Nebengruppen nach $\mathfrak{G}(q)$ und $G(\tau)$ eine Modulfunktion der Stufe q. Dann erfahren die $g(q)$ Funktionen $G(Q_\nu(\tau))$ bei Ausübung sämtlicher Modulsubstitutionen je eine Permutation. Ihre symmetrischen Funktionen sind also rationale Funktionen von $J(\tau)$. Daher genügt $G(\tau)$ einer Gleichung $g(q)$-ten Grades

$$\prod_{\nu=1}^{g(q)} \big(G(\tau) - G(Q_\nu(\tau))\big) = G(\tau)^{g(q)} - G(\tau)^{g(q)-1} \sum_{\nu=1}^{g(q)} G(Q_\nu(\tau)) + \cdots = 0,$$

deren Koeffizienten dem Körper $k(J(\tau))$ angehören: $G(\tau)$ ist eine algebraische Funktion von $J(\tau)$. Es zeigt sich, daß alle Modulfunktionen der Stufe q durch $J(\tau)$ und eine weitere rational darstellbar sind: *Modulfunktionen der Stufe q bilden einen algebraischen Funktionenkörper $M(q)$, er ist eine algebraische Erweiterung des Körpers $\bar{k}(J(\tau))$ vom Grade $g(q)$.*

Das erste wichtige Ergebnis, welches die Funktionentheorie für die Theorie der Thetafunktionen und damit für die Arithmetik der quadratischen Formen liefert, ist eine Abschätzung der Dimensionen des linearen Vektorraumes $\mathfrak{M}(m, q, \chi)$, der gebildet wird durch die ganzen Modulformen des Typus (m, q, χ). Es zeigt sich durch Anwendung des Liouvilleschen Satzes, daß diese Dimensionen stets $< \frac{1}{12} m\, g(q) + 2$ ist. Die genaue Bestimmung dieser Dimension hängt mit dem Riemann-Rochschen Satz für den Körper $M(q)$ zusammen.

2. Die Heckeschen Operatoren. Es sei

$$R = \begin{pmatrix} a & b \\ c & d \end{pmatrix}, \text{ mit } c \equiv 0 \bmod q \tag{21.5}$$

eine ganzzahlige Matrix, deren Determinante $|R| = r$ zu q prim ist. Man kann R durch Multiplikation von links mit einer Matrix $A = \begin{pmatrix} \alpha & \beta \\ \gamma & \delta \end{pmatrix}$ aus $\mathfrak{G}_h(q)$ normieren:

$$A\,R = \begin{pmatrix} a\,\alpha + c\,\beta & b\,\alpha + d\,\beta \\ a\,\gamma + c\,\delta & b\,\gamma + d\,\delta \end{pmatrix}.$$

Werden zwei teilerfremde Zahlen γ', δ aus $a\,q\,\gamma' + c\,\delta = 0$ bestimmt, so ist δ wegen $(r, q) = (a, q) = 1$ zu q prim. Man kann daher zwei weitere ganze Zahlen α, β so finden, daß die Matrix

$$A = \begin{pmatrix} \alpha & \beta \\ \gamma & \delta \end{pmatrix} = \begin{pmatrix} \alpha & \beta \\ q\,\gamma' & \delta \end{pmatrix}$$

die Deternimante 1 hat und damit der Gruppe $\mathfrak{G}_h(q)$ angehört. Linksseitige Multiplikation von $A\,R$ mit einer Matrix $\begin{pmatrix} \pm 1 & t \\ 0 & \pm 1 \end{pmatrix}$ stellt die endgültige Normalform

$$R_0 = \begin{pmatrix} r_1 & r_3 \\ 0 & r_2 \end{pmatrix}, \; r_2 > 0, \; r_1 r_2 = r, \; 0 \leqq r_3 < r_2 \tag{21.6}$$

her; übrigens darf man r_3 einem beliebigen Vertretersystem der Restklassen mod r_2 entnehmen. Die Anzahl der so normierten R ist gleich der Summe der positiven Teiler von r. Wie man leicht einsieht, lassen sich nicht zwei verschiedene normierte R durch linksseitige Multiplikation einer in $\mathfrak{G}_h(q)$ enthaltenen Matrix ineinander überführen. Diese Hilfsbetrachtung findet Anwendung in

Satz 21.1. *Mit einer ganzen Modulform $F(\tau)$ des Typus (m, q, χ) ist auch*

$$r^{m-1} \sum_{(r_\nu)} r_2^{-m}\, \chi(r_1)^{-1}\, F\left(\frac{r_1 \tau + r_3}{r_2}\right) = G(\tau) \tag{21.7}$$

eine ganze Modulform desselben Typus, wenn summiert wird über ein System von Zahlen r_1, r_2, r_3 der in (21.6) beschriebenen Beschaffenheit.

Beweis. Es sei (21.5) irgendeine ganzzahlige Matrix der Determinante r. Dann gibt es eine Matrix $A = \begin{pmatrix} \alpha & \beta \\ \gamma & \delta \end{pmatrix}$ in $\mathfrak{G}_h(q)$ und eine normierte Matrix R_0, so daß

$$R = A\, R_0$$

ist, und zwar sind A und R_0 durch R eindeutig bestimmt. Da $F(\tau)$ eine Modulform des Typus (m, q, χ) sein sollte, ist also

$$F(\tau) \circ R = \chi(\alpha)\, F(\tau) \circ R_0 = \chi(\alpha)\, r_2^{-m}\, F\left(\frac{r_1 \tau + r_3}{r_2}\right). \tag{21.8}$$

Nun hat für jedes Element A_1 von $\mathfrak{G}_h(q)$ und jedes R_0 auch das Produkt $R = R_0 A_1$ die Gestalt (21.5). Es gibt dann also ein A und ein normiertes R_0', so daß

$$R = R_0 A_1 = \begin{pmatrix} r_1 & r_3 \\ 0 & r_2 \end{pmatrix} \begin{pmatrix} a_1 & b_1 \\ c_1 & d_1 \end{pmatrix} = A\, R_0' = \begin{pmatrix} \alpha & \beta \\ \gamma & \delta \end{pmatrix} \begin{pmatrix} r_1' & r_3' \\ 0 & r_2' \end{pmatrix} \tag{21.9}$$

gilt. Hierdurch wird jedem A_1 eine Permutation $R_0 \to R_0'$ der normierten Matrizen (21.6) zugeordnet. Anwendung von (21.8) auf die Matrizen R, A, R_0' aus (21.9) ergibt jetzt

$$r_2^{-m}\, F\left(\frac{r_1 \tau + r_3}{r_2}\right) \circ A_1 = \chi(\alpha)\, r_2'^{-m}\, F\left(\frac{r_1' \tau + r_3'}{r_2'}\right).$$

Aus (21.9) folgt $r_1 a_1 \equiv \alpha r_1' \bmod q$, und da χ ein Charakter mod q ist, und r zu q prim vorausgesetzt wurde, ist $\chi(\alpha) = \chi\left(\frac{r_1 a_1}{r_1'}\right)$. Die letzte Gleichung ergibt dann

$$r_2^{-m}\, \chi(r_1)^{-1}\, F\left(\frac{r_1 \tau + r_3}{r_2}\right) \circ A_1 = \chi(a_1)\, r_2'^{-m}\, \chi(r_1')^{-1}\, F\left(\frac{r_1' \tau + r_3'}{r_2'}\right).$$

Bei Ausübung des Operators A_1 auf die Summe (21.7) vertauschen sich also die Summanden und multiplizieren sich sämtlich mit dem Faktor $\chi(a_1)$. Das war zu beweisen. Die Entwickelbarkeit von $G(\tau)$ in Reihen (21.2) ist klar.

Durch die Gleichung

$$F(\tau) \circ T(r) = r^{m-1} \sum_{(r_\nu)} r_2^{-m}\, \chi(r_1)^{-1}\, F\left(\frac{r_1 \tau + r_3}{r_2}\right) \tag{21.10}$$

wird ein linearer Operator $T(r)$ in dem Raum $\mathfrak{M}(m, q, \chi)$ der ganzen Modulformen des Typus (m, q, χ) definiert. Er heißt der Heckesche *Operator*. Die Anwendung zweier Operatoren $T(r)$, $T(s)$ nacheinander wird als *Produkt* $T(s)\, T(r)$ definiert. Die *Summe* wird erklärt als derjenige Operator, welcher eine Funktion $F(\tau)$ in $F(\tau) \circ T(r) + F(\tau) \circ T(s)$ überführt. Nach dieser Festsetzung erzeugen die Heckeschen Operatoren einen Ring, welcher enthalten ist in dem Ring aller linearen Abbildungen von $\mathfrak{M}(m, q, \chi)$ auf sich.

Satz 21.2. *Die $T(r)$ erzeugen einen kommutativen Ring mit der Multiplikationsregel*

$$T(r)\,T(s) = \sum_{t/(r,s)} t^{m-1}\chi(t)^{-1}\,T\left(\frac{rs}{t^2}\right) \tag{21.11}$$

oder ausführlicher:

$$\bigl(F(\tau)\circ T(r)\bigr)\circ T(s) = \sum_{t/(r,s)} t^{m-1}\chi(t)^{-1}F(\tau)\circ T\left(\frac{rs}{t^2}\right).$$

Beweis. Es seien zunächst r und s teilerfremd, dann ist

$$\begin{aligned}&\bigl(F(\tau)\circ T(r)\bigr)\circ T(s)\\ &\quad = (rs)^{m-1}\sum_{(r_\nu),(s_\nu)}(r_2 s_2)^{-m}\chi(r_1 s_1)^{-1}F\left(\frac{r_1 s_1\tau + r_1 s_3 + r_3 s_2}{r_2 s_2}\right),\end{aligned}$$

summiert wird über sämtliche positive Teiler r_2, s_2 von r, s, es ist $r_1 r_2 = r$, $s_1 s_2 = s$ und r_3, s_3 durchlaufen ein Restsystem mod r_2, s_2. Damit durchläuft $r_2 s_2$ alle positiven Teiler von rs, es ist $r_1 s_1 r_2 s_2 = rs$, und $r_1 s_3 + r_3 s_2$ durchläuft ein Restsystem mod $r_2 s_2$. Das ergibt

$$\bigl(F(\tau)\circ T(r)\bigr)\circ T(s) = F(\tau)\circ T(rs)\,,\qquad (r,s)=1. \tag{21.12}$$

Zweitens sei s eine Primzahl p und $r = p^t$ eine Potenz derselben. Jetzt ist

$$\begin{aligned}&\bigl(F(\tau)\circ T(p)\bigr)\circ T(p^t)\\ &\quad = p^{(t+1)(m-1)}\sum_{\nu=0}^{t}\sum_{h=0}^{p^\nu-1}p^{-\nu m}\chi(p^\nu)^{-1}F\left(\frac{p^{t+1-\nu}\tau + ph}{p^\nu}\right)\\ &\quad + p^{(t+1)(m-1)}\sum_{\nu=0}^{t}\sum_{h=0}^{p^\nu-1}\sum_{l=0}^{p-1}p^{-(\nu+1)}\chi(p^{\nu+1})^{-1}F\left(\frac{p^{t-\nu}\tau + h + p^\nu l}{p^{\nu+1}}\right).\end{aligned}$$

In der zweiten Summe durchläuft $h + p^\nu l$ ein volles Restsystem mod $p^{\nu+1}$. Bis auf den fehlenden Summanden

$$p^{(t+1)(m-1)}F(p^{t+1}\tau)$$

stellt die zweite Summe die Funktion $F(\tau)\circ T(p^{t+1})$ dar; dieses Glied kommt aber in der ersten Summe vor. Mithin ist

$$\begin{aligned}&\bigl(F(\tau)\circ T(p)\bigr)\circ T(p^t)\\ &\quad = F(\tau)\circ T(p^{t+1})\\ &\qquad + p^{(t+1)(m-1)}\sum_{\nu=1}^{t}\sum_{h=0}^{p^\nu-1}p^{-\nu m}\chi(p^\nu)^{-1}F\left(\frac{p^{t+1-\nu}\tau + ph}{p^\nu}\right)\\ &\quad = F(\tau)\circ T(p^{t+1})\\ &\qquad + p^{m-1}\chi(p)^{-1}p^{t(m-1)-1}\sum_{\nu=0}^{t-1}\sum_{h=0}^{p^{\nu+1}-1}p^{-\nu m}\chi(p^\nu)^{-1}F\left(\frac{p^{t-1-\nu}\tau + h}{p^\nu}\right).\end{aligned}$$

Beachtet man, daß h in der letzten Summe jede Restklasse mod p^ν

jetzt genau p-mal durchläuft, so folgt endlich

$$\big(F(\tau)\circ T(p)\big)\circ T(p^t) = F(\tau)\circ T(p^{t+1}) + p^{m-1}\chi(p)^{-1}F(\tau)\circ T(p^{t-1}),$$

was behauptet wurde.

Drittens seien r und s Potenzen einer Primzahl p. Aus dem zweiten Schritt geht hervor, daß $T(p^t)$ ein Polynom in $T(p)$ ist. Folglich sind $T(p^t)$, $T(p^w)$ stets vertauschbar. Die zu beweisende Formel

$$T(p^t)\,T(p^w) = \sum_{\nu=0}^{\min(t,w)} p^{\nu(m-1)}\chi(p^\nu)^{-1}\,T(p^{t+w-2\nu}) \tag{21.13}$$

ist richtig für alle t, und $w=0$ und $w=1$. Sie sei ebenfalls richtig für alle t, und $w\leqq w_0$. Jetzt sei $w=w_0+1$. Wenn $t<w_0+1$ ist, darf man w und t vertauschen und hat dann (21.13) auf Grund der Induktionsannahme. Wir nehmen daher $t\geqq w_0+1$ an. Es ist wegen (21.13) einerseits

$$\begin{aligned}T(p)\big(T(p^t)\,T(p^{w_0})\big) &= T(p)\sum_{\nu=0}^{w_0} p^{\nu(m-1)}\chi(p^\nu)^{-1}\,T(p^{t+w_0-2\nu})\\ &= \sum_{\nu=0}^{w_0} p^{\nu(m-1)}\chi(p^\nu)^{-1}\,T(p^{t+w_0+1-2\nu})\\ &\quad+\sum_{\nu=0}^{w_0} p^{(\nu+1)(m-1)}\chi(p^{\nu+1})^{-1}\,T(p^{t+w_0+1-2(\nu+1)}).\end{aligned}$$

Andererseits ist

$$\begin{aligned}&T(p^t)\big(T(p^{w_0})\,T(p)\big)\\ &\quad= T(p^t)\,T(p^{w_0+1}) + p^{m-1}\chi(p)^{-1}\,T(p^t)\,T(p^{w_0-1})\\ &\quad= T(p^t)\,T(p^{w_0+1})\\ &\qquad+\sum_{\nu=0}^{w_0-1} p^{(\nu+1)(m-1)}\chi(p^{\nu+1})^{-1}\,T(p^{t+w_0+1-2(\nu+1)}).\end{aligned}$$

Vergleich der beiden letzten Formeln liefert

$$\begin{aligned}&T(p^t)\,T(p^{w_0+1})\\ &\quad= T(p^{t+w_0+1}) + \sum_{\nu=0}^{w_0+1} p^{\nu(m-1)}\chi(p^\nu)^{-1}\,T(p^{t+w_0+1-2\nu}),\end{aligned}$$

d. h. es gilt (21.13) mit w_0+1 an Stelle von w_0.

(21.12) und (21.13) zusammen genommen sind mit (21.11) gleichbedeutend.

3. Anwendung auf die Thetafunktionen. Spezielle ganze Modulformen des Typus (m, q, χ) sind nach § 20 die Thetafunktionen

$$\vartheta_F(\tau) = \sum_{\mathfrak{n}} e^{\pi i\tau\mathfrak{n}'F\mathfrak{n}} \tag{21.14}$$

für definite quadratische Formen F in $n = 2m$ Variablen, q ist die Stufe von F, und χ wird definiert durch das Legendresche Symbol

$$\chi(a) = \left(\frac{D}{a}\right)$$

mit der Diskriminante D von F. Die Thetafunktionen spannen in dem Raum $\mathfrak{M}\left(m, q, \left(\frac{D}{a}\right)\right)$ einen Teilraum $\mathfrak{M}^{(0)}\left(m, q, \left(\frac{D}{a}\right)\right)$ auf. Dieser Raum erweist sich als eng verwandt mit dem in § 18, Nr. 4 eingeführten linearen Vektorraum $\mathfrak{M}^{(0)}(\tau_0, \mathfrak{J})$ (wir müssen τ_0 an Stelle von τ schreiben, um den Vektor τ_0 von der komplexen Variablen τ zu unterscheiden).

Die Reihe (21.14) kann nämlich auch so geschrieben werden:

$$\vartheta_F(\tau) = \sum_{t=0}^{\infty} \mu_F^{(0)}(t)\, e^{2\pi i t \tau}, \tag{21.15}$$

wenn $\mu_F^{(0)}(t)$ die Anzahl der Darstellungen der Zahl t durch die quadratische Form F ist. Die quadratische Form gehöre im Sinne von (20.1) zu einem Gitter $\mathfrak{J}$. Die Anzahlen $\mu_F^{(0)}(t)$ sind mit den durch (18.4) definierten Zahlen bis auf einen willkürlichen Faktor identisch, welchen wir gleich 1 setzen dürfen. Wir lassen nun das F zugrunde liegende Gitter $\mathfrak{J}$ ein Repräsentantensystem $\mathfrak{J}_i$ aller Ähnlichkeitsklassen eines Idealkomplexes von Gittern durchlaufen. Diese haben alle dieselben Invarianten D und q. Die zugehörigen Formen mögen F_i und die zugehörigen Thetafunktionen (21.14) bzw. (21.15) mögen $\vartheta_i(\tau)$ heißen. Wir fassen sie zu einzeiligen Matrizen zusammen und können dann im Anschluß an die in (18.7) gebrauchte Abkürzung schreiben:

$$\vartheta(\tau) = \left(\vartheta_1(\tau), \ldots, \vartheta_h(\tau)\right) = \sum_{t=0}^{\infty} \mathfrak{m}^{(0)}(t)\, e^{2\pi i t \tau}. \tag{21.16}$$

In §18, Nr. 4 hatten wir mit $\mathfrak{M}^{(0)}(\tau_0, \mathfrak{J})$ den Vektorraum bezeichnet, welcher aufgespannt wird durch die $\mathfrak{m}^{(0)}(t)$, wobei t erstens alle ganzen Idealnormen durchläuft und zweitens $\mu_{F_i}^{(0)}(t)$ durch 0 zu ersetzen ist, falls $t\,|\,n(\mathfrak{J}_i)\,|\,n(\tau_0)^{-1}$ nicht die Norm einer Ähnlichkeitstransformation ist [8]. Streicht man in den Reihen (21.16) alle Glieder, für welche t nicht diese Beschaffenheit hat, so spannen die Funktionswerte der so abgeänderten Funktion $\vartheta(\tau)$ den Raum $\mathfrak{M}^{(0)}(\tau_0, \mathfrak{J})$ auf. Das genaue Verhältnis der Räume $\mathfrak{M}^{(0)}(\tau_0, \mathfrak{J})$ und $\mathfrak{M}^{(0)}\left(m, q, \left(\frac{D}{a}\right)\right)$ ist im allgemeinen schwierig zu bestimmen, da es verschiedene Idealkomplexe mit denselben Invarianten D, q geben kann. Noch schwieriger ist die Frage, ob $\mathfrak{M}^{(0)}\left(m, q, \left(\frac{D}{a}\right)\right)$ und der Raum $\mathfrak{M}\left(m, q, \left(\frac{D}{a}\right)\right)$ aller ganzen Modulformen übereinstimmen oder nicht. Mit anderen Worten: ob alle ganzen Modulformen dieses Typus als Linearkombinationen von Thetafunktionen darstellbar sind oder nicht [9].

Wegen dieser Schwierigkeit ist die folgende Aussage bemerkenswert:

Satz 21.3. *Die Heckeschen Operatoren $T(r)$ lassen die soeben erwähnten Räume $\mathfrak{M}^{(0)}(\tau_0, \mathfrak{J})$ invariant, und es gilt mit dem durch (18.22) bis (18.24) definierten Operatoren $Z^{(0)}(r)$ und bei Verwendung der Abkürzung (21.16)*

$$\vartheta(\tau) \circ T(r) = \vartheta(\tau) \circ Z(r), \tag{21.17}$$

und zwar unter der Voraussetzung, daß r die Norm einer Ähnlichkeits-

transformation des den Thetafunktionen zugrunde liegenden metrischen Raumes R ist.

Beweis. Wir beginnen mit dem einfachsten Fall, daß r eine Primzahl p ist. Später wird sich zeigen (Satz 23.6): p ist Norm einer Ähnlichkeitstransformation, wenn

$$\left(\frac{\Delta(R)}{p}\right) = \left(\frac{D}{p}\right) = \chi(p) = 1$$

ist. Jetzt ist

$$\vartheta(\tau) \circ T(p) = p^{m-1}\left(\vartheta(p\,\tau) + \sum_{h=0}^{p-1} p^{-m}\,\vartheta\left(\frac{\tau+h}{p}\right)\right).$$

Auf der rechten Seite steht u. a.

$$\sum_{h=0}^{p-1} \vartheta\left(\frac{\tau+h}{p}\right) = \sum_{t=0}^{\infty} \mathfrak{m}^{(0)}(t) \sum_{h=0}^{p-1} e^{2\pi i \frac{t}{p}(\tau+h)} = \sum_{t=0}^{\infty} p\,\mathfrak{m}^{(0)}(p\,t)\,e^{2\pi i t \tau},$$

also

$$\vartheta(\tau) \circ T(p) = \sum_{t=0}^{\infty} \mathfrak{m}^{(0)}(p\,t)\,e^{2\pi i t\tau} + p^{m-1} \sum_{t=0}^{\infty} \mathfrak{m}^{(0)}(t)\,e^{2\pi i p t \tau}.$$

Wird $\mathfrak{m}^{(0)}\left(\frac{t}{p}\right) = 0$ gesetzt, wenn $\frac{t}{p}$ nicht ganz ist, so kann man hierfür schreiben

$$\vartheta(\tau) \circ T(p) = \sum_{t=0}^{\infty} \left(\mathfrak{m}^{(0)}(p\,t) + p^{m-1}\,\mathfrak{m}^{(0)}\left(\frac{t}{p}\right)\right) e^{2\pi i t\tau}.$$

Nach (18.27A) ist aber

$$\mathfrak{m}^{(0)}(p\,t) + p^{m-1}\,\mathfrak{m}^{(0)}\left(\frac{t}{p}\right) = \mathfrak{m}^{(0)}(t) \circ Z^{(0)}(p),$$

womit (21.17) für diesen Spezialfall bewiesen ist.

Ist r eine Potenz einer Primzahl p der soeben betrachteten Art, so folgt (21.17) einerseits aus der Definition (18.23A) von $Z^{(0)}(p^s)$ und andererseits aus der hiermit formal übereinstimmenden Rekursionsformel (21.11).

Hierauf sei $r = p^2$, und es gebe keine Ähnlichkeitstransformation der Norm p. Es ist also

$$\left(\frac{\Delta(R)}{p}\right) = \left(\frac{D}{p}\right) = \chi(p) = -1.$$

Laut Definition ist

$$\begin{aligned}
&\vartheta(\tau) \circ T(p^2) \\
&= p^{n-2}\left[\vartheta(p^2\tau) - \sum_{h=1}^{p-1} p^{-m}\,\vartheta\left(\frac{p\tau+h}{p}\right) + \sum_{h=1}^{p^2-1} p^{-n}\,\vartheta\left(\frac{\tau+h}{p^2}\right)\right] \\
&= \sum_{t=0}^{\infty}\left(\mathfrak{m}^{(0)}(p^2 t) + p^{n-2}\,\mathfrak{m}^{(0)}\left(\frac{t}{p^2}\right)\right) e^{2\pi i t\tau} - p^{m-1} \sum_{t=0}^{\infty} \mathfrak{m}^{(0)}(p\,t)\,e^{2\pi i t p\tau},
\end{aligned}$$

wenn wieder $\mathfrak{m}^{(0)}\left(\frac{t}{p^2}\right) = 0$ zu setzen ist für gebrochenes Argument.

Nach (18.27B) ist aber

$$\mathfrak{m}^{(0)}(p^2 t) = \mathfrak{m}^{(0)}(t) \circ Z^{(0)}(p^2)$$

für $(t, p) = 1$

$$\mathfrak{m}^{(0)}(p^2 t) - p^{m-1}\,\mathfrak{m}^{(0)}(t) + p^{n-2}\,\mathfrak{m}^{(0)}\left(\frac{t}{p^2}\right) = \mathfrak{m}^{(0)}(t) \circ Z^{(0)}(p^2)$$

für $(t, p) > 1$,

womit wiederum (21.17) bewiesen ist.

Die behauptete Formel für $r = p^{2s}$ erhält man durch Vergleich von (18.23B) mit (21.11). Damit ist (21.17) für Primzahlpotenzen r bewiesen. Allgemein geht dann (21.17) aus (18.24) und (21.11) hervor.

Identifiziert man für ein beliebiges zu D primes p die Operatoren $T(p^2)$ und $Z^{(0)}(p^2)$, so stellt sich $Z^{(0)}(p^2)$ nach Satz 21.3 in der Form

$$Z^{(0)}(p^2) = T(p^2) = T(p)^2 - p^{m-1}\left(\frac{D}{p}\right)$$

dar. Doch nur dann, wenn $\left(\frac{D}{p}\right) = 1$ ist, ist $T(p)$ wieder ein in $\mathfrak{M}^{(0)}(\tau_0, \mathfrak{J})$ erklärter Operator.

Die in Satz 21.3 gegebene Deutung der Operatoren $Z^{(0)}(r)$ ist ein zweiter wichtiger Beitrag, den die Theorie der Modulformen zur Arithmetik der Gitter leistet. Durch ihn werden verschiedene Teilgebiete der Zahlentheorie miteinander verknüpft, und darauf gründet sich die Hoffnung auf eine fruchtbare Weiterentwicklung von beiden.

4. Weitere Ergebnisse. Die von E. Hecke begründete Theorie der Modulformen konnte hier nur zu einem geringen Teil dargestellt werden. Außer den von uns gezeichneten Zügen gründet sie sich vor allem auf die folgenden 5 weiteren Ideen [10].

1. Wie wir aus den multiplikativen Eigenschaften der Darstellungsmaße $\mu_i^{(0)}(t)$. die in Satz 18.3 niedergelegt wurden, ein Verfahren fanden, die $\mu_i^{(0)}(t)$ für Idealnormen t aus den entsprechenden Größen für Primidealnormen zu berechnen, führt (21.11) zu einer Berechnung der Entwicklungskoeffizienten $\mu(t)$ der Modulformen

$$F(\tau) = \sum_{t=0}^{\infty} \mu(t)\, e^{2\pi i \frac{t}{f}\tau}$$

aus den $\mu(p)$ (p = Primzahl).

2. Es werden die Operatoren $T(r)$ auch für solche Zahlen r definiert, welche zur Stufe der Modulformen nicht teilerfremd sind. Ihre Verknüpfung mit Operatoren in der arithmetischen Theorie der Gitter (Anzahlmatrizen) ist ein noch offenes Problem.

3. Modulfunktionen der Stufe q bleiben insbesondere bei Substitutionen aus der Hauptkongruenzgruppe $\mathfrak{H}_h(q)$ invariant. Da $\mathfrak{H}_h(q)$ ein Normalteiler von $\mathfrak{G}_h$ ist, wird durch jede Substitution aus $\mathfrak{G}_h$ jede Modulform der Stufe q in eine solche Funktion übergeführt, welche wenigstens bei den Substitutionen aus $\mathfrak{H}_h(q)$ invariant ist. Dieser Umstand ermöglicht die Aufspaltung des Raumes $\mathfrak{M}(m, q, \chi)$ in Teilräume, welche bei den Operatoren $T(r)$ teils in sich transformiert werden, teils als ganzes permutiert werden.

4. Der Raum $\mathfrak{M}(m, q, \chi)$ läßt sich in zwei bei den Operatoren $T(r)$ invariante Teilräume aufspalten, die Funktionen aus dem einen sind die so-

genannten *Eisenstein-Reihen*, die Funktionen aus dem anderen die *Spitzenformen*. Die letzteren verschwinden in den rationalen Spitzen eines Diskontinuitätsbereiches von $\mathfrak{G}(q)$. Diese Reduktion der $T(r)$ ist übrigens, soweit sie mit den $Z^{(0)}(r)$ übereinstimmen, identisch mit der in § 19 durchgeführten.

5. Es sei $\frac{1}{2}\dot{\mathfrak{x}} F \mathfrak{x}$ eine definite quadratische Form und $Q(y_1, \ldots, y_n) = Q(y_\mu)$ eine Kugelfunktion $2r$-ten Grades, d. h. ein homogenes Polynom $2r$-ten Grades, welches der Laplaceschen Differentialgleichung genügt. Die Form F gehe durch die Substitution

$$y_\mu = \sum_\nu s_{\mu\nu} x_\nu$$

in $\sum y_\nu^2$ über. Dann ist die unendliche Reihe

$$\vartheta_{Q,F}(\tau) = \sum_{n_\nu=-\infty}^{+\infty} Q\Big(\sum_\nu s_{\mu\nu} n_\nu\Big) e^{\pi i \tau \dot{\mathfrak{n}} F \mathfrak{n}}$$

eine ganze Modulform des Typus $\left(m + r, q, \left(\frac{D}{a}\right)\right)$. Da jede Funktion auf der Kugeloberfläche in eine Reihe nach Kugelfunktionen entwickelt werden kann, ist es möglich, die in § 18 gebildeten Vektoren $\mathfrak{m}^{(2r)}(t)$ bzw. ihre Komponenten aus den Entwicklungskoeffizienten der verallgemeinerten Thetareihen $\vartheta_{Q,F}(\tau)$ zusammenzusetzen.

Zum Schluß noch eine historische Bemerkung: Die Anregung zur Definition der Operatoren $T(r)$ empfing Hecke von der Tatsache, daß die Ideale in imaginär-quadratischen Zahlkörpern auf dem Wege über die binären quadratischen Formen eine Verknüpfung verschiedener Thetareihen des Typus $\left(1, D, \left(\frac{D}{a}\right)\right)$ herstellen. Die funktionentheoretische Formulierung dieses Zusammenhanges zeigte die Möglichkeit der Übertragung auf Modulformen beliebigen Typus (m, q, χ). Wir sind hier einen anderen Weg gegangen, indem wir den Idealbegriff zuerst auf Formen bzw. Gitter beliebiger Dimension übertrugen und erst danach das analytische Äquivalent des Idealbegriffes in den Heckeschen Operatoren aufstellten.

Hecke hat die Ausdehnung seiner Theorie auf Modulformen halbzahliger Dimension $-n/2$, welche den quadratischen Formen ungerader Variablenanzahl entsprechen, in Angriff genommen [11].

5. Formen der Stufe 1. Eine quadratische Form der Stufe $q = 1$ muß nach Satz 10.3 die Diskriminante $D = \pm 1$ haben. Bei den definiten Formen ist dieses nur bei durch 8 teilbarer Variablenzahl möglich, und es ist $D = 1$. Ein Gitter dieser Eigenschaft wurde am Schluß von § 9 angegeben. Die Fundamentalform dazu ist

$$\frac{1}{2}\dot{\mathfrak{x}} F \mathfrak{x} = \sum_{\nu=1}^{8} x_\nu^2 + (x_1+x_2+x_3)\,x_5 + (x_1-x_2+x_4)\,x_6 + x_3 x_7 + (x_1-x_3+x_4)\,x_8.$$

Es gibt nur eine einzige Formenklasse dieser Art [4]. Die Anzahlmatrizen sind einzeilig. Es gilt

$$S^{(0)}(t) = Z^{(0)}(t) = T(t) = \sum_{d/t} d^3.$$

Die Anzahl der Darstellungen von t durch die Form F ist e-mal so groß, unter e die Anzahl der Darstellungen von $t = 1$ verstanden. Man findet $e = 240$.

Nimmt man 8 weitere Variable y_ν hinzu, so ist $\frac{1}{2}\dot{\mathfrak{x}} F \mathfrak{x} + \frac{1}{2}\dot{\mathfrak{y}} F \mathfrak{y}$ eine definite Form der Diskriminante 1 in 16 Variablen. Es gibt zwei Formenklassen dieser Art, sie stellen aber jede Zahl gleich oft dar, und zu ihnen gehören identische Thetafunktionen [12]. Nimmt man nochmals 8 Variable z_ν hinzu, so ist $\frac{1}{2}\mathfrak{x}F\mathfrak{x} + \frac{1}{2}\mathfrak{y}F\mathfrak{y} + \frac{1}{2}\mathfrak{z}F\mathfrak{z}$ eine definite Form in 24 Variabeln mit der Diskriminante 1. Es gibt mehrere Formenklassen derselben Beschaffenheit, wie wir am Schluß von § 19 zeigten. Die dortigen Überlegungen lassen sogar erkennen, daß unter den zugehörigen Thetafunktionen mindestens zwei linear unabhängige auftreten; der Quotient ist eine nicht konstante Modulfunktion der Stufe 1. Aus funktionentheoretischen Erwägungen geht nun erstens hervor, daß die klassische Modulfunktion $J(\tau)$ durch diese rational darstellbar ist, und zweitens, daß es auch nicht mehr als zwei linear unabhängige ganze Modulformen des Typus (12,1,1) gibt.

Die Anzahl der linear unabhängigen ganzen Modulformen des Typus (4f,1,1) ist $\left[\frac{f}{3}\right] + 1$ wegen der rationalen Darstellbarkeit aller Modulfunktionen durch $J(\tau)$; sie sind sämtlich als lineare Kombinationen von Thetafunktionen zu quadratischen Formen der Stufe 1 in $8f$ Variablen darstellbar.

6. Quaternäre Formen mit quadratischer Diskriminante. Diese Formen treten in Zusammenhang mit der Zahlentheorie der Quaternionen auf. Es sei Q eine Quaternionenalgebra über dem rationalen Zahlkörper k; bezeichnet ∞ den unendlichen Primdivisor von k, so werde Q_∞ als nullteilerfrei vorausgesetzt. Den Rechts- und Linksidealen $\mathfrak{M} = [M_1, \ldots, M_4]$ für zum gleichen Gruppoid von Idealen gehörige Ordnungen werden die quadratischen Formen

$$\tfrac{1}{2}\,\mathfrak{x}F\mathfrak{x} = \frac{1}{|t(\mathfrak{M})|}\,t\left(\sum M_\nu x_\nu\right)$$

zugeordnet. Ihre Diskriminanten sind einander gleich. Im Falle von Idealen zu maximalen Ordnungen ist die Diskriminante das Quadrat der Stufe.

Legt man die Quaternionen-Ideale an Stelle der Ideale in dem durch die Formen aufgespannten Raum den Überlegungen von § 17, 18 zugrunde, so erhält man neuartige Anzahlmatrizen, deren Theorie H. Brandt ausgeführt hat [13].

In diesem Zusammenhang läßt sich das Phänomen der Existenz linear abhängiger Thetareihen vielleicht am besten studieren. Die Brandtschen Anzahlmatrizen haben im allgemeinen erheblich kleinere Reihenzahl als die in § 17 definierten $P^{(0)}(t)$. Diese ist die Anzahl der Linksidealklassen für eine (beliebige) Ordnung des vorliegenden Gruppoids. Im Falle, daß die Stufe q eine Primzahl ist, stimmen sie mit den Heckeschen Operatoren und nach Satz 21.3 mit den Operatoren $Z^{(0)}(t)$ überein [14].

Fünftes Kapitel.

Die höhere Arithmetik der metrischen Räume, insbesondere über dem Körper der rationalen Zahlen.

Voraussetzungen in Kapitel V: *zunächst wie in Kapitel III. Gelegentlich, und von § 26 ab durchweg ist der Grundkörper k der rationale Zahlkörper.*

Die höhere Arithmetik hebt sich von der elementaren ab durch die Benutzung des *quadratischen Reziprozitätsgesetzes,* des sogenannten

Normensatzes oder des hiermit äquivalenten *Hauptsatzes der Theorie der Quaternionen-Algebren,* sowie analytischer Begriffe und Schlußweisen. Die erste zu behandelnde Aufgabe ist die Kennzeichnung der metrischen Räume über algebraischen Zahl- und Funktionenkörpern durch invariante Bestimmungsstücke; sie findet mit § 23 ihren Abschluß. Die zweite Aufgabe besteht in der Übertragung des analytischen Bestimmungsverfahrens für die Idealklassenzahl eines algebraischen Zahlkörpers auf metrische Räume. Ihrer endgültigen Formulierung müssen verschiedene Vorbereitungen vorausgeschickt werden, die methodisch zu den Kapiteln II und III gehören, des sachlichen Zusammenhanges wegen aber erst hier gebracht werden. Man orientiere sich an den Einleitungen zu den Paragraphen 24 bis 28.

§ 22. Die Q-Räume.

1. Die Hauptsätze. Wie im II. Kapitel bildet eine Klasse spezieller Räume den Schlüssel zu dem Problem, alle Räume über algebraischen Zahl- und Funktionenkörpern durch Invarianten zu beschreiben, nämlich die *Q-Räume.* Ein vierdimensionaler Raum R heißt ein Q-Raum, wenn $\Delta(R)$ die Einheitsquadratklasse ist, und wenn R einen Vektor ι_0 mit $\frac{1}{2}\iota_0^2 = 1$ enthält.

Ist $\iota_0, \iota_1, \iota_2, \iota_3$ eine Orthogonalbasis eines solchen Raumes mit

$$\frac{1}{2}\iota_0^2 = 1, \quad \frac{1}{2}\iota_1^2 = p_1, \quad \frac{1}{2}\iota_2^2 = p_2,$$

so ist bis auf einen quadratischen Faktor $\neq 0$, den man ohne Beschränkung der Allgemeinheit $= 1$ ansetzen darf, $\frac{1}{2}\iota_3^2 = p_1 p_2$. Durch $J_1^2 = p_1$, $J_2^2 = p_2$, $J_1 J_2 = -J_2 J_1$ wird eine Quaternionen-Algebra Q definiert, und die Norm des allgemeinen Quaternions aus Q ist

$$t(x_0 + J_1 x_1 + J_2 x_2 + J_1 J_2 x_3) = \frac{1}{2}(\iota_0 x_0 + \iota_1 x_1 + \iota_2 x_2 + \iota_3 x_3)^2. \quad (22.1)$$

Umgekehrt bestimmt die Norm des allgemeinen Elements aus einer beliebigen Quaternionen-Algebra über k als metrische Fundamentalform einen Q-Raum R, so daß zwischen beiden eine eineindeutige Zuordnung besteht.

Die Algebrentheorie lehrt die folgenden Sätze über die Beschaffenheit und Existenz von Quaternionen-Algebren [1], von denen der zweite das *quadratische Reziprozitätsgesetz* enthält und der dritte als der *Hauptsatz der Algebrentheorie* gilt.

1. Wenn Q Nullteiler enthält, d. h. wenn die quadratische Form (22.1) die Zahl 0 nicht-trivial darstellt, so ist Q mit der Algebra der zweireihigen Matrizen über k isomorph. Die Form (22.1) läßt sich dann in k in die Gestalt $y_1 y_2 + y_3 y_4$ transformieren.

2. Für fast alle — endlichen oder unendlichen — Primdivisoren $\mathfrak{p}$ von k ist die $\mathfrak{p}$-adische Erweiterung $Q_\mathfrak{p}$ einer Algebra Q die Matrixalgebra

2. Grades über $k_{\mathfrak{p}}$. Die Anzahl derjenigen $\mathfrak{p}$, für welche $Q_{\mathfrak{p}}$ keine Nullteiler enthält, ist gerade. Wir nennen diese Ausnahme-Primdivisoren für Q *charakteristisch.*

3. Zwei Quaternionen-Algebren Q_1 und Q_2 sind dann und nur dann isomorph, wenn ihre charakteristischen Primdivisoren übereinstimmen.

4. Ist $\mathfrak{p}_1, \ldots, \mathfrak{p}_{2m}$ eine beliebige gerade Anzahl verschiedener endlicher oder unendlicher Primdivisoren von k, so gibt es eine Quaternionen-Algebra, für welche gerade sie und keine anderen charakteristisch sind.

Diese Sätze lassen sich sofort als Aussagen über Q-Räume formulieren, wenn man die folgende Ausdrucksweise benutzt: ein Primdivisor $\mathfrak{p}$ heiße für einen Q-Raum R *charakteristisch,* wenn $R_{\mathfrak{p}}$ anisotrop ist.

Satz 22.1. *Ein isotroper Q-Raum gehört zum Nulltyp.*

Satz 22.2. *Die Anzahl der für einen Q-Raum charakteristischen Primdivisoren ist endlich, und zwar gerade.*

Satz 22.3. *Zwei Q-Räume sind dann und nur dann isomorph, wenn ihre charakteristischen Primdivisoren übereinstimmen.*

Satz 22.4. *Zu einer geraden Anzahl verschiedener endlicher oder unendlicher Primdivisoren in k gibt es einen Q-Raum, für den gerade diese und keine anderen charakteristisch sind.*

Während der einfache Beweis für Satz 22.1 schon in § 7, Nr. 1 zu finden ist, sind die weiteren Sätze recht tiefliegend. Wir begnügen uns mit ihrer Begründung in dem Spezialfalle, daß der Grundkörper k der Körper der rationalen Zahlen ist.

2. Beweise für den Spezialfall des rationalen Zahlkörpers. In Nr. 2 bedeutet k durchweg den rationalen Zahlkörper und $\mathfrak{o}$ die Ordnung aller ganzen rationalen Zahlen. Wir beginnen mit dem Beweis von Satz 22.3, der auch so formuliert werden kann: sind sämtliche p-adischen Erweiterungen (p = rationale Primzahl) sowie die reelle Erweiterung für zwei Q-Räume R_1 und R_2 isomorph, so ist auch $R_1 \cong R_2$. Es seien $x_0^2 + p_1 x_1^2 + p_2 x_2^2 + p_1 p_2 x_3^2$ und $y_0^2 + q_1 y_1^2 + q_1 y_2^2 + q_1 q_2 y_3^2$ die metrischen Fundamentalformen von R_1 und R_2, ferner $\mathfrak{R}_1$ und $\mathfrak{R}_2$ die Typen der Räume R_1 und R_2. Dann wird der Differenztyp $\mathfrak{R} = \mathfrak{R}_1 - \mathfrak{R}_2$ repräsentiert durch einen Raum mit der Fundamentalform $p_1 x_1^2 + p_2 x_2^2 + p_1 p_2 x_3^2 - q_1 x_4^2 - q_2 x_5^2 - q_1 q_2 x_6^2$, wir bezeichnen ihn mit R. Es ist zu zeigen, daß R zum Nulltyp gehört; und die Voraussetzung besagt, daß R_∞ sowie R_p für alle p zum Nulltyp gehört.

R_∞ besitzt demnach eine Orthogonalbasis ω_ν mit

$$\frac{1}{2}\,\omega_1^2 = \frac{1}{2}\,\omega_2^2 = \frac{1}{2}\,\omega_3^2 = -\frac{1}{2}\,\omega_4^2 = -\frac{1}{2}\,\omega_5^2 = -\frac{1}{2}\,\omega_6^2 = 1.$$

Ferner ist für jedes p die reduzierte Determinante jedes maximalen Gitters in R_p gleich $\mathfrak{o}_p$. Nach § 12, Nr. 1 ist daher die reduzierte Determinante jedes maximalen Gitters $\mathfrak{J}$ in R gleich $\mathfrak{o}$. $\mathfrak{J} = [\iota_\nu]$ sei ein solches Gitter, dessen Norm überdies auch gleich $\mathfrak{o}$ sei. Setzt man

$$\iota_\nu = \sum_{\mu=1}^{6} \omega_\mu q_{\mu\nu},$$

mit reellen $q_{\mu\nu}$, so ist das halbe Quadrat des allgemeinen Vektors aus $\mathfrak{J}$:

$$\begin{aligned}\frac{1}{2}(\sum \iota_\nu x_\nu)^2 = (\sum q_{1\nu} x_\nu)^2 + (\sum q_{2\nu} x_\nu)^2 + (\sum q_{3\nu} x_\nu)^2 \\ - (\sum q_{4\nu} x_\nu)^2 - (\sum q_{5\nu} x_\nu)^2 - (\sum q_{6\nu} x_\nu)^2.\end{aligned} \tag{22.2}$$

Die Determinante $|q_{\mu\nu}|$ berechnet sich aus

$$-\prod_\nu \omega_\nu^2 \cdot |q_{\mu\nu}|^2 = 2^6 |q_{\mu\nu}|^2 = -|\iota_\mu \iota_\nu| = 1: \; |q_{\mu\nu}| = \pm 2^{-3}.$$

Nach dem Linearformensatz von Minkowski kann man den x_ν nicht sämtlich verschwindende Werte in $\mathfrak{o}$ erteilen so, daß

$$\left|\sum_\nu q_{\mu\nu} x_\nu\right| \leq 2^{-1/2}$$

ist. Dann ist wegen (22.2)

$$\left|\frac{1}{2}\left(\sum_\nu \iota_\nu x_\nu\right)^2\right| \leq \frac{3}{2}.$$

Andererseits ist $\frac{1}{2}(\sum \iota_\nu x_\nu)^2$ eine ganze rationale Zahl; diese kann mithin nur 0, 1 oder -1 sein. D. h. $\mathfrak{J}$ und damit R enthält einen Vektor ε mit $\frac{1}{2}\varepsilon^2 = 0$ oder ± 1.

Die Möglichkeit, daß $\varepsilon^2 = 0$ ausfällt, lassen wir einstweilen außer Betracht; wir wollen nämlich zeigen, daß R stets einen isotropen Vektor enthält.

Es wird jetzt die gleiche Schlußweise auf den zu ε senkrechten Teilraum R' von R angewendet. R'_∞ besitzt eine Basis ω'_ν mit

$$\frac{1}{2}\omega_1'^2 = \frac{1}{2}\omega_2'^2 = \frac{1}{2}\omega_3'^2 = -\frac{1}{2}\omega_4'^2 = -\frac{1}{2}\omega_5'^2 = \pm 1.$$

Man suche in R' ein maximales Gitter $\mathfrak{J}'$ mit $n(\mathfrak{J}') = \mathfrak{o}$ auf. Unter Verwendung von $\Delta(R') = -\frac{1}{2}\varepsilon^2$ und der Sätze 12.3, 9.5 und 9.7 stellt man fest, daß $\mathfrak{d}(\mathfrak{J}') = 2\mathfrak{o}$ ausfällt. Dementsprechend ist $\mathfrak{J}' = [\iota'_\nu]$,

$$\iota'_\nu = \sum_\mu \omega'_\mu q'_{\mu\nu} \quad \text{mit} \quad |q'_{\mu\nu}| = \pm 2^{-2}.$$

Durch Anwendung des Linearformensatzes von Minkowski findet man in $\mathfrak{J}'$ einen Vektor $\varepsilon' = \sum \iota'_\nu x_\nu$ mit

$$\begin{aligned}\left|\frac{1}{2}\varepsilon'^2\right| &\leq |(\sum q'_{1\nu}x_\nu)^2 + (\sum q'_{2\nu}x_\nu)^2 + (\sum q'_{3\nu}x_\nu)^2 - (\sum q'_{4\nu}x_\nu)^2 - (\sum q'_{5\nu}x_\nu)^2| \\ &\leq 3 \cdot 2^{-4/5} < 2.\end{aligned}$$

Da $\frac{1}{2}\varepsilon'^2$ ganz sein muß, ist wieder $\frac{1}{2}\varepsilon'^2 = 0$ oder $= \pm 1$. In beiden Fällen enthält R' einen Vektor ε' mit $\frac{1}{2}\varepsilon'^2 = \pm 1$.

Der auf ε' senkrechte Teilraum R'' von R' besitzt nach Erweiterung von k zum Körper aller reellen Zahlen eine Basis ω_ν'' mit

$$\frac{1}{2}\omega_1''^2 = \frac{1}{2}\omega_2''^2 = \frac{1}{2}\omega_3''^2 = -\frac{1}{2}\omega_4''^2 = \pm 1$$

$$\text{oder}\quad \frac{1}{2}\omega_1''^2 = \frac{1}{2}\omega_2''^2 = -\frac{1}{2}\omega_3''^2 = -\frac{1}{2}\omega_4''^3 = 1.$$

Satz 9.7 zeigt die Existenz eines Gitters $\mathfrak{J}'' = [\iota_\nu'']$ in R'' mit $n(\mathfrak{J}'') = \mathfrak{o}$ $\mathfrak{d}(\mathfrak{J}'') = \mathfrak{o}$ oder $= 4\,\mathfrak{o}$. Es ist

$$\iota_\nu'' = \sum_\mu \omega_\mu'' q_{\mu\nu}'' \quad \text{mit} \quad \|q_{\mu\nu}''\| \leq 2^{-1}.$$

Obige Schlußweise liefert einen Vektor ε''' in $\mathfrak{J}''$ mit $\frac{1}{2}\varepsilon'''^2 = 0, \pm 1, \pm 2$. Also liegt in R'' ein Vektor ε''' mit $\frac{1}{2}\varepsilon'''^2 = \pm 1$ oder $= \pm 2$.

Für den auf ε''' senkrechten Teilraum $R^{(3)}$ von R'' findet man eine Basis $\omega_\nu^{(3)}$ von $R_\infty^{(3)}$ mit $\frac{1}{2}(\omega_\nu^{(3)})^2 = \pm 1$ und ein Gitter $\mathfrak{J}^{(3)}$ in $R^{(3)}$ mit $n(\mathfrak{J}^{(3)}) = \mathfrak{o}$, $\mathfrak{d}(\mathfrak{J}^{(3)}) = 2\mathfrak{o}$, $4\mathfrak{o}$ oder $8\mathfrak{o}$, und zwar ist $\mathfrak{d}(\mathfrak{J}^{(3)}) = 8\mathfrak{o}$ nur dann, wenn $\frac{1}{2}\varepsilon^2 = \frac{1}{2}\varepsilon'^2 = \frac{1}{2}\varepsilon''^2 = \pm 1$ war. Daraus folgt die Existenz eines $\varepsilon^{(3)}$ in $R^{(3)}$ mit $\frac{1}{2}(\varepsilon^{(3)})^2 = 0, \pm 1$, $\frac{1}{2}(\varepsilon^{(3)})^2 = \pm 2$ (höchstens für $\mathfrak{d}(\mathfrak{J}^{(3)}) = 4\mathfrak{o}$) oder $\frac{1}{2}(\varepsilon^{(3)})^2 = \pm 3$ (höchstens für $\mathfrak{d}(\mathfrak{J}^{(3)}) = 8\mathfrak{o}$). Da R die Signatur 0 hat, ist im letzten Falle das Vorzeichen von $(\varepsilon^{(3)})^2$ verschieden von dem von $\varepsilon^2, \varepsilon'^2, \varepsilon''^2$. Dann ist aber R ein isotroper Raum. Aber auch in den übrigen Fällen kann man aus $\varepsilon, \ldots, \varepsilon^{(3)}$ leicht einen isotropen Vektor kombinieren. Also ist R stets isotrop.

Es bezeichne R_0 einen 4-dimensionalen mit R kerngleichen Raum. Er hat also wieder die Signatur 0, und alle p-adischen Erweiterungen gehören zum Nulltyp. R_0 enthält nach obiger Schlußweise zwei orthogonale Vektoren $\varepsilon_0, \varepsilon_0'$ mit $\frac{1}{2}\varepsilon_0^2 = \pm 1$, $\frac{1}{2}\varepsilon_0'^2 = \pm 1$. Treten hier verschiedene Vorzeichen auf, so ist auch R_0 isotrop, und es gibt einen mit R kerngleichen zweidimensionalen Raum. Ein solcher muß nach Voraussetzung quadratische Diskriminante haben und ist damit selber isotrop; die Behauptung wäre damit bewiesen. Ist indessen $\frac{1}{2}\varepsilon_0^2 = \frac{1}{2}\varepsilon_0'^2 = \pm 1$, so seien $\varepsilon_0'', \varepsilon_0^{(3)}$ zwei untereinander und zu $\varepsilon_0, \varepsilon_0'$ orthogonale Vektoren. Da $\Delta(R) = 1$ sein muß, kann $\frac{1}{2}\varepsilon_0''^2 = \frac{1}{2}(\varepsilon_0^{(3)})^2 = q$ genommen werden. Weil R_0 die Signatur 0 hat, sind die Vorzeichen von ε_0^2 und $\varepsilon_0''^2$ verschieden. Es bleibt damit lediglich das Folgende zu beweisen: ist $x_1^2 + x_2^2$ für jede Primzahl p in k_p in $q(x_1^2 + x_2^2)$ $(q > 0)$ transformierbar, so auch in k. Die Transformierbarkeit dieser Formen in k_p ineinander hat zur Folge, daß es in $k(\sqrt{-1})$ ein Ideal $\mathfrak{q}_p$ gibt, dessen Norm gleich $q\,\mathfrak{o}_p$ ist. Das Produkt aller $\mathfrak{q}_p$ ist dann ein Ideal $\mathfrak{q}$ der Norm q. Da in $k(\sqrt{-1})$ jedes Ideal ein Hauptideal ist, enthält $k(\sqrt{-1})$ eine Zahl der Norm q. Multiplikation der allgemeinen Zahl von $k(\sqrt{-1})$ mit dieser liefert dann eine Transformation der ersteren Form in die letztere. Damit ist Satz 22.3 bewiesen.

Wie man sieht, ist die Schlußweise in gleicher Weise anwendbar auf metrische Räume über dem Körper der rationalen Funktionen einer Variablen über einem endlichen Konstantenkörper.

Wie findet man nun die Primdivisoren, welche für einen gegebenen Q-Raum R mit der metrischen Fundamentalform (22.1) charakteristisch sind? Zur Beantwortung dieser Frage wollen wir eine besondere Orthogonalbasis ι_ν zugrunde legen. Zunächst soll $\frac{1}{2}\iota_0^2 = 1$ sein. Die 2-adische Erweiterung R_2 von R enthält nach § 7, Nr. 1 einen Vektor ι_1', der auf ι_0 senkrecht steht, und für den $\frac{1}{2}\iota_1'^2 = -1$ oder $= -5$ ist, je nachdem R_2 isotrop ist oder nicht. Spannen $\omega_1, \omega_2, \omega_3$ den auf ι_0 senkrechten Teilraum R' von R auf, so ist $\iota_1' = \sum \omega_\nu q_\nu'$ mit unendlichen 2-adischen Potenzreihen q_1', q_2', q_3'. Ersetzt man diese durch geeignete endliche Teilsummen q_1, q_2, q_3, so wird $\iota_1 = \sum \omega_\nu q_\nu$ ein auf ι_0 senkrechter Vektor in R mit $\frac{1}{2}\iota_1^2 \equiv 3 \bmod 4$. Sicher ist das Quadrat des allgemeinen Vektors aus R' nicht durchweg negativ, da sonst $\Delta(R) < 0$ ausfallen würde, während $\Delta(R) = 1$ vorausgesetzt wird. Ist ω ein Vektor in R' mit $\omega^2 > 0$, so ist für eine genügend hohe Potenz von 2: $\frac{1}{2}(\iota_1 + 2^t\omega)^2 > 0$ und $\equiv 3 \bmod 4$. Mithin gibt es in R stets einen auf ι_0 senkrechten Vektor ι_1 mit $\frac{1}{2}\iota_1^2 = p_1 \equiv 3 \bmod 4$, $p_1 > 0$. Zu ι_0, ι_1 nehme man nun noch zwei weitere untereinander und zu ι_0, ι_1 senkrechte Vektoren ι_2, ι_3 hinzu, für welche $\frac{1}{2}\iota_2^2 = p_2$, $\frac{1}{2}\iota_3^2 = p_1 p_2$ ist. Auch diese können noch durch andere ersetzt werden. Es ist

$$\frac{1}{2}(\iota_2 x_2 + \iota_3 x_3)^2 = p_2(x_2^2 + p_1 x_3^2) = p_2\, n_{k(\sqrt{-p_1})/k}(x_2 + \sqrt{-p_1}\, x_3).$$

Man kann offenbar die Zahl $x_2 + \sqrt{-p_1}\, x_3$ so bestimmen, daß $p_2 n(x_2 + \sqrt{-p_1}\, x_3)$ ganz und zu p_1 teilerfremd wird. Jetzt ersetze man ι_2 durch $\iota_2 x_2 + \iota_3 x_3$. Dadurch wird p_2 ganz und zu p_1 prim. Sind endlich p_1', p_2' die größten quadratischen Teiler von p_1, p_2 und nimmt man an Stelle von $\iota_1, \iota_2, \iota_3$ die Vektoren $\frac{1}{p_1'}\iota_1, \frac{1}{p_2'}\iota_2, \frac{1}{p_1' p_2'}\iota_3$, so wird jetzt

$$\left.\begin{aligned} &\frac{1}{2}(\iota_0 x_0 + \iota_1 x_1 + \iota_2 x_2 + \iota_3 x_3)^2 = x_0^2 + p_1 x_1^2 + p_2 x_2^2 + p_1 p_2 x_3^2 \\ &\qquad p_1 > 0,\ p_1 \equiv 3 \bmod 4,\ p_1, p_2, p_1 p_2 \ \text{quadratfrei.} \end{aligned}\right\} \tag{22.3}$$

Die Primzahl 2 ist nach § 7, Nr. 1 für R charakteristisch, wenn $p_1 \equiv 3 \bmod 8$ und p_2 gerade ist, und nur dann. Der unendliche Primdivisor ∞ ist für R charakteristisch, wenn $p_2 > 0$ ist, und nur dann. Eine ungerade Primzahl p ist für R charakteristisch, wenn p in p_1 aufgeht und das Legendresche Symbol $\left(\frac{-p_2}{p}\right) = -1$ ist, oder wenn p in p_2 aufgeht und $\left(\frac{-p_1}{p}\right) = -1$ ist. Geht p weder in p_1 noch in p_2 auf, so spannen $\iota_0, \ldots, \iota_3$ über $\mathfrak{o}_p$ ein Gitter der reduzierten Determinante $\mathfrak{o}_p$ auf. Nach Satz 9.7 kann dann R_p nicht anisotrop sein, d. h. p ist nicht charakteristisch.

Wir kommen nun zum Beweis von Satz 22.2. Es sei $p_2 = 2^v p'_2$ mit $v = 0$ oder $v = 1$. a_1, a_2 seien die Anzahlen der ungeraden in p_1, p_2 aufgehenden für R charakteristischen Primzahlen. Es gilt dann für die Legendreschen Symbole

$$\left(\frac{-p_1}{p'_2}\right) = (-1)^{a_2}, \quad \left(\frac{-p_2}{p_1}\right) = (-1)^{a_1}.$$

Wegen $p_1 > 0$, $p_1 \equiv 3 \bmod 4$, nach dem quadratischen Reziprozitätsgesetz und den Ergänzungssätzen ist also

$$-\operatorname{sign}(p_2)\,(-1)^{a_1 + a_2 + v(p_1^2 - 1)/8} = 1.$$

Hier ist $-\operatorname{sign}(p_2) = -1$, falls ∞ charakteristisch ist, sonst $+1$. Ferner $(-1)^{v(p_1^2-1)/8} = -1$, falls 2 charakteristisch ist, sonst $+1$. Damit ist Satz 22.2 bewiesen.

Der Existenzsatz 22.4 ergibt sich folgendermaßen: $q_1, \ldots, q_m$ seien die vorgeschriebenen ungeraden charakteristischen Primzahlen. Nach dem Existenzsatz unendlich vieler Primzahlen in einer arithmetischen Progression gibt es mindestens eine Primzahl p mit den folgenden Eigenschaften:

$$\left(\frac{-p}{q_1}\right) = \cdots = \left(\frac{-p}{q_m}\right) = -1, \ p \equiv 3 \bmod 8.$$

Man bilde den Raum R mit der Fundamentalform (22.3) und $p_1 = p$, $p_2 = \pm 2^v q_1 \cdots q_m$, wobei das Vorzeichen $+$ bzw. $v = 1$ zu nehmen ist, falls ∞ bzw. 2 als charakteristisch vorgeschrieben wurde, sonst das Zeichen $-$ bzw. $v = 0$. Der so konstruierte Raum hat die $q_1, \ldots, q_m$ und erforderlichenfalls ∞, 2 als charakteristische Primdivisoren, und außerdem noch höchstens p. Wäre p wirklich charakteristisch, so würde R aber eine ungerade Anzahl charakteristischer Primdivisoren haben, im Widerspruch zu Satz 22.2. Also ist p nicht charakteristisch.

3. Ternäre inhomogene Gleichungen. Das Analogon von Satz 7.2 für algebraische Zahl- und Funktionenkörper, die nunmehr wieder in voller Allgemeinheit zugelassen werden, lautet:

Satz 22.5. *Für die Lösbarkeit der Gleichung*

$$a_1 x_1^2 + a_2 x_2^2 + a_3 x_3^2 = a \tag{22.4}$$

in k mit $a_1 a_2 a_3 a \neq 0$ ist das Folgende notwendig und hinreichend: man setze

$$c = -a_1 a_2 a_3 a. \tag{22.5}$$

Entweder gehört der Q-Raum R mit der metrischen Fundamentalform

$$y_0^2 + a_2 a_3 y_1^2 + a_3 a_1 y_2^2 + a_1 a_2 y_3^2 \tag{22.6}$$

zum Nulltyp oder die Zahl c ist für keinen für R charakteristischen Primdivisor $\mathfrak{p}$ ein Quadrat in $k_{\mathfrak{p}}$.

Beweis. Man multipliziere (22.4) mit $a_1 a_2 a_3$ und erhält die Gleichung

$$a_2 a_3 y_1^2 + a_3 a_1 y_2^2 + a_1 a_2 y_3^2 = -c, \qquad y_\nu = a_\nu x_\nu. \tag{22.7}$$

Gehört R zum Nulltyp, so kann man die Fundamentalform (22.6) in $y_0^2 - y_1^2 + y_2 y_3$ transformieren. Nach Satz 2.1 läßt sich dann die linke Seite von (22.7) in $-y_1^2 + y_2 y_3$ transformieren. Dann ist (22.7) lösbar.

Von jetzt ab nehmen wir an, daß R anisotrop sei. Zunächst sei k ein algebraischer Zahlkörper. $\mathfrak{p}_1, \ldots, \mathfrak{p}_e$ seien die nicht-archimedischen und $\infty_1, \ldots, \infty_u$ die archimedischen für R charakteristischen Primdivisoren. Nach Voraussetzung ist $c < 0$ in $k_{\infty_1}, \ldots, k_{\infty_u}$ und c kein Quadrat in $k_{\mathfrak{p}_1}, \ldots, k_{\mathfrak{p}_e}$. Auf Grund des Satzes von der Existenz unendlich vieler Primideale in einer arithmetischen Progression gibt es ein Primideal $\mathfrak{q}$ mit folgenden Eigenschaften:

1. $\mathfrak{p}_1 \cdots \mathfrak{p}_e \mathfrak{q} = b\,\mathfrak{o}$ ist ein Hauptideal.
2. b ist ein Quadrat in $k_\mathfrak{p}$ für alle nicht-charakteristischen Primideale $\mathfrak{p}$, welche in Zähler oder Nenner von c aufgehen, dagegen kein Quadrat für die charakteristischen.
3. $b < 0$ in $k_{\infty_1}, \ldots, k_{\infty_u}$ und $b > 0$ in k_∞ für alle anderen reellen archimedischen Primdivisoren ∞ von k.

Der Raum R' mit der Fundamentalform $z_0^2 - c\,z_1^2 - b\,z_2^2 + c\,b\,z_3^2$ hat $\mathfrak{p}_1, \ldots, \mathfrak{p}_e, \infty_1, \ldots, \infty_u$ als charakteristische Primdivisoren. Außer ihnen kann höchstens noch $\mathfrak{q}$ charakteristisch sein, jedoch ist das nicht der Fall, da die Anzahl der charakteristischen Primdivisoren für R und R' gerade sein muß. Nach Satz 22.3 sind dann die Räume R und R' isomorph, und aus Satz 2.1 folgt das gleiche für die Räume mit den Fundamentalformen $a_2 a_3 y_1^2 + a_3 a_1 y_2^2 + a_1 a_2 y_3^2$ und $-c\,z_1^2 - b\,z_2^2 + c\,b\,z_3^2$. Daher ist (22.7) lösbar.

Daß die angegebene Bedingung für die Lösbarkeit von (22.4) auch notwendig ist, erkennt man sofort durch Vergleich von (22.7) und (22.6).

Einfacher kann man schließen, wenn man noch einmal die Algebrentheorie heranzieht [2]; dabei darf k auch ein Funktionenkörper sein. Durch Adjunktion von $\sqrt{c}$ zu k wird nach der Voraussetzung die R zugeordnete Quaternionen-Algebra Q zerfällt. Demnach enthält Q ein Element T mit $T^2 = c$. Es hat die Form $T = J_1 y_1 + J_2 y_2 + J_3 y_3$. Also ist $-T^2 = -J_1^2 y_1^2 - J_2^2 y_2^2 - J_3^2 y_3^2 = a_2 a_3 y_1^2 + a_3 a_1 y_2^2 + a_1 a_2 y_3^2 = -c$.

§ 23. Invariante Kennzeichnung der Räume und Raumtypen.

1. Anisotrope Räume. Bei der Beschreibung der Räume und Raumtypen kann man so wie in § 7 vorgehen. Die eigentliche Schwierigkeit enthält die Theorie der Q-Räume, und diese ist bereits überwunden. Das Analogon von Satz 7.3 lautet:

Satz 23.1. *Ein vierdimensionaler Raum R ist dann und nur dann anisotrop, wenn es einen (archimedischen oder nicht-archimedischen) Primdivisor $\mathfrak{p}$ so gibt, daß $R_\mathfrak{p}$ ein anisotroper Q-Raum über $k_\mathfrak{p}$ ist.*

Ein Raum R einer Dimension $n > 4$ ist dann und nur dann anisotrop, wenn es einen reellen archimedischen Primdivisor ∞ in k so gibt, daß $\sigma(R_\infty) = \pm n$ ist.

Die Aussage „dann“ ist selbstverständlich. Es kommt also bei dem Beweise nur auf das „nur dann“ an. Zunächst sei $n = 4$ und $(\iota_1, \ldots, \iota_4)$ eine Orthogonalbasis von R. Es handelt sich um die nichttriviale Lösbarkeit der Gleichung

$$(\sum \iota_\nu x_\nu)^2 = \sum \iota_\nu^2 x_\nu^2 = 0 \tag{23.1}$$

in k. Dividiert man (23.1) durch x_4^2, so entsteht eine Gleichung der Gestalt (22.4). In das durch Satz 22.5 gegebene Lösbarkeitskriterium geht der Q-Raum R' mit der Fundamentalform

$$y_0^2 + \iota_2^2 \iota_3^2 y_1^2 + \iota_3^2 \iota_1^2 y_2^2 + \iota_1^2 \iota_2^2 y_3^2 \tag{23.2}$$

ein. (23.1) ist dann und nur dann unlösbar oder mit anderen Worten, R ist dann und nur dann anisotrop, wenn es mindestens einen für R' charakteristischen Primdivisor $\mathfrak{p}$ so gibt, daß $\Delta(R) = \iota_1^2 \cdot \iota_2^2 \cdot \iota_3^2 \cdot \iota_4^2$ ein Quadrat in $k_\mathfrak{p}$ ist. Jetzt kann $R'_\mathfrak{p}$ auch durch die metrische Fundamentalform

$$y_0^2 + \iota_1^2 \iota_4^2 x_1^2 + \iota_2^2 \iota_4^2 x_2^2 + \iota_3^2 \iota_4^2 x_3^2 = \iota_4^2 \left(\iota_4^2 \left(\frac{y_0}{\iota_4^2}\right)^2 + \iota_1^2 x_1^2 + \iota_2^2 x_2^2 + \iota_3^2 x_3^2\right)$$

definiert werden. Man sieht hieraus, daß $R_\mathfrak{p}$ und $R'_\mathfrak{p}$ ähnlich sind; ja sie sind als Q-Räume dann sogar isomorph.

Nun sei $n = 5$. Wird wieder eine Orthogonalbasis (ι_ν) von R zugrunde gelegt, so ist die nicht-triviale Lösbarkeit von

$$\iota_1^2 x_1^2 + \iota_2^2 x_2^2 + \iota_3^2 x_3^2 = - \iota_4^2 x_4^2 - \iota_5^2 x_5^2 \tag{23.3}$$

nachzuweisen unter der Bedingung, daß für keinen reellen archimedischen Primdivisor ∞ die linke Seite nur aus in k_∞ positiven (bzw. negativen) und die rechte Seite nur aus in k_∞ negativen (bzw. positiven) Gliedern besteht.

Wir wollen für x_4 und x_5 solche Zahlwerte in k einsetzen, daß für die entstehende Gleichung in x_1, x_2, x_3 die Lösbarkeit aus Satz 22.5 geschlossen werden kann. Es wird dazu der Q-Raum R' über k mit der Fundamentalform (23.2) gebildet. Dann darf

$$c = \iota_1^2 \iota_2^2 \iota_3^2 (\iota_4^2 x_4^2 + \iota_5^2 x_5^2) = a_4 x_4^2 + a_5 x_5^2$$

für keinen charakteristischen Primdivisor $\mathfrak{p}$ von R' das Quadrat einer Zahl aus $k_\mathfrak{p}$ sein. Ist $\mathfrak{p} = \infty$ ein solcher, der reell archimedisch ist, so haben ι_1^2, ι_2^2, ι_3^2 dasselbe Vorzeichen in k_∞. Voraussetzungsgemäß haben dann entweder a_4 und a_5 beide das entgegengesetzte Vorzeichen, oder a_4 und a_5 haben untereinander verschiedene Vorzeichen. Es seien etwa ι_1^2, ι_2^2, ι_3^2, a_4 positiv und a_5 negativ. Dann muß $|a_5 x_5^2|_\infty > |a_4 x_4^2|_\infty$ sein. Für einen endlichen charakteristischen Primdivisor $\mathfrak{p}$ kann man x_4, x_5 gewissen Kongruenzen modulo einer Potenz von $\mathfrak{p}$ unterwerfen, um zu gewährleisten, daß c kein Quadrat in $k_\mathfrak{p}$ ist. Im ganzen sind endlich viele Ungleichungen und Kongruenzen durch x_4, x_5 zu erfüllen, welche simultan lösbar sind, da x_4, x_5 nicht ganz zu sein brauchen.

Endlich sei $n > 5$. Entweder haben für jeden reellen archimedischen Primdivisor ∞ $\iota_1^2, \iota_2^2, \iota_3^2$ verschiedene Vorzeichen in k_∞. Dann ist bereits

$$\iota_1^2 x_1^2 + \iota_2^2 x_2^2 + \iota_3^2 x_3^2 = -\iota_4^2 x_4^2 - \iota_5^2 x_5^2 - \cdots \tag{23.4}$$

mit $x_6 = \cdots = 0$ lösbar. Sonst aber lautet die behauptete Bedingung für die Lösbarkeit: $\iota_4^2, \iota_5^2, \ldots$ haben entweder nur zu $\iota_1^2, \iota_2^2, \iota_3^2$ entgegengesetzte Vorzeichen, oder sie haben untereinander verschiedene Vorzeichen. Im ersten Falle gibt es wieder eine Lösung mit $x_6 = \cdots = 0$. Im anderen stellt $-\iota_4^2 x_4^2 - \iota_5^2 x_5^2 + \cdots$ eine Zahl dar, welche für alle reellen unendlichen Primdivisoren ∞ das gleiche Vorzeichen wie $\iota_1^2, \iota_2^2, \iota_3^2$ hat. Durch einen Basiswechsel in dem Teilraum $k(\iota_4, \iota_5, \ldots)$ kann erreicht werden, daß $-\iota_4^2$ diese Eigenschaft hat, und nun gibt es wieder eine Lösung mit $x_6 = \cdots = 0$.

Die Aufzählung aller anisotropen Räume der Dimension 2 ist zunächst weniger einfach als im zweiten Kapitel, sie ergibt sich aber in der Folge nebenher.

Wir brauchen noch einen Hilfssatz: R habe gerade Dimension n, $\Delta(R)$ sei ein Quadrat in k, für alle archimedischen Primdivisoren ∞ sowie alle nicht-archimedischen Primdivisoren $\mathfrak{p}$ bis auf höchstens einen einzigen $\mathfrak{q}$ gehöre R_∞ bzw. $R_\mathfrak{p}$ zum Nulltyp. Dann gehören auch $R_\mathfrak{q}$ und R zum Nulltyp.

Beweis. Ist $n > 4$, so ist R nach Satz 23.1 isotrop und daher kerngleich mit einem Raum R' der Dimension $n-2$. Für diesen treffen die gleichen Voraussetzungen zu. Man darf daher ohne Beschränkung der Allgemeinheit annehmen, daß R die Dimension 2 oder 4 hat. Im Falle $n = 2$ ist R vom Nulltyp, da $\Delta(R)$ ein Quadrat sein sollte. Im Falle $n = 4$ ist R ähnlich mit einem Q-Raum mit höchstens einem einzigen charakteristischen Primdivisor $\mathfrak{q}$. Dieses ist nach Satz 22.2 unmöglich, und nach Satz 22.3 gehört auch R zum Nulltyp.

2. Die Normaldarstellung der Raumtypen. Als Invarianten der Raumtypen $\mathfrak{R}$ hatten wir in § 2 den Dimensionsindex $\nu(\mathfrak{R})$ und die Diskriminante $\Delta(\mathfrak{R})$ erkannt. Hierzu kommen die Charaktere (vgl. § 7) der $\mathfrak{p}$-adischen Erweiterungen $\mathfrak{R}_\mathfrak{p}$ von $\mathfrak{R}$, d. h. der Raumtypen über $k_\mathfrak{p}$, welche durch die $\mathfrak{p}$-adischen Erweiterungen $R_\mathfrak{p}$ der Räume R aus $\mathfrak{R}$ gegeben werden. Diese schreiben wir jetzt so:

$$\chi_\mathfrak{p}(\mathfrak{R}) = \chi(\mathfrak{R}_\mathfrak{p}). \tag{23.5}$$

Schließlich sind Invarianten die Signaturen bzw. reduzierten Signaturen (vgl. § 8)

$$\sigma_\infty(\mathfrak{R}) = \sigma(\mathfrak{R}_\infty), \quad \varrho_\infty(\mathfrak{R}) = \varrho(\mathfrak{R}_\infty) \tag{23.6}$$

für die archimedischen Primdivisoren ∞ im Falle eines algebraischen Zahlkörpers k. Wir erinnern noch daran, daß auch für diese Charaktere durch (8.3), d. h.

$$\chi_\infty(\mathfrak{R}) = (-1)^{\frac{1}{2}\varrho_\infty(\mathfrak{R})(\varrho_\infty(\mathfrak{R})-1)} \tag{23.7}$$

definiert wurden. Es wird sich zeigen, daß hiermit alle Invarianten von Raumtypen aufgezählt wurden.

Jeder Typ läßt sich aus folgenden Normaltypen aufbauen:

$\mathfrak{E}(\Delta)$: repräsentiert durch $k(\iota)$ mit $\frac{1}{2}\iota^2 = \Delta$.

$\mathfrak{D}(\Delta)$: repräsentiert durch $k(\iota_1, \iota_2)$ mit $\frac{1}{2}\iota_1^2 = 1, \iota_1\iota_2 = 0, \frac{1}{2}\iota_2^2 = -\Delta$.

$\mathfrak{Q}(\mathfrak{p}_1, \ldots, \mathfrak{p}_{2m})$: repräsentiert durch den Q-Raum mit den charakteristischen Primdivisoren $\mathfrak{p}_1, \ldots, \mathfrak{p}_{2m}$.

$\mathfrak{U}(\infty)$: tritt nur auf, wenn k ein algebraischer Zahlkörper ist; ∞ sei ein reeller archimedischer Primdivisor. $\mathfrak{U}(\infty)$ wird repräsentiert durch $k(\iota_1, \ldots, \iota_8)$ mit $\iota_1^2 = \cdots = \iota_4^2 = 1, \iota_5^2 = \cdots = \iota_8^2 = q, \iota_\mu\iota_\nu = 0$ für $\mu \neq \nu$. Dabei ist $q > 0$ in k_∞ und $q < 0$ in $k_{\infty'}$, für jeden archimedischen Primdivisor $\infty' \neq \infty$.

Aus Satz 7.6 geht hervor, daß $U(\infty)_\mathfrak{p}$ der Nulltyp ist für jeden Primdivisor $\mathfrak{p} \neq \infty$.

Der Hauptsatz über die Existenz und Mannigfaltigkeit der Raumtypen über k lautet nun:

Satz 23.2. *Das System $\nu(\mathfrak{R}), \Delta(\mathfrak{R}), \chi_\mathfrak{p}(\mathfrak{R}), \varrho_\infty(\mathfrak{R})$ ist ein vollständiges Invariantensystem eines Raumtyps $\mathfrak{R}$.*

Zwischen den Invarianten bestehen folgende Bindungen:

$$\prod_\mathfrak{p} \chi_\mathfrak{p}(\mathfrak{R}) = 1, \tag{23.8}$$

das Produkt ist zu erstrecken über sämtliche (archimedischen und nichtarchimedischen) Primdivisoren von k; nur für endlich viele $\mathfrak{p}$ ist hier $\chi_\mathfrak{p}(\mathfrak{R}) \neq 1$. Für jeden archimedischen Primdivisor ∞ gilt in k_∞:

$$\Delta(\mathfrak{R}_\infty) = (-1)^{\varrho_\infty(\mathfrak{R}) + \nu(\mathfrak{R})} \tag{23.9}$$

Es seien umgekehrt diese Invarianten in beliebiger Weise gegeben, doch so, daß (23.8) und (23.9) gelten. Dann gibt es zu ihnen einen und nur einen Raumtyp $\mathfrak{R}$. Er wird dargestellt in der Form

$$\mathfrak{R} = \sum_\infty \left[\frac{\varrho_\infty(\mathfrak{R})}{4}\right] \times \mathfrak{U}(\infty) + \mathfrak{Q}(\mathfrak{p}_1, \ldots, \mathfrak{p}_{2m}) + \begin{cases} \mathfrak{D}(\Delta(\mathfrak{R})) & \text{für } \nu(\mathfrak{R}) = 0, \\ \mathfrak{E}(\Delta(\mathfrak{R})) & \text{für } \nu(\mathfrak{R}) = 1, \end{cases} \tag{23.10}$$

wozu noch zweierlei zu erklären ist: 1. $\left[\frac{\varrho_\infty(\mathfrak{R})}{4}\right] \times \mathfrak{U}(\infty)$ bedeutet $\left[\frac{\varrho_\infty(\mathfrak{R})}{4}\right]$-malige Addition des Typs $\mathfrak{U}(\infty)$, $\left[\frac{\varrho_\infty(\mathfrak{R})}{4}\right]$ ist die größte ganze rationale Zahl $\leq \frac{\varrho_\infty(\mathfrak{R})}{4}$. 2. In $\mathfrak{Q}(\mathfrak{p}_1, \ldots, \mathfrak{p}_{2m})$ kommen alle diejenigen $\mathfrak{p}$ vor, für welche $\chi_\mathfrak{p}(\mathfrak{R}) = -1$ ist; ihre Anzahl ist wegen (23.8) gerade.

Beweis. Der Einfachheit halber schreiben wir ν, Δ, $\chi_{\mathfrak{p}}$, ϱ_∞ an Stelle von $\nu(\mathfrak{R})$, $\Delta(\mathfrak{R})$, $\chi_{\mathfrak{p}}(\mathfrak{R})$, $\varrho_\infty(\mathfrak{R})$.

Die Gleichungen (23.9) waren bereits in § 8 festgestellt worden.

Wir bilden zunächst den Typ

$$\mathfrak{R}_1 = \mathfrak{R} - \sum_{\infty} \left[\frac{\varrho_\infty}{4}\right] \times \mathfrak{U}(\infty).$$

Wegen $\mathfrak{U}(\infty)_{\mathfrak{p}}$ = Nulltyp für alle nicht-archimedischen $\mathfrak{p}$ ist

$$\chi_{\mathfrak{p}}(\mathfrak{R}_1) = \chi_{\mathfrak{p}}(\mathfrak{R}) = \chi_{\mathfrak{p}}.$$

Wegen (23.7) gelten diese Gleichungen auch für die archimedischen Primdivisoren. Bildet man in gleicher Weise für einen anderen Typ $\mathfrak{R}'$ mit den gleichen reduzierten Signaturen den Typ $\mathfrak{R}_1'$, so sind die beiden Aussagen $\mathfrak{R} \sim \mathfrak{R}'$ und $\mathfrak{R}_1 \sim \mathfrak{R}_1'$ miteinander äquivalent. $\mathfrak{R}_1$ hat die reduzierten Signaturen 0, 1, 2 oder 3. Es beschränkt also nicht die Allgemeinheit, wenn man dieses schon für $\mathfrak{R}$ voraussetzt.

Es seien $\mathfrak{p}_1, \mathfrak{p}_2, \ldots$ diejenigen Primdivisoren, für welche $\chi_{\mathfrak{p}} = -1$ ist. Wir müssen zunächst die Möglichkeiten offen lassen, daß ihre Anzahl ungerade ist; in diesem Falle nehme man einen weiteren nicht-archimedischen Primdivisor $\mathfrak{q} = \mathfrak{p}_{2m}$ hinzu und bilde den nach Satz 22.4 existierenden Typ $\mathfrak{Q}(\mathfrak{p}_1, \ldots, \mathfrak{p}_{2m})$. Es wird gesetzt

$$\mathfrak{S} = \mathfrak{R} - \mathfrak{Q}(\mathfrak{p}_1, \ldots, \mathfrak{p}_{2m}) - \begin{cases} \mathfrak{D}(\Delta) & \text{für } \nu = 0 \\ \mathfrak{E}(\Delta) & \text{für } \nu = 1 \end{cases}$$

und behauptet, daß $\mathfrak{S}$ der Nulltyp ist.

Die reduzierte Signatur für einen reellen archimedischen Primdivisor ∞ von $\mathfrak{D}(\Delta)$ ist 0 oder 1, je nachdem Δ in k_∞ positiv oder negativ ist; entsprechend diesen beiden Fällen ist die reduzierte Signatur von $\mathfrak{E}(\Delta)$ 1 oder 0. Unter Beachtung von (23.9) kann man also schreiben:

$$\varrho_\infty\big(\mathfrak{D}(\Delta)\big) \text{ bzw. } \varrho_\infty\big(\mathfrak{E}(\Delta)\big) = \begin{cases} 0 & \text{für } \varrho_\infty \equiv 0 \bmod 2, \\ 1 & \text{für } \varrho_\infty \equiv 1 \bmod 2, \end{cases}$$

wobei zu beachten ist, daß das erstemal $\nu = 0$, das zweitemal $\nu = 1$ ist. Die reduzierte Signatur von $\mathfrak{Q}(\mathfrak{p}_1, \ldots, \mathfrak{p}_{2m})$ ist wegen der Definition dieses Typs und (23.7):

$$\varrho_\infty\big(\mathfrak{Q}(\mathfrak{p}_1, \ldots, \mathfrak{p}_{2m})\big) = \begin{cases} 0 & \text{für } \varrho_\infty = 0{,}1 \\ 2 & \text{für } \varrho_\infty = 2{,}3 \end{cases}.$$

Aus

$$\varrho_\infty = \varrho_\infty(\mathfrak{S}) + \varrho_\infty\big(\mathfrak{Q}(\mathfrak{p}_1, \ldots, \mathfrak{p}_{2m})\big) + \begin{cases} \varrho_\infty\big(\mathfrak{D}(\Delta)\big) & \text{für } \nu = 0 \\ \varrho_\infty\big(\mathfrak{E}(\Delta)\big) & \text{für } \nu = 1 \end{cases}$$

und $0 \leq \varrho_\infty \leq 3$ ergibt sich

$$\varrho_\infty(\mathfrak{S}) = 0.$$

11*

Der Charakter $\chi_\mathfrak{p}(\mathfrak{S})$ für einen nicht-archimedischen Primdivisor $\mathfrak{p}$, der verschieden ist von dem Hilfsprimdivisor $\mathfrak{q}$ (sofern ein solcher überhaupt benötigt wurde), berechnet sich mit Hilfe von Satz 7.6 für $\nu = 0$ und von (7.9) für $\nu = 1$:

$$\chi_\mathfrak{p}(\mathfrak{S}) = 1.$$

Nach dem Hilfssatz in Nr. 1 ist $\mathfrak{S}$ der Nulltyp, und ein Hilfsprimdivisor $\mathfrak{q}$ war nicht erforderlich.

Die Schlußweise zeigt: wenn $\mathfrak{R}$ gegeben ist, so gilt (23.8), und wenn die Invarianten gegeben sind, stellt (23.10) einen Typ für diese dar.

Zwei verschiedene Typen $\mathfrak{R}$, $\mathfrak{R}'$ mit denselben Invarianten kann es nicht geben, denn die $\mathfrak{p}$-adischen Erweiterungen des Differenztyps $\mathfrak{R} - \mathfrak{R}'$ sind gleich den Nulltypen, und $\mathfrak{R} - \mathfrak{R}'$ ist der Nulltyp zufolge desselben Hilfssatzes.

Aus Satz 23.2 ergibt sich leicht

Satz 23.3. *Die Invarianten $\nu(R)$, $\Delta(R)$ usw. eines Raumes R der Dimension n genügen den in Satz 23.2 angegebenen Bedingungen und darüber hinaus:*

1. $n \equiv \nu(R)$ mod 2,

2. $n \geqq 4 - \nu(R)$, *falls $\chi_\mathfrak{p}(R) = -1$ und im Falle $\nu(R) = 0$ außerdem $\Delta(R_\mathfrak{p}) = 1$ ist für mindestens einen Primdivisor $\mathfrak{p}$,*

3. $n \geqq |\sigma_\infty(R)|$ *für alle reellen archimedischen Primdivisoren ∞.*

Sind n, $\nu(R)$ usw. beliebig vorgegeben, doch so, daß diese Bedingungen erfüllt sind, so gibt es genau einen Raum R mit diesen Invarianten.

Beweis. Die Bindungen 1. und 3. sind trivial, 2. war bereits in Satz 7.7 festgestellt worden. Man kann nach Satz 23.2 stets einen Raum R' mit den Invarianten $\nu(R)$ usw. finden, dessen Dimension n' indessen im allgemeinen zu groß ausfällt. Nach Satz 23.1 ist R' isotrop, falls $n' > n$ ist, und R' ist demnach mit einem Raum R'' der Dimension $n' - 2$ kerngleich. Falls auch noch $n' - 2 > 2$ ist, kann man denselben Schluß wiederholen usw.

Beachtet man, daß eine Quadratklasse $\Delta(\mathfrak{R})$ in k durch ihre Bilder in sämtlichen $k_\mathfrak{p}$ eindeutig festgelegt wird, so kann man eine für die Anwendung der Theorie wichtige Folgerung aus Satz 23.2 ziehen:

Satz 23.4. *Zwei Räume R und R' sind dann und nur dann isomorph, wenn für alle endlichen und unendlichen Primdivisoren $\mathfrak{p}$ die Räume $R_\mathfrak{p}$ und $R'_\mathfrak{p}$ isomorph sind.*

Dieser Satz wurde im Prinzip bereits von Minkowski (für den rationalen Zahlkörper) und in der hier ausgesprochenen Form von Hasse (für algebraische Zahlkörper) und Witt (für Funktionenkörper) bewiesen. Minkowski kannte allerdings den Begriff der $\mathfrak{p}$-adischen Erweiterung eines Zahlkörpers noch nicht, vielmehr verwandte er Kongruenzen $f(x) \equiv 0$ mod $\mathfrak{p}^a$ für alle a an Stelle von Gleichungen

$f(x) = 0$ in $k_{\mathfrak{p}}$. Für die Entwicklung der $\mathfrak{p}$-adischen Zahlentheorie hat Hasses Beweis von Satz 23.4 als Schulbeispiel historisches Interesse.

Aus Satz 23.4 folgt insbesondere

Satz 23.5. *R enthält dann und nur dann einen Vektor τ von vorgeschriebener „Länge" $\frac{1}{2}\tau^2 = t$, wenn für jedes $\mathfrak{p}$ die $\mathfrak{p}$-adische Erweiterung $R_{\mathfrak{p}}$ einen solchen Vektor enthält.*

Beweis. Man wende Satz 23.4 auf den Raum $R_1 = R + k(\sigma)$ an, wo $\frac{1}{2}\sigma^2 = -t$ ist, und zeige, daß R_1 isotrop ist.

3. Die Normen der Ähnlichkeitstransformationen. Eine Zahl s tritt als Norm einer Ähnlichkeitstransformation von R auf, wenn der Raum R', dessen metrische Fundamentalform das s-fache der Fundamentalform von R ist, mit R isomorph ist. Wenn die Dimension ungerade ist, so besteht zwischen den Diskriminanten von R und R' die Beziehung $\Delta(R) = s\,\Delta(R')$, s muß also eine Quadratzahl in k sein. Von jetzt ab werde angenommen, daß die Dimension gerade sei. Eine notwendige Bedingung für die Isomorphie von R und R' ist offenbar die, daß $s > 0$ in k_∞ für alle die reellen archimedischen Primdivisoren gilt, für welche $\sigma_\infty(R) \neq 0$ ist. Ist $\Delta(R) = 1$, so reicht sie aber auch hin. Nach Satz 23.2 bestehen jetzt nämlich für R und R' bzw. die durch sie beschriebenen Typen die gleichen Summendarstellungen (23.10).

Eine zweite Bedingung kommt hinzu, wenn $\Delta(R) \neq 1$ ist. Es seien $\mathfrak{R}$ und $\mathfrak{R}'$ die Typen von R und R', und $\mathfrak{R}_1$ sei durch

$$\mathfrak{R} = \sum_{\infty} \left[\frac{\varrho_\infty}{4}\right] \times \mathfrak{U}(\infty) + \mathfrak{Q}(\mathfrak{p}_1, \ldots, \mathfrak{p}_{2m}) + \mathfrak{D}(\Delta) = \mathfrak{R}_1 + \mathfrak{D}(\Delta)$$

definiert. Der Typ, dessen Fundamentalform das s-Fache der Fundamentalform von $\mathfrak{R}_1$ ist, stimmt nach dem bereits Bewiesenen mit $\mathfrak{R}_1$ überein. Schreibt man $\mathfrak{D}_s(\Delta)$ für den Typ mit der Fundamentalform $s(x_1^2 - \Delta\, x_2^2)$, so gilt jetzt einerseits $\mathfrak{R}' = \mathfrak{R}_1 + \mathfrak{D}_s(\Delta)$, andererseits aber, wenn R und R' isomorph sein sollen, $\mathfrak{R}' = \mathfrak{R}_1 + \mathfrak{D}(\Delta)$. Demnach müssen $\mathfrak{D}_s(\Delta)$ und $\mathfrak{D}(\Delta)$ übereinstimmen. Dieses ist dann und nur dann der Fall, wenn s die Norm einer Zahl aus der quadratischen Erweiterung $k(\sqrt{\Delta})$ ist.

Satz 23.6. *s ist dann und nur dann die Norm einer Ähnlichkeitstransformation von R, wenn*

1. *s eine Quadratzahl in k ist, falls $\nu(R) = 1$ ist,*

2. *$s > 0$ ist in k_∞ für alle reellen archimedischen Primdivisoren ∞ von k, für welche $\sigma_\infty(R) \neq 0$ ist, falls $\nu(R) = 0$ und $\Delta(R) = 1$ ist,*

3. *wenn außerdem noch s die Norm einer Zahl aus $k(\sqrt{\Delta})$ ist, sofern $\nu(R) = 0$, $\Delta(R) \neq 1$ ist.*

§ 24. Die elementare Theorie der Maße.

1. Einführung. Es bezeichne $\mathfrak{e}$ die Gruppe aller Einheiten von k, welche als Normen eigentlicher Ähnlichkeitstransformationen von R auftreten können, und $\mathfrak{e}_{\mathfrak{J}}$ die Untergruppe von $\mathfrak{e}$, deren Elemente Normen von Einheiten eines Gitters $\mathfrak{J}$ in R sind. Dann ist der Index

$$e(\mathfrak{J}) = [\mathfrak{e}:\mathfrak{e}_{\mathfrak{J}}]$$

endlich. Nämlich jede Einheit e von k liefert vermöge $\mathsf{H}\,\mathfrak{J} = e\,\mathfrak{J}$ eine eigentliche Ähnlichkeitstransformation von R und gleichzeitig eine Einheit von $\mathfrak{J}$. Also enthält $\mathfrak{e}_{\mathfrak{J}}$ sicher die Quadrate aller Einheiten von k. Die Endlichkeit von $e(\mathfrak{J})$ ergibt sich nun sofort aus dem Dirichletschen Einheitensatz.

Offenbar ist $e(\mathfrak{J})$ eine Invariante der Ähnlichkeitsklasse von $\mathfrak{J}$.

Nun sei ein Geschlecht G von Gittern in R vorgelegt. Die Gitter $\mathfrak{J}_1, \ldots, \mathfrak{J}_g$ mögen alle Ähnlichkeitsklassen in G repräsentieren. Sind $u^+(\mathfrak{J}_i)$ die relativen Maße der Gruppen $\mathfrak{U}^+_{\mathfrak{J}_i}$ der eigentlichen automorphen Einheiten von $\mathfrak{J}_i$, so wird

$$M(G) = \sum_{i=1}^{g} \frac{e(\mathfrak{J}_i)}{u^+(\mathfrak{J}_i)}$$

das *relative Maß des Geschlechts* G genannt. Es ist von der Wahl der Repräsentanten unabhängig, da nach Satz 16.3 ähnliche Gitter gleiche relative Gruppenmaße haben.

Das relative Maß $M(G)$ läßt sich noch anders ausdrücken. Aus der Definition eines Geschlechts in § 13 geht hervor, daß man die Ähnlichkeitsklassen von G durch Gitter $\mathfrak{J}_i$ gleicher Norm repräsentieren kann. Das werde für die $\mathfrak{J}_i$ vorausgesetzt. Es seien $\mathsf{H}_1, \ldots, \mathsf{H}_{e_i}$ $(e_i = e(\mathfrak{J}_i))$ Ähnlichkeitstransformationen, deren Normen alle Nebengruppen von $\mathfrak{e}_{\mathfrak{J}_i}$ in $\mathfrak{e}$ vertreten, dann repräsentieren $\mathsf{H}_k\,\mathfrak{J}_i$ $(k = 1, \ldots, e_i;\ i = 1, \ldots, g)$ alle Isomorphieklassen von Gittern fester Norm in G. Wir wollen diese Gitter fortan mit $\mathfrak{J}_1, \ldots, \mathfrak{J}_h$ bezeichnen und ein *erweitertes Repräsentantensystem von* G *zur Norm* $n(\mathfrak{J}_i) = \mathfrak{n}$ nennen. Erweiterte Repräsentantensysteme spielen im folgenden eine bedeutsame Rolle. Das Maß von G drückt sich mit einem solchen System $\mathfrak{J}_i$ folgendermaßen aus:

$$M(G) = \sum_{i=1}^{h} \frac{1}{u^+(\mathfrak{J}_i)}\,. \tag{24.1}$$

Das analytische Berechnungsverfahren für $M(G)$ kann erst in § 26 und 28 gebracht werden. Es ist eine Verallgemeinerung der bekannten Methode, die Idealklassenanzahl eines algebraischen Zahlkörpers zu bestimmen. Die Durchführung erfordert einige Vorbereitungen, darunter die Einführung weiterer Maße, die sich später im gleichen Zuge ermitteln lassen, und deren Kenntnis auch an sich wünschenswert ist. Diese Maße werden im folgenden definiert und ihre Beziehungen mit $M(G)$

diskutiert. Die Betrachtungen sind von elementarer Natur und schließen sich methodisch an § 16 an.

Die Anzahl der Vektoren τ in einem Gitter $\mathfrak{J}$, für welche τ^2 einen vorgeschriebenen Wert annimmt, ist im allgemeinen unendlich. Trotzdem hatten wir bereits in § 18 für diese Gesamtheit (genauer für die Gesamtheit der τ, für welche $\tau^2\,\mathfrak{o}$ ein vorgelegtes Ideal in k ist) ein Maß eingeführt. Dabei war eine Lücke gelassen worden, die sich in diesem Zusammenhang schließen wird (Satz 24.1).

Es liegt nahe, noch einen Schritt weiter zu gehen und nach den Systemen $\{\tau_1, \ldots, \tau_r\}$ von Vektoren in $\mathfrak{J}$ zu fragen, deren Produkte $\tau_\varrho \tau_\sigma$ fest vorgeschrieben sind, und für die Gesamtheit solcher Systeme ein Maß einzuführen. Ein System $\{\tau_1, \ldots, \tau_r\}$ von r Vektoren ist ein r-dimensionales *Parallelotop*. Wenn die Idealklassenanzahl in k nicht 1 ist, ist dieser Begriff des Parallelotops aber noch zu eng, wie folgende Überlegung lehrt. Die Vektoren τ_ϱ spannen ein Teilgitter $[\tau_\varrho]$ in $\mathfrak{J}$ auf. Aber nicht alle Teilgitter von $\mathfrak{J}$ besitzen eine Basis. Wir definieren daher: ein r-dimensionales Parallelotop $\mathfrak{T}$ ist ein System von r linear unabhängigen Vektoren $\tau_1, \ldots, \tau_r$, verbunden mit einem Gitter in dem Raum $k(\tau_1, \ldots, \tau_r)$, welches mit dem Gitter $[\tau_1, \ldots, \tau_r]$ nicht übereinzustimmen braucht. Parallelotope werden mit großen deutschen Buchstaben bezeichnet. Ist zufällig das zu $\mathfrak{T}$ gehörige Gitter gleich $[\tau_\varrho]$, so schreiben wir

$$\mathfrak{T} = \{\tau_1, \ldots, \tau_r\} = \{\tau_\varrho\}.$$

Wenn die Idealklassenanzahl in k gleich 1 ist, interessieren nur solche.

Ist der Raum $T = k(\tau_1, \ldots, \tau_r)$ halbeinfach, so heiße auch $\mathfrak{T}$ *halbeinfach*; dieses soll stets als selbstverständlich vorausgesetzt werden.

Das zu einem Parallelotop $\mathfrak{T}$ gehörige Gitter bezeichnen wir mit dem Symbol $[\mathfrak{T}]$. Die Invarianten dieses Gitters, wie die Norm, die reduzierte Determinante usw. schreiben wir auch $\mathfrak{T}$ zu und bezeichnen sie sinngemäß mit $n(\mathfrak{T})$, $\mathfrak{d}(\mathfrak{T})$, ... Ist $[\mathfrak{T}]$ in einem Gitter $\mathfrak{J}$ von R gelegen, so sagen wir, $\mathfrak{T}$ liege in $\mathfrak{J}$: $\mathfrak{T} \subset \mathfrak{J}$. Wenn dabei sogar

$$[\mathfrak{T}] = T \cap \mathfrak{J}$$

gilt, heißt $\mathfrak{T}$ in $\mathfrak{J}$ *primitiv*. Der Begriff steht ersichtlich im Einklang mit der Definition primitiver Vektoren in einem Gitter (§ 10, Nr. 3).

Zwei Parallelotope $\mathfrak{T}_1$ und $\mathfrak{T}_2$ mit den Bezugssystemen $\tau_{1\varrho}$ und $\tau_{2\varrho}$ heißen *isomorph*, wenn erstens $\tau_{1\varrho}\tau_{1\sigma} = \tau_{2\varrho}\tau_{2\sigma}$ gilt und zweitens $\sum \tau_{2\varrho} x_\varrho \in [\mathfrak{T}_2]$ dann und nur dann ist, wenn $\sum \tau_{1\varrho} x_\varrho \in [\mathfrak{T}_1]$ ist. Sind sie halbeinfach und in R gelegen, so gibt es nach Satz 1.4 einen Automorphismus Ω von R, welcher das eine in das andere überführt: $\tau_{2\varrho} = \Omega\,\tau_{1\varrho}$ und $[\mathfrak{T}_2] = \Omega\,[\mathfrak{T}_1]$.

Wir wollen im folgenden die Parallelotope studieren, die mit einem gegebenen $\mathfrak{T}_0$ isomorph sind und in einem gleichfalls gegebenen Gitter

$\mathfrak{J}$ von R liegen. Dabei benutzen wir die Abkürzungen $T_0 = k(\mathfrak{T}_0)$, $T = k(\mathfrak{T})$ für die von $\mathfrak{T}_0$ und $\mathfrak{T}$ aufgespannten Teilräume. T' sei der zu T senkrechte Teilraum von R. Es ist praktisch, auch noch einen (abstrakten) mit T' isomorphen Raum T'_0 einzuführen, der nach Satz 2.1 durch R und T_0 eindeutig festgelegt wird. Wie man leicht nachrechnet, stehen die Diskriminanten in der Beziehung

$$\Delta(R) = (-1)^{r(n-r)} \Delta(T)\, \Delta(T') = (-1)^{r(n-r)} \Delta(T_0)\, \Delta(T'_0).$$

Zwei Parallelotope $\mathfrak{T}_1$ und $\mathfrak{T}_2$ in $\mathfrak{J}$ sind *assoziiert*, wenn es eine eigentliche Einheit E von $\mathfrak{J}$ so gibt, daß $\mathfrak{T}_2 = \mathsf{E}\,\mathfrak{T}_1$ gilt; sie sind automorph assoziiert, wenn E eine automorphe Einheit ist.

Satz 24.1. *Die mit einem gegebenen Parallelotop $\mathfrak{T}_0$ isomorphen Parallelotope in einem Gitter $\mathfrak{J}$ verteilen sich auf endlich viele Klassen von automorph assoziierten.*

Der Beweis wird einstweilen zurückgestellt.

2. Das Einbettungsmaß. Ein halbeinfaches Parallelotop $\mathfrak{T}_0$ sei vorgelegt, und $\mathfrak{T}$ sei ein mit $\mathfrak{T}_0$ isomorphes in R. Nach § 16 sind die Einheitengruppen $\mathfrak{U}^+_{\mathfrak{J}}[T]$ für alle Gitter $\mathfrak{J}$ in R und alle $T = k(\mathfrak{T})$ miteinander vergleichbar, d. h. die Gruppen der eigentlichen automorphen Einheiten E von $\mathfrak{J}$ mit der Eigenschaft $\mathsf{E}\,\mathfrak{T} = \mathfrak{T}$. Für diese Gruppen sind relative Maße $u^+[\mathfrak{J}, T]$ definiert worden. Man nennt nun

$$m(\mathfrak{J}, \mathfrak{T}_0) = \sum_{\mathfrak{T}} \frac{1}{u^+[\mathfrak{J}, T]} \tag{24.2}$$

das *relative Einbettungsmaß* von $\mathfrak{T}_0$ in $\mathfrak{J}$; die Summe wird erstreckt über ein Repräsentantensytem der Klassen automorph assoziierter $\mathfrak{T}$ in $\mathfrak{J}$, welche mit $\mathfrak{T}_0$ isomorph sind. Daß (24.2) eine endliche Summe ist, behauptet Satz 24.1. Man sieht im Anschluß an § 16, Nr. 3: $m(\mathfrak{J}, \mathfrak{T}_0)$ hängt von den speziell gewählten Repräsentanten $\mathfrak{T}$ nicht ab und ist außerdem eine Invariante der Isomorphieklasse von $\mathfrak{J}$. Dagegen ist $m(\mathfrak{J}, \mathfrak{T}_0)$ nicht eine Invariante der Ähnlichkeitsklasse von $\mathfrak{J}$.

Die Bedeutung des Einbettungsmaßes versteht man, wenn man voraussetzt, daß $\mathfrak{J}$ außer der Identität keine eigentliche automorphe Einheit besitzt. Es ist dann bis aut den in $u^+[\mathfrak{J}, T]$ steckenden willkürlichen Faktor gleich der Anzahl der in $\mathfrak{J}$ liegenden mit $\mathfrak{T}_0$ isomorphen Parallelotope (vgl. hierzu auch Nr. 5). Im allgemeinen sind nur die Einbettungsmaße im Gegensatz zu den genannten Anzahlen einer theoretischen Behandlung fähig; letztere sind im allgemeinen unendlich groß.

Das *relative Einbettungsmaß* $M(G, \mathfrak{T}_0)$ von $\mathfrak{T}_0$ *in einem Geschlecht* G wird wie folgt definiert. Mit einem erweiterten Repräsentantensystem $\mathfrak{J}_1, \ldots, \mathfrak{J}_h$ von G zu einer gewissen Norm setze man

$$M(G, \mathfrak{T}_0) = \sum_{i=1}^{h} m(\mathfrak{J}_i, \mathfrak{T}_0). \tag{24.3}$$

Da $m(\mathfrak{J}_i, \mathfrak{T}_0)$ nur eine Invariante der Isomorphieklassen von $\mathfrak{J}_i$ ist, hängt $M(G, \mathfrak{T}_0)$ noch ab von der gemeinsamen Norm aller $\mathfrak{J}_i$. $M(G, \mathfrak{T}_0)$ wird aber sofort eindeutig festgelegt, wenn man verlangt, daß das zugrunde liegende Repräsentantensystem ein bestimmtes Gitter $\mathfrak{J} = \mathfrak{J}_1$ enthalten soll. Wir wollen aus diesem Grunde lieber die Bezeichnung

$$M(\mathfrak{J}, \mathfrak{T}_0) = M(G, \mathfrak{T}_0) = \sum_{i=1}^{h} m(\mathfrak{J}_i, \mathfrak{T}_0) \quad (\mathfrak{J} = \mathfrak{J}_1) \tag{24.4}$$

benutzen, wobei zu merken bleibt, daß $M(\mathfrak{J}, \mathfrak{T}_0)$ sich nicht ändert, wenn $\mathfrak{J}$ durch ein verwandtes Gitter der gleichen Norm ersetzt wird.

Ist $\mathfrak{T}_0$ leer ($r = 0$), so ist die Summe (24.4) mit (24.1) identisch. Entsprechend (24.4) führen wir noch die Bezeichnung

$$M(\mathfrak{J}) = M(G) \tag{24.5}$$

ein für ein Gitter $\mathfrak{J}$ aus dem Geschlecht G. $M(\mathfrak{J})$ hängt im Gegensatz zu $M(\mathfrak{J}, \mathfrak{T}_0)$ von der Norm von $\mathfrak{J}$ nicht mehr ab.

Es ist erforderlich, die Einbettungsmaße zu spezifizieren. Beschränkt man die Summe (24.2) auf die in primitiven $\mathfrak{T}$, so entsteht das *relative Maß der primitiven Einbettung*: $m^*(\mathfrak{J}, \mathfrak{T}_0)$ und entsprechend hat man $M^*(G, \mathfrak{T}_0)$ als die Summe (24.4) zu definieren, wenn dort überall $m(\mathfrak{J}_i, \mathfrak{T}_0)$ durch $m^*(\mathfrak{J}_i, \mathfrak{T}_0)$ ersetzt wird.

3. Beziehungen zwischen dem Einbettungsmaß und dem Maß von Geschlechtern in Teilräumen. Bei der Berechnung des Einbettungsmaßes $M(\mathfrak{J}, \mathfrak{T}_0)$ spielen gewisse Gitter $\mathfrak{T}'$ in den zu $T = k(\mathfrak{T})$ senkrechten Teilräumen T' eine wichtige Rolle. Wir geben die Bildungsvorschrift für die $\mathfrak{p}$-adischen Erweiterungen der $\mathfrak{T}'$ an und setzen dann

$$\mathfrak{T}' = T' \cap \mathfrak{T}'_{\mathfrak{p}_1} \cap \mathfrak{T}'_{\mathfrak{p}_2} \cap \cdots.$$

Ist

$$\mathfrak{T}_{1\mathfrak{p}} = T_{\mathfrak{p}} \cap \mathfrak{J}_{\mathfrak{p}}$$

und $[\tau_1, \ldots, \tau_r]$ eine Basis von $\mathfrak{T}_{1\mathfrak{p}}$, so gibt es eine Basis $[\iota_\nu]$ von $\mathfrak{J}_{\mathfrak{p}}$ mit $\iota_1 = \tau_1, \ldots, \iota_r = \tau_r$ als ersten Basisvektoren. Es wird gesetzt

$$\mathfrak{T}'_{\mathfrak{p}} = n(\mathfrak{J}_{\mathfrak{p}})^{-r} [\sigma_{r+1}, \ldots, \sigma_n] \tag{24.6}$$

mit $(\mu = r+1, \ldots, n)$

$$\sigma_\mu = \begin{vmatrix} \tau_1^2 \cdots \tau_1\tau_r \\ \cdots\cdots \\ \tau_r\tau_1 \cdots \tau_r^2 \end{vmatrix} \iota_\mu - \sum_{\varrho=1}^{r} \begin{vmatrix} \tau_1^2 \cdots \tau_1\tau_{\varrho-1} & \tau_1\iota_\mu & \tau_1\tau_{\varrho+1} \cdots \tau_1\tau_r \\ \cdots\cdots\cdots & \cdots & \cdots\cdots\cdots \\ \tau_r\tau_1 \cdots \tau_r\tau_{\varrho-1} & \tau_r\iota_\mu & \tau_r\tau_{\varrho+1} \cdots \tau_r^2 \end{vmatrix} \tau_\varrho.$$

Daß $\mathfrak{T}'_{\mathfrak{p}}$ in $T'_{\mathfrak{p}}$ und damit $\mathfrak{T}'$ in T' enthalten ist, rechnet man leicht nach unter Benutzung der Identität

$$\begin{vmatrix} \tau_1^2 \cdots \tau_1\tau_r & \tau_1\tau_\nu \\ \cdots\cdots\cdots & \cdots \\ \tau_r\tau_1 \cdots \tau_r^2 & \tau_r\tau_\nu \\ \iota_\mu\tau_1 \cdots \iota_\mu\tau_r & \iota_\mu\tau_\nu \end{vmatrix} = 0 \quad \text{für } \nu \leqq r.$$

Die ι_ν $(\nu = 1, \ldots, n)$ gehen durch eine lineare Substitution der Determinante $|\tau_\varrho\,\tau_\sigma|^{n-r}$ in $\tau_1, \ldots, \tau_r, \sigma_{r+1}, \ldots, \sigma_n$ über. Mithin ist

$$\mathfrak{d}_\mathfrak{p}\,|\tau_\varrho\,\tau_\sigma| \cdot |\sigma_\varkappa\,\sigma_\lambda| = \mathfrak{d}_\mathfrak{p}\,|\tau_\varrho\,\tau_\sigma|^{2(n-r)} \cdot |\iota_\mu\,\iota_\nu|,$$

wenn verabredet wird, daß die Indizes ϱ, σ von 1 bis r; $\varkappa$, λ von $r+1$ bis n und μ, ν von 1 bis n laufen. Die letzte Gleichung kann wegen (24.6) auch so geschrieben werden.

$$\left(\frac{n(\mathfrak{T}')}{n(\mathfrak{J})}\right)^{n-r} \mathfrak{d}(\mathfrak{T}') = \left(\left(\frac{n(\mathfrak{T}_1)}{n(\mathfrak{J})}\right)^r \mathfrak{d}(\mathfrak{T}_1)\right)^{2(n-r)-1} \mathfrak{d}(\mathfrak{J}) \quad (\mathfrak{T}_1 = T \cap \mathfrak{J}). \tag{24.7}$$

Aus der Definition der σ_μ folgt, da $n(\mathfrak{J})^{-r}\,|\tau_\varrho\,\tau_\sigma|$ ganz ist,

$$\mathfrak{T}' \subset \mathfrak{J}. \tag{24.8}$$

Ferner ergibt sich aus $\sigma_\mu\,\tau_\nu = 0$:

$$\sigma_\mu\,\sigma_\nu = \begin{vmatrix} \tau_1^2 \cdots \tau_1\tau_r \\ \cdots\cdots\cdots \\ \tau_r\tau_1 \cdots \tau_r^2 \end{vmatrix} \cdot \begin{vmatrix} \tau_1^2 \cdots \tau_1\tau_r & \tau_1\iota_\mu \\ \cdots\cdots\cdots & \cdots \\ \tau_r\tau_1 \cdots \tau_r^2 & \tau_r\iota_\mu \\ \iota_\nu\tau_1 \cdots \iota_\nu\tau_r & \iota_\nu\iota_\mu \end{vmatrix},$$

demnach ist

$$2\,\frac{n(\mathfrak{T}')}{n(\mathfrak{J})} \quad \text{teilbar durch} \quad \left(\frac{n(\mathfrak{T}_1)}{n(\mathfrak{J})}\right)^r \mathfrak{d}(\mathfrak{T}_1)\,\mathfrak{d}_{r+1}(\mathfrak{J}), \tag{24.9}$$

wo $\mathfrak{d}_{r+1}(\mathfrak{J})$ den $(r+1)$-ten Elementarteiler von $\mathfrak{J}$ bezeichnet (vgl. § 9).

Aus (24.7) und (24.8) geht hervor, daß $n(\mathfrak{T}')$ und $\mathfrak{d}(\mathfrak{T}')$ einem endlichen allein durch $\mathfrak{J}$ und T bestimmten Vorrat von Idealen angehören. Nach Satz 12.7 verteilen sich die $\mathfrak{T}'$ also auf endlich viele Isomorphieklassen. Wir bezeichnen im folgenden mit $\mathfrak{T}'_{01}, \ldots, \mathfrak{T}'_{0t}$ ein Repräsentantensystem aller eigentlichen Isomorphieklassen mit den Eigenschaften (24.7) und (24.8) in dem Raume T'_0. Wichtig ist dabei noch eines: es sei $\mathfrak{T}'$ mit einem der $\mathfrak{T}'_{0l}$ verwandt. $\mathfrak{T}'$ ist auf Grund der Verwandtschaftsdefinition also ähnlich mit einem Gitter $\Sigma\,\mathfrak{T}'$, welches dieselbe Norm und reduzierte Determinante hat wie das betreffende $\mathfrak{T}'_{0l}$. Folglich kommt unter den $\mathfrak{T}'_{0l}$ ein mit $\Sigma\,\mathfrak{T}'$ isomorphes, d. h. mit $\mathfrak{T}'$ ähnliches Gitter vor. Die $\mathfrak{T}'_{0l}$ repräsentieren also stets volle Geschlechter $G'_1, \ldots, G'_f$. Wir können die Numerierung so einrichten, daß $\mathfrak{T}'_{01}, \ldots, \mathfrak{T}'_{0f}$ ein Vertretersystem dieser Geschlechter ist.

Im Falle $r = n$ sind alle diese Gitter $\mathfrak{T}'_{0l}$ leer: $\mathfrak{T}'_{0l} = 0$.

Die folgende Tatsache wird später gebraucht werden:

Satz 24.2. *Läßt eine Einheit* E *von* $\mathfrak{J}$ *den Teilraum* T *fest, so ist auch* $\mathsf{E}\,\mathfrak{T}' = \mathfrak{T}'$.

Es genügt offenbar, $\mathsf{E}\,\mathfrak{T}'_\mathfrak{p} = \mathfrak{T}'_\mathfrak{p}$ für alle $\mathfrak{p}$ zu beweisen. $\mathsf{E}\,\mathfrak{T}'_\mathfrak{p}$ wird aufgespannt durch die Vektoren

$$\begin{aligned} n(\mathfrak{J})^{-r}\,\mathsf{E}\,\sigma_\mu &= n(\mathfrak{J})^{-r}\left(|\tau_\varrho\,\tau_\sigma|\,\mathsf{E}\,\iota_\mu - \cdots\right) \\ &= n(\mathfrak{J})^{-r}\,n(\mathsf{E})^{-r}\left(|\mathsf{E}\,\tau_\varrho \cdot \mathsf{E}\,\tau_\sigma|\,\mathsf{E}\,\iota_\mu - \cdots\right); \end{aligned}$$

die letzteren spannen aber auch $\mathfrak{T}_p'$ auf, da E eine Einheit von $\mathfrak{I}$ ist, welche zudem $\mathfrak{T}_1 = T \cap \mathfrak{I}$ fest läßt.

Von jetzt ab wird vorausgesetzt, daß $\mathfrak{T}$ ein in $\mathfrak{I}$ primitives Parallelotop ist, also

$$[\mathfrak{T}] = T \cap \mathfrak{I}.$$

$\mathfrak{T}'$ sei wieder das T und $\mathfrak{I}$ zugeordnete Gitter in dem zu T senkrechten Teilraum T'. Die direkte Summe

$$\mathfrak{J} = [\mathfrak{T}] + \mathfrak{T}' \tag{24.10}$$

hat die maximale Dimension n. Die $\mathfrak{T}$ fest lassenden automorphen Einheiten von $\mathfrak{I}$ sind nach Satz 24.2 auch automorphe Einheiten von $\mathfrak{T}'$ und damit von $\mathfrak{J}$, jedoch im allgemeinen nicht umgekehrt:

$$\mathfrak{U}^+_{\mathfrak{I}}[T] \subset \mathfrak{U}^+_{\mathfrak{J}}[T]. \tag{24.11}$$

Laut Definition ist ferner $\mathfrak{U}^+_{\mathfrak{J}}[T] = \mathfrak{U}^+_{\mathfrak{T}'}$, es liegt daher nahe, die relativen Maße so festzulegen, daß

$$u^+[\mathfrak{J}, T] = u^+(\mathfrak{T}_0') \tag{24.12}$$

gilt. Handelt es sich um endliche Gruppen, so ist (24.12) sicher richtig für ihre Ordnungen.

Nach diesen Vorbereitungen kann nun endlich der angekündigte Satz 24.1 bewiesen werden, sowie ein weiterer, der in speziellen Fällen auf G a u ß, E i s e n s t e i n, M i n k o w s k i, in allgemeinster Form auf S i e g e l zurückgeht.

Satz 24.3. *Die relativen Gruppenmaße für die Räume T_0', R seien in der Weise (24.12) festgelegt. Es bedeute $A(\mathfrak{T}_0')$ die Anzahl der Gitter $\mathfrak{I}_0$ mit den folgenden 4 Eigenschaften: 1. $\mathfrak{I}_0 \supset [\mathfrak{T}_0] + \mathfrak{T}_0'$, 2. $n(\mathfrak{I}_0) = n(\mathfrak{I}_i)$, 3. $\mathfrak{I}_0$ gehört dem Geschlecht G an, 4. $\mathfrak{T}_0$ ist in $\mathfrak{I}_0$ primitiv. Dann ist*

$$M^*(\mathfrak{I}, \mathfrak{T}_0) = M^*(G, \mathfrak{T}_0) = \sum_{l=1}^{f} M(\mathfrak{T}_{0l}')\, A(\mathfrak{T}_{0l}'), \tag{24.13}$$

wobei die Summe zu erstrecken ist über das oben genannte Repräsentantensystem $\mathfrak{T}_{0l}'$ der Geschlechter G_l' in T_0'; sie ist von der Auswahl der $\mathfrak{T}_{0l}'$ unabhängig.

B e w e i s. Wir gehen von der Formel

$$u^+[\mathfrak{I}, T] = u^+[\mathfrak{J}, T] \frac{[\mathfrak{U}^+_{\mathfrak{J}}[T] : \mathfrak{U}^+_{\mathfrak{J}}[T] \cap \mathfrak{U}^+_{\mathfrak{I}}[T]]}{[\mathfrak{U}^+_{\mathfrak{I}}[T] : \mathfrak{U}^+_{\mathfrak{I}}[T] \cap \mathfrak{U}^+_{\mathfrak{J}}[T]]}$$

aus, wo $\mathfrak{J}$ die Bedeutung (24.10) hat. Wegen (24.11) und (24.12) ist

$$\frac{1}{u^+[\mathfrak{I}, T]} = \frac{1}{u^+(\mathfrak{T}')} \left[\mathfrak{U}^+_{\mathfrak{J}}[T] : \mathfrak{U}^+_{\mathfrak{I}}[T] \right]. \tag{24.14}$$

Für jedes $\mathfrak{I}_i$ legen wir ein Repräsentantensystem $\mathfrak{T}_{i1}, \ldots, \mathfrak{T}_{i m_i}$ aller Klassen assoziierter mit $\mathfrak{T}_0$ isomorpher Parallelotope in $\mathfrak{I}_i$ zugrunde, wobei die Möglichkeit offen bleiben muß, daß $m_i = \infty$ sei. Es werden die Teilräume $T_{i\mu} = k(\mathfrak{T}_{i\mu})$ gebildet sowie die Teilgitter $\mathfrak{T}'_{i\mu}$ und die direkten Summen $\mathfrak{J}_{i\mu} = [\mathfrak{T}_{i\mu}] + \mathfrak{T}'_{i\mu}$. Die $\mathfrak{J}_{i\mu}$ sind jeweils mit einer der direkten Summen $[\mathfrak{T}_0] + \mathfrak{T}'_{0l}$ $(l = 1, \ldots, t)$ isomorph. Es ist nun nach Nr. 2 und (24.14)

$$M^*(\mathfrak{J}, \mathfrak{T}_0) = \sum_{l=1}^{t} \frac{1}{u^+(\mathfrak{T}'_{0l})} \sum_{\mathfrak{T}'_{i\mu} \cong \mathfrak{T}'_{0l}}^{*} [\mathfrak{U}^+_{\mathfrak{J}_{i\mu}}[T_{i\mu}] : \mathfrak{U}^+_{\mathfrak{J}_i}[T_{i\mu}]], \tag{24.15}$$

wobei aber nur über diejenigen Indizes i, μ summiert wird, für welche $\mathfrak{T}_{i\mu}$ in $\mathfrak{J}_i$ primitiv ist, worauf der Stern am Summenzeichen aufmerksam macht.

Wir betrachten die Teilsumme für einen festgehaltenen Index l. Hier sind alle $\mathfrak{T}'_{i\mu}$ isomorph. Es gibt also Automorphismen $\Omega_{i\mu}$ von R so, daß

$$\mathfrak{T}_{i\mu} = \Omega_{i\mu} \mathfrak{T}_{i_1\mu_1}, \quad \mathfrak{T}'_{i\mu} = \Omega_{i\mu} \mathfrak{T}'_{i_1\mu_1}$$

gilt, und die $\Omega_{i\mu}$ liegen bis auf linksseitige Faktoren aus der Gruppe $\mathfrak{U}^+_{\mathfrak{J}_{i\mu}}[T_{i\mu}] = \mathfrak{U}^+_{\mathfrak{T}'_{i\mu}}$ fest. Nun folgt aus $\Omega_{i\mu} \mathfrak{J}_{i_1\mu_1} = \mathfrak{J}_{i\mu} \subset \mathfrak{J}_i$:

$$\mathfrak{J}_{i_1\mu_1} \subset \Omega^{-1}_{i\mu} \mathfrak{J}_i, \tag{24.16}$$

und $\mathfrak{T}_{i_1\mu_1}$ ist ein primitives Parallelotop in $\Omega^{-1}_{i\mu} \mathfrak{J}_i$. Die mehrdeutige Bestimmtheit der $\Omega_{i\mu}$ hat zur Folge, daß zu einem $\mathfrak{J}_{i\mu}$ genau $[\mathfrak{U}^+_{\mathfrak{J}_{i\mu}}[T_{i\mu}] : \mathfrak{U}^+_{\mathfrak{J}_i}[T_{i\mu}]]$ verschiedene Gitter $\Omega^{-1}_{i\mu} \mathfrak{J}_i$ der genannten Art gehören. Damit erweisen sich die Teilsummen in (24.15) als gleich $A(\mathfrak{T}'_{0l})$, wenn man nur noch zeigt, daß jedes $\mathfrak{J}_{i_1\mu_1}$ umfassende Gitter $\mathfrak{J}$ mit den genannten Eigenschaften unter den $\Omega^{-1}_{i\mu} \mathfrak{J}_i$ in (24.16) wirklich vorkommt. $\mathfrak{J}$ sei solch ein Gitter; es ist mit einem der $\mathfrak{J}_i$ isomorph: $\mathfrak{J} = \Omega^{-1} \mathfrak{J}_i$, und $\Omega \mathfrak{J}_{i_1\mu_1} = [\Omega \mathfrak{T}_{i_1\mu_1}] + \Omega \mathfrak{T}'_{i_1\mu_1} \subset \mathfrak{J}_i$. $\Omega \mathfrak{T}_{i_1\mu_1}$ muß daher mit einem $\mathfrak{T}_{i\mu}$ assoziiert sein: $\Omega \mathfrak{T}_{i_1\mu_1} = \mathsf{E} \mathfrak{T}_{i\mu}$, wo E eine Einheit von $\mathfrak{J}_i$ bedeutet. Mit $\Omega_{i\mu} = \mathsf{E}^{-1} \Omega$ gilt also wegen der eindeutigen Bestimmtheit von $\mathfrak{T}'_{i\mu}$: $\Omega_{i\mu} \mathfrak{J}_{i_1\mu_1} = [\mathfrak{T}_{i\mu}] + \mathfrak{T}'_{i\mu} = \mathfrak{J}_{i\mu}$, und die Behauptung ist klar.

Die Anzahl $A(\mathfrak{T}'_{0l})$ für jeweils festen Index l hängt nicht von der Isomorphieklasse von $\mathfrak{T}'_{0l}$, sondern nur von der Struktur der sämtlichen $\mathfrak{p}$-adischen Erweiterungen von $\mathfrak{T}'_{0l}$ ab, sie ist daher eine Invariante des Geschlechts. Summation über l in (24.15) führt dann auf die behauptete Gleichung (24.13).

Aus der Schlußweise geht gleichzeitig hervor, daß die Doppelsumme (24.15) nur endlich viele Summanden enthält. Das ist Satz 24.1, allerdings erst für in $\mathfrak{J}$ primitive Parallelotope. Allgemein ergibt sich Satz 24.1, wenn man zweierlei beachtet: 1. zu jedem Parallelotop $\mathfrak{T}$ in $\mathfrak{J}$ gibt es ein in $\mathfrak{J}$ primitives $\mathfrak{T}_1$, dessen Bezugssystem $\tau_1, \ldots, \tau_r$ mit dem von $\mathfrak{T}$ übereinstimmt und dessen Gitter $[\mathfrak{T}_1] = k(\mathfrak{T}) \cap \mathfrak{J}$ ist. 2. $\mathfrak{T}$ ist durch $\mathfrak{T}_1$ und $\mathfrak{J}$ endlich vieldeutig festgelegt.

Satz 24.3 erlaubt interessante Anwendungen, auf die wir in Nr. 5 hinweisen werden. Zunächst soll noch ein anderer Gedanke verfolgt werden.

4. Die $\mathfrak{p}$-adischen Maße und Einbettungsmaße. In der Vorbemerkung zu § 16 wurde darauf aufmerksam gemacht, daß die relativen Maße der Einheitengruppen auch für die $\mathfrak{p}$-adischen Erweiterungen der Gitter definiert werden können. Wir schreiben für diese

$$u^+[\mathfrak{J}_\mathfrak{p}, T_\mathfrak{p}] = u_\mathfrak{p}^+[\mathfrak{J}, T] \tag{24.17}$$

und nennen

$$M_\mathfrak{p}(\mathfrak{J}, \mathfrak{T}_0) = \sum_{\mathfrak{T}_\mathfrak{p}} \frac{1}{u_\mathfrak{p}^+[\mathfrak{J}, k(\mathfrak{T}_\mathfrak{p})]} \tag{24.18}$$

das $\mathfrak{p}$-*adische Einbettungsmaß* von $\mathfrak{T}_0$ in $\mathfrak{J}$; hier wird summiert über ein Repräsentantensystem $\mathfrak{T}_\mathfrak{p}$ aller Klassen automorph assoziierter mit $\mathfrak{T}_0$ isomorpher Parallelotope in $\mathfrak{J}_\mathfrak{p}$. Eine (24.3) entsprechende Bildung ist nicht mehr nötig, da die $\mathfrak{p}$-adischen Erweiterungen der $\mathfrak{J}_i$ definitionsgemäß isomorph sind. Wir brauchen aber noch das Maß $M_\mathfrak{p}^*(\mathfrak{J}, \mathfrak{T}_0)$ der primitiven $\mathfrak{p}$-adischen Einbettung.

Macht man die Festsetzung

$$u_\mathfrak{p}^+\big[[\mathfrak{T}] + \mathfrak{T}, T\big] = u_\mathfrak{p}^+(\mathfrak{T}') = u_\mathfrak{p}^+(\mathfrak{T}_0'), \tag{24.19}$$

so gilt wieder die Aussage von Satz 24.3:

$$M_\mathfrak{p}^*(\mathfrak{J}, \mathfrak{T}_0) = \sum_l \frac{1}{u_\mathfrak{p}^+(\mathfrak{T}_{0l,\mathfrak{p}}')} A_\mathfrak{p}(\mathfrak{T}_{0l,\mathfrak{p}}'), \tag{24.20}$$

wenn $A_\mathfrak{p}(\mathfrak{T}_{0l,\mathfrak{p}}')$ die Anzahl der $[\mathfrak{T}_0]_\mathfrak{p} + \mathfrak{T}_{0l,\mathfrak{p}}'$ umfassenden mit $\mathfrak{J}_\mathfrak{p}$ isomorphen Gitter bedeutet, welche $\mathfrak{T}_0$ als primitives Parallelotop enthalten; die Summe ist zu erstrecken über ein maximales System $\mathfrak{p}$-adisch nicht isomorpher $\mathfrak{T}_{0l,\mathfrak{p}}'$.

Die Gleichung (24.20) werde für eine beliebige Menge von m Primidealen $\mathfrak{p}_\mu$ angesetzt. Sind $\mathfrak{T}_{0l_\mu,\mathfrak{p}_\mu}'$ irgendwelche auf den rechten Seiten von (24.20) auftretende Gitter, so gibt es unter den Gittern $\mathfrak{T}_{01}', \ldots, \mathfrak{T}_{0f}'$ eins, dessen $\mathfrak{p}$-adische Erweiterungen mit diesen isomorph sind:

$$\mathfrak{T}_{0l_\mu,\mathfrak{p}_\mu}' \cong \mathfrak{T}_{0l,\mathfrak{p}_\mu}' \qquad (\mu = 1, \ldots, m) \tag{24.21}$$

In der Tat wird durch

$$\mathfrak{T}_0' = T_0' \cap \mathfrak{T}_{0l_1,\mathfrak{p}_1}' \cap \cdots \cap \mathfrak{T}_{0l_m,\mathfrak{p}_m}' \cap \mathfrak{T}_{01,\mathfrak{q}_1}' \cap \cdots, \tag{24.22}$$

wo $\mathfrak{q}_1, \ldots$ alle von den $\mathfrak{p}_\mu$ verschiedenen Primideale von k durchläuft, ein Gitter $\mathfrak{T}_0'$ in T_0' definiert, welches die Eigenschaften (24.7), (24.8) hat, da dieses voraussetzungsgemäß für dessen sämtliche $\mathfrak{p}$-adischen Erweiterungen zutrifft. Ein mit $\mathfrak{T}_0'$ isomorphes kommt daher unter den $\mathfrak{T}_{01}', \ldots, \mathfrak{T}_{0t}'$ vor, ein mit $\mathfrak{T}_0'$ ähnliches also sogar unter den $\mathfrak{T}_{01}', \ldots, \mathfrak{T}_{0f}'$. Treten unter den $\mathfrak{p}_\mu$ alle Primteiler von $\mathfrak{d}(\mathfrak{T}_{0l}')$ und $\frac{n(\mathfrak{T}_{0l}')}{n(\mathfrak{J})}$ auf, so folgt aus dem Bestehen von (24.21) für zwei Gitter $\mathfrak{T}_{0l}', \mathfrak{T}_{0l'}'$, unter Zuhilfenahme von Satz 9.6, daß $\mathfrak{T}_{0l}'$ und $\mathfrak{T}_{0l'}'$ verwandt, also wegen

$l, l' \leq f$ identisch sind. Unter dieser Voraussetzung gibt es also genau einen Geschlechtsrepräsentanten $\mathfrak{T}'_{0l}$ der Eigenschaft (24.21).

Der Faktor $A_{\mathfrak{p}}(\mathfrak{T}'_{0l,\mathfrak{p}})$ in (24.20) ist höchstens dann $\neq 1$, wenn

$$\frac{n([\mathfrak{T}_0]_{\mathfrak{p}} + \mathfrak{T}'_{0l,\mathfrak{p}})^n \mathfrak{d}([\mathfrak{T}_0]_{\mathfrak{p}} + \mathfrak{T}'_{0l,\mathfrak{p}})}{n(\mathfrak{J}_{\mathfrak{p}})^n \mathfrak{d}(\mathfrak{J}_{\mathfrak{p}})} = \left(\frac{n(\mathfrak{T}_{0\mathfrak{p}})}{n(\mathfrak{J}_{\mathfrak{p}})}\right)^r \mathfrak{d}(\mathfrak{T}_{0\mathfrak{p}}) \left(\frac{n(\mathfrak{T}'_{0l,\mathfrak{p}})}{n(\mathfrak{J}_{\mathfrak{p}})}\right)^{n-r} \mathfrak{d}(\mathfrak{T}'_{0l,\mathfrak{p}}) \neq \mathfrak{o}_{\mathfrak{p}},$$

oder auf Grund von (24.7), wenn $\mathfrak{p}$ in $\frac{n(\mathfrak{T}_0)}{n(\mathfrak{J})} \mathfrak{d}(\mathfrak{T}_0)$ aufgeht. Man bilde das Produkt von (24.20) über alle Primideale $\mathfrak{p}_\mu$ und setze voraus, daß unter den $\mathfrak{p}_\mu$ alle Teiler von $\frac{n(\mathfrak{T}_0)}{n(\mathfrak{J})} \mathfrak{d}(\mathfrak{T}_0)$ vorkommen sollen. Die rechte Seite wird eine Summe von Produkten der Form

$$\prod_{\mu=1}^{m} \frac{1}{u^{+}_{\mathfrak{p}_\mu}(\mathfrak{T}'_{0l_\mu,\mathfrak{p}_\mu})} A_{\mathfrak{p}_\mu}(\mathfrak{T}'_{0l_\mu,\mathfrak{p}_\mu}),$$

welche man alle so schreiben kann:

$$\prod_{\mu=1}^{m} \frac{1}{u^{+}_{\mathfrak{p}_\mu}(\mathfrak{T}'_{0l})} A_{\mathfrak{p}_\mu}(\mathfrak{T}'_{0l}),$$

mit einem durch die Indizes $l_1, \ldots, l_m$ eindeutig bestimmten Index l aus der Reihe $1, \ldots, f$. Auf Grund der Durchschnittsdarstellung (12.1), angewandt auf $[\mathfrak{T}_0] + \mathfrak{T}'_{0l}$, ist dabei noch

$$\prod_{\mu=1}^{m} A_{\mathfrak{p}_\mu}(\mathfrak{T}'_{0l}) = A(\mathfrak{T}'_{0l}). \tag{24.23}$$

Das Ergebnis dieser Überlegung läßt sich zusammenfassen in

Satz 24.4. *Es sei $\mathfrak{p}_1, \ldots, \mathfrak{p}_m$ eine endliche Menge von Primidealen, in welcher alle Teiler von $\frac{n(\mathfrak{T}_0)}{n(\mathfrak{J})} \mathfrak{d}(\mathfrak{T}_0)$ vorkommen mögen. Durchläuft $\mathfrak{T}'_{0l}$ die gleichen Gitter wie in Satz 24.3, so gilt*

$$\prod_{\mu=1}^{m} M^{*}_{\mathfrak{p}_\mu}(\mathfrak{J}, \mathfrak{T}_0) = \sum_{l=1}^{f} A(\mathfrak{T}'_{0l}) \prod_{\mu=1}^{m} \frac{1}{u^{+}_{\mathfrak{p}_\mu}(\mathfrak{T}'_{0l})}. \tag{24.24}$$

Wir werden (24.24) später dazu benutzen, um die formelmäßig schwer erfaßbaren Anzahlen $A(\mathfrak{T}'_{0l})$ aus (24.13) zu eliminieren.

5. Eine Anwendung. Es sei k der rationale Zahlkörper und $\mathfrak{J} = [\iota_1, \iota_2, \iota_3]$ sei durch $\iota_\nu^2 = 2$, $\iota_\mu \iota_\nu = 0$ für $\mu \neq \nu$ definiert. Alle mit $\mathfrak{J}$ idealverwandten Gitter und daher erst recht alle mit $\mathfrak{J}$ verwandten der Norm $\mathfrak{o}$ sind mit $\mathfrak{J}$ isomorph. Es sei $t > 3$ eine natürliche quadratfreie Zahl und $\mathfrak{T}_0$ das eindimensionale Gitter $[\tau_0]$ mit $\tau_0^2 = 2t$. $\mathfrak{J}$ besitzt 24 eigentliche Einheiten, sie bestehen in den Permutationen und Vorzeichenvertauschungen der ι_ν. Die Anzahl der Vektoren $\tau = \sum t_\nu \iota_\nu$ in $\mathfrak{J}$ mit

$$\tau^2 = 2t = 2(t_1^2 + t_2^2 + t_3^2), \tag{24.25}$$

d. h. also die Anzahl der Darstellungen von t als Summe dreier Quadrate ist gleich

$$\sum_{\tau} \frac{24}{u^{+}[\mathfrak{J}, \tau]} = 24\, M(\mathfrak{J}, \mathfrak{T}_0) = 24\, M^{*}(\mathfrak{J}, \mathfrak{T}_0),$$

wenn $u^+[\mathfrak{J}, \mathfrak{r}]$ die Ordnung der Gruppe $\mathfrak{U}_{\mathfrak{J}}^+[\mathfrak{r}]$ bezeichnet; summiert wird hier über ein maximales System nicht assoziierter Vektoren $\mathfrak{r}$ der Eigenschaft (24.25). Wir wollen diese Anzahl unter Benutzung von Satz 24.3 berechnen.

Überhaupt keine Darstellungen (24.25) existieren nach Satz 22.5, wenn $t \equiv 7 \bmod 8$ ist, und nur dann. Eine leichte Diskussion, die wir dem Leser überlassen, zeigt: Es ist $n(\mathfrak{T}_0') = 8\, t\, \mathfrak{o}$, $\mathfrak{d}(\mathfrak{T}_0') = t\, \mathfrak{o}$ für $t \equiv 3 \bmod 8$ und $n(\mathfrak{T}_0') = \mathfrak{d}(\mathfrak{T}_0') = 4\, t\, \mathfrak{o}$ für $t \not\equiv 3 \bmod 8$. Die Anzahl $A(\mathfrak{T}_0')$ ist $2^{a(t)}$, wo $a(t)$ die Anzahl der ungeraden Primteiler von t ist. Alle $\mathfrak{T}_0'$ gehören einem bestimmten Geschlecht G' an. Wegen $t > 3$ besitzt $\mathfrak{T}_0'$ genau zwei eigentliche Einheiten. Bezeichnet $g(t)$ die Anzahl der eigentlichen in G' enthaltenen Isomorphieklassen, so ist auf Grund von Satz 24.3:

$$24\, M(\mathfrak{J}, \mathfrak{T}_0) = 24\, g(t)\, 2^{a(t)-1}.$$

Dieser Ausdruck kann noch weiter umgeformt werden. Es sei zunächst $t \not\equiv 3 \bmod 8$. Dann sind die $\mathfrak{T}_0'$ maximale Gitter, und $g(t)\, 2^{a(t)}$ ist die Anzahl $h(t)$ der Idealklassen in dem quadratischen Zahlkörper $k(\sqrt{-t})$. Für $t \equiv 3 \bmod 8$ sind die $\mathfrak{T}_0'$ ebenfalls maximal. Daher ist auch in diesem Falle $g(t)$ gleich der Klassenzahl maximaler Gitter in einem Geschlecht. Die Idealklassenzahl des Körpers $k(\sqrt{-t})$ ist jetzt aber gleich $g(t)\, 2^{a(t)-1}$. Wir können das Ergebnis folgendermaßen zusammenfassen:

Die Anzahl der Darstellungen einer natürlichen quadratfreien Zahl $t > 3$ als Summe dreier Quadrate ist gleich $12\, h(t)$ für $t \not\equiv 3 \bmod 8$ und gleich $24\, h(t)$ für $t \equiv 3 \bmod 8$, wenn $h(t)$ die Idealklassenanzahl des quadratischen Zahlkörpers $k(\sqrt{-t})$ bedeutet. Dieser Satz stammt von Gauß, und schon Legendre hat ihn für Primzahlen t ausgesprochen, allerdings ohne Beweis. Er ist von B. W. Jones auf beliebige ternäre Geschlechter ausgedehnt worden[5].

Minkowski begründet in ähnlicher Weise die Darstellung einer Zahl durch 5 Quadrate auf Satz 24.3. Und B. A. Wenkov leitet aus dem soeben bewiesenen Satz die Dirichletsche Klassenzahlformel für den quadratischen Zahlkörper $k(\sqrt{-t})$ mittels rein arithmetischer Schlüsse her, unter der Voraussetzung, daß t sich als Summe dreier Quadrate darstellen läßt[6].

§ 25. Das absolute Maß der $\mathfrak{p}$-adischen Einheitengruppen.

Das Ziel der letzten Paragraphen ist die Berechnung des Maßes (24.1) eines Geschlechts als ein unendliches Produkt, dessen Faktoren die reziproken Maße der $\mathfrak{p}$-adischen Einheitengruppen sind. Hierzu ist es natürlich erforderlich, die in den relativen Maßen steckenden willkürlichen Faktoren zu fixieren. Das geschieht in § 25 für die $\mathfrak{p}$-adischen Einheitengruppen. Bei dieser Gelegenheit erfahren die Maße und Einbettungsmaß eine neue Deutung, welche ihre Berechnung leicht macht.

In § 25 bedeutet k eine perfekten diskret bewerteten Körper einer Charakteristik $\neq 2$, $\mathfrak{o}$ sei dessen Hauptordnung, $\mathfrak{p}$ sein Primideal, p ein Primelement. Für die Anzahl der Restklassen von $\mathfrak{o}$ nach einem ganzen Ideal $\mathfrak{a}$ wird $N(\mathfrak{a})$ geschrieben.

1. Die Einteilung der automorphen Einheiten in Restklassen. Ein Gitter $\mathfrak{J}$ in R sei vorgelegt und $\tilde{\mathfrak{J}}$ sei das in § 10 definierte Komplement von $\mathfrak{J}$. Wir sagen, zwei automorphe Einheiten E, E' von $\mathfrak{J}$ seien *kongruent nach dem Modul* $\mathfrak{p}^l \tilde{\mathfrak{J}}$: $\mathsf{E} \equiv \mathsf{E}' \bmod \mathfrak{p}^l \tilde{\mathfrak{J}}$, wenn für jeden Vektor ι aus $\mathfrak{J}$ gilt

$$\mathsf{E}\,\iota \equiv \mathsf{E}'\,\iota \bmod \mathfrak{p}^l \tilde{\mathfrak{J}}.$$

Die automorphen Einheiten von $\mathfrak{J}$ verteilen sich auf endliche viele *Restklassen* mod $\mathfrak{p}^l \tilde{\mathfrak{J}}$, und diese bilden eine Gruppe $\mathfrak{U}_l(\mathfrak{J})$. Ihre Ordnung werde mit $u_l(\mathfrak{J})$ bezeichnet.

Es sei noch an den Begriff der Stufe $\mathfrak{q}(\mathfrak{J})$ erinnert (§ 10, Nr. 3). Wir schreiben hier durchweg

$$\mathfrak{q}(\mathfrak{J}) = \mathfrak{p}^{h(\mathfrak{J})}.$$

Satz 25.1. *Für alle $l > h(\mathfrak{J})$ ist der Quotient*

$$\frac{u_l(\mathfrak{J})}{N(\mathfrak{p})^{l\,n(n-1)/2}} \tag{25.1}$$

von l unabhängig.

Beweis. Es sei $n(\mathfrak{J}) = \mathfrak{p}^m$. $[\iota_\nu]$ sei eine Basis von $\mathfrak{J}$ und $[\tilde{\iota}_\nu]$ die hierzu komplementäre Basis, d. h. $[\tilde{\iota}_\nu] = \tilde{\mathfrak{J}}$. Die Matrizen

$$F = p^{-m}(\iota_\mu\,\iota_\nu),\; F^{-1} = p^{-m}(\tilde{\iota}_\mu\,\tilde{\iota}_\nu)$$

sind nach § 10 zueinander reziprok. Es ist praktisch, $\mathfrak{J}$ und $\tilde{\mathfrak{J}}$ als einzeilige Matrizen aufzufassen, deren Elemente die Vektoren ι_ν bzw. $\tilde{\iota}_\nu$ sind[7]. Dann gilt

$$\tilde{\mathfrak{J}} = \mathfrak{J}\,F^{-1}. \tag{25.2}$$

Die Darstellung einer Einheit E durch eine Matrix E drückt sich so aus:

$$\mathsf{E}\,\mathfrak{J} = \mathfrak{J}\,E. \tag{25.3}$$

Nun seien zwei mod $\mathfrak{p}^l \tilde{\mathfrak{J}}$ kongruente Einheiten E, E' gegeben, und E und E' seien die sie vermöge (25.3) darstellenden Matrizen. Dann gilt wegen (25.2)

$$E - E' = p^l\,F^{-1}\,T \tag{25.4}$$

mit einer ganzzahligen Matrix T.

Es ist zu beweisen: jede Restklasse automorpher Einheiten mod $\mathfrak{p}^l \tilde{\mathfrak{J}}$ besteht aus $N(\mathfrak{p})^{n(n-1)/2}$ Restklassen mod $\mathfrak{p}^{l+1} \tilde{\mathfrak{J}}$; und es genügt offenbar, den Beweis für die Restklasse 1 mod $\mathfrak{p}^l \tilde{\mathfrak{J}}$ zu führen. Hiermit gleichbedeutend ist wegen der Darstellung (25.4) der Kongruenz $\mathsf{E} \equiv \mathsf{E}' \bmod \mathfrak{p}^l \tilde{\mathfrak{J}}$: es gibt $N(\mathfrak{p})^{n(n-1)/2}$ Restklassen ganzzahliger Matrizen mod $\mathfrak{p}$, in denen jeweils eine Matrix T von der Beschaffenheit liegt, daß

$$E = 1 + p^l\,F^{-1}\,T \tag{25.5}$$

eine automorphe Einheit E vermittels (25.3) darstellt[8]. Das bedeutet

$$F = \dot{E}\,F\,E = F + p^l\,[T + \dot{T} + p^l\,\dot{T}\,F^{-1}\,T]. \tag{25.6}$$

Da $l > h$ und $p^h F^{-1}$ eine ganzzahlige Matrix ist, deren Diagonalenglieder überdies durch $2\mathfrak{o}$ teilbar sind, folgt aus (25.6) zunächst: $p^{-1}(T + \dot{T})$ muß eine ganzzahlige Matrix mit durch $2\mathfrak{o}$ teilbaren Diagonalengliedern sein. Wir sagen: T sei *mod* $\mathfrak{p}$ *schiefsymmetrisch*. Es gibt offenbar gerade $N(\mathfrak{p})^{n(n-1)/2}$ mod $\mathfrak{p}$ schiefsymmetrische Restklassen. Satz 25.1 wird bewiesen sein, wenn gezeigt ist: zu jeder mod $\mathfrak{p}$ schiefsymmetrischen Matrix T_0 gibt es eine Matrix $T \equiv T_0$ mod $\mathfrak{p}$, mit welcher (25.5) eine Einheit darstellt.

Wir setzen dazu $T_1 = T_0 + p\,C_1$ und bestimmen eine Dreiecksmatrix C_1 (die Koeffizienten unterhalb der Diagonalen von C_1 seien 0) so, daß

$$(1+p^l F^{-1} T_1)^{\cdot} F (1+p^l F^{-1} T_1) = F + p^{l+1}\big[C_1 + \dot{C}_1 + p^{-1}(T_0 + \dot{T}_0) + p^{l-1}(\dot{T}_0 F^{-1} T_0 + p\,\dot{T}_0 F^{-1} C_1 + p\,\dot{C}_1 F^{-1} T_0 + p^2 \dot{C}_1 F^{-1} C_1)\big]$$

kongruent F mod $\mathfrak{p}^{l+2}$ ist in dem Sinne, daß die durch p^{l+1} dividierte Differenz beider Seiten eine ganzzahlige Matrix mit durch $2\mathfrak{o}$ teilbaren Diagonalengliedern ist. Solch ein C_1 kann gefunden werden. Darauf wird $T_2 = T_1 + p^2 C_2$ mit einer Dreiecksmatrix C_2 gesetzt, welche so bestimmt wird, daß $(1 + p^l F^{-1} T_2)^{\cdot} F (1 + p^l F^{-1} T_2) \equiv F$ mod $\mathfrak{p}^{l+3}$ gilt. Fortsetzung des Verfahrens liefert eine konvergente Potenzreihe für die gesuchte Matrix T.

Wir brauchen ein Verfahren, $u_l(\mathfrak{J})$ zu berechnen. Ein solches gründet sich auf den folgenden Satz, der auch sonst bedeutungsvoll sein wird.

Satz 25.2. *Es sei* $l > h(\mathfrak{J})$. *Zwei primitive Parallelotope* $\mathfrak{T} = \{\tau_1, \ldots, \tau_r\}$ *und* $\mathfrak{T}_0 = \{\tau_1^0, \ldots, \tau_r^0\}$ *in* $\mathfrak{J}$ *seien gegeben* $(1 \leq r \leq n)$, *und es gelte* $\tau_\varrho \tau_\sigma \equiv \tau_\varrho^0 \tau_\sigma^0$ *mod* $n(\mathfrak{J})\,\mathfrak{p}^l$, $\tau_\varrho^2 \equiv (\tau_\varrho^0)^2$ *mod* $2\,n(\mathfrak{J})\,\mathfrak{p}^l$. *Dann gibt es in* $\mathfrak{J}$ *ein Parallelotop* $\mathfrak{L} = \{\lambda_1, \ldots, \lambda_r\}$ *mit* $\lambda_\varrho \equiv \tau_\varrho$ *mod* $\mathfrak{p}^l \tilde{\mathfrak{J}}$ *und* $\lambda_\varrho \lambda_\sigma = \tau_\varrho^0 \tau_\sigma^0$.

Bemerkung: Wenn $r = n$ ist, so hat man laut Voraussetzung $\mathfrak{T} = \mathfrak{T}_0 = \mathfrak{J}^9$. Wir dürfen dann $[\tau_\varrho^0]$ als Basis von $\mathfrak{J}$ benutzen. Es gilt mit einer unimodularen Matrix H: $\mathfrak{T} = \mathfrak{T}_0 H = \mathfrak{J} H$, und die Voraussetzung besagt

$$\dot{H} F H \equiv F \bmod \mathfrak{p}^l; \tag{25.7}$$

diese Kongruenz ist, wie im folgenden alle Kongruenzen für symmetrische Matrizen, so zu verstehen, daß die Differenz beider Seiten, durch den Modul dividiert, eine ganzzahlige Matrix mit durch $2\mathfrak{o}$ teilbaren Diagonalengliedern ist. Satz 25.2 behauptet: es gibt eine automorphe Einheit E mit $\mathsf{E}\,\mathfrak{T}_0 = \mathfrak{L}$, deren Matrix E die Form $E = H + p^l F^{-1} T$ mit ganzzahligem T hat. Das bedeutet: $u_l(\mathfrak{J})$ *ist gleich der Lösungsanzahl der Matrizenkongruenz (25.7), wobei zwei Lösungen als identisch gezählt werden, deren Differenz gleich* $p^l F^{-1} T$ *mit ganzzahligem* T *ist.* Diese Aussage findet sich später als ein Spezialfall von Satz 25.5 wieder.

Beweis. Es sei

$$\mathfrak{T}_0 = \mathfrak{J} L_0, \mathfrak{T} = \mathfrak{J} K_0$$

mit ganzzahligen Matrizen L_0 und K_0 von n Zeilen und r Spalten. Wir setzen

$$G = \dot{L}_0 F L_0.$$

Vorausgesetzt wurde

$$\dot{K}_0 F K_0 \equiv G \bmod \mathfrak{p}^l.$$

Da $\mathfrak{T}$ ein primitives Teilgitter von $\mathfrak{J}$ ist, kann man die Basis von $\mathfrak{J}$ so einrichten, daß die τ_ϱ die r ersten Basisvektoren von $\mathfrak{J}$ sind. Dann ist K_0 die r-reihige Einheitsmatrix, ergänzt um $n-r$ weitere Zeilen, in denen nur 0 steht.

Wir konstruieren eine Potenzreihe

$$L = K_0 + p^l F^{-1} L_1 + p^{l+1} F^{-1} L_2 + \cdots,$$

welche der Gleichung

$$\dot{L} F L = G \tag{25.8}$$

genügt. Es gelingt dies bereits mit solchen Matrizen L_ν, deren $n-r$ letzte Zeilen identisch 0 sind, und in deren r ersten Zeilen jeweils eine Dreiecksmatrix $C_\nu^{\bullet} = (c_{\nu,\varrho\sigma})$ steht, also

$$L_\nu = \begin{vmatrix} c_{\nu,11} & c_{\nu,12} & \cdots & c_{\nu,1r} \\ 0 & c_{\nu,22} & \cdots & c_{\nu,2r} \\ \cdots & \cdots & \cdots & \cdots \\ 0 & 0 & & c_{\nu,rr} \\ 0 & 0 & \cdots & 0 \\ \cdots & \cdots & \cdots & \cdots \end{vmatrix}.$$

Wir bestimmen C_1 aus der Kongruenz

$$(K_0 + p^l F^{-1} L_1)^{\cdot} F (K_0 + p^l F^{-1} L_1) \equiv G \bmod \mathfrak{p}^{l+1},$$

also wegen $l > h(\mathfrak{J})$:

$$p^l (C_1 + \dot{C}_1) \equiv G - \dot{K}_0 F K_0 \bmod \mathfrak{p}^{l+1},$$

und so fort.

Das Parallelotop $\mathfrak{L} = \mathfrak{J} L$ hat dann die verlangten Eigenschaften.

In den gleichen Zusammenhang gehört eine dritte Aussage:

Satz 25.3. *Es sei $l > h(\mathfrak{J})$, und $\mathfrak{T} = \{\tau_\varrho\}$, $\mathfrak{T}_0 = \{\tau_\varrho^0\}$ seien zwei isomorphe primitive Parallelotope in $\mathfrak{J}$ mit der Eigenschaft $\tau_\varrho \equiv \tau_\varrho^0 \bmod \mathfrak{p}^l \tilde{\mathfrak{J}}$. Dann gibt es eine automorphe Einheit $\mathsf{E} \equiv 1 \bmod \mathfrak{p}^l \tilde{\mathfrak{J}}$, welche $\mathfrak{T}$ in $\mathfrak{T}_0$ überführt.*

Beweis. Da $\mathfrak{T}$ in $\mathfrak{J}$ primitiv ist, darf wieder

$$\mathfrak{T} = \mathfrak{J} K_0 \quad \text{mit} \quad K_0 = \binom{1}{0}$$

angenommen werden, wobei 1 für die r-reihige Einheitsmatrix und 0 für die Nullmatrix von r Spalten und $n-r$ Zeilen steht. Wir setzen die Matrix der gesuchten Einheit E in der Form (25.5) an. Ist $\mathfrak{T}_0 = \mathfrak{J} L_0$, so lautet die Behauptung:

$$\mathfrak{T}_0 = \mathfrak{J} L_0 = \mathsf{E}\, \mathfrak{J} K_0 = \mathfrak{J} E K_0,$$

also

$$L_0 = K_0 + p^l F^{-1} T K_0 = K_0 + p^l F^{-1} T_{00},$$

T_{00} ist eine Matrix von r Spalten und n Zeilen. Hierdurch werden die r ersten Spalten von $F^{-1} T$, also auch die von T festgelegt. Wegen $\mathfrak{T}_0 \equiv \mathfrak{T} \bmod \mathfrak{p}^l \tilde{\mathfrak{J}}$ fallen die letzteren sicher ganz aus. Die Voraussetzung $\tau_\varrho \tau_\sigma = \tau_\varrho^0 \tau_\sigma^0$ drückt sich dann so aus:

$$\dot{L}_0 F L_0 = \dot{K}_0 F K_0 + p^l \dot{K}_0 (T_{00} + \dot{T}_{00} + p^l \dot{T}_{00} F^{-1} T_{00}) K_0 = \dot{K}_0 F K_0,$$

also

$$\dot{K}_0 (T_{00} + \dot{T}_{00} + p^l \dot{T}_{00} F^{-1} T_{00}) K_0 = 0. \tag{25.9}$$

Wir füllen jetzt T_{00} zu einer n-reihigen Matrix auf:

$$T_0 = \begin{pmatrix} A & -\dot{B} \\ B & 0 \end{pmatrix}, \quad \text{wo} \quad \begin{pmatrix} A \\ B \end{pmatrix} = T_{00}.$$

Ferner sei

$$C_1 = \begin{pmatrix} 0 & M \\ 0 & D \end{pmatrix}$$

eine ganzzahlige Matrix von gleichartiger Unterteilung, wobei die Elemente von D unterhalb der Diagonalen gleich 0 sein sollen. Die übrigen Elemente von D sowie diejenigen von M werden so bestimmt, daß

$$\begin{aligned} &\left(1 + p^l F^{-1}(T_0 + p\, C_1)\right)^{\cdot} F \left(1 + p^l F^{-1}(T_0 + p\, C_1)\right) \\ &\quad = F + p^l \left[T_0 + \dot{T}_0 + p(C_1 + \dot{C}_1)\right. \\ &\qquad \left. + p^l (\dot{T}_0 F^{-1} T_0 + p\, \dot{T}_0 F^{-1} C_1 + p\, \dot{C}_1 F^{-1} T_0 + p^2 \dot{C}_1 F^{-1} C_1)\right] \\ &\quad \equiv F \bmod \mathfrak{p}^{l+2} \end{aligned}$$

ist. Wegen (25.9) ist das möglich. Darauf wird eine Matrix C_2 gleicher Gestalt wie C_1 gesucht, für welche

$$\begin{aligned} &\left(1 + p^l F^{-1}(T_0 + p\, C_1 + p^2 C_2)\right)^{\cdot} F \left(1 + p^l F^{-1}(T_0 + p\, C_1 + p^2 C_2)\right) \\ &\quad \equiv F \bmod \mathfrak{p}^{l+3} \end{aligned}$$

ist. Die Fortsetzung des Verfahrens liefert eine Matrix $T = T_0 + \sum p^\nu C_\nu$, mit welcher (25.5) eine automorphe Einheit $\mathsf{E} \equiv 1 \bmod \mathfrak{p}^l \tilde{\mathfrak{J}}$ darstellt, und deren r erste Spalten die Matrix T_{00} ergeben, wie verlangt wurde.

2. Die Definition der absoluten Maße stützt sich auf

Satz 25.4. *Ist $l > h(\mathfrak{J})$ und $> h(\mathfrak{K})$ für zwei beliebige Gitter $\mathfrak{J}$ und $\mathfrak{K}$ in R, so gilt mit den in § 16 definierten relativen Maßen*

$$u_l(\mathfrak{K})\, N\big(\mathfrak{d}(\mathfrak{K})\big)^{(n-1)/2} = u_l(\mathfrak{J})\, N\big(\mathfrak{d}(\mathfrak{J})\big)^{(n-1)/2} \frac{u(\mathfrak{K})}{u(\mathfrak{J})}. \qquad (25.10)$$

Beweis. Wegen (16.3) kann man hierfür auch schreiben

$$u_l(\mathfrak{K}) = u_l(\mathfrak{J}) \left(\frac{N\big(\mathfrak{d}(\mathfrak{J})\big)}{N\big(\mathfrak{d}(\mathfrak{K})\big)}\right)^{(n-1)/2} \frac{[\mathfrak{U}_{\mathfrak{K}} : \mathfrak{U}]}{[\mathfrak{U}_{\mathfrak{J}} : \mathfrak{U}]}, \qquad (25.11)$$

wenn $\mathfrak{U}$ eine beliebige Untergruppe von endlichem Index in $\mathfrak{U}_{\mathfrak{J}}$ und $\mathfrak{U}_{\mathfrak{K}}$ ist. Es genügt, den Beweis unter der Annahme zu führen, daß $\mathfrak{K} \subset \mathfrak{J}$ ist und eine Basis von $\mathfrak{K}$ aus einer Basis von $\mathfrak{J}$ hervorgeht durch eine lineare Substitution mit einer Diagonalmatrix, deren Elemente $1, \ldots, 1, p$ sind:

$$\mathfrak{K} = \mathfrak{J} M, \quad M = \begin{pmatrix} 1 & & & \\ & \ddots & & \\ & & 1 & \\ & & & p \end{pmatrix} \qquad (25.12)$$

Nämlich zu zwei beliebigen Gittern $\mathfrak{J}$ und $\mathfrak{K}$ läßt sich eine Folge von Gittern $\mathfrak{J}_0 = \mathfrak{J}$, $\mathfrak{J}_1, \ldots, \mathfrak{J}_m = \mathfrak{K}$ angeben, wobei zwei aufeinanderfolgende in dieser speziellen Beziehung stehen: $\mathfrak{J}_\mu \subset \mathfrak{J}_{\mu+1}$ oder $\mathfrak{J}_\mu \supset \mathfrak{J}_{\mu+1}$. Aus (25.10) für $\mathfrak{J}_\mu, \mathfrak{J}_{\mu+1}$ an Stelle von $\mathfrak{J}, \mathfrak{K}$ folgt dann (25.10) allgemein.

Die Norm von $\mathfrak{J}$ darf ohne Beschränkung der Allgemeinheit gleich $\mathfrak{o}$ angenommen werden. Die Norm von $\mathfrak{K}$ ist dann $n(\mathfrak{K}) = \mathfrak{p}^\varrho$, $\varrho = 0, 1$ oder 2.

Bei der Matrixdarstellung (25.3) einer Einheit E müssen wir darauf achten, mittels welcher Basis E dargestellt wird. Wir schreiben

$$\mathsf{E}\,\mathfrak{J} = \mathfrak{J}\, E_{\mathfrak{J}}, \quad \mathsf{E}\,\mathfrak{K} = \mathfrak{K}\, E_{\mathfrak{K}},$$

dabei ist wegen (25.12)

$$E_{\mathfrak{K}} = M^{-1} E_{\mathfrak{J}} M. \qquad (25.13)$$

Es werden noch die Komplemente von $\mathfrak{J}$ und $\mathfrak{K}$ gebraucht, sowie die Matrizen

$$F_{\mathfrak{J}} = (\iota_\mu\, \iota_\nu),\ F_{\mathfrak{K}} = p^{-\varrho} (\varkappa_\mu\, \varkappa_\nu) = p^{-\varrho}\, \dot{M}\, F_{\mathfrak{J}}\, M. \qquad (25.14)$$

Wegen Satz 25.1 dürfen wir voraussetzen, daß $l > \mathrm{Max}(h(\mathfrak{J}), h(\mathfrak{K})) + \varrho$ sei, ohne daß dadurch die Allgemeinheit beeinträchtigt wird.

Die Einheiten $\mathsf{E} \equiv 1 \bmod \mathfrak{p}^l \tilde{\mathfrak{J}}$ von $\mathfrak{J}$, deren Matrizen also die Form

$$E_{\mathfrak{J}} = 1 + p^l F_{\mathfrak{J}}^{-1} T_{\mathfrak{J}}$$

mit ganzzahligen $T_{\mathfrak{J}}$ haben, sind auch Einheiten von $\mathfrak{K}$, es ist nämlich wegen (25.13), (25.14)

$$E_{\mathfrak{K}} = 1 + p^{l-\varrho} F_{\mathfrak{K}}^{-1} \dot{M}\, T_{\mathfrak{J}}\, M = 1 + p^{l-\varrho} F_{\mathfrak{K}}^{-1} T_{\mathfrak{K}},$$

und $T_{\mathfrak{K}}$ ist ganzzahlig. Die durch sie gebildete Gruppe heiße $\mathfrak{U}$. Ihr Index in $\mathfrak{U}_{\mathfrak{J}}$ ist

$$[\mathfrak{U}_{\mathfrak{J}}:\mathfrak{U}] = u_l(\mathfrak{J}). \tag{25.15}$$

Es bleibt der Index von $\mathfrak{U}$ in $\mathfrak{U}_{\mathfrak{K}}$ zu berechnen. Wegen der Ganzheit von $T_{\mathfrak{K}}$ ist $\mathfrak{U}$ eine Untergruppe der Gruppe $\mathfrak{U}_{l-\varrho}(\mathfrak{K})$ aller automorphen Einheiten der Gestalt $\mathsf{E} \equiv 1 \bmod \mathfrak{p}^{l-\varrho}\,\tilde{\mathfrak{K}}$ von $\mathfrak{K}$. Wir behaupten ferner, $\mathfrak{U}$ enthält die Gruppe $\mathfrak{U}_{l-\varrho+2}(\mathfrak{K})$ aller $\mathsf{E} \equiv 1 \bmod \mathfrak{p}^{l-\varrho+2}\,\tilde{\mathfrak{K}}$ von $\mathfrak{K}$. Ist nämlich

$$E_{\mathfrak{K}} = 1 + p^{l-\varrho+2} F_{\mathfrak{K}}^{-1} T_{\mathfrak{K}}$$

die Matrix einer solchen Einheit, so ist wegen (25.13, (25.14)

$$E_{\mathfrak{J}} = 1 + p^l F_{\mathfrak{J}}^{-1} (p^2 \dot{M}^{-1} T_{\mathfrak{K}} M^{-1}) = 1 + p^l F_{\mathfrak{J}}^{-1} T_{\mathfrak{J}},$$

also $\mathsf{E} \equiv 1 \bmod \mathfrak{p}^l\,\tilde{\mathfrak{J}}$.

Nach Satz 25.1 ist

$$[\mathfrak{U}_{l-\varrho}(\mathfrak{K}) : \mathfrak{U}_{l-\varrho+2}(\mathfrak{K})] = N(\mathfrak{p})^{n(n-1)}, \tag{25.16}$$

und die Nebengruppen von $\mathfrak{U}_{(l-\varrho+2)}(\mathfrak{K})$ in $\mathfrak{U}_{l-\varrho}(\mathfrak{K})$ werden gekennzeichnet durch die schiefsymmetrischen Restklassen $T_{\mathfrak{K}}$ mod $\mathfrak{p}^2$. Der Index $[\mathfrak{U}:\mathfrak{U}_{l-\varrho+2}(\mathfrak{K})]$ ist also gleich der Anzahl der mod $\mathfrak{p}^2$ schiefsymmetrischen Restklassen der Form $T_{\mathfrak{K}} = \dot{M}\, T_{\mathfrak{J}}\, M$ mit ganzem $T_{\mathfrak{J}}$. Wegen der vorausgesetzten einfachen Form von M läßt sich diese Anzahl leicht ausrechnen. Die durch Streichung der letzten Zeile und Spalte von $T_{\mathfrak{K}}$ entstehende Matrix darf eine beliebige mod $\mathfrak{p}^2$ schiefsymmetrische sein, es gibt $N(\mathfrak{p})^{(n-1)(n-2)}$ solche mod $\mathfrak{p}^2$. Die letzte Zeile und Spalte von $T_{\mathfrak{K}}$ soll durch $\mathfrak{p}$ teilbar sein, das letzte Element in der Diagonalen sogar durch $\mathfrak{p}^2$. Es bleiben somit $N(\mathfrak{p})^{n-1}$ Möglichkeiten für die letzte Zeile und Spalte. Also finden wir

$$[\mathfrak{U}:\mathfrak{U}_{l-\varrho+2}(\mathfrak{K})] = N(\mathfrak{p})^{(n-1)^2}.$$

Da $\mathfrak{U}_{l-\varrho}(\mathfrak{K})$ in $\mathfrak{U}_{\mathfrak{K}}$ den Index $u_{l-\varrho}(\mathfrak{K}) = u_l(\mathfrak{K})\, N(\mathfrak{p})^{-\varrho n(n-1)/2}$ hat, folgt hieraus und aus (25.16)

$$[\mathfrak{U}_{\mathfrak{K}}:\mathfrak{U}] = u_l(\mathfrak{K})\, N(\mathfrak{p})^{(n-1)(2-\varrho n)/2}.$$

Nun ist aber auf Grund von $n(\mathfrak{K}) = \mathfrak{p}^{\varrho}$ und von (25.12) $\mathfrak{d}(\mathfrak{K}) = \mathfrak{p}^{2-\varrho n}\,\mathfrak{d}(\mathfrak{J})$, die letzte Gleichung zusammen mit (25.15) liefert damit die Behauptung (25.11).

Wir definieren nun das *absolute Maß* der Einheitengruppe $\mathfrak{U}_{\mathfrak{J}}^{+}$ durch

$$U^{+}(\mathfrak{J}) = \frac{N(\mathfrak{d}(\mathfrak{J}))^{(n-1)/2}}{2\,N(\mathfrak{p})^{l n(n-1)/2}}\, u_l(\mathfrak{J}) \qquad \text{für} \quad l > h(\mathfrak{J}). \tag{25.17}$$

Es hängt nach Satz 25.1 nicht von l ab und ist nach Satz 25.4 mit dem relativen Maß proportional. Das absolute Maß der Gruppe $\mathfrak{U}_{\mathfrak{J}}$ ist nach Satz 10.5 doppelt so groß anzusetzen.

In entsprechender Weise könnte man auch für die Gruppe $\mathfrak{B}_{\mathfrak{J}}$ ein absolutes Maß definieren, ein solches wird aber im folgenden nicht gebraucht.

3. Die Einheitengruppen von Teilräumen. Wichtig ist noch das *absolute Maß* der Gruppe $\mathfrak{U}_{\mathfrak{J}}[T]$ aller automorphen Einheiten von $\mathfrak{J}$, welche einen halbeinfachen Teilraum T von R elementweise fest lassen. An Stelle die bisherigen Überlegungen nochmals durchzuführen unter Beschränkung auf Elemente aus dieser Gruppe, gehen wir einen anderen und bequemeren Weg. Wir gehen von dem $\mathfrak{J}$ und T in § 24, Nr. 3 zugeordneten Gitter $\mathfrak{T}'$ aus. Nach Satz 24.2 ist jede automorphe Einheit E von $\mathfrak{J}$ auch eine von $\mathfrak{T}'$, jedoch im allgemeinen nicht umgekehrt. Wie aus § 24 hervorgeht, ist $\mathfrak{U}_{\mathfrak{J}}^{+}[T]$ eine Untergruppe von $\mathfrak{U}_{\mathfrak{T}'}^{+}$ von endlichem Index. Das absolute Maß von $\mathfrak{U}_{\mathfrak{J}}^{+}[T]$ wird nun einfach durch

$$U^{+}[\mathfrak{J}, T] = \frac{U^{+}(\mathfrak{T}')}{[\mathfrak{U}_{\mathfrak{T}'}^{+} : \mathfrak{U}_{\mathfrak{J}}^{+}[T]]} \tag{25.18}$$

erklärt. Es ist dem relativen Maß $u^{+}[\mathfrak{J}, T]$ proportional. Von der Definition ausgehend, rechnet man nämlich ($\mathfrak{T}''$ ist das $\mathfrak{K}$ und T zugeordnete Gitter):

$$\frac{U^{+}[\mathfrak{J}, T]}{U^{+}[\mathfrak{K}, T]} = \frac{[\mathfrak{U}_{\mathfrak{T}''}^{+} : \mathfrak{U}_{\mathfrak{K}}^{+}[T]]\; U^{+}(\mathfrak{T}')}{U^{+}(\mathfrak{T}'')\,[\mathfrak{U}_{\mathfrak{T}'}^{+} : \mathfrak{U}_{\mathfrak{J}}^{+}[T]]} = \frac{[\mathfrak{U}_{\mathfrak{T}''}^{+} : \mathfrak{U}_{\mathfrak{K}}^{+}[T]]\;[\mathfrak{U}_{\mathfrak{T}'}^{+} : \mathfrak{U}_{\mathfrak{J}}^{+}[T] \cap \mathfrak{U}_{\mathfrak{K}}^{+}[T]]}{[\mathfrak{U}_{\mathfrak{T}''}^{+} \cdot \mathfrak{U}_{\mathfrak{J}}^{+}[T] \cap \mathfrak{U}_{\mathfrak{K}}^{+}[T]]\;[\mathfrak{U}_{\mathfrak{T}'}^{+} : \mathfrak{U}_{\mathfrak{J}}^{+}[T]]}$$

$$= \frac{[\mathfrak{U}_{\mathfrak{J}}^{+}[T] : \mathfrak{U}_{\mathfrak{J}}^{+}[T] \cap \mathfrak{U}_{\mathfrak{K}}^{+}[T]]}{[\mathfrak{U}_{\mathfrak{K}}^{+}[T] : \mathfrak{U}_{\mathfrak{J}}^{+}[T] \cap \mathfrak{U}_{\mathfrak{K}}^{+}[T]]} = \frac{u^{+}[\mathfrak{J}, T]}{u^{+}[\mathfrak{K}, T]}.$$

Gestützt auf diese Definition können wir nun auch das *absolute Einbettungsmaß* $M(\mathfrak{J}, \mathfrak{T}_0)$ eines r-dimensionalen Parallelotops $\mathfrak{T}_0$ in $\mathfrak{J}$ ansetzen; wir brauchen dazu nur in § 24, Nr. 2 überall die relativen Maße der Einheitengruppen durch die absoluten zu substituieren. Ein neuer Buchstabe braucht nicht eingeführt zu werden, da die relativen Einbettungsmaße nicht mehr vorkommen werden. Es ist wichtig, zu bemerken, daß für die absoluten Gruppenmaße die Gleichung (24.19) gilt, wie aus der Definition (25.18) hervorgeht.

Für die absoluten Einbettungsmaße gilt eine ähnliche Aussage wie Satz 25.2, welche ihre direkte Berechnung erlaubt.

Satz 25.5. *Außer $\mathfrak{J}$ sei ein r-dimensionales halbeinfaches Parallelotop $\mathfrak{T}_0 = \{\tau_1^0, \ldots, \tau_r^0\}$ gegeben. Es sei $l > h(\mathfrak{J})$. Die Anzahl der primitiven mod $\mathfrak{p}^l \tilde{\mathfrak{J}}$ inkongruenten Parallelotope $\mathfrak{T} = \{\tau^\varrho\}$ in $\mathfrak{J}$ von der Eigenschaft $\tau_\varrho \tau_\sigma \equiv \tau_\varrho^0 \tau_\sigma^0 \bmod n(\mathfrak{J})\, \mathfrak{p}^l$, $\tau_\varrho^2 = (\tau_\varrho^0)^2 \bmod 2\, n(\mathfrak{J})\, \mathfrak{p}^l$ ist*

$$\frac{N(\mathfrak{p})^{l(nr - r(r+1)/2)}}{N(\mathfrak{d}(\mathfrak{J}))^{r/2}\, N\left(\left(\frac{\mathfrak{n}(\mathfrak{T}_0)}{\mathfrak{n}(\mathfrak{J})}\right)^r \mathfrak{d}(\mathfrak{T}_0)\right)^{(n-r-1)/2}}\; U^{+}(\mathfrak{J})\, M^{*}(\mathfrak{J}, \mathfrak{T}_0).$$

Im Falle $r = n$ ist noch der Faktor 2 anzubringen.

Beweis. Der Fall $r = n$ wurde bereits mit Satz 25.2 erledigt. Fortan sei $r < n$. $\mathfrak{T}_\alpha$, $\alpha = 1, \ldots, q$ sei ein Vertretersystem aller Restklassen mod $\mathfrak{p}^l \tilde{\mathfrak{J}}$ solcher Parallelotope $\mathfrak{T}$. Nach Satz 25.2 darf man ohne Beschränkung der Allgemeinheit annehmen, daß sie alle untereinander und mit $\mathfrak{T}_0$ isomorph sind. Die $\mathfrak{T}_\alpha$ für $\alpha = 1, \ldots, a$ mögen ein maximales System von nicht assoziierten unter ihnen bilden.

$\mathsf{E}_1, \ldots, \mathsf{E}_u$ mit $u = u_l(\mathfrak{J})$ sei ein Repräsentantensystem der Restklassen der eigentlichen Einheiten von $\mathfrak{J}$ mod $\mathfrak{p}^l \tilde{\mathfrak{J}}$. Eine Einheit, etwa E_1, transformiere ein $\mathfrak{T}_\alpha$ in ein mod $\mathfrak{p}^l \tilde{\mathfrak{J}}$ kongruentes Parallelotop, d. h. es sei $\mathsf{E}_1 \mathfrak{T}_\alpha \equiv \mathfrak{T}_\alpha$ mod $\mathfrak{p}^l \tilde{\mathfrak{J}}$. Dann gibt es nach Satz 25.3 eine Einheit $\mathsf{E}' \equiv 1$ mod $\mathfrak{p}^l \tilde{\mathfrak{J}}$ mit $\mathsf{E}' \mathsf{E}_1 \mathfrak{T}_\alpha = \mathfrak{T}_\alpha$. $\mathsf{E}' \mathsf{E}_1$ repräsentiert die gleiche Restklasse mod $\mathfrak{p}^l \tilde{\mathfrak{J}}$ wie E_1. Es folgt hieraus: wenn u'_α der Einheiten $\mathsf{E}_1, \ldots, \mathsf{E}_u$ die Restklasse von $\mathfrak{T}_\alpha$ mod $\mathfrak{p}^l \tilde{\mathfrak{J}}$ fest lassen, so gibt es auch u'_α mod $\mathfrak{p}^l \tilde{\mathfrak{J}}$ inkongruente eigentliche automorphe Einheiten, welche $\mathfrak{T}_\alpha$ selber fest lassen.

Die genannten Einheiten transformieren daher $\mathfrak{T}_\alpha$ in $\frac{u}{u'_\alpha}$ mod $\mathfrak{p}^l \tilde{\mathfrak{J}}$ inkongruente Teilgitter. Die Gesamtzahl der $\mathfrak{T}_\alpha$ ist folglich

$$q = \sum_{\alpha=1}^{a} \frac{u}{u'_\alpha}. \tag{25.19}$$

Es sei nun $\mathfrak{T}$ eins der $\mathfrak{T}_\alpha$ und E eine $\mathfrak{T}$ fest lassende Einheit von $\mathfrak{J}$. Wegen $\mathfrak{T} \cong \mathfrak{T}_0$ und der Voraussetzung über $\mathfrak{T}_0$ ist $T = k(\mathfrak{T})$ halbeinfach. Der dazu senkrechte, ebenfalls halbeinfache Teilraum heiße T'. $\mathfrak{T}'$ sei das $\mathfrak{J}$ und T gemäß § 24, Nr. 3 zugeordnete Gitter in T'. Nach Satz 24.2 ist E gleichzeitig eine automorphe Einheit von $\mathfrak{T}'$. Die eigentliche Aufgabe besteht nun in dem Nachweis von

$$\mathsf{E} \equiv 1 \bmod \mathfrak{p}^l \left(\frac{n(\mathfrak{T})}{n(\mathfrak{J})}\right)^{2r} \mathfrak{d}(\mathfrak{T})^2 \frac{n(\mathfrak{J})}{n(\mathfrak{T}')} \tilde{\mathfrak{T}}', \tag{25.20}$$

sofern $\mathsf{E} \equiv 1$ mod $\mathfrak{p}^l \tilde{\mathfrak{J}}$ vorausgesetzt wird, sowie der Umkehrung hiervon. Wir müssen dazu auf die Definition von $\mathfrak{T}'$ zurückgreifen und legen eine solche Basis $[\tau_\nu]$ von $\mathfrak{J}$ zugrunde, für welche mit den r ersten Basisvektoren $\mathfrak{T} = \{\tau_\varrho\}$ gilt. Das ist möglich, da $\mathfrak{T}$ primitiv sein sollte. $|\tau_\varrho \tau_\sigma|$ sei die aus diesen Vektoren gebildete r-reihige Determinante. Wir benutzen die Abkürzungen ($\varrho, \sigma = 1, \ldots, r$)

$$n(\mathfrak{J}) = \mathfrak{p}^m, \left(\frac{n(\mathfrak{T})}{n(\mathfrak{J})}\right)^r \mathfrak{d}(\mathfrak{T}) = n(\mathfrak{J})^{-r} |\tau_\varrho \tau_\sigma| = \mathfrak{p}^t, \frac{n(\mathfrak{T}')}{n(\mathfrak{J})} = \mathfrak{p}^s. \tag{25.21}$$

Die Basis $[\sigma_{r+1}, \ldots, \sigma_n]$ von $\mathfrak{T}'$ läßt sich nach (24.6) so schreiben:

$$\sigma_\mu = p^t(\tau_\mu + \overline{\tau_\mu}), \qquad \mu = r+1, \ldots, n, \tag{25.22}$$

wobei $\overline{\tau_\mu}$ in dem durch das Parallelotop $\mathfrak{T}$ aufgespannten Teilraum T

von R liegen. Für die zu $[\tau_\nu]$ komplementäre Basis $[\widetilde{\tau_\nu}]$ von $\mathfrak{J}$ gilt nun

$$\tau_\mu \widetilde{\tau_\nu} = p^m \begin{cases} 1 & \text{für } \mu = \nu, \\ 0 & \text{für } \mu \neq \nu. \end{cases}$$

Also einerseits nach (25.21), (25.22)

$$\sigma_\mu \widetilde{\tau}_\nu = p^{m+t} \left\{\begin{matrix} 1 & \text{für } \mu = \nu \\ 0 & \text{für } \mu \neq \nu \end{matrix}\right\}, \qquad \mu, \nu = r+1, \ldots, n,$$

denn $\widetilde{\tau}_{r+1}, \ldots$ gehören dem zu T senkrechten Teilraum T' an. Andererseits ist die zu $[\sigma_\mu]$ komplementäre Basis in T' so definiert, daß

$$\sigma_\mu \widetilde{\sigma_\nu} = p^{m+s} \begin{cases} 1 & \text{für } \mu = \nu \\ 0 & \text{für } \mu \neq \nu \end{cases}$$

gilt. Durch Vergleich der beiden letzten Gleichungen ergibt sich also

$$\widetilde{\tau_\nu} = p^{t-s} \widetilde{\sigma}_\nu, \qquad \nu = r+1, \ldots, n. \tag{25.23}$$

Es sei nun E eine automorphe Einheit, welche $\mathfrak{T}$ in sich überführt, und $\mathsf{E} \equiv 1 \bmod \mathfrak{p}^l \widetilde{\mathfrak{J}}$. Aus (25.22) folgt

$$\mathsf{E}\, \sigma_\mu \equiv \sigma_\mu \bmod \mathfrak{p}^{l+t} \widetilde{\mathfrak{J}},$$

und wenn man E als Einheit von $\mathfrak{T}'$ auffaßt, nach (25.23)

$$\mathsf{E}\, \sigma_\mu \equiv \sigma_\mu \bmod \mathfrak{p}^{l+2t-s} \widetilde{\mathfrak{T}'},$$

das ist die behauptete Gleichung (25.20). Umgekehrt induziert jede dieser Kongruenz genügende Einheit E von $\mathfrak{T}'$ genau eine Einheit $\equiv 1 \bmod \mathfrak{p}^l \widetilde{\mathfrak{J}}$, wenn man verlangt, daß sie $\mathfrak{T}$ fest lassen soll.

Man erkennt nunmehr: jeder Restklasse mod $\mathfrak{p}^l \widetilde{\mathfrak{J}}$ automorpher Einheiten von $\mathfrak{J}$, welche $\mathfrak{T}$ fest lassen, entspricht genau eine Restklasse mod $\mathfrak{p}^{l+2t-s} \widetilde{\mathfrak{T}'}$ von Einheiten von $\mathfrak{T}'$. Aber nur der $[\mathfrak{U}^+_{\mathfrak{T}'} : \mathfrak{U}^+_{\mathfrak{J}}[T]]$-te Teil aller Restklassen von Einheiten von $\mathfrak{T}'$ mod $\mathfrak{p}^{l+2t-s}\widetilde{\mathfrak{T}'}$ liefert Einheiten von $\mathfrak{J}$. D. h. die Anzahl u'_α der Restklassen mod $\mathfrak{p}^l \mathfrak{J}$, welche $\mathfrak{T}_\alpha$ fest lassen, ist

$$u'_\alpha = \frac{u_{l+2t-s}(\mathfrak{T}'_\alpha)}{[\mathfrak{U}^+_{\mathfrak{T}'_\alpha} : \mathfrak{U}^+_{\mathfrak{J}}[T_\alpha]]},$$

wenn T_α als Abkürzung für $k(\mathfrak{T}_\alpha)$ geschrieben wird.

Der Beweis der Behauptung ist nunmehr ganz einfach. Die Gesamtzahl der in Satz 25.5 genannten Kongruenzlösungen ist nach (25.19)

$$q = \sum_{\alpha=1}^{a} \frac{u_l(\mathfrak{J})}{u_{l+2t-s}(\mathfrak{T}'_\alpha)} [\mathfrak{U}^+_{\mathfrak{T}'_\alpha} : \mathfrak{U}^+_{\mathfrak{J}}[T_\alpha]].$$

Das ist nach (25.17)

$$q = \sum_{\alpha=1}^{a} \frac{N(\mathfrak{p})^{ln(n-1)/2} N(\mathfrak{d}(\mathfrak{T}'_\alpha))^{(n-r-1)/2}}{N(\mathfrak{p})^{(l+2t-s)(n-r)(n-r-1)/2} N(\mathfrak{d}(\mathfrak{J}))^{(n-1)/2}} \frac{U^+(\mathfrak{J})}{U^+(\mathfrak{T}'_\alpha)} [\mathfrak{U}^+_{\mathfrak{T}'_\alpha} : \mathfrak{U}^+_{\mathfrak{J}}[T_\alpha]].$$

Für $\mathfrak{p}^{2t-s}$ wird der Wert aus (25.21) eingesetzt und (24.7) berücksichtigt; alle $\mathfrak{T}_\alpha$ sind mit $\mathfrak{T}_0$ isomorph, wie zu Beginn festgestellt wurde. Dies liefert nun nach kurzer Rechnung unter Benutzung von (25.18), (24.18)

$$q = \frac{N(\mathfrak{p})^{t(nr-r(r+1)/2)}\, U^+(\mathfrak{J})}{N(\mathfrak{d}(\mathfrak{J}))^{r/2}\, N\left(\left(\frac{n(\mathfrak{T}_0)}{n(\mathfrak{J})}\right)^r \mathfrak{d}(\mathfrak{T}_0)\right)^{(n-r-1)/2}} \sum_{\alpha=1}^{a} \frac{1}{U^+[\mathfrak{J}, T_\alpha]},$$

die hier stehende Summe ist gerade das Einbettungsmaß von $\mathfrak{T}_0$ in $\mathfrak{J}$.

4. Berechnung der absoluten Maße. Es bleibt die Aufgabe, die absoluten Maße $U^+(\mathfrak{J})$ wenigstens in den einfachen Spezialfällen zu berechnen, wo das Primideal $\mathfrak{p}$ von k nicht in $\mathfrak{d}(\mathfrak{J})$ aufgeht. Ohne Beschränkung der Allgemeinheit dürfen wir $n(\mathfrak{J}) = \mathfrak{o}$ voraussetzen. Für $\mathfrak{J}$ wird eine Basis gemäß den Sätzen 9.5 und 9.7 zugrunde gelegt. Das Multiplikationsschema ist dann

$$\begin{aligned} &\text{A)}\quad \iota_1\iota_2 = \iota_3\iota_4 = \cdots = 1, \\ &\text{B)}\quad \iota_1^2 = 1,\ \iota_2^2 = -u,\ \iota_3\iota_4 = \iota_5\iota_6 = \cdots = 1,\ \left(\frac{u}{\mathfrak{p}}\right) = -1, \\ &\text{C)}\quad \iota_1^2 = 2,\ \iota_2\iota_3 = \iota_4\iota_5 = \cdots = 1, \qquad \mathfrak{p} \text{ ungerade}, \end{aligned} \tag{25.24}$$

während alle übrigen Produkte 0 sind.

$U^+(\mathfrak{J})$ ist nach (25.17) und Satz 25.2 gleich der Ordnung der Gruppe der Automorphismen von $\mathfrak{J}$ mod $\mathfrak{p}$, dividiert durch $2N(\mathfrak{p})^{n(n-1)/2}$. Die Bestimmung läuft also auf eine Rechnung im Restklassenkörper von $\mathfrak{o}$ mod $\mathfrak{p}$ hinaus. Wir nennen zuerst das Resultat:

$$U^+(\mathfrak{J}) = \begin{cases} \left(1 - N(\mathfrak{p})^{-m}\right) \prod\limits_{\mu=1}^{m-1} \left(1 - N(\mathfrak{p})^{-2\mu}\right), & m = \frac{n}{2} \text{ im Fall A}, \\ \left(1 + N(\mathfrak{p})^{-m}\right) \prod\limits_{\mu=1}^{m-1} \left(1 - N(\mathfrak{p})^{-2\mu}\right), & m = \frac{n}{2} \text{ im Fall B}, \\ \prod\limits_{\mu=1}^{m} \left(1 - N(\mathfrak{p})^{-2\mu}\right), & m = \frac{n-1}{2} \text{ im Fall C}. \end{cases} \tag{25.25}$$

Die Ausrechnung für $n = 1$ bzw. $n = 2$ ist elementar. Für den allgemeinen Fall läßt sich eine Rekursionsformel angeben.

Ω sei ein beliebiger Automorphismus mod $\mathfrak{p}$, dann ist $\omega_1 = \Omega\,\iota_n \not\equiv 0$ ein mod $\mathfrak{p}$ isotroper Vektor. Zu ω_1 gibt es einen weiteren Vektor ω_2 mit $\omega_2^2 \equiv 0$, $\omega_1\omega_2 \equiv 1$ mod $\mathfrak{p}$. $\mathfrak{J}$ läßt dann eine Zerlegung

$$\mathfrak{J} \equiv \mathfrak{J}_0 + [\omega_1, \omega_2] \bmod \mathfrak{p}\,\mathfrak{J}$$

in eine direkte Summe zu. Alle Automorphismen mod $\mathfrak{p}$, welche ω_1 fest lassen, sind nach § 3, Nr. 1 von der Form $\Omega_0\, \mathsf{E}^1_\alpha$, wobei

$$\mathsf{E}^1_\alpha\, \iota \equiv \iota + \iota\,\omega_1 \cdot \alpha - \iota\,\alpha \cdot \omega_1 - \frac{1}{2}\alpha^2 \cdot \iota\,\omega_1 \cdot \omega_1 \bmod \mathfrak{p}\,\mathfrak{J}$$

und Ω_0 ein Automorphismus von $\mathfrak{J}_0$ mod $\mathfrak{p}$ ist. Das Gitter $\mathfrak{J}_0$ hat gleiche Bauart wie $\mathfrak{J}$, jedoch eine um 2 kleinere Dimension. Bezeichnet man die Anzahl aller Automorphismen Ω von $\mathfrak{J}$ mod $\mathfrak{p}\,\mathfrak{J}$ mit u_n, und mit t_n die Anzahl der inkongruenten isotropen Vektoren ω_1 mod $\mathfrak{p}$, so zeigt unsere Überlegung die Gültigkeit der Rekursionsformel

$$u_n = u_{n-2}\, N(\mathfrak{p})^{n-2}\, t_n. \tag{25.26}$$

Die Berechnung der Anzahlen t_n ist eine elementare Aufgabe; es handelt sich um die Lösungsanzahlen der Kongruenz

$$\text{A)} \quad \sum_{\mu=1}^{m} x_{2\mu}\, x_{2\mu-1} \equiv \bmod \mathfrak{p},$$

$$\text{B)} \quad x_1^2 - u\, x_2^2 + \sum_{\mu=1}^{m-1} x_{2\mu+1}\, x_{2\mu+2} \equiv \bmod \mathfrak{p},$$

$$\text{C)} \quad 2\, x_1^2 + \sum_{\mu=1}^{m} x_{2\mu}\, x_{2\mu+1} \equiv \bmod \mathfrak{p},$$

wobei $x_1 \equiv \cdots \equiv x_n \equiv 0 \bmod \mathfrak{p}$ nicht mitzuzählen ist. Man findet (vgl. dazu auch § 11, Nr. 4)

$$t_n = \begin{cases} \big(N(\mathfrak{p})^m - 1\big)\big(N(\mathfrak{p})^{m-1} + 1\big) & \text{im Fall A,} \\ \big(N(\mathfrak{p})^m + 1\big)\big(N(\mathfrak{p})^{m-1} - 1\big) & \text{im Fall B,} \\ N(\mathfrak{p})^{n-1} - 1 & \text{im Fall C.} \end{cases}$$

Mittels dieser Werte und (25.26) folgt nun (25.25) allgemein.

Unter Benutzung des Legendreschen Symbols kann man (25.25) auch so schreiben:

$$U^+(\mathfrak{J}) = \begin{cases} \left(1 - \left(\dfrac{\Delta(R)}{\mathfrak{p}}\right) N(\mathfrak{p})^{-n/2}\right) \prod\limits_{\mu=1}^{n/2-1} \left(1 - N(\mathfrak{p})^{-2\mu}\right) & \text{für } n \equiv 0 \bmod 2, \\ \prod\limits_{\mu=1}^{(n-1)/2} \left(1 - N(\mathfrak{p})^{-2\mu}\right) & \text{für } n \equiv 1 \bmod 2. \end{cases} \tag{25.27}$$

Die Berechnung von $U^+(\mathfrak{J})$ für beliebige maximale Gitter ist kaum schwieriger, wenn man wieder die Sätze 9.5 und 9.7 heranzieht und die Rekursionsformel (25.26) benutzt, die auch jetzt gilt.

Für eine spätere Anwendung wollen wir noch das folgende Einzelbeispiel behandeln. Es sei k die 2-adische Erweiterung des rationalen Zahlkörpers und $\mathfrak{J} = [\iota_1, \ldots, \iota_n]$ mit

$$\iota_\nu^2 = 2, \; \iota_\mu\, \iota_\nu = 0 \;\text{ für } \mu \neq \nu.$$

$\mathfrak{J}$ ist für $n > 3$ nicht mehr maximal. Es ist $h(\mathfrak{J}) = 2$, und nach Satz 25.2 ist $u_3(\mathfrak{J})$ gleich der Lösungsanzahl der Kongruenz

$$\dot{E}\, E \equiv 1 \bmod 8.$$

Bringt man die Abhängigkeit von der Dimension zum Ausdruck und schreibt $u(n)$ an Stelle von $u_3(\mathfrak{J})$, so bestätigt man leicht die Rekursionsformel

$$u(n) = t(n)\, u(n-1),$$

wenn $t(n)$ die Lösungsanzahl der Kongruenz $x_1^2 + \cdots + x_n^2 \equiv 1 \bmod 8$ bezeichnet. Gemäß dem Wortlaut von Satz 25.2 sind mod $2^3\,\tilde{\mathfrak{J}}$ kongruente Lösungen als identisch zu zählen. Da $\tilde{\mathfrak{J}} = \frac{1}{2}\mathfrak{J}$ ist, sind also mod 4 kongruente Lösungen der genannten Kongruenzen als nicht verschieden zu betrachten. Das Ergebnis ist für einige Werte von n:

n	1	2	3	4	5
$t(n)$	2	4	12	32	$2^4 \cdot 5$
$u(n)$	2	8	96	$2^{10} \cdot 3$	$2^{14} \cdot 15$
$U^+(\mathfrak{J})$	1	1	$2^{-2} \cdot 3$	$2^{-3} \cdot 3$	$2^{-7} \cdot 15$

Endlich brauchen wir für später die Anzahl der primitiven Restklassen von Vektoren $\mathfrak{r}$ mod $t\,\mathfrak{p}\,\mathfrak{J}$ mit

$$\frac{1}{2}\,\mathfrak{r}^2 \equiv t \bmod t\,\mathfrak{p},$$

wenn wieder $\mathfrak{d}(\mathfrak{J}) = \mathfrak{o}$ vorausgesetzt wird. Ist t eine Einheit, so ist diese Anzahl

$$\left.\begin{array}{ll} \left(N(\mathfrak{p})^{n/2} - \left(\frac{\Delta(R)}{\mathfrak{p}}\right)\right) N(\mathfrak{p})^{n/2-1} & \text{für } n \equiv 0 \bmod 2, \\ \left(N(\mathfrak{p})^{(n-1)/2} - \left(\frac{\Delta(R)\,t}{\mathfrak{p}}\right)\right) N(\mathfrak{p})^{(n-1)/2} & \text{für } n \equiv 1 \bmod 2. \end{array}\right\} \quad (25.28)$$

Wenn dagegen $t = t_0\,p^{l-1}$ mit einer Einheit t_0 und $l > 1$ ist, ist das Ergebnis anders. Jetzt bauen sich die gesuchten Restklassen $\mathfrak{r}$ in der Form $\mathfrak{r} = \mathfrak{r}_0 + p\,\mathfrak{r}_1 + \cdots + p^{l-1}\,\mathfrak{r}_{l-1}$ aus primitiven isotropen Restklassen $\mathfrak{r}_0$ mod $\mathfrak{p}\,\mathfrak{J}$ auf. Der Vektor $\mathfrak{r}_1$ ist aus der Kongruenz

$$\mathfrak{r}_0\,\mathfrak{r}_1 \equiv p^{-1}\left(t - \frac{1}{2}\,\mathfrak{r}_0^2\right) \bmod \mathfrak{p}$$

zu bestimmen, und so fort. Die Anzahl der Lösungen letzterer Kongruenz ist $N(\mathfrak{p})^{n-1}$. Unter Benutzung der oben bestimmten Anzahl t_n der primitiven isotropen Restklassen mod $\mathfrak{p}\,\mathfrak{J}$ findet man nun für die gesuchte Restklassenanzahl $\mathfrak{r}$ mod $t\,\mathfrak{p}\,\mathfrak{J}$ den Wert

$$(25.29)$$

$$\left.\begin{array}{ll} \left(N(\mathfrak{p})^{n/2} - \left(\frac{\Delta(R)}{\mathfrak{p}}\right)\right)\left(N(\mathfrak{p})^{n/2-1} + \left(\frac{\Delta(R)}{\mathfrak{p}}\right)\right) N(\mathfrak{p})^{(l-1)(n-1)} & \text{für } n \equiv 0 \bmod 2, \\ \left(N(\mathfrak{p})^{n-1} - 1\right) N(\mathfrak{p})^{(l-1)(n-1)} & \text{für } n \equiv 1 \bmod 2. \end{array}\right\}$$

§ 26. Die analytische Maßformel für definite Räume.

1. Die Hauptsätze. Wir stellen die analytische Theorie der Maße der Kürze halber in dem einfachsten Falle dar, daß k der Körper der rationalen Zahlen ist. Einer Übertragung auf endlich algebraische Zahlkörper stehen keine prinzipiellen Hindernisse im Wege. *Durchweg bis zum Schluß ist* $\mathfrak{o}$ *die Ordnung aller ganzen Zahlen. In § 26 machen wir außerdem die Voraussetzung, daß* R_∞ *für den archi-*

medischen Primdivisor ∞ von k anisotrop ist. Jetzt besitzt jedes Gitter $\mathfrak{J}$ von R nach Satz 16.1 nur endlich viele Einheiten. Die Anzahlen $U^+(\mathfrak{J})$ der eigentlichen automorphen Einheiten von $\mathfrak{J}$ sind den relativen Gruppenmaßen $u^+(\mathfrak{J})$ proportional, und wir dürfen sie vorläufig als die *absoluten Maße* der Einheitengruppen definieren. In gleicher Weise führen wir die Ordnungen $U^+[\mathfrak{J}, T]$ der Gruppen $\mathfrak{U}_{\mathfrak{J}}^+[T]$ ein, d. h. der Gruppen von denjenigen eigentlichen automorphen Einheiten von $\mathfrak{J}$, welche einen Teilraum T von R elementweise fest lassen. Mit diesen absoluten Maßen an Stelle der relativen wird durch (24.2) das *absolute Einbettungsmaß* eines halbeinfachen Parallelotops $\mathfrak{T}_0$ in einem Gitter $\mathfrak{J}$ und durch (24.4) in einem Geschlecht G von Gittern erklärt.

Zugleich mit den absoluten Maßen $U^+(\mathfrak{J})$, $M(G, \mathfrak{T}_0)$ für R werden die in § 25 definierten absoluten Maße für die p-adischen Erweiterungen R_p gebraucht, die wir jetzt so schreiben:

$$U_p^+(\mathfrak{J}) = U^+(\mathfrak{J}_p),\ U_p^+[\mathfrak{J},T] = U^+[\mathfrak{J}_p, T_p],\ M_p(\mathfrak{J}, \mathfrak{T}_0) = M(\mathfrak{J}_p, \mathfrak{T}_0). \quad (26.1)$$

Der erstmalig von Minkowski, allerdings mit etwas verschiedenen Maßen $U_p^+(\mathfrak{J})$, bewiesene Hauptsatz der Theorie lautet folgendermaßen[10]:

Satz 26.1. *Das auf der linken Seite von*

$$\prod_p U_p^+(\mathfrak{J})^{-1} = c_n M(\mathfrak{J}) = c_n M(G) \quad (26.2)$$

stehende über alle Primzahlen p von k erstreckte Produkt konvergiert absolut, wenn $n \neq 2$ ist, und es ist bis auf die Konstante c_n gleich dem Maß des Geschlechts G, welchem $\mathfrak{J}$ angehört. Die Konstante ist

$$c_1 = 1,\ c_n = \frac{2^{n-2}\pi^{n(n+1)/4}}{\Gamma\left(\frac{1}{2}\right)\Gamma\left(\frac{2}{2}\right)\cdots\Gamma\left(\frac{n}{2}\right)} \quad \text{für} \quad n > 1. \quad (26.3)$$

Für $n = 2$ konvergiert die linke Seite von (26.2) nur bedingt, die Formel ist aber auch jetzt noch richtig, wenn man für das unendliche Produkt den Grenzwert (26.4) einsetzt.

Die absolute Konvergenz der linken Seite in (26.2) (gegen einen von 0 verschiedenen Wert) sieht man unmittelbar ein, wenn man für die Faktoren $U_p^+(\mathfrak{J})$ für alle nicht in $\mathfrak{d}(\mathfrak{J})$ aufgehenden p ihre Werte (25.27) einsetzt. Einzig für $n = 2$ liegt eine Ausnahme vor. Da ist das Produkt, von höchstens endlich vielen p abgesehen, durch den Grenzwert

$$\lim_{s \to 1} \prod_p \left(1 - \left(\frac{\Delta(R)}{p}\right) p^{-s}\right)^{-1} = \lim_{s \to 1} L(s, \chi) \quad (26.4)$$

zu ersetzen. Die hier stehende Funktion der Variablen s ist die L-Reihe mit dem Charakter $\chi(n) = \left(\frac{\Delta(R)}{n}\right)$, und man weiß, daß der Grenzwert (26.4) existiert und nicht 0 ist.

Bevor wir den Satz 26.1 beweisen, wollen wir eine wichtige Folgerung ziehen.

Satz 26.2. *Es sei $\mathfrak{T}_0$ ein halbeinfaches Parallelotop einer Dimension $r \leq n$ in dem Raum R. $\mathfrak{J}$ sei ein Gitter in R und G das durch $\mathfrak{J}$ bestimmte Geschlecht. Stützt man die Definition des Einbettungsmaßes auf ein Repräsentantensystem $\mathfrak{J}_i$ der Klassen von G mit $n(\mathfrak{J}_i) = n(\mathfrak{J})$, so gilt*

$$\prod_p M_p(\mathfrak{J}, \mathfrak{T}_0) = c_{n-r} M(G, \mathfrak{T}_0) = c_{n-r} M(\mathfrak{J}, \mathfrak{T}_0), \tag{26.5}$$

wobei $c_0 = 1$ und c_{n-r} *aus (26.3) zu entnehmen ist. Dieses unendliche Produkt konvergiert absolut für $n - r \neq 2$. Für $n - r = 2$ ist es bis auf endlich viele Faktoren identisch mit*

$$\prod_p \left(1 - \left(\frac{(-1)^{r(n-r)} \Delta(R)\, \Delta(k(\mathfrak{T}_0))}{p}\right) p^{-1}\right)^{-1},$$

es ist jetzt so zu verstehen, daß man p^{-1} durch p^{-s} mit $s > 1$ ersetzt und den Grenzwert für $s \to 1$ nimmt. (Man beachte, daß wegen der Definitheit von R die Quadratklasse $(-1)^{r(n-r)} \Delta(R)\, \Delta(k(\mathfrak{T}_0)) = \Delta(k(\mathfrak{T}_0')) \neq 1$ ist.)

Der Beweis beruht auf den beiden Sätzen 24.3 und 24.4. Die absoluten Maße sind so festgelegt worden, daß die Voraussetzungen (24.12) und (24.19) zutreffen. Nach Satz 24.3 ist also das Maß der primitiven Einbettung in G

$$M^*(\mathfrak{J}, \mathfrak{T}_0) = M^*(G, \mathfrak{T}_0) = \sum_{l=1}^{f} M(\mathfrak{T}_{0l}')\, A(\mathfrak{T}_{0l}'),$$

die Bedeutung der $(n - r)$-dimensionalen Gitter $\mathfrak{T}_{0l}'$ sowie der Faktoren $A(\mathfrak{T}_{0l}')$ braucht nicht wiederholt zu werden. Für $M(\mathfrak{T}_{0l}')$ wird nämlich die Formel (26.2) eingesetzt, so daß

$$c_{n-r} M^*(\mathfrak{J}, \mathfrak{T}_0) = \sum_{l=1}^{f} A(\mathfrak{T}_{0l}') \prod_p U_p^+(\mathfrak{T}_{0l}')^{-1}$$

entsteht. Für die endlichen Abschnitte des Produktes rechts verwendet man nun die in Satz 24.4 behauptete Formel (24.24) und erhält durch Grenzübergang

$$\prod_p M_p^*(\mathfrak{J}, \mathfrak{T}_0) = c_{n-r} M^*(\mathfrak{J}, \mathfrak{T}_0). \tag{26.6}$$

Die Legitimität dieses Grenzüberganges beruht einerseits auf der Konvergenz des Produktes (26.2), andererseits auf der Tatsache, daß (24.24) für jede beliebige endliche Menge von Primzahlen gilt. Bis auf die endlich vielen p, für welche $A_p(\mathfrak{T}_{0l}') \neq 1$ sein kann, sowie die in $\frac{n(\mathfrak{T}_{0l}')}{n(\mathfrak{J})}$ und $\mathfrak{d}(\mathfrak{T}_{0l}')$ aufgehenden p ist nämlich nach (24.20) $M_p^*(\mathfrak{J}, \mathfrak{T}_0) = U_p^+(\mathfrak{T}_{0l}')^{-1}$, und hierfür kann der Wert (25.27) eingesetzt werden. Für $n - r = 2$ muß man das unendliche Produkt in Übereinstimmung mit Satz 26.1 als den oben genannten Grenzwert auffassen.

Zur Herleitung von (26.5) aus (26.6) muß man sich die Bedeutung der Begriffe des Parallelotops und des Einbettungsmaßes vergegenwärtigen (§ 24). Es sei $\mathfrak{T}$ ein mit $\mathfrak{T}_0$ isomorphes in dem Gitter $\mathfrak{I}$ gelegenes Parallelotop. Es besteht also aus einem Teilgitter $[\mathfrak{T}]$ von $\mathfrak{I}$ und aus r linear unabhängigen Vektoren τ_ϱ in $T = k(\mathfrak{T})$. Wir ordnen nun $\mathfrak{T}$ ein Parallelotop $\mathfrak{T}_1$ zu, dessen Gitter

$$[\mathfrak{T}_1] = T \cap \mathfrak{I}$$

ist, während das System der τ_ϱ für $\mathfrak{T}_1$ dasselbe sei wie für $\mathfrak{T}$. $\mathfrak{T}_1$ ist jetzt in $\mathfrak{I}$ primitiv.

Es ist $[\mathfrak{T}_1] \supset [\mathfrak{T}]$, und $n(\mathfrak{T}_1)$ ein Vielfaches von $n(\mathfrak{I})$. Dadurch wird $[\mathfrak{T}_1]$ und mithin $\mathfrak{T}_1$ durch $\mathfrak{T}$ endlich vieldeutig bestimmt. Dasselbe gilt mit einem anderen Klassenrepräsentanten $\mathfrak{I}_i$ des Geschlechts G an Stelle von $\mathfrak{I}$. Wir bezeichnen nun mit $\mathfrak{T}_{0j}$ alle Parallelotope in $T_0 = k(\mathfrak{T}_0)$, die analoge Eigenschaften haben, also $[\mathfrak{T}_{0j}] \supset [\mathfrak{T}_0]$ und $n(\mathfrak{T}_{0j})$ ist durch $n(\mathfrak{I}) = n(\mathfrak{I}_i)$ teilbar, während die Bezugssysteme unverändert $\tau_{0j\varrho} = \tau_{0\varrho}$ $(\varrho = 1, \ldots, r)$ bleiben; es sind endlich viele.

Die Definition des Einbettungsmaßes zeigt

$$M(\mathfrak{I}, \mathfrak{T}_0) = \sum_j M^*(\mathfrak{I}, \mathfrak{T}_{0j}). \tag{26.7}$$

Dieselbe Überlegung läßt sich für die $\mathfrak{p}$-adischen Erweiterungen von $\mathfrak{I}$ durchführen, es gilt also

$$M_p(\mathfrak{I}, \mathfrak{T}_0) = \sum_{j_p} M^*(\mathfrak{I}_p, \mathfrak{T}_{0j_p,p}), \tag{26.8}$$

wobei $\mathfrak{T}_{0j_p,p}$ alle Parallelotope mit dem Bezugssystem τ_ϱ in T_{0p} sind, mit welchen $[\mathfrak{T}_{0j_p,p}] \supset [\mathfrak{T}_0]_p$ gilt und $n(\mathfrak{T}_{0j_p,p})$ durch $n(\mathfrak{I}_p)$ teilbar ist. Wir numerieren sie sinngemäß mit einem von p abhängigen Index j_p. Nun besagt (12.1)

$$[\mathfrak{T}_{0j}] = T_0 \cap [\mathfrak{T}_{0j_2,2}] \cap [\mathfrak{T}_{0j_3,3}] \cap [\mathfrak{T}_{0j_5,5}] \cap \cdots, \tag{26.9}$$

und die $[\mathfrak{T}_{0j}]_p$ stimmen überein mit gewissen $[\mathfrak{T}_{0j_p,p}]$. Nur für endlich viele p ist $[\mathfrak{T}_{0j}]_p \neq [\mathfrak{T}_0]_p$, wenn man also für diese p einen Index j_p jeweils willkürlich fixiert und den Durchschnitt (26.9) bildet, erhält man jedes $[\mathfrak{T}_{0j}]$, und zwar genau einmal. Es ist daher

$$\prod_p \sum_{j_p} M^*(\mathfrak{I}_p, \mathfrak{T}_{0j_p,p}) = \sum_j \prod_p M^*(\mathfrak{I}_p, \mathfrak{T}_{0j,p}) = \sum_j \prod_p M_p^*(\mathfrak{I}, \mathfrak{T}_{0j})$$

woraus zusammen mit (26.7) die behauptete Formel (26.5) folgt.

2. Beweis für Satz 26.1. Für eindimensionale Räume ist die Aussage trivial, da $U^+(\mathfrak{I}) = U_p^+(\mathfrak{I}) = 1$ ausfällt und jedes Geschlecht nur eine einzige Klasse enthält.

Allgemein beweist man den Satz durch vollständige Induktion bez. n. Der Grundgedanke ist sehr einfach. Die Konvergenz des Produktes links in (26.2) sahen wir bereits oben. Daher gilt (26.2) jedenfalls mit einer gewissen Konstanten c_n, und es bleibt zu zeigen, daß sie den behaupteten Wert (26.3) hat. Es sei $\mathfrak{T}_0$ ein beliebiges Parallelotop der Dimension $r = 1$ in R, d. h. ein Vektor, und man dividiere (26.6) durch (26.2), so daß

$$\prod_p U_p^+(\mathfrak{J})\, M_p^*(\mathfrak{J}, \mathfrak{T}_0) = \frac{c_{n-1}}{c_n} \frac{M^*(G, \mathfrak{T}_0)}{M(G)} \tag{26.10}$$

entsteht. Diese Gleichung wird für verschiedene $\mathfrak{T}_0$ angesetzt und auf beiden Seiten das arithmetische Mittel gebildet. Der Faktor $\frac{c_{n-1}}{c_n}$ ist wegen der Induktionsannahme von $\mathfrak{T}_0$ unabhängig. Bei geeigneter Verfügung über die $\mathfrak{T}_0$ lassen sich die Mittel und damit der Wert von $\frac{c_{n-1}}{c_n}$ ermitteln. Man erhält so eine Rekursionsformel für c_n.

Es beschränkt nicht die Allgemeinheit, wenn man die Normen der Klassenrepräsentanten $\mathfrak{J}_i$ gleich $\mathfrak{o}$ voraussetzt; nötigenfalls hat man R und T_0 durch ähnliche Räume zu ersetzen, dabei ändern sich die Maße nicht. Die reduzierten Determinanten der $\mathfrak{J}_i$ sind alle gleich; ist $[\iota_{i\nu}]$ eine Basis von $\mathfrak{J}_i$, so gebrauchen wir die Abkürzung

$$D = |\iota_{i\mu}\, \iota_{i\nu}|,$$

diese Zahl hängt von dem Index i nicht mehr ab. Ferner treten die Komplemente $\tilde{\mathfrak{J}}_i$ der $\mathfrak{J}_i$ auf. Faßt man Basen wie in § 25 als einzeilige Matrizen auf, so kann man schreiben

$$\tilde{\mathfrak{J}}_i = [\tilde{\iota}_{i\nu}] = [\iota_{i\mu}]\, (\iota_{i\mu}\, \iota_{i\nu})^{-1}.$$

Das Einbettungsmaß wollen wir jetzt mit $M(G, t)$ bzw. $M_p(\mathfrak{J}, t)$ bezeichnen, wenn $\mathfrak{T}_0 = \{\tau_0\}$ mit

$$\frac{1}{2}\tau_0^2 = t$$

ist. Diese Bezeichnung erweist sich bei der Mittelbildung als praktisch.

Wir beginnen mit der Behandlung der rechten Seite von (26.10). Es sei P eine natürliche Zahl, die wir später gegen ∞ streben lassen, und von der wir schon jetzt voraussetzen, daß sie $> 2D$ sei. Ferner sei $Q = Q(P)$ eine natürliche Zahl, welche durch jede Primzahl $p < P$ öfter teilbar ist, als die Stufe der $\mathfrak{J}_i$ (vgl. § 25, Nr. 1). In jedem der Gitter $\mathfrak{J}_i$ gibt es Vektoren τ, für welche $\frac{1}{2}\tau^2$ zu Q prim ausfällt. Es gibt daher sicher eine zu Q prime natürliche Zahl t_0, mit welcher $M(G, t_0) \neq 0$ ist. Eine solche Zahl t_0 werde P in willkürlicher Weise zugeordnet. Wir berechnen jetzt die Summe

$$\begin{aligned} S(P, T) &= \sum_{\substack{t \equiv t_0 \bmod Q \\ t < T}} \frac{M(G, t)}{M(G)} \\ &= \sum_{\substack{t \equiv t_0 \bmod Q \\ t < T}} \left(\sum_{i=1}^{h} \frac{1}{U^+(\mathfrak{J}_i)} \sum_{\tau_{i\mu}} \frac{U^+(\mathfrak{J}_i)}{U^+[\mathfrak{J}_i, k(\tau_{i\mu})]} \Big/ \sum_{i=1}^{h} \frac{1}{U^+(\mathfrak{J}_i)} \right) \end{aligned} \tag{26.11}$$

für eine hinreichend große Zahl T. In der innersten Summe rechts durchläuft $\tau_{i\mu}$ ein maximales System nicht assoziierter Vektoren aus $\mathfrak{J}_i$ mit $\frac{1}{2}\tau_{i\mu}^2 = t$. Offenbar ist

$$\sum_{\tau_{i\mu}} \frac{U^+(\mathfrak{J}_i)}{U^+[\mathfrak{J}_i, k(\tau_{i\mu})]}$$

die Anzahl der Vektoren $\tau_{i\mu}$ mit $\frac{1}{2}\tau_{i\mu}^2 = t$ in $\mathfrak{J}_i$ überhaupt. Daher ist (26.11) die mittlere Anzahl der Vektoren τ mit $\frac{1}{2}\tau^2 \equiv t_0 \bmod Q$, $\frac{1}{2}\tau^2 < T$ in allen $\mathfrak{J}_i$; bei der Mittelbildung werden die Gewichte $U^+(\mathfrak{J}_i)^{-1}$ benutzt. Wie sich sogleich zeigen wird, ist die Anzahl solcher Vektoren in allen $\mathfrak{J}_i$ annähern gleich groß, so daß die Mittelbildung über die $\mathfrak{J}_i$ aus (26.11) herausfällt.

Die Vektoren τ im $\mathfrak{J}_i$ mit $\frac{1}{2}\tau^2 \equiv t_0 \bmod Q$ zerfallen in endlich viele Restklassen mod $Q\tilde{\mathfrak{J}}_i = Q[\bar{\iota}_{i\nu}]$; deren Anzahl bezeichnen wir vorläufig mit $m(Q, t_0)$, sie ist später zu berechnen. Ist $\tau_1, \ldots, \tau_m$ $(m = m(Q, t_0))$ ein Vertretersystem dieser Restklassen, so sind alle diese Vektoren von der Gestalt

$$\tau = \tau_\mu + Q \sum_\nu \bar{\iota}_{i\nu} x_\nu$$

mit ganzen rationalen x_ν und jeweils einem gewissen Index μ. Deutet man die x_ν als Cartesische Koordinaten, so kennzeichnet die Ungleichung $\frac{1}{2}\tau^2 < T$ für jedes τ_μ ein Ellipsoid, dessen Volumen gleich $2^{n/2} D^{1/2} Q^{-n} T^{n/2}$ mal dem Volumen der n-dimensionalen Einheitskugel ist. Die Anzahl der τ mit ganzzahligen x_ν in diesem Ellipsoid nähert sich nun offenbar mit wachsendem T dessen Volumen. Zieht man noch die $m(Q, t_0)$ Möglichkeiten für μ in Betracht, so ist die Anzahl der τ in jedem Gitter $\mathfrak{J}_i$ mit den Eigenschaften $\frac{1}{2}\tau^2 \equiv t_0 \bmod Q$, $\frac{1}{2}\tau^2 < T$ annähernd

$$\frac{(2\pi)^{n/2}}{\Gamma\left(1+\frac{n}{2}\right)} D^{1/2} Q^{-n} T^{n/2} m(Q, t_0). \tag{26.12}$$

Da dieser Wert von dem Index i nicht abhängt, ist er gleichzeitig angenähert gleich der Summe (26.11).

Eine wesentliche Änderung tritt nicht ein, wenn man in (26.11) $M(G, t)$ durch das Maß $M^*(G, t)$ der primitiven Einbettung ersetzt, d. h. wenn man nur primitive τ in den $\mathfrak{J}_i$ in Betracht zieht. Ist nämlich $\tau = s\sigma$ ein imprimitiver Vektor in $\mathfrak{J}_i$ der genannten Eigenschaften und mit σ in $\mathfrak{J}_i$, so ist s zu Q prim und daher aus lauter Primfaktoren zusammengesetzt, welche $\geq P$ sind. Es ist

$$\sum_{t<T} M(\mathfrak{J}_i, t) = \sum_{t<\frac{T}{s^2}} \sum_s M^*(\mathfrak{J}_i, t) = \sum_{t<T} M^*(\mathfrak{J}_i, t) + \sum_{s\geq P} \sum_{t<\frac{T}{s^2}} M^*(\mathfrak{J}_i, t)$$

und die letzte Summe ist sicher kleiner als

$$\frac{(2\pi)^{n/2}}{\Gamma\left(1+\frac{n}{2}\right)} D^{1/2} Q^{-n} T^{n/2} m(Q, t_0) \sum_{s=P}^{\infty} s^{-n},$$

was bei hinreichend großem P gegenüber (26.12) verschwindet.

Die Anzahl der $m(Q, t_0)$ Restklassen $\tau \bmod Q\,\tilde{\mathfrak{S}}_i$ mit $\frac{1}{2}\tau^2 \equiv t_0 \bmod Q$ ist gleich dem Produkt der Restklassen $\tau \bmod (Q\,\tilde{\mathfrak{S}}_i)_p$ mit $\frac{1}{2}\tau^2 \equiv t_0 \bmod p^l$ für alle p/Q; es ist dabei $Q = \Pi\, p^l$ gesetzt worden. Die letzteren Anzahlen wurden in Satz 25.5 bestimmt, wonach sich wegen $P > 2D$ und $(t_0, Q) = 1$

$$m(Q, t_0) = 2^{-(n-2)/2}\, D^{-1/2}\, Q^{n-1} \prod_{p<P} U_p^+(\mathfrak{S})\, M_p^*(\mathfrak{S}, t_0)$$

ergibt. Das Ergebnis läßt sich nun wie folgt zusammenfassen:

$$S(P, T) = \sum_{\substack{t \equiv t_0 \bmod Q \\ t<T}} \frac{M^*(G,t)}{M(G)} = T^{n/2} \frac{2\pi^{n/2}}{Q\,\Gamma\left(1+\frac{n}{2}\right)} \prod_{p<P} U_p^+(\mathfrak{S})\, M_p^*(\mathfrak{S}, t_0); \tag{26.13}$$

dabei ist ein mit wachsendem P und T verschwindender relativer Fehler unberücksichtigt geblieben.

Hierauf muß die entsprechende Summe für die linke Seite von (26.10) gebildet werden. Dabei ist natürlich vorauszusetzen, daß es für jedes vorkommende t einen Vektor τ in R mit $\frac{1}{2}\tau^2 = t$ gibt. Dies wird nach Satz 23.5 gewährleistet, wenn man $t > 0$ und $M_p(\mathfrak{S}, t) \neq 0$ für alle Primzahlen p verlangt. Diese Forderung kann man aber wieder fallen lassen, denn für diejenigen t, die sie nicht erfüllen, gilt (26.10) trivialerweise. Die einzelnen Faktoren der linken Seite teilen wir in drei Gruppen ein: die erste enthält alle mit $p < P$, die zweite alle mit $p > P$ und $(t, p) = 1$, die dritte alle mit $p > P$ und $p|t$.

Wegen $t \equiv t_0 \bmod Q$ und Satz 25.5 gilt für die ersteren Faktoren

$$U_p^+(\mathfrak{S})\, M_p^*(\mathfrak{S}, t) = U_p^+(\mathfrak{S})\, M_p^*(\mathfrak{S}, t_0) \qquad (p < P). \tag{26.14}$$

Die Faktoren der zweiten Gruppe sind nach Satz 25.5 gleich der durch (25.28) wiedergegebenen Anzahl von Kongruenzlösungen von $\frac{1}{2}\tau^2 \equiv t \bmod p$, dividiert durch p^{n-1}:

$$U_p^+(\mathfrak{S})\, M_p^*(\mathfrak{S}, t) = 1 - \left(\frac{\Delta(R)\, t^n}{p}\right) p^{-\left[\frac{n}{2}\right]} \qquad \left(p > P, (p, t) = 1\right). \tag{26.15}$$

Das Produkt der Faktoren der dritten Gruppe ergibt nach Satz 25.5 und Formel (25.29)

$$\prod_{\substack{p|t \\ p>P}} U_p^+(\mathfrak{S})\, M_p^*(\mathfrak{S}, t) = t^{n/2-1} \prod_{\substack{p|t \\ p>P}} \begin{cases} \left(1 - \left(\frac{\Delta(R)}{p}\right) p^{-n/2}\right)\left(1 + \left(\frac{\Delta(R)}{p}\right) p^{1-n/2}\right) & \text{für } n \equiv 0 \bmod 2 \\ (1 - p^{1-n}) & \text{für } n \equiv 1 \bmod 2. \end{cases} \tag{26.16}$$

Solange $n > 3$ ist, strebt das Produkt der Größen (26.15) sowie für $n \neq 2, 4$ der Faktor von von $t^{n/2-1}$ in (26.16) mit wachsendem P gleichmäßig in t gegen 1. Für $n = 4$ liegt der letztere im wesentlichen zwischen den Schranken $(1 - P^{-1})^{\log t/\log P} \approx t^{-1/P \log P}$ und $(1 + P^{-1})^{\log t/\log P} \approx t^{1/P \log P}$ und beeinflußt daher das Endresultat nicht. Für $n \leq 3$ muß man das Produkt über (26.15) nach Anweisung von Satz 26.2 als den Grenzwert

$$\lim_{s \to 1} \prod_{p > P} \left(1 - \left(\frac{\Delta(R)\, t^n}{p}\right) p^{-s}\right) \tag{26.17}$$

auffassen. Für $n = 2$ strebt auch er gleichmäßig in t (sogar unabhängig von t) mit wachsendem P gegen 1. Für $n = 3$ existiert der Limes zwar noch, da $\Delta(R) < 0$, also $\Delta(R)\, t$ kein Quadrat ist, jedoch kann über seine Abhängigkeit von P und T wenig ausgesagt werden, da $t \equiv t_0 \mod Q$ und daher von P abhängig ist.

Unser Beweissatz ergibt nun nach (26.13)—(26.16) für $n > 2$:

$$\frac{c_{n-1}}{c_n} = \frac{\Gamma(1 + n/2)}{2\, \pi^{n/2}} \lim_{P \to \infty} Q \lim_{T \to \infty} \lim_{s \to \left[\frac{n}{2}\right]} T^{-n/2} \sum_{\substack{t \equiv t_0 (Q) \\ t < T}} t^{n/2 - 1} \prod_{p > P} \left(1 - \left(\frac{\Delta(R)\, t^n}{p}\right) p^{-s}\right), \tag{26.18}$$

dieser Grenzwert existiert jedenfalls. Für $n > 3$ ist ferner

$$\lim_{T \to \infty} T^{-n/2} \sum_{\substack{t \equiv t_0 (Q) \\ t < T}} t^{n/2 - 1} = \lim_{T \to \infty} T^{-n/2} \sum_{x = 0}^{\left[\frac{T}{Q}\right]} (t_0 + Q\, x)^{n/2 - 1}$$

$$= \lim_{T \to \infty} T^{-n/2} \int_0^{\left[\frac{T}{Q}\right]} (t_0 + Q\, x)^{n/2 - 1}\, dx = \frac{2}{n\, Q},$$

also

$$\frac{c_{n-1}}{c_n} = \frac{\Gamma(1 + n/2)}{n\, \pi^{n/2}} = \frac{\Gamma(n/2)}{2\, \pi^{n/2}}.$$

Das ist aber die gesuchte Rekursionsformel.

Im Falle $n = 3$ ist (26.2) nach unserer Schlußweise dann richtig, wenn man auf der linken Seite noch den Faktor

$$f(t_0, Q, \Delta(R)) = \frac{3}{2} \lim_{P \to \infty} Q \lim_{T \to \infty} \lim_{s \to 1} T^{-3/2} \sum_{\substack{t \equiv t_0 (Q) \\ t < T}} t^{1/2} \prod_{p > P} \left(1 - \left(\frac{\Delta(R)\, t}{p}\right) p^{-s}\right)$$

einfügt. Der hier stehende 3-fache Grenzwert existiert, wie wir oben feststellten. Aus der Richtigkeit von (26.2) mit diesem Faktor f folgt, daß f höchstens von $\Delta(R)$ abhängen kann. Ersetzt man aber das vorliegende Geschlecht G durch das entsprechende in einem mit R ähnlichen Raum, dessen Fundamentalform das a-fache der Fundamentalform von R ist, so ändert sich das Maß nicht, während $\Delta(R)$ den Faktor a aufnimmt. Folglich hängt $f(t_0, Q, \Delta(R))$ auch von $\Delta(R)$ nicht ab. Wie wir unten (in Nr. 3) zeigen werden, ist (26.2) in einem speziellen Falle richtig. Folglich ist allgemein $f(t_0, Q, \Delta(R)) = 1$.

Bevor wir den Fall $n = 2$ behandeln, müssen wir noch dieses Nebenergebnis festhalten, welches für das Spätere bedeutungsvoll ist, nämlich

$$\lim_{P\to\infty} Q \lim_{T\to\infty} \lim_{s\to 1} T^{-3/2} \sum_{\substack{t\equiv t_0(Q)\\ t<T}} t^{1/2} \prod_{p>P}\left(1-\left(\frac{\Delta t}{p}\right)p^{-s}\right) = \frac{2}{3}. \tag{26.19}$$

Die Bedingungen, denen t_0, Q, Δ genügen, waren die folgenden. Es soll einen definiten dreidimensionalen Raum R der Diskriminante Δ geben, R soll einen Vektor $\mathfrak{r}_0$ mit $\frac{1}{2}\mathfrak{r}_0^2 = t_0$ enthalten, t_0 soll zu Q teilerfremd sein. Wenn nur $\Delta < 0$ ist, gibt es aber immer einen definiten dreidimensionalen Raum R mit $\Delta(R) = \Delta$, nämlich denjenigen mit der Fundamentalform $x^2 + y^2 - 2\Delta z^2$. In R gibt es nach Satz 22.5 ein $\mathfrak{r}_0$ mit $\frac{1}{2}\mathfrak{r}_0^2 = t_0$, wenn $t_0 > 0$ und Δt_0 kein Quadrat in k_p für alle Primzahlen einer gewissen „für R charakteristischen" Menge ist. Diese enthält aber höchstens 2 und die Primteiler von Δ. Es genügt daher, für (26.19) das folgende vorauszusetzen: $\Delta < 0$, $(t_0, Q) = \mathfrak{o}$, *Δt_0 kein Quadrat in k_p für $p/2\Delta$.*

Im Falle $n = 2$ ist in (26.18) $t^{n/2-1}$ durch die rechte Seite von (26.16) zu ersetzen. Man darf andererseits den Term (26.17) auslassen, da er mit wachsendem P gleichmäßig in t gegen 1 strebt. Dasselbe gilt auch für das in (26.16) auftretende Produkt

$$\prod_{p/t,\, p>P}\left(1-\left(\frac{\Delta(R)}{p}\right)p^{-1}\right).$$

Man erhält also für $n = 2$:

$$\begin{aligned}\frac{c_1}{c_2} &= \frac{1}{2\pi} \lim_{P\to\infty} \lim_{T\to\infty} \frac{Q}{T} \sum_{\substack{t\equiv t_0(Q)\\ t<T}} \prod_{\substack{p/t\\ p>P}} \left(1+\left(\frac{\Delta(R)}{p}\right)\right)\\ &= \frac{1}{2\pi} \lim_{P\to\infty} \lim_{T\to\infty} \frac{Q}{T} \sum_{\substack{t\equiv t_0(Q)\\ t<T}} \sum_{d/t} \left(\frac{\Delta(R)}{d}\right),\end{aligned} \tag{26.20}$$

wo d alle quadratfreien zu Q primen Teiler von t durchläuft. Läßt man aber für d auch nicht quadratfreie zu Q prime Teiler von t zu, so begeht man damit einen Fehler, der in der Doppelsumme insgesamt die Größe $\frac{T}{Q}\sum_{s>P}\frac{1}{s^2}$ nicht überschreitet. Er fällt also nicht ins Gewicht, und man darf in (26.20) über alle Teiler von t summieren.

In der Quadratklasse $\Delta(R)$ werde nun eine ganze durch Q teilbare Zahl D fixiert. Es bezeichnen ferner $c_1(t)$, $c_2(t)$ die Anzahlen der natürlichen Zahlen u mit

$$u\,t \equiv t_0 \bmod Q, \quad u\,t \leq T \tag{26.21}$$

und $u > t$ bzw. $u \leq t$. Ersetzt man in (26.20) t durch $u\,t$, d durch t, so kann man schreiben:

$$\frac{c_1}{c_2} = \frac{1}{2\pi} \lim_{P\to\infty} \lim_{T\to\infty} \frac{Q}{T} \sum_{t=1}^{T} \left(\frac{D}{t}\right)\left(c_1(t) + c_2(t)\right). \tag{26.22}$$

Bezeichnet u_0 eine feste Lösung von (26.21), so ist die allgemeinste $u = u_0 + Q\,x$ mit ganzem x; $u > t$ und $u\,t \leq T$ ergibt die Ungleichungen

$$\frac{t}{Q} - \frac{u_0}{Q} < x \leq \frac{T}{Q\,t} - \frac{u_0}{Q}.$$

Die Anzahl $c_1(t)$ dieser u ist daher 0, wenn $t > \sqrt{T}$, und von der Länge dieses Intervalls höchstens um 1 verschieden, wenn $t < \sqrt{T}$. Also hat man

$$\sum_{t=1}^{T} \left(\frac{D}{t}\right) c_1(t) = \frac{T}{Q} \sum_{t=1}^{[\sqrt{T}]} \left(\frac{D}{t}\right)\frac{1}{t} - \frac{1}{Q} \sum_{t=1}^{[\sqrt{T}]} \left(\frac{D}{t}\right) t + O_1\left(\sqrt{T}\right), \tag{26.23}$$

wo $\left|O_1\left(\sqrt{T}\right)\right|$ höchstens $\sqrt{T}$ ist.

Für jede in t_0 in ungerader Potenz aufgehende Primzahl p gilt $\left(\frac{D}{p}\right) \neq -1$. Ist nämlich $\mathfrak{J} = [\iota_1, \iota_2]$ mit $(\frac{1}{2}\iota_1^2, p) = \mathfrak{o}$, $\tau_0 = \iota_1 t_1 + \iota_2 t_2$, so folgt

$$t_0 = \tfrac{1}{2}\tau_0^2 = \tfrac{1}{2}\iota_1^2\left(t_1 + \frac{\iota_1\iota_2}{\iota_1^2}t_2\right)^2 - \frac{D}{2\,\iota_1^2}t_2^2 \equiv 0 \bmod p.$$

Nach unseren Voraussetzungen ist t_0 aber zu $\Delta(R)$ prim. Also ist $\left(\frac{D}{t_0}\right) = 1$. Aus (26.21) und dem quadratischen Reziprozitätsgesetz folgt dann

$$\left(\frac{D}{t}\right)\left(\frac{D}{u}\right) = 1.$$

Unter Benutzung dieses Ergebnisses schreibt sich der $c_2(t)$ enthaltende Teil der Summe (26.22) so:

$$\sum_{t=1}^{T} \left(\frac{D}{t}\right) c_2(t) = \sum_{\substack{u\,t\leq T\\ u\leq t}} \left(\frac{D}{t}\right) = \sum_{\substack{u\,t\leq T\\ u\leq t}} \left(\frac{D}{u}\right) = \sum_{u=1}^{T} \left(\frac{D}{u}\right) c_1(u) + O_2\left(\sqrt{T}\right),$$

wo $O_2\left(\sqrt{T}\right)$ ein Fehlerglied von einem Betrage $< \sqrt{T}$ ist, welches die Lösungen von (26.21) mit $u = t$ berücksichtigt. Wendet man hier (26.23) an und setzt das Ergebnis zusammen mit (26.23) in die Summe (26.22) ein, so entsteht

$$\begin{aligned} &\sum_{t=1}^{T} \left(\frac{D}{t}\right)\left(c_1(t) + c_2(t)\right) \\ &\quad = \frac{2T}{Q} \sum_{t=1}^{[\sqrt{T}]} \left(\frac{D}{t}\right)\frac{1}{t} - \frac{2}{Q} \sum_{t=1}^{[\sqrt{T}]} \left(\frac{D}{t}\right) t + 2\,O_1\left(\sqrt{T}\right) + O_2\left(\sqrt{T}\right). \end{aligned} \tag{26.24}$$

Die zweite Summe auf der rechten Seite läßt sich durch partielle

Summation so umformen:

$$\sum_{t=1}^{[\sqrt{T}]} \left(\frac{D}{t}\right) t = [\sqrt{T}] \sum_{t=1}^{[\sqrt{T}]} \left(\frac{D}{t}\right) - \sum_{t=1}^{[\sqrt{T}]} \sum_{s=1}^{t-1} \left(\frac{D}{s}\right).$$

Nach dem quadratischen Reziprozitätsgesetz ist nun $\left(\frac{D}{s}\right)$ eine Funktion der Restklasse von $s \bmod 4D$, und die Summe über ein volles Repräsentantensystem der Restklassen ergibt 0. Daher ist

$$\left| \sum_{t=1}^{[\sqrt{T}]} \left(\frac{D}{t}\right) t \right| \leq 4\,|D|\,\sqrt{T}. \tag{26.25}$$

Ferner entnimmt man der Theorie der L-Reihen

$$\lim_{T\to\infty} \sum_{t=1}^{[\sqrt{T}]} \left(\frac{D}{t}\right) \frac{1}{t} = \lim_{s\to 1} \sum_{t=1}^{\infty} \left(\frac{D}{t}\right) t^{-s} = \lim_{s\to 1} \prod_p \left(1 - \left(\frac{D}{p}\right) p^{-s}\right)^{-1},$$

da nun D durch Q teilbar sein sollte, strebt dieser Limes mit wachsendem P gegen 1. Aus (26.22), (26.24), (26.25) folgt dann

$$\frac{c_1}{c_2} = \frac{1}{\pi},$$

wie Satz 26.1 behauptet. Damit ist der Beweis fertig, sofern noch (26.2) für ein einziges ternäres Geschlecht als richtig nachgewiesen wird[11]. Es ist zu bemerken, daß der Existenznachweis für den Grenzwert (26.20) allgemein für eine beliebige Quadratklasse Δ gilt, sofern nur $\left(\frac{\Delta}{t_0}\right) = 1$ vorausgesetzt wird. Übrigens ergibt er den Wert 0 für den entgegengesetzten Wert dieses Legendreschen Symbols, wie man leicht sieht.

Für ein Geschlecht G maximaler Gitter der reduzierten Determinante D in einem zweidimensionalen Raum ergibt (26.2) den mit der Dirichletschen Klassenzahlformel für quadratische Zahlkörper übereinstimmenden Wert

$$M(G) = \frac{\sqrt{|D|}}{2^d \pi} \lim_{s\to 1} \prod_p \frac{1}{1 - \left(\frac{D}{p}\right) p^{-s}},$$

wenn D genau d verschiedene Primteiler enthält. Der Leser leite zur Übung diese Formel aus (26.2) her.

8. Weitere Ausführungen. Es ist natürlich erwünscht, an Stelle des unendlichen Produktes in (26.2) einen finiten Ausdruck für das Maß eines Geschlechtes zu haben. Eine Umformung ist leicht möglich für ungerades n. Benutzt man die bekannte Formel für die Riemannsche Zetafunktion

$$\prod_p \frac{1}{1 - p^{-2m}} = \zeta(2m) = \frac{B_m}{2} \frac{(2\pi)^{2m}}{(2m)!},$$

wo B_m die m-te Bernoullische Zahl ist, so wird die linke Seite von (26.2) wegen (25.27) mit $m = (n-1)/2$

$$\prod_p U_p^+(\mathfrak{J})^{-1} = \frac{2^{(n-1)^2/4}\, \pi^{(n^2-1)/4}\, B_1 \cdots B_m}{2!\, 4! \cdots (n-1)!} \prod_{p/\mathfrak{d}(\mathfrak{J})} U_p^+(\mathfrak{J})^{-1} \prod_{\mu=1}^{(n-1)/2} (1 - p^{-2\mu})$$

Mit dem Wert (26.3) von c_n erhält man dann nach kurzer Rechnung

$$M(\mathfrak{J}) = M(G) = \frac{1}{\left(\frac{n-1}{2}\right)!} 2^{1-3(n-1)/2} B_1 \cdots B_{(n-1)/2} \prod_{\mathfrak{p}/\mathfrak{d}(\mathfrak{J})} U_{\mathfrak{p}}^{+}(\mathfrak{J})^{-1} \prod_{\mu=1}^{(n-1)/2} (1-p^{-2\mu}) \tag{26.26}$$

Die ersten Bernoullischen Zahlen sind $B_1 = \frac{1}{6}$, $B_2 = \frac{1}{30}$, $B_3 = \frac{1}{42}$, $B_4 = \frac{1}{30}$, $B_5 = \frac{5}{66}$.

Die Anwendung auf das durch $\iota_\nu^2 = 2$; $\iota_\mu \iota_\nu = 0$ für $\mu \neq \nu$ definierte Geschlecht G ergibt für $n = 3$ und $n = 5$ die Werte $M(G) = 1/2^2 \cdot 3!$ und $1/2^4 \cdot 5!$. Die Anzahl der eigentlichen Einheiten der Gitter $[\iota_1, \iota_2, \iota_3]$ und $[\iota_1, \ldots, \iota_5]$ ist aber gerade $2^2 \cdot 3!$ und $2^4 \cdot 5!$. Also enthalten diese Geschlechter nur je eine Klasse. Das Ergebnis läßt sich, besonders im Falle $n = 3$, leicht nachprüfen. *Dieser Nachweis bildet aber den Schlußstein des Beweises für Satz 26.1 in Nr. 2.*

Die Umformung der linken Seite von (26.2) in finite Gestalt im Falle $n = 2$ findet man in zahlreichen Lehrbüchern der Zahlentheorie. Einen einfachen Ausdruck für das Maß eines Geschlechtes in einem Raum mit gerader Dimension und quadratischer Diskriminante kann man nach dem Muster von (26.26) gewinnen; solche Räume gibt es nur, wenn die Dimension durch 4 teilbar ist, wie ein Blick auf Satz 9.7 lehrt.

Im Falle $n = 3$ hat Eisenstein[12] aus der Maßformel (26.26) einen Ausdruck für die Klassenanzahl eines Geschlechts hergeleitet, indem er zeigte, daß die Anzahl der Einheiten in allen Klassen gleich groß ist bis auf genau übersehbare Ausnahmen. Diese Klassenanzahl spielt auch in der Theorie der Quaternionen-Algebren eine Rolle und kann unter Umständen in dem Zusammenhang berechnet werden[13].

Satz 26.2 gestattet zahlreiche Anwendungen, darunter auf die Darstellung einer Zahl oder einer quadratischen Form als Summe von Quadraten von Zahlen oder Linearformen[14]. Wir erläutern es in einem ganz einfachen Spezialfalle. Die Anzahl der Darstellungen einer Zahl t als Summe von 4 Quadraten ist gleich der Anzahl der Vektoren τ in dem durch $\iota_\nu^2 = 2$, $\iota_\mu \iota_\nu = 0$ für $\mu \neq \nu$ definierten Gitter $\mathfrak{J} = [\tau_1, \ldots, \tau_4]$ mit $\frac{1}{2}\tau^2 = t$. Da das Geschlecht von $\mathfrak{J}$ nur eine einzige Klasse enthält, ist die Anzahl $\alpha_4(t) = 2^3 \cdot 4!\, \mathrm{M}(\mathfrak{J}, t)$. Die Sätze 26.1 und 26.2 ergeben

$$\alpha_4(t) = \frac{2^3 \cdot 4!}{c_3} \prod_p U_{\mathfrak{p}}^{+}(\mathfrak{J})^{-1} \prod_p U_{\mathfrak{p}}^{+}(\mathfrak{J}) M_{\mathfrak{p}}(\mathfrak{J}, t) = \frac{c_4}{c_3} \prod_p U_{\mathfrak{p}}^{+}(\mathfrak{J}) M_{\mathfrak{p}}(\mathfrak{J}, t), \; \frac{c_4}{c_3} = 2\pi^2.$$

Wir wollen das Produkt ausrechnen für den Fall, daß t quadratfrei ist. Die einzelnen Faktoren sind

$$U_{\mathfrak{p}}^{+}(\mathfrak{J})\, M_{\mathfrak{p}}(\mathfrak{J}, t) = p^{-6} \{t\}_{\mathfrak{p}}\, \beta_{\mathfrak{p}}(t),$$

wenn $\{t\}_{\mathfrak{p}}$ die in t enthaltene Potenz von p bedeutet und $\beta_{\mathfrak{p}}(t)$ die Anzahl der Kongruenzlösungen von

$$x_1^2 + x_2^2 + x_3^2 + x_4^2 \equiv t \bmod p^2 \text{ für } p \neq 2, \text{ bzw. mod } 2^3.$$

Im Falle $p = 2$ hat man mod 4 kongruente Lösungen als identisch zu zählen. Unter Anwendung der Ergebnisse von § 25, Nr. 4 findet man

$$\alpha_4(t) = 2\pi^2 \prod_p (1 - p^{-2}) \frac{2t}{3} \prod_{p/t} (1 + p^{-1}) = 8 \sum_{d/t} d.$$

Die Anzahl der Darstellungen einer quadratfreien Zahl t als Summe von 4 Quadraten ist gleich 8-mal der Teilersumme von t.

Auch die Formeln (19.10) lassen sich aus Satz 26.2 herleiten, was als (eine größere) Übungsaufgabe gestellt sei.

Wir schließen mit einer historischen Bemerkung. Unser Beweis der analytischen Maßformel (26.2) geht im Prinzip auf Minkowski zurück. Siegel vereinfachte seine Schlüsse und bewies gleichzeitig eine Formel, welche die Sätze 26.1 und 26.2 zusammenfaßt, nämlich

$$\frac{M(G, \mathfrak{T}_0)}{M(G)} = \frac{c_{n-r}}{c_n} \prod_p U_p^+(\mathfrak{I})\, M_p(\mathfrak{I}, \mathfrak{T}_0)\,. \tag{26.27}$$

In Siegels Arbeit[15] wird (26.27) etwas anders gedeutet: die linke Seite ist die *mittlere Darstellungsanzahl* der durch $\mathfrak{T}_0 = \{\tau_\varrho\}$ gelieferten quadratischen Form $f = \frac{1}{2}(\sum \tau_\varrho x_\varrho)^2$ durch die metrischen Fundamentalformen der Klassenrepräsentanten von G, kurz: die mittlere Darstellungsanzahl von f durch G. Die rechte Seite von (26.27) ist das Produkt über die geeignet zu definierenden *mittleren p-adischen Darstellungsanzahlen*, wozu ja Satz 25.5 Anlaß gibt. Diese weichen aber von den Faktoren $U_p^+(\mathfrak{I})\, M_p(\mathfrak{I}, \mathfrak{T}_0)$ ab, und die Gl. (26.27) wird dadurch erfüllt, daß auf der rechten Seite noch ein weiterer Faktor eingeführt wird, welcher die *mittlere reelle Darstellungsanzahl von f durch G* wiedergibt.

§ 27. Die geometrische Theorie der Einheiten.

1. Einführung. Bevor die analytische Theorie der absoluten Maße auch auf Gitter in einem indefiniten Raum[16] R übertragen werden kann, muß ein absolutes Maß für deren Einheitengruppen definiert werden. Das geschieht auf folgende Weise. Man erweitert den rationalen Grundkörper k zu dem Körper k_∞ der reellen Zahlen und betrachtet die Gruppe $\mathfrak{O}_\infty^+$ aller eigentlichen Automorphismen von R_∞. Es ist eine *kontinuierliche Gruppe*. Die Gruppe $\mathfrak{U}_{\mathfrak{I}}^+$ der eigentlichen Einheiten eines Gitters $\mathfrak{I}$ von R ist eine *diskontinuierliche Uniergruppe* von $\mathfrak{O}_\infty^+$ und besitzt in $\mathfrak{O}_\infty^+$ einen *Diskontinuitätsbereich* oder *Fundamentalbereich*. (Dieser Begriff wird den meisten Lesern aus der Theorie der Modulgruppe bekannt sein, wie er in der klassischen Funktionentheorie auftritt.) Ein Diskontinuitätsbereich besitzt (bis auf eine triviale Ausnahme) ein endliches *Volumen*, und der reziproke Wert dieses Volumens erweist sich als eine Invariante von $\mathfrak{U}_{\mathfrak{I}}^+$, welche dem relativen Maß $u^+(\mathfrak{I})$ proportional ist. Damit bekommen wir ein *absolutes Maß* von $\mathfrak{U}_{\mathfrak{I}}^+$. Es ist nunmehr ein Leichtes, die Schlüsse von § 26 auf indefinite Räume zu übertragen; das wird in § 28 geschehen.

Das Studium der Gruppe $\mathfrak{U}_{\mathfrak{I}}^+$ als Untergruppe von $\mathfrak{O}_\infty^+$, insbesondere die genaue Erklärung der erwähnten Begriffe ist die Aufgabe dieses § 27. Eine besondere Schwierigkeit liegt in dem Nachweis, daß die Diskontinuitätsbereiche endliche Volumina haben. Sie rührt daher, daß man die Gesamtheit aller Einheiten nur schwer übersehen kann. Es gibt verschiedene Möglichkeiten, ihrer Herr zu werden. Am nächsten liegt der folgende Gedanke: Von der analytischen Maßformel wird erwartet, daß sie ein Berechnungsverfahren für die absoluten Maße der Einheitengruppen, d. h. für die reziproken Volumina ihrer Diskontinuitätsbereiche liefert. Bei geschickter Anordnung der einzelnen Schlüsse muß sich deren Endlichkeit nebenher ergeben. In der Tat erweist sich dieser Weg als gangbar. Wir werden also den Endlichkeitsbeweis für die Volumina erst in § 28 erbringen, müssen dabei allerdings den Nachteil in Kauf nehmen, daß wir über die Gestalt der Diskontinuitätsbereiche nur wenig erfahren.

2. Diskontinuitätsbereiche. Ein Gitter $\mathfrak{J}$ in R sei vorgelegt. Wir stellen die eigentlichen Automorphismen T von R durch eine Basis $[\iota_\nu]$ von $\mathfrak{J}$ als lineare Transformationen dar:

$$\mathsf{T}\,\iota_\nu = \sum_{\mu=1}^{n} \iota_\mu\, t_{\mu\nu}, \qquad |t_{\mu\nu}| = 1. \tag{27.1}$$

Die Zahlen $t_{\mu\nu}$ sollen die *Koordinaten* von T heißen: wir deuten sie gleichzeitig als rechtwinklige Koordinaten eines Punktes in dem n^2-dimensionalen euklidischen Raum $\mathfrak{E}$. Dieser Punkt soll mit dem gleichen Buchstaben T bezeichnet werden. Wie gesagt, interessieren nicht allein die Automorphismen von R, sondern alle eigentlichen Automorphismen von R_∞. Die Koordinaten von diesen sind dann reelle Zahlen. Die Gruppe $\mathfrak{O}_\infty^+$ aller dieser T wird in $\mathfrak{E}$ als eine algebraische Mannigfaltigkeit koordinatenmäßig dargestellt, welche durch die Gleichungen

$$\mathsf{T}\,\iota_\mu \cdot \mathsf{T}\,\iota_\nu = \sum_{\varrho,\sigma=1}^{n} t_{\varrho\mu}\, t_{\sigma\nu}\, \iota_\varrho\, \iota_\sigma = \iota_\mu\, \iota_\nu$$

definiert wird. Es ist nicht nötig, für diese Mannigfaltigkeit einen anderen Buchstaben als $\mathfrak{O}_\infty^+$ einzuführen. Die Multiplikation des allgemeinen Elements von $\mathfrak{O}_\infty^+$ mit einem bestimmten ist eine *stetige* Abbildung von $\mathfrak{O}_\infty^+$ auf sich, wobei der Stetigkeitsbegriff auf die koordinatenmäßige Darstellung Bezug nimmt.

Die Einheiten von $\mathfrak{J}$ sind dadurch gekennzeichnet, daß ihre Koordinaten ganze rationale Zahlen sind.

Wir nennen zwei Punkte, und allgemeiner zwei Punktmengen $\mathfrak{M}_1$, $\mathfrak{M}_2$ in $\mathfrak{O}_\infty^+$ *(linksseitig) assoziiert bez.* $\mathfrak{U}_\mathfrak{J}^+$, wenn es ein E in $\mathfrak{U}_\mathfrak{J}^+$ so gibt, daß $\mathfrak{M}_2 = \mathsf{E}\,\mathfrak{M}_1$ gilt.

Satz 27.1. *Es sei c eine beliebige positive Konstante. Durch die n^2 Ungleichungen*

$$|t_{\mu\nu}| \leq c, \qquad \mu, \nu = 1, \ldots, n \tag{27.2}$$

werde ein beschränkter Bereich $\mathfrak{M}_c$ in $\mathfrak{O}_\infty^+$ definiert. Es gibt dann höchstens endlich viele Einheiten E derart, daß $\mathfrak{M}_c$ und $\mathsf{E}\,\mathfrak{M}_c$ gemeinsame Punkte haben.

Beweis. Die Koordinaten von T^{-1} sind die Elemente der zu $(t_{\mu\nu})$ reziproken Matrix. Wegen $|t_{\mu\nu}| = 1$ liegen also die Beträge der Koordinaten von T^{-1} für jedes T aus $\mathfrak{M}_c$ nicht oberhalb der Schranke $(n-1)!\,c^{n-1}$. Haben $\mathfrak{M}_c$ und $\mathsf{E}\,\mathfrak{M}_c$ den Punkt T gemeinsam, so ist $\mathsf{E} = \mathsf{E}\,\mathsf{T} \cdot \mathsf{T}^{-1}$, und die Koordinaten von E erweisen sich dieser Gleichung zufolge als dem Betrage nach nicht größer als $n!\,c^n$. Andererseits sind sie ganze rationale Zahlen. Mithin gehören sie und damit auch E selber einem endlichen Vorrat an.

Unter einem (*linksseitigen*) *Diskontinuitätsbereich* (oder auch *Fundamentalbereich*) $\mathfrak{D}$ von $\mathfrak{U}_{\mathfrak{F}}^{+}$ in $\mathfrak{O}_{\infty}^{+}$ verstehen wir im Folgenden eine Punktmenge in $\mathfrak{O}_{\infty}^{+}$ mit den folgenden Eigenschaften: 1. Jeder Punkt von $\mathfrak{O}_{\infty}^{+}$ ist mit genau einem Punkt von $\mathfrak{D}$ bez. $\mathfrak{U}_{\mathfrak{F}}^{+}$ (linksseitig) assoziiert. 2. $\mathfrak{D}$ besteht aus endlich oder unendlich vielen punktfremden Teilen, deren jeder durch endlich viele lineare Ungleichungen zwischen den Koordinaten gekennzeichnet wird[17].

Es gibt natürlich, falls überhaupt einen, dann sogar unendlich viele Diskontinuitätsbereiche. Ist nämlich $\mathfrak{D} = \mathfrak{D}_1 + \mathfrak{D}_2$ ein solcher und E eine Einheit, so ist auch $\mathfrak{D}_1 + \mathsf{E}\,\mathfrak{D}_2$ ein Diskontinuitätsbereich. Man kann einen Diskontinuitätsbereich als ein Repräsentantensystem der Nebengruppen von $\mathfrak{U}_{\mathfrak{F}}^{+}$ in $\mathfrak{O}_{\infty}^{+}$ auffassen. Unter allen möglichen Repräsentantensystemen werden nach 2. solche von geometrisch übersichtlicher Gestalt ausgewählt. Einen Bereich, welcher nur dieser zweiten Forderung genügt, wollen wir *polyederartig* nennen. Evident ist, daß durch endliche Summen-, Differenz- und Durchschnittsbildung aus polyederartigen Bereichen wieder solche entstehen; ferner ist mit $\mathfrak{M}$ und mit einer Einheit E auch $\mathsf{E}\,\mathfrak{M}$ polyederartig. Davon wird Gebrauch gemacht bei dem Beweis von

Satz 27.2. *$\mathfrak{U}_{\mathfrak{F}}^{+}$ besitzt in $\mathfrak{O}_{\infty}^{+}$ einen Diskontinuitätsbereich.*

Beweis. Es sei c eine beliebige positive Konstante und $\mathfrak{M}_c$ der durch (27.2) bestimmte polyederartige Bereich. $\mathsf{E}_1, \ldots, \mathsf{E}_a$ seien die endlich vielen Einheiten, für welche $\mathfrak{M}_c \cap \mathsf{E}\,\mathfrak{M}_c \neq 0$ sein kann, darunter werde die Identität nicht mitgerechnet. T sei ein beliebiger Punkt in $\mathfrak{M}_c$. Entweder liegt er in dem Differenzbereich

$$\mathfrak{M}_c^1 = \mathfrak{M}_c - \mathfrak{M}_c \cap \mathsf{E}_1\mathfrak{M}_c,$$

oder er liegt in $\mathsf{E}_1\mathfrak{M}_c$. Im letzteren Falle liegt aber $\mathsf{E}_1^{-1}\mathsf{T}$ auch in $\mathfrak{M}_c$. Auf $\mathsf{E}_1^{-1}\mathsf{T}$ kann die gleiche Überlegung angewendet werden usw. Wenn alle Potenzen von E_1 von der Identität und daher untereinander verschieden sind, so gelangt man nach höchstens a Schritten auf einen mit T assoziierten Punkt in $\mathfrak{M}_c^1$. Unter dieser Voraussetzung über E_1 ist also jeder Punkt aus $\mathfrak{M}_c$ mit einem Punkt aus $\mathfrak{M}_c^1$ assoziiert, und es gilt $\mathfrak{M}_c^1 \cap \mathsf{E}_1\mathfrak{M}_c^1 = 0$.

Hat jedoch E_1 endliche Ordnung: $\mathsf{E}_1^r = 1$, so bilde man sämtliche Bereiche $\mathsf{E}_1^{\varrho}\mathfrak{M}_c$ $(\varrho = 1, \ldots, r)$ und ferner auf alle möglichen Weisen Durchschnitte und Differenzbereiche aus diesen. Das ergibt im ganzen endlich viele punktfremde Bereiche $\mathfrak{N}_c^{1i}$, welche sich bei Ausübung von E_1 permutieren. Die Vereinigung aller $\mathfrak{N}_c^{1i}$ sei

$$\mathfrak{N}_c = \sum_{i=1}^{m} \mathfrak{N}_c^{1i}.$$

In dieser Summe möge gelten:

$$\mathsf{E}_1 \mathfrak{N}_c^{1i} = \mathfrak{N}_c^{1i} \quad \text{und} \quad \mathfrak{N}_c^{1i} \subset \mathfrak{M}_c \quad \text{für } i = 1, \ldots, m_1$$

$$\mathsf{E}_1 \mathfrak{N}_c^{1i} \neq \mathfrak{N}_c^{1i} \quad \text{oder} \quad \mathfrak{N}_c^{1i} \not\subset \mathfrak{M}_c \quad \text{für } i = m_1 + 1, \ldots, m.$$

Die ersten m_1 Bereiche $\mathfrak{N}_c^{1i}$ besitzen die E_1^ϱ als Automorphismen und lassen sich durch ebene Schnitte in je r Teile $\mathfrak{N}_c^{1i\varrho}$ weiter zerlegen, welche durch die E_1^ϱ permutiert werden: $\mathfrak{N}_c^{1i\varrho} = \mathsf{E}_1^\varrho \mathfrak{N}^{1i1}$. Wählt man aus den übrigen $\mathfrak{N}_c^{1i}$ ein maximales System ($i = m_1 + 1, \ldots, m_1 + m_2$) derart aus, daß jedes in $\mathfrak{M}_c$ vorkommende $\mathfrak{N}_c^{1i}$ mit genau einem in $\mathfrak{M}_c$ vorkommenden $\mathfrak{N}_c^{1i}$ ($m_1 < i \leq m_1 + m_2$) bez. einer Potenz von E_1 assoziiert ist, so wird nun

$$\mathfrak{M}_c^1 = \sum_{i=1}^{m_1} \mathfrak{N}_c^{1i1} + \sum_{i=1}^{m_2} \mathfrak{N}_c^{1i+m_1}$$

ein Teilbereich von $\mathfrak{M}_c$ von der Beschaffenheit, daß jeder Punkt aus $\mathfrak{M}_c$ mit einem aus $\mathfrak{M}_c^1$ assoziiert und ferner $\mathfrak{M}_c^1 \subset \mathsf{E}_1 \mathfrak{M}_c^1 = 0$ ist.

In gleicher Weise bildet man einen Bereich $\mathfrak{M}_c^2 \subset \mathfrak{M}_c^1$ so, daß jeder Punkt aus $\mathfrak{M}_c^1$ mit einem aus $\mathfrak{M}_c^2$ assoziiert und $\mathfrak{M}_c^2 \cap \mathsf{E}_2 \mathfrak{M}_c^2 = 0$ ist (falls E_2 unendliche Ordnung hat, also $\mathfrak{M}_c^2 = \mathfrak{M}_c^1 - \mathfrak{M}_c^1 \cap \mathsf{E}_2 \mathfrak{M}_c^1$), und so fort. Der Bereich $\mathfrak{M}_c^a = \mathfrak{D}_c$ hat dann die Eigenschaft, daß jeder Punkt aus $\mathfrak{M}_c$ mit genau einem aus $\mathfrak{D}_c$ assoziiert ist. $\mathfrak{D}_c$ ist konstruktionsgemäß polyederartig.

Jetzt lassen wir die Konstante c eine gegen ∞ konvergente Folge reeller Zahlen durchlaufen, etwa alle natürlichen Zahlen, und ändern die Konstruktionsvorschrift für die $\mathfrak{D}_c$ leicht ab. $\mathfrak{D}_1$ werde gebildet wie angegeben, die übrigen $\mathfrak{D}_c$ erklären wir wie folgt: ist $\mathfrak{D}_{c-1}$ gegeben, so ziehe man von $\mathfrak{M}_c$ zunächst alle Punkte ab, welche mit Punkten aus $\mathfrak{D}_{c-1}$ assoziiert sind, und wende auf den Rest das beschriebene Verfahren an. Das liefert einen Bereich $\mathfrak{D}'_c$ und

$$\mathfrak{D}_c = \mathfrak{D}_{c-1} + \mathfrak{D}'_c \text{ mit } \mathfrak{D}_{c-1} \cap \mathfrak{D}'_c = 0.$$

Der Bereich

$$\mathfrak{D} = \mathfrak{D}_\infty = \mathfrak{D}_1 + \mathfrak{D}'_2 + \mathfrak{D}'_3 + \cdots$$

hat dann die beiden erforderlichen Eigenschaften eines Diskontinuitätsbereiches, wie man unmittelbar einsieht.

Man wird bemerkt haben, daß bisher von der speziellen Beschaffenheit des rationalen Zahlkörpers k als Grundkörper nur unwesentlich Gebrauch gemacht wurde. In der Tat lassen sich diese Überlegungen wie auch die folgenden mit geringem Mehraufwand an Mühe auf beliebige endlich algebraische Zahlkörper an Stelle des rationalen übertragen.

3. Das invariante Volumenelement. In $\mathfrak{D}_\infty^+$ ist nun der Begriff des *Volumens* zu erklären. Wir nehmen dazu Bezug auf die Koordinatendarstellung (27.1) der Automorphismen, ersetzen aber $[\iota_\nu]$ durch eine andere Basis $[\eta_\nu]$ von R_∞, nämlich eine solche, für welche

$$\frac{1}{2}\eta_\nu^2 = \pm 1, \quad \eta_\mu \eta_\nu = 0 \quad \text{für} \quad \mu \neq \nu$$

gilt. Das Volumen eines Bereichs $\mathfrak{M}$ wird induktiv definiert. Es sei zunächst $n = 2$. Ein eigentlicher Automorphismus T von R ist durch das Bild $\tau_1 = \mathsf{T}\eta_1$ von η_1 bei T eindeutig gegeben. Der Bereich $\mathfrak{M}$ stellt sich damit als ein Winkelraum $\mathfrak{W}$ in der Ebene $R = k(\eta_1, \eta_2)$ dar, $\mathfrak{W}$ besteht aus allen Vektoren $t\tau_1 = t\,\mathsf{T}\,\eta_1$, wenn T alle Punkte aus $\mathfrak{M}$ und t alle reellen Zahlen durchläuft. Den euklidischen Flächeninhalt des Teils von $\mathfrak{W}$ mit $0 < t < 1$, d. h. das Integral $\iint dt_1\, dt_1$ über alle diese $t\tau_1 = \eta_1 t_1 + \eta_2 t_2$, nennen wir das Volumen von $\mathfrak{M}$:

$$V(\mathfrak{M}) = \int_{\mathfrak{M}} d\mathsf{T}.$$

Da sich die linksseitige Multiplikation des allgemeinen Elementes T von $\mathfrak{O}_\infty^+$ mit einem speziellen Σ aus $\mathfrak{O}_\infty^+$ als eine lineare Transformation der Koordinaten t_ν von $t\tau_1$ mit der Determinante 1 darstellt, ist

$$V(\Sigma\,\mathfrak{M}) = V(\mathfrak{M}) \tag{27.3}$$

für jedes Element Σ aus $\mathfrak{O}_\infty^+$.

Es sei $\int d\mathsf{T}$ bereits definiert für alle Dimensionen $< n$, und es gelte (27.3). Ein Automorphismus T läßt sich (übrigens auf mannigfache Art) in der Form

$$\mathsf{T} = \mathsf{T}_1 \mathsf{T}_0 \tag{27.4}$$

schreiben, wobei T_0 den Vektor η_1 fest läßt und daher ein Automorphismus von $k(\eta_2, \ldots, \eta_n)$ ist, und $\mathsf{T}_1\eta_1 = \mathsf{T}\eta_1$. Ist ein Bereich $\mathfrak{M}$ in $\mathfrak{O}_\infty^+$ vorgelegt, so betrachten wir für einen jeweils festgehaltenen Vektor τ_1 die Gesamtheit der T aus $\mathfrak{M}$ mit $\mathsf{T}\,\eta_1 = \tau_1$. Diese T werden in der Weise (27.4) mit einem festen T_1 zerlegt. Die T_0 gehören dann einem Bereich $\mathfrak{M}(\tau_1)$ in der η_1 fest lassenden Untergruppe von $\mathfrak{O}_\infty^+$ an, dessen Volumen sei $V(\mathfrak{M}(\tau_1))$. Obwohl die Zerlegung (27.4) nicht eindeutig ist, folgt doch aus (27.3), daß $V(\mathfrak{M}(\tau_1))$ eine allein von $\mathfrak{M}$ und τ_1 abhängige Funktion ist. *Und zwar ist $V(\mathfrak{M}(\tau_1))$ ersichtlich eine stetige Funktion von τ_1.* Wir erklären nun das folgende über alle $t\tau_1 = \sum \eta_\nu t_\nu$ mit $0 < t < 1$ erstreckte n-fache Integral als das Volumen von $\mathfrak{M}$:

$$V(\mathfrak{M}) = \int_{\mathfrak{M}} d\mathsf{T} = \int \cdots \int V\big(\mathfrak{M}(\tau_1)\big)\, dt_1 \cdots dt_n. \tag{27.5}$$

Die Gültigkeit der Gl. (27.3) ist wiederum unmittelbar evident.

Die Existenz des Volumens eines beliebigen polyederartigen Bereiches auf $\mathfrak{O}_\infty^+$ ist eine unmittelbare Folge der Definition; das Volumen kann natürlich auch unendlich groß werden.

Es kann bis auf konstante Vielfache nur ein einziges Volumenelement $d\mathsf{T}$ mit $d(\Sigma\,\mathsf{T}) = d\mathsf{T}$, d. h. mit der Eigenschaft (27.3) geben. Wäre nämlich $d_1\mathsf{T}$ ein weiteres, so wäre

$$\frac{d_1\mathsf{T}}{d\mathsf{T}} = f(\mathsf{T}) = f(\Sigma\,\mathsf{T})$$

eine Funktion, die überall auf $\mathfrak{O}_\infty^+$ denselben Wert annimmt, d. h. eine Konstante.

Eine weitere wichtige Invarianzeigenschaft des Volumenbegriffs erhält man, wenn man solche T betrachtet, welche sich wenig von der Identität unterscheiden:

$$\mathsf{T}\,\eta_\nu = \eta_\nu + \sum_\mu \eta_\mu\, d_{\mu\nu}$$

mit „infinitesimalen" $d_{\mu\nu}$. Das Volumenelement drückt sich jetzt als eine homogene Funktion der $d_{\mu\nu}$ aus, wobei es auf das Vorzeichen nicht ankommt. Nun ist

$$\mathsf{T}^{-1}\,\eta_\nu = \eta_\nu - \sum_\mu \eta_\mu\, d_{\mu\nu}$$

und folglich

$$d\mathsf{T}^{-1} = d\mathsf{T}.$$

Ist Σ ebenfalls von der Identität wenig verschieden, so folgt hieraus und aus (27.3)

$$d(\Sigma^{-1}\,\mathsf{T}^{-1})^{-1} = d(\mathsf{T}\,\Sigma) = d\mathsf{T}^{-1} = d\mathsf{T}.$$

Diese Gleichung besagt: das Volumen ändert sich nicht, wenn man an Stelle der Basis $[\eta_\nu]$ die Basis $[\Sigma\,\eta_\nu]$ der Berechnung zugrunde legt: der Volumenbegriff ist gegenüber infinitesimalen Basisänderungen invariant. Da nun eine beliebige Basisänderung als aus infinitesimalen zusammengesetzt gedacht werden kann, kann man den Zusatz „infinitesimal" auch fallen lassen. Formelmäßig drückt sich diese Tatsache so aus:

$$V(\mathfrak{M}\,\Sigma) = V(\mathfrak{M}). \tag{27.6}$$

Für später merken wir uns noch das Volumen der vollen Gruppe $\mathfrak{O}_\infty^+$ für den über k_∞ anisotropen, d. h. den *euklidischen Raum* R_∞:

$$\int\limits_{\mathfrak{O}_\infty^+} d\mathsf{T} = \frac{\pi^{n(n+1)/4-1/2}}{\Gamma\left(1+\frac{2}{2}\right)\Gamma\left(1+\frac{3}{2}\right)\cdots\Gamma\left(1+\frac{n}{2}\right)} = \frac{2^{n-1}}{n!}\,\frac{\pi^{n(n+1)/4}}{\Gamma\left(\frac{1}{2}\right)\Gamma\left(\frac{2}{2}\right)\cdots\Gamma\left(\frac{n}{2}\right)}, \tag{27.7}$$

nämlich das Produkt der Volumina der 2- bis n-dimensionalen Einheitskugeln. Dagegen hat $\mathfrak{O}_\infty^+$ für einen isotropen Raum R_∞ stets unendliches Volumen.

4. Das absolute Gruppenmaß. Wie in der Einleitung gesagt, werden wir in § 28 beweisen:

Satz 27.3. *Das Volumen eines Diskontinuitätsbereiches* $\mathfrak{D}$ *von* $\mathfrak{U}_{\mathfrak{J}}^{+}$ *in* $\mathfrak{O}_{\infty}^{+}$ *ist endlich, sofern nicht R ein zweidimensionaler isotroper Raum ist.*

Hieraus kann man leicht die Folgerung ziehen:

Satz 27.4. *Dieses Volumen ist von der speziellen Wahl von* $\mathfrak{D}$ *unabhängig. Bezeichnet man seinen reziproken Wert mit* $U^{+}(\mathfrak{J})$, *so gilt für zwei beliebige Gitter* $\mathfrak{J}$ *und* $\mathfrak{K}$:

$$\frac{U^{+}(\mathfrak{J})}{U^{+}(\mathfrak{K})}=\frac{u^{+}(\mathfrak{J})}{u^{+}(\mathfrak{K})}. \tag{27.8}$$

Hierbei ist gleichfalls wie in Satz 27.3 die Vorausssetzung zu machen, daß R nicht ein zweidimensionaler isotroper Raum ist.

Beweis. $\mathfrak{D}, \mathfrak{D}'$ seien zwei Diskontinuitätsbereiche von $\mathfrak{U}_{\mathfrak{J}}^{+}$ und T_1 ein beliebiger Punkt in $\mathfrak{D}'$. Es gibt dann eine Einheit E_1 so, daß $\mathsf{E}_1\mathsf{T}_1$ in $\mathfrak{D}$ liegt. Mit $\mathfrak{D}_1'$ bezeichnen wir den größten Teil von $\mathfrak{D}$ welcher durch diese Einheit E_1 auf einen Teil $\mathfrak{D}_1$ von $\mathfrak{D}$ abgebildet wird. Die Berandung von $\mathfrak{D}_1'$ besteht teilweise aus der von $\mathfrak{D}'$, teilweise aus den Bildern von Randmannigfaltigkeiten von $\mathfrak{D}$, welche durch E_1^{-1} in $\mathfrak{D}'$ entworfen werden. Daher ist $\mathfrak{D}_1'$ polyederartig und besitzt ein Volumen, und ebenso besitzt $\mathfrak{D}_1$ ein Volumen. Falls $\mathfrak{D}_1' \neq \mathfrak{D}'$ ist, nehme man einen Punkt T_2 aus $\mathfrak{D}' - \mathfrak{D}_1'$ und führe für diesen dieselbe Überlegung durch. So fortfahrend erhält man eine Folge von punktfremden Teilbereichen $\mathfrak{D}_1', \mathfrak{D}_2', \ldots$ von $\mathfrak{D}'$, welche $\mathfrak{D}'$ ausschöpfen. Offenbar wird gleichzeitig auch $\mathfrak{D}$ durch deren Bilder $\mathsf{E}_1\mathfrak{D}_1' = \mathfrak{D}_1, \ldots$ ausgeschöpft. Die Volumina der $\mathfrak{D}_\nu'$ und der $\mathfrak{D}_\nu$ sind wegen (27.3) gleich, und folglich sind es auch die Volumina von $\mathfrak{D}'$ und $\mathfrak{D}$.

Zum Beweis von (27.8) gehe man von einer Zerlegung

$$\mathfrak{U}_{\mathfrak{J}}^{+} = \sum \mathsf{E}_\nu (\mathfrak{U}_{\mathfrak{J}}^{+} \cap \mathfrak{U}_{\mathfrak{K}}^{+})$$

in Nebengruppen und einem Diskontinuitätsbereich von $\mathfrak{D}$ von $\mathfrak{U}_{\mathfrak{J}}^{+}$ aus. Offenbar ist jetzt $\mathfrak{D}^{*} = \sum \mathsf{E}_\nu \mathfrak{D}$ ein Diskontinuitätsbereich von $\mathfrak{U}_{\mathfrak{J}}^{+} \cap \mathfrak{U}_{\mathfrak{K}}^{+}$ in $\mathfrak{O}_{\infty}^{+}$. Die Volumina der $\mathsf{E}_\nu \mathfrak{D}$ sind wegen (27.3) einander gleich, also

$$\int_{\mathfrak{D}^*} d\mathsf{T} = [\mathfrak{U}_{\mathfrak{J}}^{+} : \mathfrak{U}_{\mathfrak{J}}^{+} \cap \mathfrak{U}_{\mathfrak{K}}^{+}] \cdot \int_{\mathfrak{D}} d\mathsf{T} = \frac{[\mathfrak{U}_{\mathfrak{J}}^{+} : \mathfrak{U}_{\mathfrak{J}}^{+} \cap \mathfrak{U}_{\mathfrak{K}}^{+}]}{U^{+}(\mathfrak{J})}.$$

Ebenso ist

$$\int_{\mathfrak{D}^*} d\mathsf{T} = \frac{[\mathfrak{U}_{\mathfrak{K}}^{+} : \mathfrak{U}_{\mathfrak{J}}^{+} \cap \mathfrak{U}_{\mathfrak{K}}^{+}]}{U^{+}(\mathfrak{K})}.$$

(27.8) folgt nun aus (16.3).

Unter Berufung auf Satz 27.4 dürfen wir den reziproken Wert $U^{+}(\mathfrak{J})$ des Volumens eines Diskontinuitätsbereiches von $\mathfrak{U}_{\mathfrak{J}}^{+}$ in $\mathfrak{O}_{\infty}^{+}$ als das *absolute Maß der Gruppe* $\mathfrak{U}_{\mathfrak{J}}^{+}$ definieren.

5. Die geometrische Bedeutung der Einheitentheorie. Im Vorhergehenden ist die Theorie der Einheiten soweit entwickelt worden, daß nunmehr die analytische Maßtheorie für beliebige Räume über dem rationalen Zahlkörper durchgeführt werden kann. Weitergehende Untersuchungen, von denen wir leider nur die Ergebnisse andeuten können, zeigen nun das Folgende[18].

Man kann stets einen solchen Diskontinuitätsbereich $\mathfrak{D}$ von $\mathfrak{U}_{\mathfrak{J}}^{+}$ in $\mathfrak{O}_{\infty}^{+}$ finden, dessen Rand aus e n d l i c h v i e l e n ebenen Wänden besteht (diese sind durch lineare Gleichungen zwischen den Koordinaten gegeben). Längs dieser endlich vielen Wände grenzen endlich viele assoziierte Diskontinuitätsbereiche $\mathsf{E}_{\alpha}\,\mathfrak{D}$ an ($\alpha = 1, \ldots, a$). Diese haben wiederum je endlich viele Nachbarn, und zwar sind die Nachbarn von $\mathsf{E}_{\alpha}\,\mathfrak{D}$: $\mathsf{E}_{\alpha}\,\mathsf{E}_{\beta}\,\mathfrak{D}$, $\beta = 1, \ldots, a$. Daraus folgert man, daß die Einheiten E_{α} die ganze Gruppe $\mathfrak{U}_{\mathfrak{J}}^{+}$ erzeugen.

Die Endlichkeit des Volumens eines Diskontinuitätsbereiches kann man auch ohne die analytische Maßtheorie zeigen, S i e g e l liefert zwei unabhängige Beweise[19].

Dieses Volumen erweist sich als eine wichtige *topologische Invariante* von $\mathfrak{U}_{\mathfrak{J}}^{+}$. Durch die Einheitengruppe $\mathfrak{U}_{\mathfrak{J}}^{+}$ wird eine geschlossene Mannigfaltigkeit $\mathfrak{M}(\mathfrak{J})$ definiert. Die Punkte von $\mathfrak{M}(\mathfrak{J})$ sind die Klassen assoziierter Punkte von $\mathfrak{O}_{\infty}^{+}$. $\mathfrak{O}_{\infty}^{+}$ ist eine Überlagerung von $\mathfrak{M}(\mathfrak{J})$, und die Monodromiegruppe dazu ist gerade $\mathfrak{U}_{\mathfrak{J}}^{+}$. Das Aufsuchen eines Diskontinuitätsbereiches ist gleichbedeutend mit der Aufschneidung von $\mathfrak{M}(\mathfrak{J})$ zu einer einfach zusammenhängenden berandeten Mannigfaltigkeit. Hiermit mündet die Einheitentheorie in die kombinatorische Topologie ein.

Das über einen Diskontinuitätsbereich erstreckte Integral $\int d\mathsf{T}$ erweist sich, unter Benutzung der von F e n c h e l und A l l e n d o e r f e r verallgemeinerten G a u ß - B o n n e t schen Integralformel, bis auf einen von $\mathfrak{J}$ unabhängigen Faktor als die E u l e r sche Charakteristik von $\mathfrak{M}(\mathfrak{J})$, sofern die Dimension von $\mathfrak{O}_{\infty}^{+}$ gerade ist[20].

§ 28. Die analytische Maßformel für allgemeine Räume.

1. Die Hauptsätze. Für ein Gitter $\mathfrak{J}$ in einem beliebigen Raum R über dem rationalen Zahlkörper war in § 27 das *absolute Maß* $U^{+}(\mathfrak{J})$ der Einheitengruppe $\mathfrak{U}_{\mathfrak{J}}^{+}$ definiert worden, auszunehmen sind dabei allerdings zweidimensionale isotrope Räume, welche man auch so kennzeichnen kann: $n = 2$, $\Delta(R) = 1$. Sofern R ein definiter Raum [13] ist, so daß also $\mathfrak{U}_{\mathfrak{J}}^{+}$ eine endliche Ordnung $U_0^{+}(\mathfrak{J})$ hat, ist $U^{+}(\mathfrak{J})$ gleich $U_0^{+}(\mathfrak{J})$, dividiert durch das Gesamtvolumen (27.7) von $\mathfrak{O}_{\infty}^{+}$, also

$$U^{+}(\mathfrak{J}) = U_0^{+}(\mathfrak{J})\,\frac{n!\,\Gamma\left(\frac{1}{2}\right)\Gamma\left(\frac{2}{2}\right)\cdots\Gamma\left(\frac{n}{2}\right)}{2^{n-1}\,\pi^{n(n+1)/4}}\,.$$

Das absolute Maß $U^{+}[\mathfrak{J}, T]$ von $\mathfrak{U}_{\mathfrak{J}}^{+}[T]$ ist als der reziproke Wert des Volumens eines Diskontinuitätsbereiches von $\mathfrak{U}_{\mathfrak{J}}^{+}[T]$ in der Gruppe $\mathfrak{O}_{\infty}^{+}[T]$ aller T elementweise festlassenden Automorphismen von R_{∞} zu erklären. Es erfüllt ebenso wie das relative die Gl. (24.12). Dem *absoluten Einbettungsmaß* wird dieses Gruppenmaß zugrunde gelegt.

Satz 26.1 spricht sich jetzt mit den n e u f e s t g e s e t z t e n absoluten Maßen wie folgt aus:

Satz 28.1. *Das auf der linken Seite von*

$$\prod_p U_p^+(\mathfrak{J})^{-1} = \begin{cases} M(\mathfrak{J}) = M(G) & \text{für } n = 1, \\ \frac{n!}{2} M(\mathfrak{J}) = \frac{n!}{2} M(G) & \text{für } n > 1 \end{cases} \tag{28.1}$$

stehende über alle Primzahlen p von k erstreckte Produkt konvergiert absolut für $n \neq 2$ und ist bis auf den angegebenen Faktor das Maß des durch $\mathfrak{J}$ gegebenen Geschlechts G. Für $n = 2$ ist (28.1) auch noch richtig, wenn man die linke Seite durch den Grenzwert (26.4) ersetzt, sofern nicht außerdem $\Delta(R) = 1$ ist.

Wir wollen diesen Satz jetzt allgemein beweisen, und zwar wieder durch vollständige Induktion bez. n, wobei wir wie oben von dem aus Satz 28.1 folgenden Satz Gebrauch machen:

Satz 28.2. *Es sei $\mathfrak{T}_0$ ein halbeinfaches Parallelotop einer Dimension $r \leq n$ in dem Raum R. $\mathfrak{J}$ sei ein Gitter in R und G das durch $\mathfrak{J}$ bestimmte Geschlecht. Stützt man die Definition des Einbettungsmaßes auf ein Repräsentantensystem $\mathfrak{J}_i$ der Klassen von G mit $n(\mathfrak{J}_i) = n(\mathfrak{J})$, so gilt*

$$\prod_p M_p(\mathfrak{J}, \mathfrak{T}_0) = \begin{cases} M(G, \mathfrak{T}_0) & \text{für } n - r \leq 1, \\ \frac{(n-r)!}{2} M(G, \mathfrak{T}_0) & \text{für } n - r > 1. \end{cases} \tag{28.2}$$

Dieses unendliche Produkt konvergiert absolut für $n - r \neq 2$. Für $n - r = 2$ ist es bis auf endlich viele Faktoren gleich

$$\prod_p \left(1 - \left(\frac{\Delta(R)\,\Delta(k(\mathfrak{T}_0))}{p}\right) p^{-1}\right)^{-1};$$

es ist jetzt so zu verstehen, daß man p^{-1} durch p^{-s} mit $s > 1$ ersetzt und den Grenzwert für $s \to 1$ nimmt. Falls $n - r = 2$ und $\Delta(R)\,\Delta(k(\mathfrak{T}_0))$ die Einheitsquadratklasse ist, wird (28.2) *sinnlos.*

Der Beweis ist wörtlich derselbe wie der für Satz 26.2; aus der Richtigkeit von Satz 28.1 für $n \leq n_0$ folgt Satz 28.2 für $n - r \leq n_0$. Beide Sätze stammen von Siegel.

2. Der Beweis. Gleichzeitig mit dem Satz 28.1 müssen wir auch den Satz 27.3 beweisen. Wir dürfen durchweg $n > 1$ voraussetzen, da der Fall $n = 1$ bereits oben behandelt wurde. Die Normen der der Definition des Einbettungsmaßes zugrunde liegenden Klassenrepräsentanten $\mathfrak{J}_i$ werden wieder gleich $\mathfrak{o}$ angenommen. Das Verfahren ist im Prinzip das gleiche wie in § 26; der Ausgangspunkt ist jetzt die auf Grund der Induktionsannahme richtige Formel

$$\prod_p U_p^+(\mathfrak{J})^{-1} \prod_p U_p^+(\mathfrak{J})\, M_p^*(\mathfrak{J}, \mathfrak{T}_0) = \gamma_{n-1}\, M^*(G, \mathfrak{T}_0) \tag{28.3}$$

mit $\gamma_1 = 1$, $\gamma_n = \frac{n!}{2}$ für $n > 1$, wenn $\mathfrak{T}_0 = \{\tau_0\}$ ein eindimensionales Parallelotop in R bedeutet. Wir setzen (28.3) für verschiedene Werte von $\frac{1}{2}\tau_0^2 = t$ an und schreiben wieder $M^*(G, t)$, $M_p^*(\mathfrak{J}, t)$ an Stelle von $M^*(G, \mathfrak{T}_0)$, $M_p^*(\mathfrak{J}, \mathfrak{T}_0)$. Wie oben wird die Zahl $Q = Q(P)$ eingeführt und verlangt, daß $t \equiv t_0 \mod Q$ sei, wo t_0 eine zu Q prime Zahl mit $M^*(G, t_0) \neq 0$ ist. Das Berechnungsverfahren für die Grenzwerte auf den rechten Seiten von (26.18) und (26.20) in § 26 hat, wie wir dort sahen, allgemeine Gültigkeit. Schwierigkeiten traten lediglich für $n = 3$ und $n = 2$ auf. Im Falle $n = 3$ muß man erforderlichenfalls R durch den Raum mit der (— 1)-fachen Fundamentalform ersetzen, um $\Delta > 0$ zu haben und damit die dort bewiesene Formel (26.19) anwendbar zu machen. Für $n = 2$ muß man ferner $\left(\frac{\Delta(R)}{t_0}\right) = 1$ wissen, was aber auch jetzt genau wie dort erschlossen werden kann. Man findet so für $n > 2$ (für $n = 2$ muß man rechts noch den Faktor 2 hinzufügen):

$$\begin{aligned}\lim_{T\to\infty} T^{-n/2} \sum_{\substack{t \equiv t_0 \bmod Q \\ 0<t<T}} \prod_p U_p^+(\mathfrak{S})^{-1} \prod_p U_p^+(\mathfrak{S})\, M_p^*(\mathfrak{S}, t) \\ = \frac{2}{n} Q^{-1} \prod_p U_p^+(\mathfrak{S})^{-1} \prod_{p<P} U_p^+(\mathfrak{S})\, M_p^*(\mathfrak{S}, t_0),\end{aligned} \tag{28.4}$$

wobei ein mit wachsendem P verschwindender relativer Fehler unterdrückt wurde.

Wir haben jetzt zu zeigen, daß die Existenz des entsprechenden Grenzwertes für die rechte Seite von (28.3) die Gültigkeit des Satzes 27.3 sowie der Formel (28.1) nach sich zieht. Dabei vernachlässigen wir zunächst die Vorschrift, daß es sich um das Maß der primitiven Einbettung handeln soll, betrachten also den Grenzwert

$$\begin{aligned}\lim_{T\to\infty} T^{-n/2} \sum_{\substack{t \equiv t_0 \bmod Q \\ 0<t<T}} \sum_{i=1}^{h}{}' \sum_{\tau_{i\mu}^2 = 2t} \frac{1}{U^+[\mathfrak{S}_i, \tau_{i\mu}]} \\ = \lim_{T\to\infty} T^{-n/2} \sum_{t, i, \tau_{i\mu}} V\big(\mathfrak{D}(\mathfrak{U}_{\mathfrak{S}_i}^+[\tau_{i\mu}])\big),\end{aligned} \tag{28.5}$$

hier bedeutet $\mathfrak{S}_1, \ldots, \mathfrak{S}_h$ ein erweitertes Repräsentantensystem der Ähnlichkeitsklassen in G mit $n(\mathfrak{S}_i) = \mathfrak{o}$, $\tau_{i\mu}$ durchläuft ein maximales System nicht assoziierter Vektoren in $\mathfrak{S}_i$ mit $\frac{1}{2}\tau_{i\mu}^2 = t$. $\mathfrak{D}(\mathfrak{U}_{\mathfrak{S}_i}^+[\tau_{i\mu}])$ ist ein Diskontinuitätsbereich von $\mathfrak{U}_{\mathfrak{S}_i}^+[\tau_{i\mu}]$ in der $\tau_{i\mu}$ fest lassenden Gruppe $\mathfrak{O}_\infty^+[\tau_{i\mu}]$ und $V(\mathfrak{D}\ldots)$ sein Volumen.

Es sei $[\eta_\nu]$ eine Orthogonalbasis von R_∞ mit $\frac{1}{2}\eta_\nu^2 = \pm 1$ wie in § 27, Nr. 3, insbesondere werde $\frac{1}{2}\eta_1^2 = 1$ angenommen. Man setze für ein T aus $\mathfrak{O}_\infty^+$

$$\left|\sqrt{\frac{t}{T}}\right| \mathsf{T}\,\eta_1 = \frac{1}{\sqrt{T}}\,\tau_1 = \sum \eta_\nu t_\nu = \sigma_1. \tag{28.6}$$

Für einen jeweils fest gehaltenen Vektor σ_1 unterscheidet sich die Gesamtheit der dies leistenden T um linksseitige Faktoren T_0, welche σ_1 fest lassen. Hält man T fest und verlangt, daß $\mathsf{T}_0\mathsf{T}$ einem Diskontinuitätsbereich $\mathfrak{D}_i$ von $\mathfrak{U}_{\mathfrak{S}_i}^+$ angehören soll, so füllen die so bestimmten T_0 einen Bereich $\mathfrak{B}(\sigma_1)$ an, dessen Volumen $V(\sigma_1)$ allein von σ_1 und $\mathfrak{D}_i$

(d. h. nicht von T abhängt), und das über den Bereich aller so darstellbaren σ_1 mit $0 < t < T$ erstreckte Integral

$$V(\mathfrak{D}_i) = \int \cdots \int V(\sigma_1)\, dt_1 \cdots dt_n$$

ist nach § 27 das Volumen von $\mathfrak{D}_i$ [um wörtliche Übereinstimmung mit der Definition von $V(\mathfrak{D}_i)$ zu bekommen, müßte man eigentlich $\mathsf{T}\mathsf{T}_0'$ an Stelle von $\mathsf{T}_0\mathsf{T}$ schreiben, wobei T_0' jetzt den Vektor η_1 fest läßt; das Resultat ist aber ersichtlich dasselbe]. Einstweilen muß die Möglichkeit offen bleiben, daß $V(\mathfrak{D}_i) = \infty$ ist. Nach Riemann wird das Integral als der Grenzwert

$$V(\mathfrak{D}_i) = \lim_{T\to\infty} T^{-n/2} \sum_{\sigma_1} V(\sigma_1)$$

erklärt, wobei zu summieren ist über alle Vektoren σ_1, deren Koordinaten t_ν ganzzahlige Vielfache von $T^{-1/2}$ sind, und welche die Darstellung (28.6) mit $0<t<T$ zulassen[20]. Hierfür kann man auch schreiben

$$V(\mathfrak{D}_i) = \lim_{T\to\infty} T^{-n/2} \sum_{\tau_1} V(\tau_1),$$

wobei jetzt τ_1 alle Vektoren aus dem Gitter $[\eta_1, \ldots, \eta_n]$ mit $0 < \frac{1}{2}\tau_1^2 < T$ durchläuft. Bezeichnet D wie in § 26 den Betrag der reduzierten Determinante der $\mathfrak{I}_i$, so kann man endlich wegen der Stetigkeit von $V(\tau_1)$ (vgl. S. 203) schreiben

$$V(\mathfrak{D}_i) = 2^{-n/2} D^{1/2} \lim_{T\to\infty} T^{-n/2} \sum_{\tau_1} V(\tau_1), \tag{28.7}$$

wobei τ_1 alle Vektoren aus $\mathfrak{I}_i$ mit $0 < \frac{1}{2}\tau_1^2 < T$ durchläuft.

Die hier auftretenden Summanden sind, wie gesagt, die Integrale

$$V(\tau_1) = \int d\mathsf{T}_0$$

über Bereiche $\mathfrak{B}(\tau_1) = \mathfrak{B}(\sigma_1)$ in der τ_1 fest lassenden Untergruppe von $\mathfrak{O}_\infty^+$, für deren Punkte T_0 mit einem festen Automorphismus T der Beschaffenheit (28.6) die Produkte $\mathsf{T}_0\mathsf{T}$ einem Diskontinuitätsbereich $\mathfrak{D}_i$ von $\mathfrak{U}_{\mathfrak{I}_i}^+$ angehören. Wir behaupten nun

$$\sum_{\tau_1'} V(\tau_1') = V\big(\mathfrak{D}(\mathfrak{U}_{\mathfrak{I}_i}^+[\tau_1])\big), \tag{28.8}$$

wenn links summiert wird über ein volles System von bez. $\mathfrak{U}_{\mathfrak{I}_i}^+$ mit τ_1 assoziierten Vektoren τ_1', und wenn $V(\mathfrak{D}(\mathfrak{U}_{\mathfrak{I}_i}^+[\tau_1]))$ das Volumen eines Diskontinuitätsbereichs von $\mathfrak{U}_{\mathfrak{I}_i}^+[\tau_1]$ in der τ_1 fest lassenden Untergruppe $\mathfrak{O}_\infty^+[\tau_1]$ von $\mathfrak{O}_\infty^+$ bedeutet. Die linke Seite von (28.8) kann man mit einem beliebigen Repräsentantensystem E_ν der linksseitigen Nebengruppen $\mathsf{E}_\nu\mathfrak{U}_{\mathfrak{I}_i}^+[\tau_1]$ in $\mathfrak{U}_{\mathfrak{I}_i}^+$ so schreiben:

$$\sum_\nu V(\mathsf{E}_\nu\tau_1) = \sum_\nu \int_{\mathsf{E}_\nu\mathsf{T}_0\mathsf{T}\in\mathfrak{D}_i} d\mathsf{T}_0, \tag{28.9}$$

wo T ein beliebig fixiertes Element der Eigenschaft (28.6) ist. Die Integrationsgebiete rechts sind in ausführlicher Schreibweise $\mathfrak{O}_\infty^+[\tau_1] \cap \mathsf{E}_\nu^{-1}\mathfrak{D}_i\mathsf{T}^{-1}$ Nun ist aber

$$\mathfrak{D}(\mathfrak{U}_{\mathfrak{I}_i}^+[\tau_1]) = \sum_\nu \mathfrak{O}_\infty^+[\tau_1] \cap \mathsf{E}_\nu^{-1}\mathfrak{D}_i\mathsf{T}^{-1}$$

ein linksseitiger Diskontinuitätsbereich von $\mathfrak{U}^+_{\mathfrak{J}_i}[\tau_1]$ in $\mathfrak{O}^+_\infty[\tau_1]$. In der Tat ist dies ein polyederartiger Bereich, der wegen der Bedeutung der E_ν und von $\mathfrak{D}_i$ keine zwei bzw. $\mathfrak{U}^+_{\mathfrak{J}_i}[\tau_1]$ linksseitig assoziierten Punkte enthält. Ist umgekehrt T_0 beliebig in $\mathfrak{O}^+_\infty[\tau_1]$, so gibt es eine Einheit E von $\mathfrak{J}_i$ mit $\mathsf{E}\,\mathsf{T}_0\mathsf{T} \in \mathfrak{D}_i$. E läßt sich in der Weise $\mathsf{E} = \mathsf{E}_\nu \mathsf{H}$ mit einem gewissen ν und $\mathsf{H} \in \mathfrak{U}^+_{\mathfrak{J}_i}[\tau_1]$ zerlegen. Dann liegt $\mathsf{H}\,\mathsf{T}_0$ in $\mathsf{E}_\nu^{-1}\,\mathfrak{D}_i\,\mathsf{T}^{-1}$, also in $\mathfrak{D}(\mathfrak{U}^+_{\mathfrak{J}_i}[\tau_1])$. Aus diesem Grunde hat die rechte Seite von (28.9) den in (28.8) behaupteten Wert.

Auf Grund von (28.8) kann man (28.7) so schreiben:

$$2^{n/2} D^{-1/2} V(\mathfrak{D}_i) = \lim_{T\to\infty} T^{-n/2} \sum_{\tau_{i\mu}} V\big(\mathfrak{D}(\mathfrak{U}^+_{\mathfrak{J}_i}[\tau_{i\mu}])\big), \qquad (28.10)$$

wobei summiert wird über ein maximales System nicht assoziierter $\tau_{i\mu}$ in $\mathfrak{J}_i$ mit $0 < \frac{1}{2}\tau^2_{i\mu} < T$. Man schränke jetzt die Summe rechts ein auf solche Vektoren $\tau_{i\mu}$, welche der Kongruenz $\frac{1}{2}\tau^2_{i\mu} \equiv t_0 \bmod Q$ genügen, wo Q dieselbe Bedeutung hat wie in § 26. Die Anzahl der Restklassen von $\mathfrak{J}_i$ mod $\tilde{\mathfrak{J}}_i Q$, welche dieser Kongruenz genügen, war auf S. 193 gefunden worden als

$$m(Q, t_0) = 2^{-(n-2)/2} D^{-1/2} Q^{n-1} \prod_{p<P} U_p^+(\mathfrak{J})\, M_p^*(\mathfrak{J}, t_0).$$

Die Anzahl aller Restklassen von $\mathfrak{J}_i$ mod $\tilde{\mathfrak{J}}_i Q$ ist, wenn D in Q aufgeht, $D^{-1} Q^n$. Bei der besagten Summationsbeschränkung rechts in (28.10) muß man also die linke Seite mit $D Q^{-n} \cdot m(Q, t_0)$ multiplizieren und erhält dann

$$2 Q^{-1} \sum_{i=1}^{h} V(\mathfrak{D}_i) \prod_{p<P} U_p^+(\mathfrak{J})\, M^*(\mathfrak{J}, t_0).$$

$$= \lim_{T\to\infty} T^{-n/2} \sum_{\substack{t\equiv t_0 \bmod Q\\ 0<t<T}} \sum_{i=1}^{h} \sum_{\tau^2_{i\mu}=2t} V\big(\mathfrak{D}_i(\mathfrak{U}^+_{\mathfrak{J}_i}[\tau_{i\mu}])\big)$$

Ebenfalls wie in § 26 kann man schließen, daß diese Gleichung gültig bleibt mit einem bei wachsendem P gegen 0 abnehmenden relativen Fehler, wenn man die Summe rechts auf primitive $\tau_{i\mu}$ beschränkt.

Durch Vergleich mit (28.3) und (28.4) erhält man hieraus beide Behauptungen: $V(\mathfrak{D}_i)$ ist endlich für $i = 1, \ldots, h$ und

$$\frac{1}{n} \prod_{p} U_p^+(\mathfrak{J})^{-1} = \gamma_{n-1} \sum_{i=1}^{h} V(\mathfrak{D}_i) = \gamma_{n-1} M(G),$$

wobei links der Faktor $1/n$ im Falle $n = 2$ zu streichen ist (vgl. die Bemerkung zu (28.4)). Hiermit ist (28.1) bewiesen.

Anhang.

Hinweise auf nicht berücksichtigte Literatur.

Wiederholt hatten gewisse Probleme nur angedeutet werden können. Die wichtigsten Gelegenheiten waren die Reduktionstheorie, die damit zusammenhängende geometrische Theorie der Einheiten indefiniter Gitter und die Theorie der Modulfunktionen, d. h. die analytische Zahlentheorie der definiten Gitter. Zwei wichtige Punkte sind bisher gänzlich unberücksichtigt geblieben: die (endlichen) Einheitengruppen der definiten Gitter und die analytische Zahlentheorie der indefiniten Gitter.

Die Einheiten definiter Gitter lassen sich vielfach aus Spiegelungen zusammensetzen, welche ebenfalls Einheiten sind. Alle so beschaffenen Einheitengruppen kann man nach E. Witt[1] vollständig übersehen.

Wie Siegel zeigte, ist der Satz 26.2 im Falle $r = 1$ äquivalent mit einer Identität zwischen Thetafunktionen und Eisensteinschen Reihen. Diese Identität konnte er durch Einführung analytischer *Funktionen einer Matrixvariablen* auf den Fall $r > 1$ sowie auf Gitter in indefiniten Räumen übertragen. Durch Ausgestaltung der Methode von Hardy und Littlewood in dieser höher-dimensionalen Funktionentheorie zeigte er sodann[2], daß im indefiniten Falle die Formel (28.2) sogar gilt, wenn man die rechte Seite durch die Einbettungsmaße $m(\mathfrak{J}_i, \mathfrak{T}_0)$ der einzelnen Klassenrepräsentanten $\mathfrak{J}_i$ des Geschlechts G ersetzt und noch mit der Anzahl h der Isomorphieklassen (vgl. S. 166) multipliziert. Die $m(\mathfrak{J}_i, \mathfrak{T}_0)$ fallen also für alle Klassen eines Geschlechts indefiniter Gitter gleich aus. Dabei ist allerdings noch über Satz 28.2 hinaus das folgende vorauszusetzen:

$$r \leq \frac{n+\sigma}{2}, \quad r \leq \frac{n-\sigma}{2}, \quad r < \frac{n-2}{2} \quad \text{oder} \quad r = 1,\ n = 4;$$

σ bedeutet die Signatur von R. Dieser tief liegende Satz ist gleichbedeutend mit einer entsprechenden und rein arithmetisch formulierbaren Aussage über die relativen Einbettungsmaße. Man darf in dem Zusammenhang noch weitere Resultate analytischer wie arithmetischer Bemühungen erwarten[3].

Einen anderen Weg in der analytischen Zahlentheorie der indefiniten Gitter schlägt H. Maaß[4] ein. Den Ausgangspunkt bilden die *Zetafunktionen*

$$\zeta_1(s) = \sum_{t>0} M(\mathfrak{J}, t)\, t^{-s}, \quad \zeta_0(s) = \sum_{t<0} M(\mathfrak{J}, t)\, |t|^{-s}$$

und ihre Funktionalgleichungen[5]. Durch die Mellinsche Transformation gelangt man von ihnen teilweise zu Modulformen einer komplexen Variablen $\tau = \xi + i\eta$. Zum anderen Teil treten jetzt aber auch Lösungen u der partiellen Differentialgleichung

$$\frac{\partial^2 u}{\partial \xi^2} + \frac{\partial^2 u}{\partial \eta^2} - \frac{r(r-1)}{\eta^2}\, u = 0$$

sowie Verallgemeinerungen höherer Ordnung von dieser auf, welche gleichzeitig eine Funktionalgleichung vom Typ der Modulformen erfüllen, nämlich ($\tau = \xi + i\eta$).

$$u\left(Re\left(\frac{a\tau+b}{c\tau+d}\right),\ Im\left(\frac{a\tau+b}{c\tau+d}\right)\right) = \chi\begin{pmatrix}a\,b\\c\,d\end{pmatrix} u(\xi, \eta).$$

Funktionen solcher Art sind vielfach durch ihr funktionentheoretisches Verhalten allein eindeutig charakterisierbar. Dieser Umstand führt zu einer expliziten Berechnung der Entwicklungskoeffizienten $m(\mathfrak{S}, t)$ der Zetafunktionen. Damit eröffnet sich ein neuer Zugang zu dem letztgenannten Theorem von Siegel[6].

Anmerkungen zum ersten Kapitel.

[1] Unter einer *Quadratklasse* wird eine Gesamtheit $c\,x^2$ verstanden, wobei c eine vorgegebene Zahl in k ist und x sämtliche Zahlen $\neq 0$ in k durchläuft. Wir werden oftmals, sofern keine Mißverständnisse zu befürchten sind, eine Zahl und die durch sie bestimmte Quadratklasse mit demselben Buchstaben bezeichnen.

[2] Der Satz gilt auch für Automorphismen, deren Matrizen die Determinante 1 haben; vgl. S. 19, unten.

[3] Dieser Satz ist verschiedentlich verallgemeinert worden; zunächst auf Räume mit Hermitescher oder anti-Hermitescher Metrik. Vgl. J. Dieudonné: *La Géométrie des Groupes Classiques*, 3. Aufl., Ergebn. d. Math. Bd. 5, Berlin-Heidelberg-New York: Springer 1971.

Der Isomorphiesatz von Witt gilt aber auch unter gewissen Umständen für Gitter in metrischen Räumen; s. M. Kneser: *Witt's Satz für quadratische Formen über lokalen Ringen*, Nachr. Akad. Wiss. Göttingen, II. Math.-Phys. Kl., 1972, 195—203.

[4] Die in § 3 entwickelten rechnerischen Methoden zur Beherrschung der orthogonalen Gruppen sind in der Folgezeit nicht angewandt worden. Eine Ausnahme macht die Arbeit von H. Gross: *On a special group of isometries of an infinite dimensional vector space*, Math. Annalen **150** (1963) 285—292. Gross überträgt den Satz 3.5 auf unendlich dimensionale metrische Räume; sein Beweis erfaßt natürlich auch die endlich dimensionalen und ist eleganter als der hier gelieferte.

Einen wesentlich anderen Beweis des wichtigen Satzes 3.5 findet man in dem in Anmerkung [3] zitierten Buch von Dieudonné.

[5] Automorphismen dieser Art traten in einem anderen Zusammenhang erstmalig bei C. L. Siegel auf: *Über die analytische Theorie der quadratischen Formen II*, Annals of Maths. Princeton **36** (1935) 230—263.

[6] Man bezeichnet den Operator $[\alpha, \beta]$ als eine *Dyade*.

[7] Hier tritt Ω_0 in doppelter Bedeutung auf, einmal als Automorphismus von R_0, ein anderes Mal als dessen Fortsetzung in R in der oben erklärten Weise.

[8] Nach Satz 3.4 besteht dieses Zentrum aus der Identität und der Spiegelung Γ an dem Nullraum.

[9] Das geht schon aus der Matrixdarstellung (3.10) hervor, und die folgenden Zeilen sind entbehrlich.

[10] Im Falle $n = 2$ ist $\mathfrak{O}^*$ abelsch. Im zweiten Ausnahmefall ist $\mathfrak{O}^*$ nicht einfach, wie sich leicht nachweisen läßt. Im dritten Ausnahmefall ist $\mathfrak{O}^*$ ein direktes Produkt, vgl. § 5, Nr. 4.

[11] Γ bedeutet wie bisher den Automorphismus, welcher jeden Vektor ξ in $-\xi$ überführt.

[12] Das folgende findet sich auch in dem in [3] zitierten Buch von Dieudonné; s. ferner S. Böge: *Definition der Spinornorm nach Zassenhaus*, Math. Annalen **164** (1966) 154—158.

[13] Die Darstellung von $\mathfrak{O}^+$ in C_2 geht auf R. Lipschitz zurück: *Untersuchungen über die Summe von Quadraten*; Bonn 1886. Er berechnet das Element $T(\mathrm{T})$ unter Benutzung der Cayleyschen Parameterdarstellung $M_\gamma = (1 - S)(1 + S)^{-1}$ (S ist schiefsymmetrisch) der orthogonalen Matrizen M_T. Vgl. auch Correspondence, Annals of Maths. **69** (1959) 247—251.

[14] Man kann diese Definition auch so formulieren: für ungerades n heiße jedes Σ eigentlich. Für gerades n gelte mit einer Basis (ι_ν) von R: $\Sigma\, \iota_\nu = \sum_\mu \iota_\mu\, s_{\mu\nu}$. Es ist dann $|s_{\mu\nu}| = \pm n(\Sigma)^{n/2}$. Steht hier nun das $+$-Zeichen, so heißt Σ eigentlich, sonst uneigentlich.

[15] Zum folgenden vgl. auch M. Kneser: *Über die Ausnahmeisomorphismen zwischen endlichen klassischen Gruppen*, Abh. Math. Sem. Univ. Hamburg **31** (1967) 136—140.

Anmerkungen zum zweiten Kapitel.

[1] M. Deuring, *Algebren*, Ergebn. d. Math. IV, 1, Berlin 1935, Kap. VII, § 2.

[2] Eine andere Möglichkeit des Aufbaues dieses Paragraphen: Man beweist zunächst mit Hilfe von Satz 9.4, daß ein 5-dmensionaler Raum isotrop ist. Daraus leitet man Satz 9.7 ab und bekommt damit die Aufzählung der Typen.

[3] Der Charakter $\chi(\mathfrak{R})$ ist im Falle eines zweidimensionalen Kernraumes mit der Fundamentalform $\frac{1}{2}\xi_0^2 = v(x_2^2 - c\, x_2^2)$ gleich dem *Normsymbol* $(v, c) = (v, \Delta(\mathfrak{R}))$. Auch im allgemeinen Falle läßt sich $\chi(\mathfrak{R})$ auf das Normsymbol zurückführen. Vgl. dazu Satz 7.6.

[4] Die Elementarteiler eines Gitters heißen auch dessen *Ordnungsinvarianten*. Die Gesamtheit von Gittern gleicher Norm und gleicher Elementarteiler nennt man eine *Ordnung von Gittern*. Wir werden im folgenden diese Bezeichnung nicht verwenden, da sie erstens heute nur noch eine untergeordnete Rolle spielt, und da zweitens die Gefahr besteht, Ordnungen von Gittern mit Ordnungen hyperkomplexer Größen zu verwechseln.

[5] Für das folgende: s. das Buch von O. T. O'Meara: *Introduction to quadratic forms*, Grundl. Math. Wiss. Bd. 117, Berlin-Göttingen-Heidelberg: Springer 1963, S. 239—250. An Stelle von kanonischen Basen spricht O'Meara von „Jordan Splittings".

[6] Ist $\mathfrak{J} = [\iota_\nu]$ maximal, so nennt H. Brandt die quadratische Form $\frac{1}{2}(\Sigma\, \iota_\nu\, x_\nu)^2$ eine *Kernform*.

[7] Die Theorie der maximalen Gitter wurde von G. Shimura auf solche in Räumen von unitärer oder alternierender Metrik übertragen: *Arithmetic of alternating forms and quaternion Hermitean forms*, J. Math. Soc. Japan **15** (1963) 33—65. *Arithmetic of unitary groups*, Annals of Maths. **79** (1964) 369—409.

Während wir hier der Einfachheit halber nur maximale Gitter untersuchen, gelingt O'Meara eine vollständige Klassifizierung beliebiger Gitter (Chapter IX, seines Buchs[5]). Die von ihm entwickelte Theorie ist indessen recht kompliziert, und nach den Erfahrungen in der langen Geschichte des Problems kann man wesentliche Vereinfachungen nicht erwarten.

[8] Die Voraussetzung über den Restklassenkörper ist entbehrlich. Der Beweis wird in der 1. Aufl. ohne diese geführt, ist aber ziemlich mühsam.

[9] Unter einem *Gruppoid* versteht man nach H. Brandt (*Math. Annalen* **96**, S. 360—366, 1926) eine Menge $\mathfrak{G}$ von Elementen $A, B, C, \ldots$, zwischen denen teilweise eine Verknüpfung oder *Multiplikation* $A\,B = C$ erklärt ist, wobei den folgenden Postulaten Genüge geleistet wird (Brandt benutzt etwas andere Postulate):

1. Existiert das Produkt $A\,B = C$, so ist jedes der Elemente A, B, C durch die beiden anderen eindeutig festgelegt.
2. Wenn $A\,B$ und $B\,C$ existieren, so existieren auch $(A\,B)\,C$ und $A\,(B\,C)$ und ergeben dasselbe Element von $\mathfrak{G}$.
3. Für jedes Element A existieren die *Linkseinheit* E_l und die *Rechtseinheit* E_r, sie werden durch $E_l\,A = A\,E_r = A$ gekennzeichnet.
4. Zu jedem Element A existiert ein *Links-Inverses* A_l^{-1} und ein *Rechts-Inverses* A_r^{-1}, sie werden gekennzeichnet durch $A\,A_l^{-1} = E_l$, $A_r^{-1}\,A = E_r$. (Man zeigt leicht, daß $A_l^{-1} = A_r^{-1}$ ist und bezeichnet dieses Element mit A^{-1}.)
5. Zu zwei Elementen A, B in $\mathfrak{G}$ existiert mindestens ein Element C in $\mathfrak{G}$ so, daß die Produkte $A\,C$, $C\,B$ existieren.

Die Anzahl der Einheiten von $\mathfrak{G}$ heißt sein *Rang*. Die Elemente A, für welche mit einer festen Einheit E die Produkte $A\,E = E\,A = A$ existieren, bilden eine Gruppe. Deren Ordnung bezeichnet man als die *Ordnung* von $\mathfrak{G}$. Sind r der Rang und g die Ordnung von $\mathfrak{G}$, so besitzt $\mathfrak{G}$ $g\,r^2$ Elemente.

[10] Um die Bezeichnung nicht allzu schwerfällig werden zu lassen, wird die Abhängigkeit von π, $\varrho(\mathfrak{C}_i)$ usw. von der Norm und dem Elementarteilersystem der $\mathfrak{K}/\mathfrak{J}$ nicht mehr zum Ausdruck gebracht.

Anmerkungen zum dritten Kapitel.

[1] Das kommt auch in dem Dirichletschen Eiheitensatz für die Ordnung $\mathfrak{o}$ zum Ausdruck. Er lautet in allgemeinster Form: *gibt es r unendliche Primdivisoren, so gibt es $r-1$ Einheiten von $\mathfrak{o}$ derart, daß sich jede Einheit aus $\mathfrak{b}$ in eindeutiger Weise als ein Potenzprodukt von diesen, mal einer in k enthaltenen Einheitswurzel darstellen läßt.*

[2] Uneigentliche ähnliche Gitter gibt es unter den Voraussetzungen von Kapitel II nicht auf Grund von Satz 10.5.

[3] Siehe Anmerkung[4] in Kapitel II.

[4] O'Meara (s. Anmerkung [5] zu Kapitel II) führt den Beweis unter 2 Vereinfachungen durch: 1. Es werden nur Gitter in einem festliegenden Raum behandelt. 2. Der Satz, daß die Idealklassenzahl von k endlich ist, wird vorausgesetzt. Die Endlichkeit der Idealklassenzahl wird von O'Meara allerdings an einer anderen Stelle seines Buchs bewiesen. In beiden Beweisen des Satzes 12.7 werden im Prinzip die gleichen Schlüsse benutzt. Die entscheidende Rolle spielt das Schubfachprinzip; wir benutzen es in Nr. 5.

[5] Die Aufgabe ist besonders einfach lösbar, wenn k der rationale Zahlkörper ist; jetzt brauchen wir nicht einmal den Satz 12.6 hinzuzuziehen, sondern können wie folgt schließen.

Einem Gitter $\mathfrak{J} = [\iota_1, \ldots, \iota_n]$ wird der Betrag der Determinante $|\iota_\mu\,\iota_\nu|$ zugeordnet: $D(\mathfrak{J}) = ||\iota_\mu\,\iota_\nu||$. Wir behaupten: ein anisotropes Gitter $\mathfrak{J}$ enthält einen Vektor ι_1 mit

$$|\iota_1^2| \leqq \left(\frac{4}{3}\right)^{(n-1)/2} D(\mathfrak{J})^{1/n}. \tag{1}$$

Die Behauptung trifft für eindimensionale Gitter zu und werde für $(n-1)$-dimensionale als richtig vorausgesetzt. Es sei nun $\iota \neq 0$ ein Vektor in $\mathfrak{J}$ mit möglichst kleinem $|\iota^2|$. Man kann dann eine Basis $\iota_1, \ldots, \iota_n$ von $\mathfrak{J}$ mit $\iota_1 = \iota$ nehmen. Für $i > 1$ werde $\omega_i = \iota_i - \frac{\iota_i \iota_1}{\iota_1^2} \iota_1$ gesetzt. Das Gitter $\mathfrak{J}' = [\omega_2, \ldots, \omega_n]$ ist auf ι_1 senkrecht, und es gilt $D(\mathfrak{J}') = |\iota_1^2|^{-1} D(\mathfrak{J})$. Nach der Induktionsvoraussetzung enthält $\mathfrak{J}'$ einen Vektor ω mit

$$|\omega^2| \leqq \left(\frac{4}{3}\right)^{(n-2)/2} \left(\frac{D(\mathfrak{J})}{|\iota_1^2|}\right)^{1/(n-1)} \tag{2}$$

Ohne Beschränkung der Allgemeinheit darf man $\omega_2 = \omega$ annehmen. Es gibt jetzt eine ganze Zahl p, so daß

$$a = \left| p + \frac{\iota_2 \iota_1}{\iota_1^2} \right| \leqq \frac{1}{2} \tag{3}$$

ist. Nach der Voraussetzung über ι_1 ist dann

$$|\iota_1^2|\, a^2 + |\omega_2^2| \geq |\iota_1^2 a^2 + \omega_2^2| = |(\iota_1 p + \iota_2)|^2 \geq |\iota_1^2| \tag{4}$$

und wegen (2), (3)

$$\frac{3}{4} |\iota_1^2| \leqq |\omega_2^2| \leqq \left(\frac{4}{3}\right)^{(n-2)/2} \left(\frac{D(\mathfrak{J})}{|\iota_1^2|}\right)^{1/(n-1)},$$

und das ist die Behauptung (1).

Der Schwerpunkt des Beweises liegt in dem Aufsuchen eines Vektors ι_1 in $\mathfrak{J}$ für welchen ι_1^2 einem beschränkten Vorrat von Zahlen in k angehört. Wir haben uns hier wie oben im Text der allgemeingültigsten, aber auch der gröbsten Methode bedient. Eine Verfeinerung der Schlußweise ist deshalb wünschenswert, weil man den Endlichkeitsbeweis zu einer expliziten Abschätzung der Klassenzahl ausgestalten kann. Diese Verfeinerung ist der Gegenstand der *Reduktionstheorie der quadratischen Formen*. Eine Übersicht über die Literatur findet man bei J. F. Koksma, *Diophantische Approximationen*, Ergebn. d. Math. IV, 4, Berlin 1937. Eine besonders elegante Darstellung der Reduktionstheorie für den Fall, daß der Grundkörper der rationale Zahlkörper ist, gibt C. L. Siegel im ersten Teile der Arbeit: *Einheiten quadratischer Formen*, Abh. Math. Seminar Hamburger Univ. **13**, S. 209–239, 1939.

[6] Unser Begriff der Verwandtschaft und des Geschlechts weicht von dem sonst üblichen leicht ab. Im allgemeinen nennt man zwei Gitter $\mathfrak{J}$ und $\mathfrak{K}$ *verwandt*, wenn für alle $\mathfrak{p}$ gilt: $\mathfrak{J}_\mathfrak{p} \cong \mathfrak{K}_\mathfrak{p}$.

[7] Die Anzahl der Spinorgeschlechter in einem Geschlecht von Gittern läßt sich durch einen Gruppenindex beschreiben: O'Meara (Anmerkung [5] in Kapitel II), S. 300–304, und M. Kneser: *Klassenzahlen indefiniter quadratischer Formen in drei und mehr Veränderlichen*, Archiv d. Math. **7** (1956) 323–332.

Spinorgeschlechter von Gittern lassen sich auch in Räumen mit anderer Metrik definieren: S. Böge: *Spinorgeschlechter schief-Hermitescher Formen*, Archiv d. Math. **21** (1970) 172–184. S. auch Anmerkung [10] in Kapitel V.

[8] Wir gehen auf die Kompositionstheorie im eigentlichen Sinne nicht ein, sondern berichten in freier Form über den durch sie erfaßten Sachverhalt. Im Falle binärer quadratischer Formen stammt sie von C. F. Gauß, man findet sie dargestellt in älteren Lehrbüchern der Zahlentheorie.

Die Kompositionstheorie der quaternären quadratischen Formen hat H. Brandt entwickelt. Ihre Anwendung auf die Arithmetik der Quaternionen-Algebren findet man in seiner *Idealtheorie in Quaternionen-Algebren*, Math. Annalen **99** (1928) 1–29.

[9] *Zur Zahlentheorie der Quaternionen,* Jahresber. Deutsche Math.-Vereinigg. **53** (1943) 23–57. Vgl. auch Ch. Hermite, Œuvres I, S. 200–220.

[10] Satz 15.1 gilt in der folgenden allgemeineren Form: Spinorverwandte indefinite Gitter einer Dimension $n > 2$ sind verwandt. Vgl. das Buch von O'Meara (Anmerkung [5] in Kapitel II), S. 319, sowie die unter [7] zitierte Arbeit von Kneser.

[11] Man wird aus dem Beweis erkennen, daß bereits schwächere Voraussetzungen als die Maximalität von $\mathfrak{J}$ und $\mathfrak{K}$ ausreichen. – Für solche Gitter fallen also Geschlechter, Spinor-Geschlechter und Ähnlichkeitsklassen zusammen.

[12] Der Beweis läßt sich (nach M. Kneser) wesentlich vereinfachen, wenn man von der leicht begründbaren Aussage ausgeht: ist R_∞ anisotrop für sämtliche unendlichen Primdivisoren ∞ von k, so enthält ein Gitter R für jedes $t \in k$ höchstens endlich viele Vektoren $\mathfrak{r}$ mit $\frac{1}{2}\mathfrak{r}^2 = t$.

[13] Im folgenden ist eine Vereinfachung möglich. Es kann offenbar bis auf konstante Vielfache nur eine einzige Funktion $v(\mathfrak{J})$ mit der Eigenschaft (16.3) geben. Ist Σ eine Ähnlichkeit, so ist $v(\Sigma \mathfrak{B}_{\mathfrak{J}} \Sigma^{-1}) = c_\Sigma \, v(\mathfrak{J})$ mit einem positiven von Σ abhängigen Faktor c_Σ. Dieser hat die leicht verifizierbare Eigenschaft $c_\Sigma \, c_T = c_\Sigma$. Ist Σ eine Spiegelung, so ergibt das $c_\Sigma^2 = c_{\Sigma^2} = 1$. Also ist $c_\Sigma = 1$. – Diese Vereinfachung ist auch im Abschnitt 16.4 nützlich.

[14] Im folgenden wird T als halbeinfach vorausgesetzt.

Anmerkungen zum vierten Kapitel.

[1] Nur an dieser Stelle wird die Voraussetzung benutzt, daß den Anzahlmatrizen *reguläre* Ideale $\mathfrak{K}/\mathfrak{J}$ zugrunde liegen sollen.

[2] Falls k der rationale Zahlkörper und R ein definiter Raum gerader Dimension n mit quadratischer Determinante ist, genügt

$$\zeta(\sigma) = \sum_{n=1}^{\infty} Z^0(n)\, n^{-\sigma} = \prod_p f_p(\sigma)$$

einer Funktionalgleichung von üblichem Typus. Sie beruht im Prinzip darauf, daß die mit den gleichen Koeffizienten gebildete Fourierreihe

$$\varphi(\tau) = \sum_{n=1}^{\infty} Z^0(n)\, e^{2\pi i n \tau}$$

eine Modulform vom Gewicht $\frac{n}{2}$ ist. Vgl. hierzu § 21, besonders Satz 21.3.

Hat R ungerade Dimension n, so genügt auch das allein aus den Nennern von (18.29C) gebildete unendliche Produkt einer Funktionalgleichung, und die entsprechend gebildete Fourierreihe ist eine Modulform von halbganzem Gewicht $\frac{n}{2}$. G. Shimura: *On modular forms of half integral weight,* Annals of Maths. **97** (1973).

[3] Diese Formeln werden für ganzzahlige positiv definite quadratische Formen über dem rationalen Zahlkörper genauer ausgeführt von P. Fuchs: *Ein Beitrag zum Problem der Darstellungsanzahlen von positiven ganzzahligen quadratischen Formen,* in: B. L. v. d. Waerden und H. Gross: Studien zur Theorie der quadratischen Formen, Basel 1968.

[4] L. J. Mordell, Liouville Journ. Math. XVII (1938).

[5] Für r^{-1} ist im folgenden eine ganze Zahl s einzusetzen, welche der Kongruenz $r\,s \equiv 1 \bmod q$ genügt.

[6] In unserer Schlußweise wird nicht vorausgesetzt, daß die Funktionen $\vartheta(\tau \mid q^{-1}\tau)$ linear unabhängig sind.

[7] Vgl. hierzu die unter [8] genannte Monographie von Hecke und die dort zitierte Literatur. Ferner H. D. Kloosterman, Annals of Maths. **47** (1946) 314–447.

[8] Eine ausführliche Darstellung der im folgenden skizzierten Heckeschen Theorie findet sich in G. Shimura: *Introduction to the arithmetic theory of automorphic functions.* Iwanami Shoten Publishers and Princeton University Press 1971; s. auch die Monographie von E. Hecke: *Analytische Arithmetik der positiven quadratischen Formen,* Kgl. Danske Videnskab. Selskab. Math.-fys. Medd. XVIII, **12**, S. 27.

[9] Letzteres folgt aus (18.5), bedeutet aber keine Beschränkung der Allgemeinheit in der folgenden Überlegung, da τ_0 willkürlich ist und somit auch die Vereinigung aller Räume $\mathfrak{M}^{(0)}(\tau_0, \mathfrak{F})$ mit festgehaltenem $\mathfrak{F}$ zu $\mathfrak{M}^{(0)}\left(m, q, \left(\frac{D}{a}\right)\right)$ in Beziehung gesetzt werden kann.

[10] Die Funktion

$$G_3(\tau) = \sum_{a,b=-\infty}^{+\infty} (a\tau + b)^{-6}$$

(in der Summe ist $a = b = 0$ auszulassen) ist eine ganze Modulform des Typus (6, 1, 1). Thetafunktionen eines solchen Typus gibt es nicht. – Es gibt Fälle, wo alle ganzen Modulformen eines bestimmten Typus durch Thetafunktionen ausdrückbar sind: M. Eichler: *The basis problem for modular forms and the traces of Hecke operators,* Proc. Summer School Modular Functions, Vol. I, Antwerpen 1972, Lecture Notes in Mathematics, Berlin-Heidelberg-New York: Springer 1973, sowie die dort in Kapitel IV zitierten Arbeiten von Eichler, Hijikata und Saito.

[11] Der Beweis enthält eine Lücke: es wird hier nur die Wirkung der $T(r)$ und $Z(r)$ auf die Glieder $\mathfrak{m}^0(t)$ für $t \neq 0$ verglichen. Aber die konstanten Terme der Fourierreihen für $\vartheta(\tau)$ werden durch die nicht konstanten eindeutig festgelegt, und sowohl $T(r)$ und $Z(r)$ führen Modulformen in Modulformen vom gleichen Typ über.

[12] E. Witt, Abh. Math. Seminar Hamburger Univ. **14** (1941) 323–337.

[13] Siehe Anmerkung [9] in Kapitel III.

[14] Über lineare Abhängigkeiten zwischen Thetareihen ist bisher wenig bekannt. Beispiele findet man bei M. Kneser: *Lineare Relationen zwischen Darstellungsanzahlen quadratischer Formen,* Math. Annalen **168** (1967) 31–39; s. ferner die unter [10] zitierte Arbeit des Verfassers.

Anmerkungen zum fünften Kapitel.

[1] M. Deuring, *Algebren,* Ergebn. d. Math. IV, 1, Berlin 1935, Kap. VII, § 1–9 (Zahlkörper), § 10 (Funktionenkörper).

[2] Die folgenden Schlüsse können durch stärkere Ausnutzung von Minkowskis Geometrie der Zahlen vereinfacht werden: J. W. S. Cassels: *Note on quadratic forms over the rational field,* Proc. Cambridge Philos. Soc. **55** (1959) 267–270.

[3] Siehe Anmerkung [1], S. 118, Satz 2.

[4] In diesem werden nur metrische Räume endlicher Dimension studiert. Es sind aber auch Räume von abzählbar unendlicher Dimension über algebraischen Zahlkörpern klassifiziert worden. Vgl. L. E. Mattics: *Quadratic spaces of countable dimension over algebraic number fields,* Comment. Math.

Helvetici **43** (1968) 31—40, sowie die dort angegebenen Arbeiten von H. R. Fischer und H. Gross.

[5] *The Arithmetic Theorie of Quadratic Forms,* New York 1950.

[6] Math. Zeitschr. **33** (1931) 350—374.

[7] Hierdurch erfolgt die Auszeichnung einer Basis $[\iota_\nu]$ von $\mathfrak{J}$, d.h. $\mathfrak{J}$ wird durch das Parallelotop $\{\iota_\nu\}$ ersetzt.

[8] Es gibt zu keinem Mißverständnis Anlaß, wenn wir die Einheitsmatrix mit dem Symbol 1 bezeichnen. Durch einen Punkt wird die Spiegelung einer Matrix an ihrer Hauptdiagonalen angedeutet.

[9] Wir fassen hier $\mathfrak{J}$ gleichzeitig als ein Parallelotop auf, s. Anmerkung [7].

[10] Dieser Satz wurde im Jahre 1935 von Siegel erneut aufgegriffen und wesentlich verallgemeinert, vgl. Anmerkung [15] unten. Wenige Jahre später wurde er von H. Braun auf Hermitesche Formen übertragen: *Zur Theorie der Hermiteschen Formen,* Abh. Math. Seminar Univ. Hamburg **14** (1941) 61—150. S. Böge-Becken erweiterte ihn sodann auf schief-Hermitesche Formen: *Schief-Hermitesche Formen über Zahlkörpern und Quaternionen-Schiefkörpern,* J. reine angew. Math. **221** (1966) 85—112.

In sehr allgemeiner Form findet man dies alles in A. Weils Vorlesung: *Adèles and Algebraic Groups,* Lecture Notes Princeton 1961.

[11] Das geschieht in Nr. 3.

[12] Verhandl. Kgl. Akad. Wiss. Berlin 1852, S. 350—387.

[13] M. Deuring, Nachr. Akad. Wiss. Göttingen, Math.-Phys. Kl. 1945, S. 83—85.

[14] Eine Zusammenstellung dieser Darstellungsanzahlen findet man bei Glaisher, Proc. London Math. Soc. (2) **5** (1907) 479.

[15] *Über die analytische Theorie der quadratischen Formen,* Teil I, Annals of Maths. **36** (1935) 527—606. Siegel überträgt seine Theorie auf indefinite Formen im rationalen Zahlkörper sowie auf definite Formen in algebraischen Zahlkörpern in den Teilen II und III derselben Arbeit: Annals of Maths. **37** (1935) 230—263 und ebenda **38** (1937) 212—291. In unserem Beweis der analytischen Maßformel im indefiniten Falle weichen wir noch stärker von Siegels Vorbild ab.

Eine Verfeinerung der analytischen Maßtheorie stammt von van der Blij: Annals of Maths. **40** (1950) 875—883. Hier werden an Stelle der *Gitter* $\mathfrak{J} = [\iota_\nu]$ *Systeme von Parallelotopen* $\mathfrak{J} = \{\iota_\nu\} = \{\iota'_\nu\}$ zugrunde gelegt, wobei zwei Parallelotope zum gleichen System gehören sollen, wenn
$$\iota'_\nu = \sum_\mu \iota_\nu m_{\mu\nu} \text{ mit } |m_{\mu\nu}| = 1 \text{ und } m_{\mu\nu} \equiv \begin{Bmatrix} 1 \text{ für } \mu = \nu \\ 0 \text{ für } \mu \neq \nu \end{Bmatrix} \bmod Q \text{ gilt mit einer}$$
ein für allemal festgelegten ganzen rationalen Zahl Q. Diese Systeme fallen für $Q = 1$ mit den Gittern zusammen, während für $Q > 1$ zu einem Gitter mehrere solche Systeme gehören.

[16] R heißt *definit* oder *indefinit,* je nachdem R_∞ anisotrop oder isotrop ist, wenn ∞ die archimedische Bewertung von k bedeutet.

[17] Eine wesentlich allgemeinere Definition dieses Begriffs findet man bei C. L. Siegel, Annals of Maths. **44** (1943) 674—689.

[18] C. L. Siegel, *Einheiten quadratischer Formen,* Abh. Math. Seminar Hamburger Univ. **13** (1939) 209—239.

[19] Siehe [18] und die zweite Arbeiter unter [15].

[20] C. L. Siegel, *Symplectic Geometry,* Amer. Journ. Maths. **65** (1934) 1—86.

[21] Das bedeutet die Ausschöpfung des Diskontinuitätsbereichs durch Würfel der Kantenlänge $T^{-1/2}$ Das Riemannsche Integral existiert, wenn

die „Randwürfel" einen Beitrag liefern, der im Grenzübergang verschwindet. Weil der Diskontinuitätsbereich „polyederartig" ist (S. 201), trifft das zu.

Anmerkungen zum Anhang.

[1] Abh. Math. Seminar Hamburger Univ. **14** (1941) 289—322. Siehe auch E. Witt, ebenda S. 323—337 sowie H. Maaß, Math. Zeitschr. **51**, S. 233—254.

[2] Annals of Maths. **45** (1944) 577—622.

[3] M. Kneser: *Darstellungsmasse indefiniter quadratischer Formen*, Math. Zeitschr. **77** (1961) 188—194.

A. Weil: *Sur la théorie des formes quadratiques*, Centre Belge rech. math., Colloque Th. groupes alg., Bruxelle 1962, S. 9—22.

[4] Math. Annalen **121** (1949) 141—183. Sitz.-Ber. Heidelberger Akad. Wiss. Math.-Nat. Kl. 1949, S. 1—42.

[5] C. L. Siegel, Math. Zeitschr. **43** (1938) 682—708 und ebenda **44** (1938) 398—426.

[6] H. Maaß, Math. Annalen **122** (1950) 90—108; C. L. Siegel, Math. Annalen **124** (1951) 17—54.

Namen- und Sachverzeichnis.

(Die in den Anmerkungen vorkommenden Namen sind nicht mit aufgeführt worden.)

(IV/5/1) L 84/51

Die Grundlehren der mathematischen Wissenschaften in Einzeldarstellungen mit besonderer Berücksichtigung der Anwendungsgebiete

Eine Auswahl

---

67. Byrd/Friedman: Handbook of Elliptic Integrals for Engineers and Scientists. 2nd edition
68. Aumann: Reelle Funktionen. 2. Aufl.
74. Boerner: Darstellungen von Gruppen. 2. Aufl.
76. Tricomi: Vorlesungen über Orthogonalreihen. 2. Aufl.
77. Behnke/Sommer: Theorie der analytischen Funktionen einer komplexen Veränderlichen. Nachdruck der 3. Aufl.
78. Lorenzen: Einführung in die operative Logik und Mathematik. 2. Aufl.
86. Richter: Wahrscheinlichkeitstheorie. 2. Aufl.
87. van der Waerden: Mathematische Statistik. 3. Aufl.
94. Funk: Variationsrechnung und ihre Anwendung in Physik und Technik. 2. Aufl.
97. Greub: Linear Algebra. 3rd edition
99. Cassels: An Introduction to the Geometry of Numbers. 2nd printing
104. Chung: Markov Chains with Stationary Transition Probabilities. 2nd edition
107. Köthe: Topologische lineare Räume I. 2. Aufl.
114. MacLane: Homology. Reprint of 1st edition
116. Hörmander: Linear Partial Differential Operators. 3rd printing
117. O'Meara: Introduction to Quadratic Forms. 3rd corrected printing
120. Collatz: Funktionalanalysis und numerische Mathematik. Nachdruck der 1. Aufl.
121./122. Dynkin: Markov Processes
123. Yosida: Functional Analysis. 3rd edition
124. Morgenstern: Einführung in die Wahrscheinlichkeitsrechnung und mathematische Statistik. 2. Aufl.
125. Itô/McKean jr.: Diffusion Processes and Their sample Paths
126. Lehto/Virtanen: Quasiconformal Mappings in the Plane
127. Hermes: Enumerability, Decidability, Computability. 2nd edition
128. Braun/Koechler: Jordan-Algebren
129. Nikodým: The Mathematical Apparatus for Quantum Theories
130. Morrey jr.: Multiple Integrals in the calculus of Variations
131 Hirzebruch: Topological Methods in Algebraic Geometry. 3rd edition
132. Kato: Perturbation Theory for Linear Operators
133. Haupt/Künneth: Geometrische Ordnungen
134. Huppert: Endliche Gruppen I
135. Handbook for Automatic Computation. Vol. 1/Part a: Rutishauser: Description of ALGOL 60
136. Greub: Multilinear Algebra
137. Handbook for Automatic Computation. Vol. 1/Parth b: Grau/Hill/Langmaack: Translation of ALGOL 60
138. Hahn: Stability of Motion
139. Doetsch/Schäfke/Tietz: Mathematische Hilfsmittel des Ingenieurs. 1. Teil
140 Collatz/Nicolovius/Törnig: Mathematische Hilfsmittel des Ingenieurs. 2. Teil
141. Mathematische Hilfsmittel des Ingenieurs. 3. Teil
142. Mathematische Hilfsmittel des Ingenieurs. 4. Teil
143. Schur: Vorlesungen über Invariantentheorie
144. Weil: Basic Number Theory

152. Hewitt/Ross: Abstract Harmonic Analysis. Vol. 2: Structure and Analysis for Compact Groups, Analysis on Locally Compact Abelian Groups
154. Singer: Bases in Banach Spaces I
155. Müller: Foundations of the Mathematical Theory of Electromagnetic Waves
156. van der Waerden: Mathematical Statistics
157. Prohorov/Rozanov: Probability Theory
158. Constantinescu/Cornea: Potential Theory on Harmonic Spaces
159. Köthe: Topological Vector Spaces I
160. Agrest/Maksimov: Theory of Incomplete Cylindrical Functions and Their Applications
161. Bhatia/Szegö: Stability Theory of Dynamical Systems
162. Nevanlinna: Analytic Functions
163. Stoer/Witzgall: Convexity and Optimization in Finite Dimensions I
164. Sario/Nakai: Classification Theory of Riemann Surfaces
165. Mitrinović: Analytic Inequalities
166. Grothendieck/Dieudonné: Eléments de Géométrie Algebriqué I
167. Chandrasekharan: Arithmetical Functions
168. Palamodov: Linear Differential Operators with Constant Coefficients
169. Rademacher: Topics in Analytic Number Theory
170. Lions: Optimal Control of Systems Governed by Partial Differential Equations
171. Singer: Best Approximation on Normed Linear Spaces by Elements of Linear Subspaces
172. Bühlmann: Mathematical Methods in Risk Theory
173. F. Maeda/S. Maeda: Theory of Symmetric Lattices
174. Stiefel/Scheifele: Linear and Regular Celestial Mechanics. Perturbed two-body Motion—Numerical Methods—Canonical Theory
175. Larsen: An Introduction of the Theory of Multipliers
176. Grauert/Remmert: Analytische Stellenalgebren
177. Flügge: Practical Quantum Mechanics I
178. Flügge: Practical Quantum Mechanics II
179. Giraud: Cohomologie non abélienne
180. Landkof: Foundations of Modern Potential Theory
181. Lions/Magenes: Non-Homogeneous Boundary Value Problems and Applications I
182. Lions/Magenes: Non-Homogeneous Boundary Value Problems and Applications II
183. Lions/Magenes: Non-Homogeneous Boundary Value Problems and Applications III
184. Rosenblatt: Markov Processes. Structure and Asymptotic Behavior
185. Rubinowicz: Sommerfeldsche Polynommethode
186. Wilkinson/Reinsch: Handbook for Automatic Computation II, Linear Algebra
187. Siegel/Moser: Lectures on Celestial Mechanics
188. Warner: Harmonic Analysis on Semi-Simple Lie Groups I
189. Warner: Harmonic Analysis on Semi-Simple Lie Groups II
190. Faith: Algebra: Rings, Modules, and Categories I
191. Faith: Algebra: Rings, Modules, and Categories II
192. Mal'cev: Algebraic Systems
193. Pólya/Szegö: Problems and Theorems in Analysis. Vol. 1
194. Igusa: Theta Functions
195. Berberian: Baer*-Rings
196. Athreya: Branching Processes
197. Benz: Vorlesungen über Geometrie der Algebren
200. Dold: Lectures on Algebraic Topology

Printed in the United States
By Bookmasters